中文版

SolidWorks 2020 完全自学一本通

刘建华 戚晓艳 黄建峰 编著

电子工业出版社
Publishing House of Electronics Industry
北京·BEIJING

未经许可,不得以任何方式复制或抄袭本书之部分或全部内容。
版权所有,侵权必究。

图书在版编目(CIP)数据

SolidWorks 2020中文版完全自学一本通 / 刘建华,戚晓艳,黄建峰编著. —北京:电子工业出版社,2021.8
ISBN 978-7-121-41430-5

Ⅰ. ①S… Ⅱ. ①刘… ②戚… ③黄… Ⅲ. ①计算机辅助设计—应用软件 Ⅳ. ① TP391.72

中国版本图书馆 CIP 数据核字(2021)第 122521 号

责任编辑:赵英华
印　　刷:三河市鑫金马印装有限公司
装　　订:三河市鑫金马印装有限公司
出版发行:电子工业出版社
　　　　　北京市海淀区万寿路173信箱　邮编:100036
开　　本:787×1092　1/16　印张:37.75　字数:966.4千字
版　　次:2021年8月第1版
印　　次:2021年8月第1次印刷
定　　价:98.00元

凡所购买电子工业出版社图书有缺损问题,请向购买书店调换。若书店售缺,请与本社发行部联系,联系及邮购电话:(010)88254888,88258888。
质量投诉请发邮件至 zlts@phei.com.cn,盗版侵权举报请发邮件至 dbqq@phei.com.cn。
本书咨询联系方式:(010)88254161~88254167 转 1897。

前言
PRAFACE

　　SolidWorks 是由三维软件开发商 SolidWorks 公司发布的三维机械设计软件，是目前市场上唯一集三维设计、分析、产品数据管理、多用户协作及模具设计、线路设计等功能于一体的软件。为了满足 SolidWorks 软件日新月异的变化及广大用户的需求，本书综合多位老师的丰富教学经验，将基础知识与实例相结合同步进行讲解，帮助读者全面掌握和使用 SolidWorks 软件。

　　本书编者长期从事 SolidWorks 专业设计和教学工作，对 SolidWorks 软件有较深入的了解，并积累了大量实际工作经验。本书采用通俗易懂的讲解方式，并系统阐述了 SolidWorks 各种工具、命令的使用。通过分享设计实例作品使读者掌握完整的造型设计制造过程，提升设计能力。

本书内容

　　本书图文并茂，讲解深入浅出，贴近工程，把众多专业和软件知识点有机地融合到每章内容中。

　　全书共分为 18 章，大致内容介绍如下。

- 第 1 章：本章主要介绍 SolidWorks 2020 的工作界面及基本操作，使读者对 SolidWorks 2020 有一个初步的认识。
- 第 2 章：本章主要介绍要熟练掌握的一些高效辅助建模工具，可以极大提升工作效率。
- 第 3 章：本章主要介绍二维草图的绘制和草图编辑方法。
- 第 4 章：本章详细介绍 SolidWorks 2020 的基体特征的概念与基体特征建模工具的应用技巧。
- 第 5 章：本章主要介绍圆角、倒角、孔、抽壳、拔模及阵列、镜像、筋等附加特征的造型方法。
- 第 6 章：本章主要介绍 SolidWorks 2020 的曲线与基本曲面特征命令、应用技巧及曲面控制方法。
- 第 7 章：本章主要介绍产品设计基本知识，并利用 SolidWorks 软件进行产品外观造型设计。
- 第 8 章：本章主要介绍 SolidWorks 机械设计插件的运用与标准件设计。
- 第 9 章：本章主要介绍模型的检查与质量评估工具，这些工具包括模型测量、质量与剖面属性、传感器、实体分析与检查、面分析与检查等。

- ➢ 第 10 章：本章主要介绍 SolidWorks 2020 的 PhotoView 360 模块的渲染设计功能。
- ➢ 第 11 章：本章全面介绍从建立装配体、零部件压缩与轻化、装配体的干涉检测、控制装配体的显示、其他装配体技术到装配体爆炸视图的完整设计。
- ➢ 第 12 章：本章主要介绍运动算例简介、装配体爆炸动画、旋转动画、视向属性动画、距离和角度配合动画以及物理模拟动画等内容。
- ➢ 第 13 章：本章主要介绍 SolidWorks Simulation 有限元分析模块的应用。
- ➢ 第 14 章：本章主要介绍 SolidWorks 钣金设计相关功能命令及其应用。
- ➢ 第 15 章：本章主要介绍利用 SolidWorks 合理地进行产品分析、模流分析和模具拆模设计方法。
- ➢ 第 16 章：本章主要介绍在 SolidWorks CAM 数控加工环境中如何进行 2.5 轴、3 轴及多轴的数控铣削加工操作。
- ➢ 第 17 章：本章主要介绍 Routing 插件的功能及管道与管筒线路的设计方法。
- ➢ 第 18 章：本章主要介绍 SolidWorks 2020 工程图环境设置、建立工程图、修改工程图、标注图纸和打印工程图等内容。

本书特色

本书以实用、易理解、操作性强为准绳，以实际工作案例为脉络，透彻地讲解软件的具体使用方法，帮助读者找到一条学习使用 SolidWorks 的捷径。

本书最大特色在于：
- ➢ 功能指令全；
- ➢ 穿插海量典型丰富的上机实践操作案例；
- ➢ 视频教学与书中内容相结合；
- ➢ 赠送大量有价值的学习资料及练习内容。

本书适合 SolidWorks 的初学者及想提高 SolidWorks 操作水平的读者阅读，帮助其打下良好的三维工程设计基础。

作者信息

本书由山东建筑大学机电学院的刘建华老师、空军航空大学基础学院的戚晓艳老师和成都大学机械工程学院的黄剑锋老师共同编写。由于时间仓促，本书难免有不足和错漏之处，还望广大读者批评和指正！

感谢您选择了本书，希望我们的努力对您的工作和学习有所帮助，也希望您把对本书的意见和建议告诉我们。

读者服务

读者在阅读本书的过程中如果遇到问题,可以关注"有艺"公众号,通过公众号中的"读者反馈"功能与我们取得联系。

此外,通过关注"有艺"公众号,您还可以获取艺术教程、艺术素材、新书资讯、书单推荐、优惠活动等相关信息。

扫一扫关注"有艺"

资源下载方法:关注"有艺"公众号,在"有艺学堂"的"资源下载"中获取下载链接,如果遇到无法下载的情况,可以通过以下三种方式与我们取得联系:

1. 关注"有艺"公众号,通过"读者反馈"功能提交相关信息;

2. 请发邮件至 art@phei.com.cn,邮件标题命名方式:资源下载+书名;

3. 读者服务热线:(010)88254161~88254167 转 1897。

投稿、团购合作:请发邮件至 art@phei.com.cn。

目录 CONTENTS

第1章 SolidWorks 2020 自学入门 1
1.1 工作界面 2
1.2 操控视图 2
1.2.1 视图定向与显示样式 2
1.2.2 创建剖视视图 4
1.2.3 键鼠操作视图 4
1.2.4 通过参考三重轴来切换视图 5
1.3 工作环境的设置 6
1.4 参考几何体的创建 12
1.4.1 基准面的创建与修改 12
1.4.2 基准轴、坐标系和点的创建 15
1.4.3 质心和边界框的创建 18
1.5 鼠标笔势 19
1.6 入门案例——轴承支座零件设计 20

第2章 高效辅助建模工具 25
2.1 对象的选择技巧 26
2.1.1 选中并显示对象 26
2.1.2 对象的选择 26
2.2 利用三重轴及控标辅助建模 28
2.2.1 三重轴 29
2.2.2 控标 31
2.3 使用 Instant3D 快速生成及修改模型 33
2.3.1 使用 Instant3D 的几种方式 34
2.3.2 利用 Instant3D 标尺可以精确修改对象 36

第3章 绘制二维草图 43
3.1 草图绘制基础 44
3.1.1 草图要素 44
3.1.2 进入草图环境 46

3.2	草图基本曲线	47
3.3	草图变换操作	55
	3.3.1 利用剪贴板复制草图对象	56
	3.3.2 移动、复制、旋转、缩放及伸展草图对象	56
	3.3.3 等距复制草图对象	59
	3.3.4 镜像与阵列草图对象	60
	3.3.5 剪裁及延伸草图对象	63
	3.3.6 草图变换工具的应用	64
3.4	草图对象的约束	67
	3.4.1 尺寸约束	67
	3.4.2 几何约束	69
3.5	综合案例	72
	3.5.1 案例一——绘制手柄支架草图	72
	3.5.2 案例二——绘制转轮架草图	76

第 4 章　基体特征建模　79

4.1	特征建模基础	80
4.2	拉伸凸台/基体特征	81
	4.2.1 【凸台-拉伸】属性面板	82
	4.2.2 拉伸的开始条件和终止条件	82
	4.2.3 拉伸截面的要求	84
4.3	旋转凸台/基体特征	89
	4.3.1 【旋转】属性面板	89
	4.3.2 关于旋转方法与角度	89
	4.3.3 关于旋转轴	90
4.4	扫描凸台/基体特征	91
	4.4.1 【扫描】属性面板	92
	4.4.2 扫描轨迹的创建方法	92
	4.4.3 带引导线的扫描特征	93
4.5	放样凸台/基体特征	95
	4.5.1 创建带引导线的放样特征	96
	4.5.2 创建带中心线的放样特征	97
4.6	边界凸台/基体特征	99
4.7	综合案例——矿泉水瓶造型	101
	4.7.1 创建瓶身主体	101
	4.7.2 创建附加特征	102

第 5 章　创建工程特征　111

5.1	创建倒角与圆角特征	112

| | 5.1.1 | 倒角特征 | 112 |
| | 5.1.2 | 圆角特征 | 113 |

5.2 创建孔特征 117
  5.2.1 简单直孔 117
  5.2.2 高级孔 117
  5.2.3 异形孔向导 119
  5.2.4 螺纹线 120

5.3 抽壳与拔模 124
  5.3.1 抽壳特征 124
  5.3.2 拔模特征 125

5.4 对象的阵列与镜像 127
  5.4.1 阵列 127
  5.4.2 镜像 129

5.5 筋及其他特征 130
  5.5.1 筋特征 130
  5.5.2 形变特征 135

5.6 综合案例——中国象棋造型设计 143

第6章 曲线与曲面建模 **151**

6.1 曲线工具 152
  6.1.1 通过XYZ点的曲线 152
  6.1.2 通过参考点的曲线 153
  6.1.3 投影曲线 154
  6.1.4 分割线 159
  6.1.5 螺旋线/涡状线 164
  6.1.6 组合曲线 165

6.2 基础曲面设计 165
  6.2.1 填充曲面 166
  6.2.2 平面区域 167
  6.2.3 等距曲面 168
  6.2.4 直纹曲面 168
  6.2.5 中面 171
  6.2.6 拓展训练——基础曲面造型应用 171

6.3 曲面编辑与修改 174
  6.3.1 曲面的延展与延伸 175
  6.3.2 曲面的缝合与剪裁 176
  6.3.3 曲面的删除与替换 178
  6.3.4 曲面与实体的修改工具 180
  6.3.5 拓展训练——汤勺造型 182

6.4 综合案例——水龙头曲面造型 188

第 7 章　产品造型与结构设计 193

7.1　产品设计知识 194
7.1.1　产品概念与设计流程 194
7.1.2　产品造型设计 195
7.1.3　产品结构设计 197
7.1.4　产品强度设计 207

7.2　拓展训练 208
7.2.1　训练一：音响建模 208
7.2.2　训练二：摩托车头盔造型设计 219

第 8 章　插件应用与标准件设计 225

8.1　SolidWorks 内置插件 226
8.1.1　应用 FeatureWorks 插件 226
8.1.2　应用 Toolbox 插件 231
8.1.3　应用 MBD（尺寸专家）插件 234
8.1.4　应用 TolAnalyst（公差分析）插件 238

8.2　SolidWorks 外部插件 244
8.2.1　GearTrax 齿轮插件的应用 244
8.2.2　SolidWorks 弹簧宏程序 249

8.3　拓展训练——Toolbox 凸轮设计 251

第 9 章　模型检测与质量评估 253

9.1　测量工具 254
9.1.1　设置单位 / 精度 254
9.1.2　圆弧 / 圆测量 255
9.1.3　显示 XYZ 测量 256
9.1.4　面积与长度测量 256
9.1.5　零件原点测量 257
9.1.6　投影测量 257

9.2　质量属性与剖面属性 258
9.2.1　质量属性 258
9.2.2　剖面属性 260

9.3　传感器 261
9.3.1　生成传感器 261
9.3.2　传感器通知 262
9.3.3　编辑、压缩或删除传感器 263

9.4　性能评估、诊断与检查 264
9.4.1　性能评估 264
9.4.2　检查 265

		9.4.3 输入诊断	265
9.5	模型质量分析		266
	9.5.1	几何体分析	266
	9.5.2	厚度分析	268
	9.5.3	误差分析	269
	9.5.4	斑马条纹	270
	9.5.5	曲率分析	271
9.6	综合案例		271
	9.6.1	案例一：测量模型	271
	9.6.2	案例二：检查与分析模型	275

第 10 章　PhotoView 360 照片级真实渲染 ……… 281

10.1	PhotoView 360 渲染步骤		282
10.2	应用外观		282
	10.2.1	外观的层次关系	282
	10.2.2	编辑外观	283
	10.2.3	【外观、布景和贴图】标签	286
10.3	应用布景		286
10.4	光源与相机		287
	10.4.1	光源类型	287
	10.4.2	相机	290
	10.4.3	拓展训练——渲染篮球	293
10.5	贴图和贴图库		299
	10.5.1	从任务窗格添加贴图	299
	10.5.2	从 PhotoView 360 添加贴图	299
	10.5.3	拓展训练——渲染烧水壶	302
10.6	渲染		305
	10.6.1	渲染预览	305
	10.6.2	PhotoView 360 渲染选项设置	306
	10.6.3	排定渲染	306
	10.6.4	最终渲染	307
	10.6.5	拓展训练——渲染宝石戒指	307

第 11 章　零部件装配设计 ……… 313

11.1	装配概述		314
	11.1.1	计算机辅助装配	314
	11.1.2	进入装配环境	316
11.2	开始装配体		317
	11.2.1	插入零部件	318

11.2.2	配合	320
11.3	控制装配体	324
11.3.1	零部件的阵列	324
11.3.2	零部件的镜像	326
11.3.3	移动或旋转零部件	327
11.4	布局草图	327
11.4.1	布局草图的功能	328
11.4.2	布局草图的建立	328
11.4.3	基于布局草图的装配体设计	329
11.5	装配体检测	330
11.5.1	间隙验证	330
11.5.2	干涉检查	331
11.5.3	孔对齐	332
11.6	爆炸视图	332
11.6.1	生成或编辑爆炸视图	332
11.6.2	添加爆炸直线	334
11.7	综合案例	334
11.7.1	案例一——脚轮装配设计	335
11.7.2	案例二——台虎钳装配设计	341
11.7.3	案例三——切割机工作部装配设计	348

第 12 章 SolidWorks 应用于机构仿真 353

12.1	SOLIDWORKS Motion 概述	354
12.1.1	运动算例	354
12.1.2	时间线与时间栏	356
12.1.3	键码点、关键帧、更改栏、选项	356
12.1.4	算例类型	359
12.2	拓展训练——创建动画	359
12.2.1	训练一：创建关键帧动画	359
12.2.2	训练二：创建基于相机的动画	364
12.2.3	训练三：创建旋转动画	369
12.2.4	训练四：创建爆炸动画	372
12.2.5	训练五：创建视向属性动画	374
12.3	拓展训练——创建基本运动	376
12.3.1	训练一：连杆机构运动仿真	376
12.3.2	训练二：齿轮机构仿真	379
12.4	拓展训练——Motion 运动分析	381
12.4.1	Motion 分析的基本概念	383
12.4.2	凸轮机构 Motion 运动仿真	384

第 13 章　SolidWorks 应用于有限元分析 389

13.1 有限元分析基础知识 390
13.1.1 有限元法概述 390
13.1.2 SolidWorks Simulation 有限元简介 393
13.1.3 SolidWorks Simulation 分析类型 395
13.1.4 Simulation 有限元分析的一般步骤 399
13.1.5 Simulation 使用指导 400

13.2 Simulation 分析工具介绍 403
13.2.1 分析算例 403
13.2.2 应用材料 404
13.2.3 设定边界条件 408
13.2.4 网格单元 410

13.3 综合案例——夹钳装配体静应力分析 416

第 14 章　SolidWorks 应用于钣金设计 423

14.1 钣金设计概述 424
14.1.1 钣金零件分类 424
14.1.2 钣金加工工艺流程 425
14.1.3 钣金结构设计注意事项 426

14.2 钣金设计工具 426

14.3 钣金法兰设计 427
14.3.1 基体法兰 427
14.3.2 薄片 429
14.3.3 边线法兰 430
14.3.4 斜接法兰 431

14.4 创建折弯钣金体 432
14.4.1 绘制的折弯 432
14.4.2 褶边 433
14.4.3 转折 434
14.4.4 展开 435
14.4.5 折叠 436
14.4.6 放样折弯 436

14.5 钣金成型工具 438
14.5.1 使用成型工具 438
14.5.2 编辑成型工具 439
14.5.3 创建成型工具 440

14.6 编辑钣金特征 442
14.6.1 拉伸切除 443
14.6.2 边角剪裁 443

14.6.3	闭合角	444
14.6.4	断裂边角 / 边角剪裁	445
14.6.5	将实体零件转换成钣金件	446
14.6.6	钣金设计中的镜像特征	447
14.7	综合案例——ODF 单元箱主体设计	449

第 15 章 SolidWorks 应用于模具设计 … 453

- 15.1 模具设计基础 … 454
  - 15.1.1 模具种类 … 454
  - 15.1.2 模具的组成结构 … 454
- 15.2 分模产品分析 … 457
  - 15.2.1 几何体分析 … 458
  - 15.2.2 拔模分析 … 458
  - 15.2.3 厚度分析 … 460
  - 15.2.4 底切分析 … 461
  - 15.2.5 分型线分析 … 462
  - 15.2.6 拓展训练——产品分析与修改 … 462
- 15.3 Plastics 模流分析 … 465
  - 15.3.1 SolidWorks Plastics 分析界面 … 465
  - 15.3.2 新建算例 … 466
  - 15.3.3 建立网格模型 … 467
  - 15.3.4 确定浇口位置 … 470
  - 15.3.5 设置注塑产品的材料（聚合物） … 471
  - 15.3.6 设置工艺参数 … 474
  - 15.3.7 分析类型 … 478
  - 15.3.8 拓展训练——风扇叶模流分析 … 481
- 15.4 成型零件设计 … 489
  - 15.4.1 分型线设计 … 490
  - 15.4.2 分型面设计 … 491
  - 15.4.3 分割型芯和型腔 … 497
  - 15.4.4 拆分成型镶件 … 498
  - 15.4.5 拓展训练——风扇叶分模 … 499

第 16 章 SolidWorks 应用于数控加工 … 509

- 16.1 SolidWorks CAM 数控加工基本知识 … 510
  - 16.1.1 数控机床的组成与结构 … 510
  - 16.1.2 数控加工原理 … 510
  - 16.1.3 SolidWorks CAM 简介 … 512
- 16.2 通用参数设置 … 513
  - 16.2.1 定义加工机床 … 513

- 16.2.2 定义毛坯 … 515
- 16.2.3 定义夹具坐标系统 … 516
- 16.2.4 定义可加工特征 … 517
- 16.2.5 生成操作计划 … 518
- 16.2.6 生成刀具轨迹 … 519
- 16.2.7 模拟刀具轨迹 … 520
- 16.3 加工案例——2.5 轴铣削加工 … 520
- 16.4 加工案例——3 轴铣削加工 … 523
- 16.5 加工案例——车削加工 … 526

第 17 章 SolidWorks 应用于管道设计 … 529

- 17.1 Routing 模块概述 … 530
  - 17.1.1 Routing 插件的应用 … 530
  - 17.1.2 文件命名 … 530
  - 17.1.3 关于管道设计的术语 … 530
- 17.2 线路点与连接点 … 531
  - 17.2.1 线路点 … 532
  - 17.2.2 生成连接点 … 532
- 17.3 管道与管筒设计 … 533
  - 17.3.1 管道步路选项设置 … 534
  - 17.3.2 通过拖/放来开始 … 535
  - 17.3.3 绘制 3D 草图（手工步路） … 536
  - 17.3.4 自动步路 … 537
  - 17.3.5 开始步路 … 537
  - 17.3.6 编辑线路 … 539
  - 17.3.7 更改线路直径 … 540
  - 17.3.8 覆盖层 … 540
- 17.4 管道系统零部件设计 … 542
  - 17.4.1 设计库零件 … 542
  - 17.4.2 管道和管筒零件设计 … 543
  - 17.4.3 弯管零件设计 … 545
  - 17.4.4 法兰零件 … 546
  - 17.4.5 变径管零件 … 546
  - 17.4.6 其他附件零件 … 547
- 17.5 综合案例 … 548
  - 17.5.1 案例一：管道设计 … 548
  - 17.5.2 案例二：管筒设计 … 552

第 18 章 SolidWorks 应用于工程图设计 ... 555

18.1 工程图概述 ... 556
18.1.1 设置工程图选项 ... 556
18.1.2 建立工程图文件 ... 557

18.2 标准工程视图 ... 560
18.2.1 标准三视图 ... 560
18.2.2 自定义模型视图 ... 561
18.2.3 相对视图 ... 562

18.3 派生的工程视图 ... 563
18.3.1 投影视图 ... 563
18.3.2 剖面视图 ... 564
18.3.3 辅助视图与剪裁视图 ... 566
18.3.4 断开的剖视图 ... 568

18.4 标注图纸 ... 569
18.4.1 标注尺寸 ... 569
18.4.2 注解的标注 ... 573
18.4.3 材料明细表 ... 576

18.5 工程图的对齐与显示 ... 577
18.5.1 操纵视图 ... 577
18.5.2 工程视图的隐藏和显示 ... 579

18.6 打印工程图 ... 580
18.6.1 为单独的工程图纸指定设定 ... 580
18.6.2 打印整个工程图图纸 ... 581

18.7 综合案例——创建阶梯轴工程图 ... 581

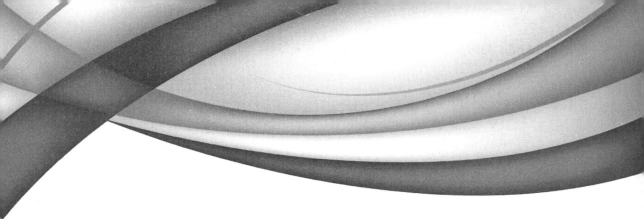

第 1 章
SolidWorks 2020 自学入门

本章内容

本章主要介绍 SolidWorks 2020 的工作界面及基本操作，使读者对其有一个初步的认识。

知识要点

- ☑ 工作界面
- ☑ 操控视图
- ☑ 工作环境的设置
- ☑ 参考几何体的创建
- ☑ 鼠标笔势

1.1 工作界面

SolidWorks 软件是在 Windows 环境下开发的,可以为设计者提供简便和熟悉的工作界面。

安装 SolidWorks 后,可选择【开始】|【程序】|【SolidWorks 2020】|【SolidWorks 2020】命令,或者在桌面上双击 SolidWorks 2020 的快捷方式图标,即可启动 SolidWorks 2020。也可以直接双击打开已经做好的 SolidWorks 文件,启动 SolidWorks 2020 后,进入启动界面,如图 1-1 所示。

初级用户打开 SolidWorks 2020 后会弹出欢迎界面,如图 1-2 所示。通过此欢迎界面,打开最近文档或单击 零件 图标,将进入零件设计工作环境。

图 1-1 启动界面

图 1-2 欢迎界面

SolidWorks 2020 的零件设计工作界面,如图 1-3 所示。主要由菜单栏、功能区、管理器窗口、状态栏、任务窗格和绘图区域等组成。

图 1-3 SolidWorks 2020 的零件设计工作界面

1.2 操控视图

在绘图的过程中,视图的操作与键鼠操作非常重要,通过鼠标可以很容易完成一些常用的操作。

1.2.1 视图定向与显示样式

视图的基本操作主要包括以下两类。

- 以不同的视角观察模型得到的视图。
- 显示不同方式的模型视图。

基本操作有以下方式。

1. 视图定向

通过在前导视图工具栏中单击标准视图的各个图标来显示模型，如图1-4所示。

利用其中的【前视】、【后视】、【左视】、【右视】、【上视】和【下视】命令可分别得到6个基本视图方向的视觉效果，如图1-5所示。

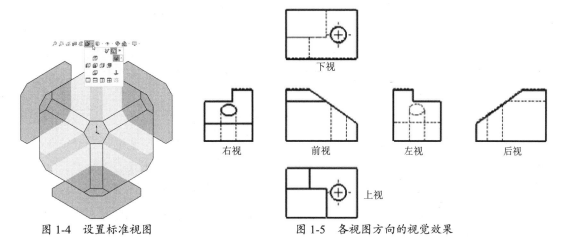

图1-4　设置标准视图

图1-5　各视图方向的视觉效果

2. 模型的显示样式

用SolidWorks建模时，用户可以利用前导视图工具栏中的各项命令进行窗口显示方式的控制，如图1-6所示。

5种标准显示样式的效果图，如图1-7所示。

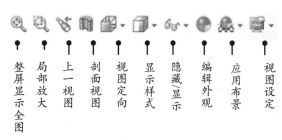

图1-6　前导视图工具栏

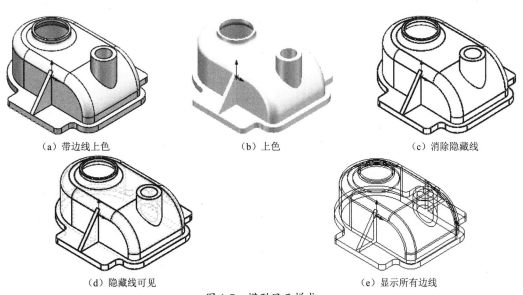

（a）带边线上色　　　（b）上色　　　（c）消除隐藏线

（d）隐藏线可见　　　（e）显示所有边线

图1-7　模型显示样式

1.2.2 创建剖视视图

剖面视图功能以指定的基准面或面切除模型，从而显示模型的内部结构，通常用于观察零件或装配体的内部结构。

在前导视图工具栏中单击【剖面视图】按钮 ，然后在弹出的【剖面视图】属性面板中选择剖面（或者在弹出式设计树中选择基准面），再单击属性面板中的【确定】按钮 即可创建模型的剖面视图，如图 1-8 所示。

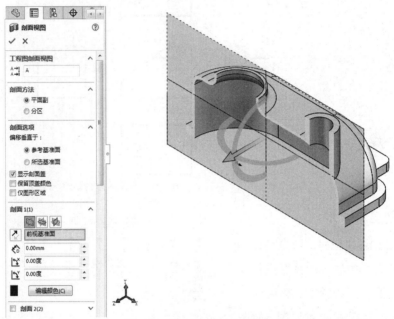

图 1-8　创建模型的剖面视图

在属性面板中，除了选择 3 个基准面作为剖切面，还可以选择用户自定义的平面来剖切模型，为剖切面设置移动距离、翻转角度等。

1.2.3 键鼠操作视图

另外，在绘图的过程中，大量使用快捷键、快捷菜单和鼠标是提高作图速度及其准确性的非常重要的方式。

在 SolidWorks 中利用键鼠快捷键功能可轻松操作视图，建议使用三键鼠标。三键鼠标的使用方法见表 1-1。

常用快捷菜单主要有 4 种：一是在图形区单击鼠标右键，二是在零件特征表面单击鼠标右键，三是在特征管理器设计树上单击其中一个特征，四是在工具栏上单击鼠标右键。在有命令执行时，单击不同的位置，也会出现不同的快捷菜单，这里就不一一介绍了，用户可以在实践中慢慢体会。

表 1-1 三键鼠标的使用方法

鼠标按键	作　用	操　作　说　明
左键	用于执行命令和选取对象	单击或双击鼠标左键
中键（滚轮）	放大或缩小视图（相当于 🔍）	按 Shift+中键并上下移动光标，可以放大或缩小视图；直接滚动滚轮，也可放大或缩小视图
	平移（相当于 ✥）	按 Ctrl+中键并移动光标，可将模型按鼠标移动的方向平移
	旋转（相当于 ↻）	按住中键不放并移动光标，即可旋转模型
右键	按住右键不放，可以通过鼠标笔势指南在零件或装配体模式中设置上视、下视、左视和右视 4 个基本定向视图	
	按住右键不放，可以通过鼠标笔势指南在工程图模式中设置 8 个工程图指导	

技巧点拨：
　　用户可以改变使用方向键旋转模型时的转动增量，选择菜单栏中的【工具】|【选项】|【系统选项】|【视图旋转】命令，然后在方向键文本框内更改数值。

　　按空格键弹出【方向】快捷工具栏，然后用鼠标进行选择，观察不同视图，如图 1-9 所示。

图 1-9 【方向】快捷工具栏

1.2.4 通过参考三重轴来切换视图

　　参考三重轴出现在零件和装配体文件中以帮助用户在查看模型时导向，也可用来更改视图方向。

　　参考三重轴默认情况下在图形区的左下角。可通过在菜单栏中执行【工具】|【选项】命令，在弹出的【系统选项】对话框中选择【显示】选项，然后勾选或取消勾选【显示参考三重轴】复选框，即可打开或关闭参考三重轴的显示。

表 1-2 中列出了参考三重轴的常见操作方法。

表 1-2　参考三重轴的操作方法

操　　作	操 作 结 果	图　　解
选择一个轴	查看相对于屏幕的正视图	
选择垂直于屏幕的轴	将视图方向旋转 90°	
按 Shift 键选择轴	绕该轴旋转 90°	
按 Shift+Ctrl 组合键选择轴	反方向绕该轴旋转 90°	

1.3　工作环境的设置

SolidWorks 提供了大量的设计资源，用户可以根据自己的需要建立工作环境和进行自定义。要掌握 SolidWorks，必须熟悉该软件的工作环境和系统设置。在系统默认状态下，有些工具栏是隐藏的，它的功能不可能一一罗列在界面上供用户调用，这就要求用户根据自己的需要设置常用的工具栏，并且还可以在所设置的工具栏中任意添加或删除各种命令按钮，以使设计工作更加方便快捷。因此，用户一定要熟练掌握 SolidWorks 工作环境的设置。

1. 自定义工具栏的设置

自定义工具栏的设置有两种方法：一是选择菜单栏中的【工具】|【自定义】命令，二是用鼠标右键单击工具栏的空白处，在弹出的快捷菜单中选择【自定义】命令，弹出【自定义】对话框，如图 1-10 所示。该对话框中包含【工具栏】、【快捷方式栏】、【命令】、【菜单】、【键盘】、【鼠标笔势】和【自定义】7 个选项卡。

- 【工具栏】选项卡。用户可根据自己的习惯勾选【使用带有文本的大按钮】及下面各种命令按钮的复选框，从而设定窗口中显示的常用工具栏、工具图标的大小，以及是否显示工具的文字提示。

第 1 章　SolidWorks 2020 自学入门

图 1-10　【自定义】对话框

技巧点拨：
建议勾选【激活 CommandManager】和【使用带有文本的大按钮】复选框，使命令按钮醒目易区别，便于初学者快速理解。

- 【快捷方式栏】选项卡。用户可以根据日常工作的需要，将常用的工具定义在快捷工具栏中，这些工具命令可以是关联的也可以是非关联的。创建快捷工具栏的方法是：将【按钮】列表中的图标拖到弹出的快捷工具栏中。还可以在【工具栏】列表中选择其他工具栏，将该工具栏中的图标拖放到快捷工具栏中供用户快捷使用，如图 1-11 所示。

图 1-11　【快捷方式栏】选项卡

- 【命令】选项卡。在【类别】列表框中选取要增减命令的工具栏，一般有两种操作。添加命令按钮操作：在【按钮】列表框中单击相应的命令按钮，直接将其拖动到相应的工具栏中。删除命令按钮操作：在【按钮】列表框中选中相应的命令按钮，并将其从相应工具栏中拖放到图形区即可，如图1-12所示。

图 1-12　工具栏中按钮的添加和删除

- 【菜单】选项卡。列举了所有主菜单及对应子菜单的内容和命令。可以在【类别】列表框中选择主菜单，在【命令】列表框中选择需要进行更改操作的选项，单击右侧相应操作的按钮即可。在选项卡下面的区域也有具体的技巧提示。一般用户采用默认的【菜单】选项设置，以便计算机工作环境通用，如图1-13所示。

图 1-13　【菜单】选项卡

- 【键盘】选项卡。可以设定命令的快捷键。在【类别】和【命令】列表框中，选择需要修改或添加快捷键的命令，在【快捷键】栏相应的文本框中输入新设定的字母或字母组合。建议初学者不要进行快捷键的设置，否则会影响与他人之间的学习交流，如图1-14所示。
- 【鼠标笔势】选项卡。用来设置鼠标笔势的类型，以及鼠标笔势命令的显示情况，如图1-15所示。

第 1 章　SolidWorks 2020 自学入门

图 1-14　【键盘】选项卡

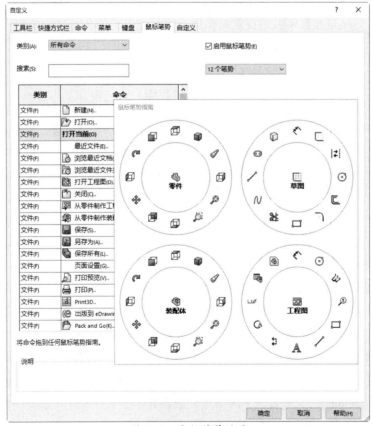

图 1-15　鼠标笔势设置

- 【自定义】选项卡。对快捷键、菜单和界面组合进行统一的设定，如图 1-16 所示。在 SolidWorks 中提供消费产品设计、机械设计和模具设计 3 种工作流程，每种流程的工作界面包含不同的工具栏，用户可以直接设定工作流程以制定用户界面。

图 1-16 【自定义】选项卡

2. 系统选项设置

系统选项设置包括【系统选项】和【文档属性】两部分。【系统选项】主要是对系统环境进行设置定义，如普通设置、工程图设置、颜色设置、显示性能设置等。【系统选项】中所做的设置保存在系统注册表中，它不是文件的一部分，但对当前和将来所有文件都起作用。【文档属性】是对零件属性进行定义，使设计出的零件符合一定的规范，如尺寸、注释、箭头、单位等。【文档属性】所做的设置只作用于当前文件，常用于建立文件模板。

用户可以根据自己的使用习惯对 SolidWorks 操作环境进行设置。SolidWorks 操作环境具体设置步骤如下：选择菜单栏中的【工具】|【选项】命令，或者单击快速访问工具栏中的【选项】按钮，如图 1-17 所示，即可打开【系统选项】对话框。

图 1-17 快速访问工具栏中的【选项】按钮

（1）颜色设置。

在 SolidWorks 中，大部分的特征都是从二维草图开始的，所以必须熟练掌握与草图有关的选项设置。此外，用户可根据自己的喜好选择颜色，定制工作区和控制区的背景颜色。选择【工具】|【选项】命令，打开【系统选项】对话框，如图 1-18 所示。

在【系统选项】选项卡的左侧列表中单击【颜色】命令，右侧显示颜色设置选项。在【当前的颜色方案】选项区中提供了设定颜色方案的快速方法，例如【Blue Highlight】（蓝光背景）、【Green Highlight】（绿光背景）等方案，选择其中任何一种即可设定背景颜色方案。在【颜色方案设置】选项区中选择【视区背景】。

单击【编辑】按钮，弹出如图 1-19 所示的【颜色】对话框。在此对话框中即可设定【视区背景】颜色。其他选项的颜色方案也可逐一设定，例如"工程图，纸张颜色""工程图，背景"等。

图 1-18 【系统选项】对话框

另外，比较简单的背景颜色设置方法就是单击前导视图工具栏中的【应用布景】按钮，根据需要来设置背景颜色，如图 1-20 所示。

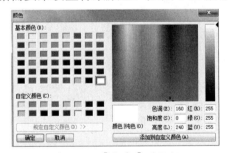

图 1-19 【颜色】对话框

图 1-20 背景颜色的设置

（2）单位设置。

系统的【文档属性】选项卡设置仅应用于当前文件，在此介绍【单位】选项，如图 1-21 所示。该选项用来指定激活的零件装配体或工程图文件所使用的线性单位类型和角度单位类型。如果选择了【自定义】选项，则可以激活其余的选项。除个别选项外，建议不要轻易对【系统选项】和【文档属性】选项卡中的各选项进行设置。初学者先在系统默认状态下进行操作，当对 SolidWorks 有了进一步的认识后，再根据自己的需要对【系统选项】和【文档属性】选项卡中的各选项进行设置。

在对话框中的【基本单位】选项区【长度】后面的【小数】文本框中输入数值，可以设置标注尺寸的精度。

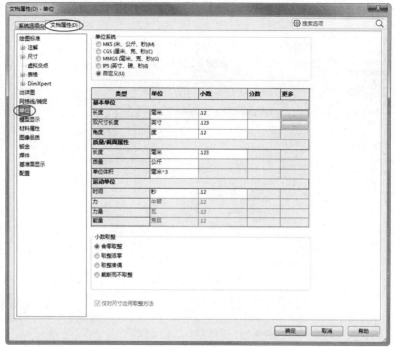

图 1-21 【单位】选项

> **技巧点拨：**
> 如果默认单位是英寸，用户仍可在文本框中输入公制单位的值，如输入"25mm"，SolidWorks 会自动将数值转换成默认单位的数值。

1.4 参考几何体的创建

在 SolidWorks 中，参考几何体可定义曲面或实体的形状或组成。参考几何体包括基准面、基准轴、坐标系和点。

1.4.1 基准面的创建与修改

基准面是用于草绘曲线、创建特征的参照平面。SolidWorks 向用户提供了 3 个基准面：前视基准面、右视基准面和上视基准面。这 3 个系统默认建立的基准面是不显示的，若要显示，须在属性面板中将其设为【显示】，如图 1-22 所示。同理，选择要隐藏的基准面，并在弹出的快捷工具栏中单击【隐藏】按钮便可。

1. 自定义基准面

建模时，除了使用系统默认的 3 个基准面作为参考，还可以使用已有的模型表面作为基准面，有时还要创建一些特殊的基准面进行辅助建模。

当需要创建自定义的基准面时，在【特征】选项卡的【参考几何体】工具栏中单击【基

准面】按钮（如图 1-23 所示），或者在菜单栏中执行【插入】|【参考几何体】|【基准面】命令，弹出【基准面】属性面板，如图 1-24 所示。

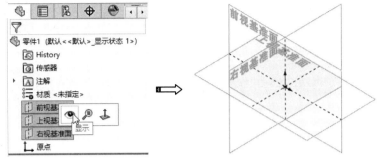

图 1-22　显示系统默认的 3 个基准面

图 1-23　单击【基准面】按钮

【基准面】属性面板中有【第一参考】、【第二参考】和【第三参考】等选项。当选取一个平面作为参考时，仅定义【第一参考】即可，如图 1-25 所示。

图 1-24　【基准面】属性面板

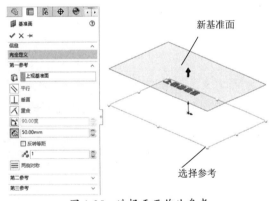

图 1-25　选择平面作为参考

当选取一条直线或一条模型边作为参考时，除定义【第一参考】选项外，还应定义【第二参考】选项，否则系统会提示"输入不完整"，如图 1-26 所示。

当选取一个草图点或模型的顶点作为参考时，则必须完成【第一参考】、【第二参考】和【第三参考】等选项的定义，如图 1-27 所示。

【基准面】属性面板中的选项含义如下。

- 平行：选择此选项，新基准面将与所选参考平面平行且偏移一定距离。
- 垂直：选择此选项，新基准面将与所选平面或线垂直。
- 重合：当选取点作为参考时，新基准面将通过所选点。

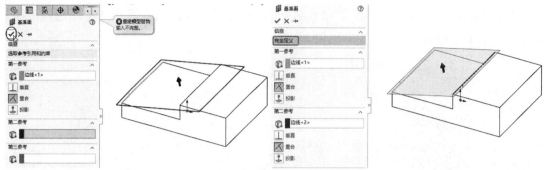

图 1-26 选择边线作为参考

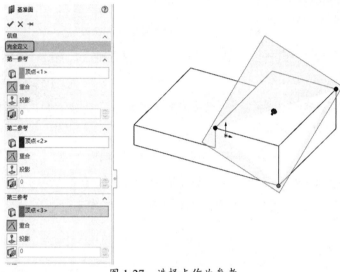

图 1-27 选择点作为参考

- 两面夹角：通过一条边线与一个面成一定夹角生成基准面，如图 1-28 所示。
- 等距距离：当选择平面作为参考并选择【平行】时，可输入等距距离以定义新基准面的位置。
- 两侧对称：选择此选项，在所选平面的两侧生成对称的新基准面，如图 1-29 所示。

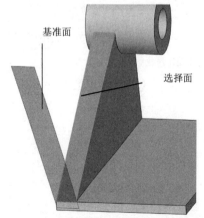

图 1-28 通过【两面夹角】生成基准面

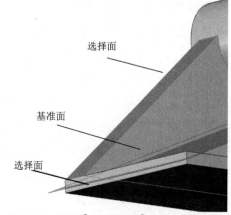

图 1-29 通过【两侧对称】生成基准面

- 反转法线：勾选此复选框，以相反方向生成基准面。

2. 参考基准面的修改

- 修改参考基准面之间的等距距离或角度。双击基准面就可以显示距离或角度，再双击尺寸或者角度数值，在弹出的修改对话框中输入新的数值。
- 调整参考基准面的大小。在图形区单击基准面，拖动基准面的边线，就可以调整基准面的大小了。

> **技巧点拨：**
> 多数情况下，建议初学者尽量少创建基准面，而是充分利用软件提供的 3 个默认基准面及已有草图线、模型表面、顶点等元素来建模，这样会减少很多不必要的冗余工作。

1.4.2 基准轴、坐标系和点的创建

一般情况下，当用户建立特征后，会自动生成基准轴、基准点等。在特殊情况下，用户需要定义新的基准轴、基准坐标系和基准点来辅助建模。例如，以数学方程式进行参数驱动建模时，就需要建立坐标系作为某些参数的坐标定位。

1. 基准轴的创建

基准轴常用来作为创建旋转特征时的旋转中心线。一般来讲，我们在草图中绘制的旋转中心线，会自动反馈到最终的模型中。如图 1-30 所示，在草图中创建了旋转中心线，完成模型的创建后该旋转中心线是看不见的，但系统会将草图中心线自动生成临时轴，在前导视图工具栏的【隐藏/显示项目】下拉列表中单击【观阅临时轴】按钮 即可显示圆柱体的中心轴。

图 1-30 观阅临时轴

用户也可以根据建模需要来创建基准轴。在【特征】选项卡的【参考几何体】命令菜单中单击【基准轴】按钮 ，打开【基准轴】属性面板，如图 1-31 所示。

> **技巧点拨：**
> 在【基准轴】属性面板的"参考实体"激活框中，当参考选择错误需要重新选择时，可执行右键菜单中的【消除选择】或【删除】命令将其删除，如图 1-32 所示。

【基准轴】属性面板中包括 5 种基准轴定义方式，如表 1-3 所示。

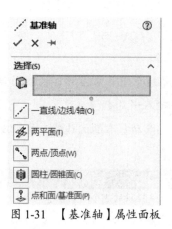

图 1-31 【基准轴】属性面板

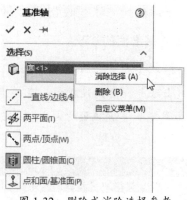

图 1-32 删除或消除选择参考

表 1-3 5种基准轴定义方式

图标	说明	图解
一直线/边线/轴	选择一条草图直线、边线,或者选择视图、临时轴来创建基准轴	
两平面	选择两个参考平面,将两平面的相交线作为轴	
两点/顶点	选择两个点(可以是实体上的顶点、中点或任意点)作为确定轴的参考	
圆柱/圆锥面	选择一个圆柱或圆锥面,则将该面的圆心线(或旋转中心线)作为轴	
点和面/基准面	选择一个曲面或基准面及顶点或中点。所产生的轴通过所选顶点、点或中点而垂直于所选曲面或基准面。如果曲面为非平面,点必须位于曲面上	

2. 基准坐标系

SolidWorks 中的坐标系包括系统绝对坐标系和用户建模时的相对坐标系。系统绝对坐标系在绘图区的原点位置,绝对坐标系是看不见的,也是不能移动的。

相对坐标系也称基准坐标系或工作坐标系。基准坐标系是可以进行移动和旋转操作的，如图 1-33 所示。

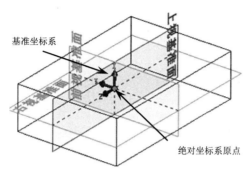

图 1-33　在原点处默认建立的基准坐标系

在【特征】选项卡的【参考几何体】命令菜单中单击【坐标系】按钮，打开【坐标系】属性面板。要创建基准坐标系，必须指定原点和任意 2 条坐标轴（也可完全定义 3 条坐标轴），如图 1-34 所示。

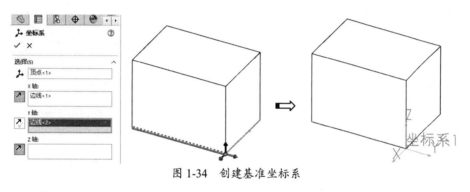

图 1-34　创建基准坐标系

3. 基准点

参考点可以用作构造对象，例如用作直线起点、标注参考位置、测量参考位置等。用户可以通过多种方法来创建点。在【特征】选项卡的【参考几何体】命令菜单中选择【点】命令，打开【点】属性面板，如图 1-35 所示。

【点】属性面板中包括 6 种创建点的方式。

- 圆弧中心：在所选圆弧或圆的中心生成参考点。
- 面中心：在所选面的中心生成一个参考点。这里可选择平面或非平面。
- 交叉点：在两个所选实体的交点处生成一个参考点。可选择边线、曲线及草图线段。
- 投影：生成一个从一个实体投影到另一个实体的参考点。
- 在点上：选取草图中的点来生成参考点。
- ：沿边线、曲线或草图线段生成一组参考点。此方法包括【距离】、【百分比】和【均匀分布】。其中，【距离】是指按用户设定的距离生成参考点数；【百分比】是指按用户设定的百分比生成参考点数；【均匀分布】是指在实体上均匀分布的参考点数。

图 1-36 所示为在所选面的中心创建参考点。

图 1-35 【点】属性面板

图 1-36 在面的中心创建参考点

1.4.3 质心和边界框的创建

1. 质心

质心是物体质量的中心。在 SolidWorks 中，质心主要是指特征组合体的质量中心。如果是一个特征，质心在该特征内，如果设计环境中存在多个且无相互关联的多个特征，那么质心将在整个组合体质量中心处显示。在【特征】选项卡的【参考几何体】下拉菜单中单击【质心】按钮◆，系统自动创建质心。一次只能创建一个质心。

在图 1-37（a）中，质心在单个特征内。再创建一个特征，质心位置产生改变，如图 1-37（b）所示。

（a）单个特征的质心　　　　　　　　（b）多个特征的共有质心

图 1-37 创建质心

2. 边界框

边界框是根据参考对象的形状计算出来的完全包容对象的包容框。此工具主要用来创建模具的毛坯工件。

在【特征】选项卡的【参考几何体】下拉菜单中单击【边界框】按钮，弹出【边界框】属性面板。在模型中选取一个平直的面（或者基准面），单击【确定】按钮✓系统自动创建边界框，如图 1-38 所示。

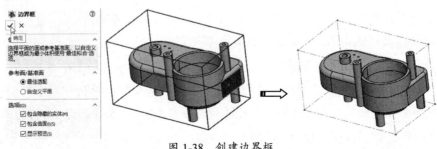

图 1-38 创建边界框

1.5 鼠标笔势

使用鼠标笔势作为执行命令的一个快捷键，类似于键盘快捷键。按文件模式的不同，按下鼠标右键并拖动可弹出不同的鼠标笔势。

在零件装配体模式中，当用户利用右键拖动鼠标时，会弹出如图 1-39 所示的包含 4 种定向视图的笔势指南。当鼠标移动至一个方向的命令映射时，指南会高亮显示即将选取的命令。

如图 1-40 所示，在工程图模式下，按鼠标右键并拖动时弹出的包含 4 种工程图命令的笔势指南。

图 1-39 零件或装配体模式的笔势指南

图 1-40 工程图模式下的笔势指南

用户还可以为笔势指南添加其余笔势。通过执行自定义命令，在【自定义】对话框的【鼠标笔势】选项卡中单击【8 笔势】单选按钮即可，如图 1-41 所示。

默认的 4 笔势设置为 8 笔势后，再在零件模式视图或工程图视图中按下右键并拖动鼠标，则会弹出如图 1-42 所示的 8 笔势指南。

图 1-41 设置鼠标笔势

零件或装配体模式

工程图模式
图 1-42 8 笔势指南

1.6 入门案例——轴承支座零件设计

本例以一个简单的机械零件建模作为入门案例，介绍机械零件模型从基准面、草图到三维模型的创建过程，完成后的轴承支座模型如图 1-43 所示。

操作步骤

① 启动 SolidWorks 2020 软件。新建零件，保存并命名为"轴承支座"。

图 1-43 轴承支座模型

② 在【特征】选项卡中单击【拉伸凸台/基体】按钮 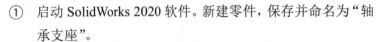，在特征管理器设计树中选择前视基准面作为草绘平面，绘制如图 1-44 所示的草图。

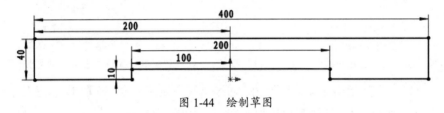

图 1-44 绘制草图

③ 退出草图环境，在【凸台-拉伸】属性面板中设置深度值为 250mm，再单击【确定】按钮 ✓ 完成拉伸实体（轴承座基座）的创建，如图 1-45 所示。

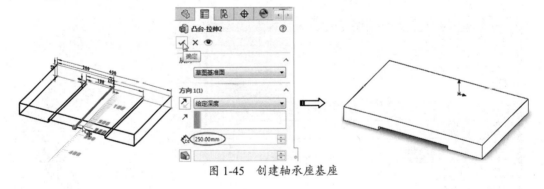

图 1-45 创建轴承座基座

④ 使用【拉伸凸台/基体】命令，选择轴承座基座后端面作为草图平面，绘制如图 1-46 所示的草图。

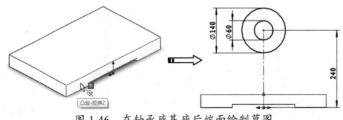

图 1-46 在轴承座基座后端面绘制草图

⑤ 退出草图环境,然后拖动控标分别向默认的两个方向拉伸草图,再在属性面板中设置方向 1 及方向 2 的深度值分别为 98mm、22mm,如图 1-47 所示。

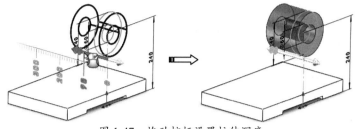

图 1-47 拖动控标设置拉伸深度

⑥ 单击【凸台-拉伸】属性面板中的【确定】按钮,完成拉伸实体的创建,如图 1-48 所示。

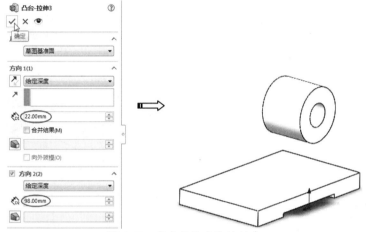

图 1-48 完成拉伸实体的创建

⑦ 使用【拉伸凸台/基体】命令,再选择轴承座后端面为草图平面,绘制草图,并拖动控标前进 30mm,创建完成的轴承座支撑板特征如图 1-49 所示。

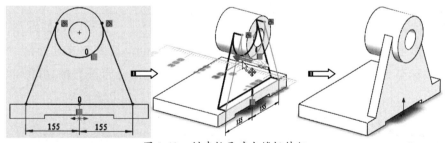

图 1-49 创建轴承座支撑板特征

技巧点拨:
绘制草图时,使用【转换实体引用】命令将轴承座的圆柱凸台外圆和基座上表面转换为草图,用户可以使用【剪裁实体】命令将多余线条移除,也可以在拉伸的时候单击选择要拉伸的封闭区域。

⑧ 依次执行【插入】|【参考几何体】|【基准面】命令,选择轴承座基座上表面作为第一参考,设置距离为 285mm,勾选【反转等距】复选框,单击【确定】按钮创建如图 1-50 所示的基准面。

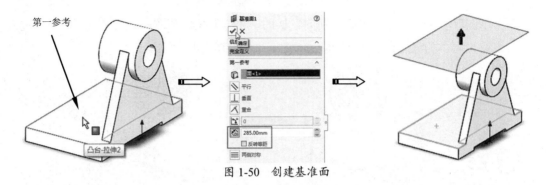

图 1-50 创建基准面

⑨ 在创建的基准面上绘制如图 1-51 所示的草图,在前导视图工具栏中选择【隐藏线可见】的显示样式。绘制中心线和圆,圆心落在中心线上,并标注圆心距圆柱凸台的距离 60mm。

⑩ 退出草图环境后,在【凸台-拉伸】属性面板中设置拉伸方式为【成型到一面】,完成凸台创建,如图 1-52 所示。

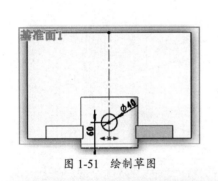

图 1-51 绘制草图

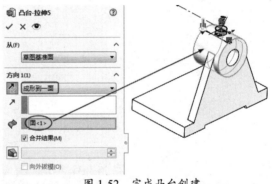

图 1-52 完成凸台创建

> 提示:
> 本书配图中的"成形"系翻译错误,应为"成型"。

⑪ 单击【特征】选项卡中的【拉伸切除】按钮,选择上一步骤创建的圆形凸台顶面为绘图平面,绘制与凸台同心的圆,标注直径为 20mm,切除方式选择【给定深度】,拖动控标至 80mm 处,最后单击【确定】按钮完成凸台圆孔的切除,如图 1-53 所示。

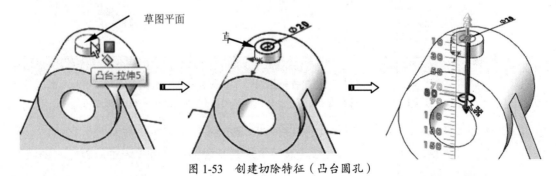

图 1-53 创建切除特征(凸台圆孔)

⑫ 在菜单栏中执行【视图】|【隐藏/显示】|【基准面】命令，将基准面隐藏。

⑬ 在【特征】选项卡中单击【筋】按钮，选择右视基准面作为绘图平面绘制草图，如图 1-54 所示。

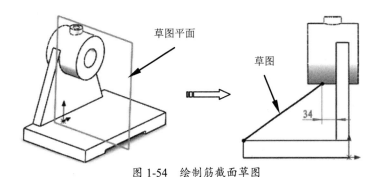

图 1-54 绘制筋截面草图

⑭ 在【筋】属性面板中设置相应参数，单击【确定】按钮创建筋特征，如图 1-55 所示。

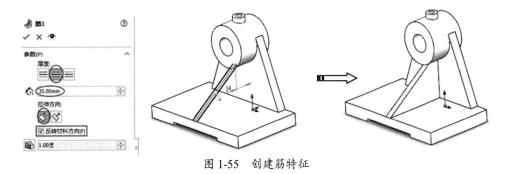

图 1-55 创建筋特征

⑮ 在【特征】选项卡中单击【异形孔向导】按钮，在弹出的【孔位置】属性面板中单击【位置】选项卡，然后选择基座上表面作为 3D 草图平面，在 3D 草图中绘制两个点以定义孔位置，如图 1-56 所示。

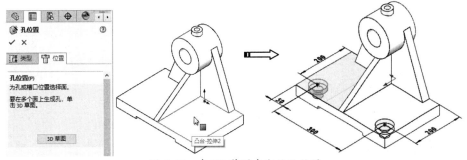

图 1-56 在 3D 草图中定位孔位置

⑯ 在【孔规格】属性面板的【类型】选项卡中设置相关参数，最后单击【确定】按钮创建异形孔，如图 1-57 所示。

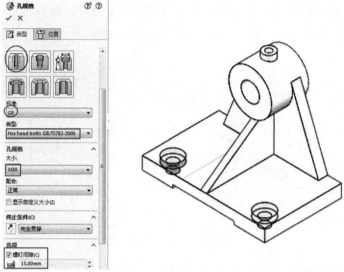

图 1-57 创建异形孔

⑰ 在【特征】选项卡中单击【圆角】按钮，设置圆角半径为 40mm，选择基座前端的两条棱边，创建圆角，如图 1-58 所示。

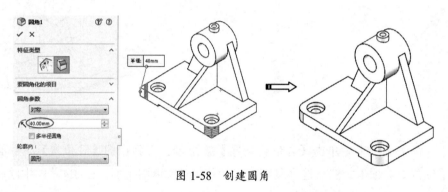

图 1-58 创建圆角

⑱ 至此，已经完成了轴承座的三维模型创建，保存并关闭当前文件窗口。

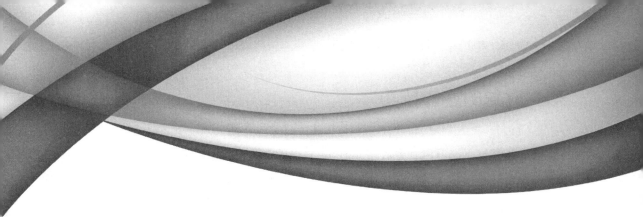

第 2 章
高效辅助建模工具

本章内容

在了解了 SolidWorks 2020 的界面与一些基本视图操作之后,还要熟练掌握一些高效辅助建模的工具,可以极大提升工作效率。

知识要点

- ☑ 对象的选择技巧
- ☑ 利用三重轴及控标辅助建模
- ☑ 使用 Instant3D 快速生成及修改模型

2.1 对象的选择技巧

在默认情况下，退出命令后 SolidWorks 中的箭头光标始终处于选择激活状态。当选择模式激活时，可使用指针在图形区域或在特征管理器（FeatureManager）设计树中选择图形元素。

2.1.1 选中并显示对象

图形区域中的模型或单个特征在用户进行选取时，或者将指针移到特征上面时，动态高亮显示。

> **技巧点拨：**
> 用户可以通过在菜单栏中执行【工具】|【选项】命令，在弹出的【系统选项】对话框中选择【颜色】选项来设置高亮显示。

1. 动态高亮显示对象

将指针动态移动到某边线或面上时，边线则以粗实线高亮显示，面的边线以细实线高亮显示，如图 2-1 所示。

2. 高亮显示提示

当端点、中点及顶点之类的几何约束在指针接近时高亮显示，被指针选择时而更改颜色，如图 2-2 所示。

面的边线以细实线高亮显示

边线作为粗实线高亮显示

接近时中点以黑色高亮显示

选择时指针识别出中点并以橙色显示

图 2-1 动态高亮显示面/边线　　　　图 2-2 几何约束的高亮显示提示

2.1.2 对象的选择

随着对 SolidWorks 环境的熟悉，如何高效地选择模型对象，将有助于快速设计。下面介绍几种常见的几何对象选取方法。

1. 框选择

框选择是将指针从左到右拖动，完全位于矩形框内的独立项目被选择，如图 2-3 所示。在默认情况下，框选类型只能选择零件模式下的边线、装配体模式下的零部件及工程图模式下的草图实体、尺寸和注解等。

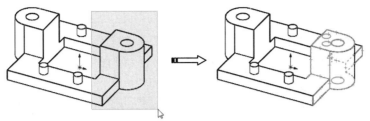

图 2-3　框选对象

技巧点拨：
框选择方法仅仅选取框内独立的特征，如点、线及面。非独立的特征不包括在内。

2. 交叉选择

交叉选择是将指针从右到左拖动，除了矩形框内的对象，穿越框边界的对象也会被选定，如图 2-4 所示。

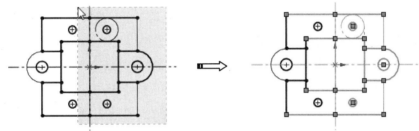

图 2-4　交叉选择对象

技巧点拨：
当选择工程图中的边线和面时，隐藏的边线和面不被选择。若想选择多个实体，在选择第一个实体后按住 Ctrl 键选择即可。

3. 逆转选择（反转选择）

当一个对象内部包含许多元素且需选择其中大部分元素时，逐一选择会耽误不少操作时间，这时就需要使用逆转选择方法。

① 先选择少数不需要的元素。
② 在【选择过滤器】工具栏中单击【逆转选择】按钮 。
③ 随后即可将需要选择的多数元素选中，如图 2-5 所示。

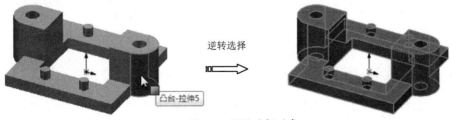

图 2-5　逆转选择对象

4. 选择其他

当模型中要进行选择的对象元素被遮挡或隐藏后,可利用选择其他方法进行选择。在图形区域中右击模型然后选择【选择其他】命令,随后弹出【选择其他】对话框。该对话框中列出模型中指针欲选范围的项目,同时鼠标指针形状由 变成了 (仅当指针在【选择其他】对话框外才显示),如图 2-6 所示。

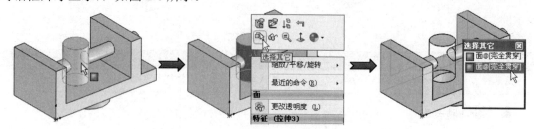

图 2-6　利用【选择其他】命令选择对象

5. 更改透明度

与选择其他方法原理相通,更改透明度选择方法也是在无法直接选择对象的情况下来使用的。更改透明度选择方法是透过透明物体选择非透明对象,包括装配体中通过透明零部件的不透明零部件,以及零件中通过透明面的内部面、边线及顶点等。

如图 2-7 所示,当要选择长方体内的球体时,直接选择是无法完成的,这时就可以右击选取遮蔽球体的长方体面,然后选择快捷菜单中的【更改透明度】命令,在修改了遮蔽面的透明度后,就能顺利地选择球体了。

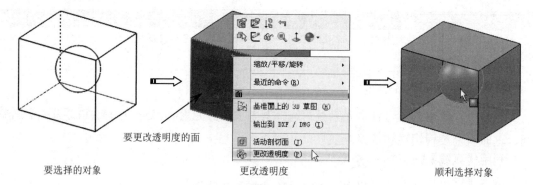

图 2-7　利用更改透明度选择方法选择对象

> **技巧点拨:**
> 为便于选择,具有 10% 以上透明度的实体被视为透明,具有 10% 以下透明度的实体被视为不透明。

2.2 利用三重轴及控标辅助建模

在 SolidWorks 中,三重轴便于操纵各个对象,例如 3D 草图、零件、某些特征以及装配体中的零部件。控标是在创建特征时出现的方向与深度操控器。

2.2.1 三重轴

三重轴将在不同的特征创建或模型对象操作的过程中出现。三重轴就是用于操控几何对象的操控器，三重轴包括环、中心球、轴和侧翼等元素。在零件模式下显示的三重轴如图 2-8 所示。

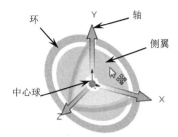

图 2-8　零件模式下的三重轴

- 环：拖动环可以绕环的轴旋转对象。
- 中心球：拖动中心球可以自由移动对象；按 Alt 键并拖动中心球可以自由地拖动三重轴但不移动对象。
- 轴：拖动轴可以朝 X、Y 或 Z 方向自由地平移对象。
- 侧翼：拖动侧翼可以沿侧翼的基准面拖动对象。

要显示和使用三重轴，须进行以下操作，满足下列条件：

- 在装配体中，右击可移动零部件并选择快捷菜单中的【以三重轴移动】命令；
- 在装配体爆炸图编辑过程中，选择要移动的零部件；
- 在零件模式下，在【移动/复制实体】属性面板中单击【平移/旋转】按钮；
- 在 3D 草图中，右击实体并选择快捷菜单中的【显示草图程序三重轴】命令。

> **技巧点拨：**
> 如果要精确移动三重轴，可以右击三重中心球并选择快捷菜单中的【移动到选择】命令，然后选择一个精确位置即可。

上机实践——轮胎设计

① 新建零件文件进入零件设计环境。
② 在功能区【特征】选项卡中单击【拉伸凸台/基体】按钮 ，选择前视基准面作为草图平面进入草图环境。
③ 利用【直线】【圆角】等命令绘制如图 2-9 所示的凸台截面草图。
④ 单击【退出草图】按钮 退出草图环境，在弹出的【凸台-拉伸】属性面板中设置拉伸深度值为 3000，单击【确定】按钮 完成凸台特征的创建，如图 2-10 所示。

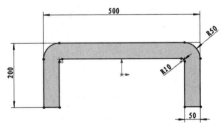

图 2-9　绘制凸台截面草图

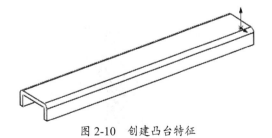

图 2-10　创建凸台特征

⑤ 在菜单栏中执行【插入】|【特征】|【弯曲】命令，弹出【弯曲】属性面板。首先选择凸台特征作为弯曲对象，对象中显示三重轴，如图 2-11 所示。

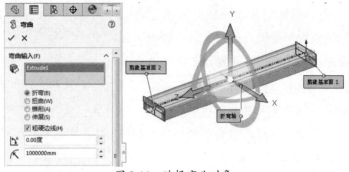

图 2-11 选择弯曲对象

⑥ 在【弯曲】属性面板中设置折弯角度为 360 度，按 Enter 键可以预览弯曲情况，如图 2-12 所示。

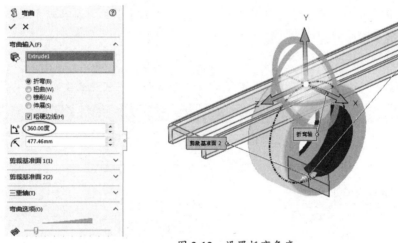

图 2-12 设置折弯角度

⑦ 预览发现折弯后的效果不太好，轮胎直径太小了，此时可以拖动三重轴的 Y 轴，改变折弯轴的位置，随之轮胎直径也会更改，如图 2-13 所示。

⑧ 最后单击【确定】按钮 ✓ 完成轮胎的设计，如图 2-14 所示。

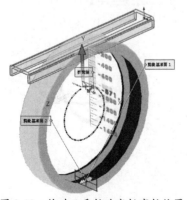

图 2-13 拖动三重轴改变折弯轴位置

图 2-14 设计完成的轮胎

2.2.2 控标

控标允许用户在不退出图形区域的情形下,动态单击、移动和设置某些参数。拖动控标可以拉伸截面来改变特征长度,控标箭头表示拉伸方向。

当创建拉伸特征时,默认情况下只显示一个箭头的控标,但在属性管理器中设置第二个方向后,将会显示两个箭头的控标,如图 2-15 所示。

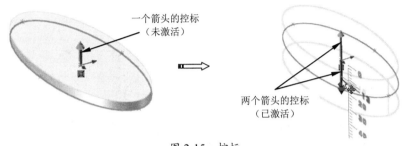

图 2-15 控标

> 技巧点拨:
> 当用户利用拖动控标创建拉伸特征时,所能创建的单方向的特征厚度最小值为 0.0001,最大厚度值为 1000000。

上机实践——拖动控标创建支座零件

本例要设计的叉架类零件——支座,如图 2-16 所示。

① 新建零件文件,进入零件模式。
② 使用【拉伸凸台/基体】工具,选择前视基准面作为草绘平面,并绘制出底座的截面草图,如图 2-17 所示。

图 2-16 支座零件

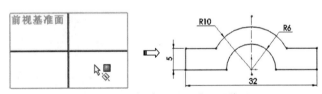

图 2-17 选择草绘平面并绘制草图

③ 通过【凸台-拉伸】属性面板,指定拉伸深度及拉伸方向,或者拖动控标或者拖动控标拉伸截面到 16mm 位置处,最终创建完成的底座主体如图 2-18 所示。
④ 使用【拉伸切除】工具,以底座表面作为草绘平面,并绘制出如图 2-19 所示的草图。
⑤ 完成草图后,拖动控标直至预览实体图像超出前一拉伸特征,在底座主体上创建一个 U 形缺口,如图 2-20 所示。

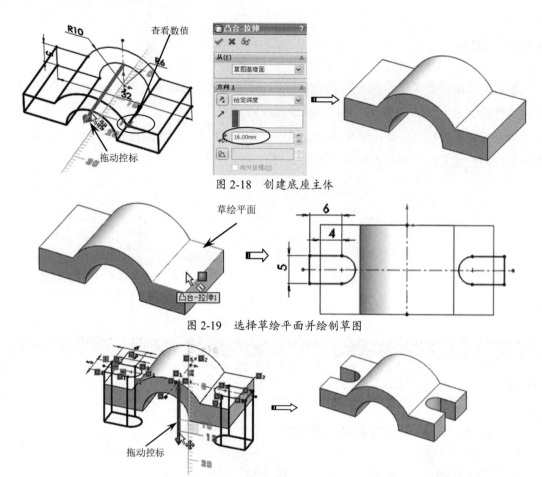

图 2-18 创建底座主体

图 2-19 选择草绘平面并绘制草图

图 2-20 创建 U 形缺口

⑥ 同理，使用【拉伸凸台/基体】工具，以前视基准面为草绘平面，绘制草图后再拖动控标，创建出深度为 14mm 的凸台特征，如图 2-21 所示。

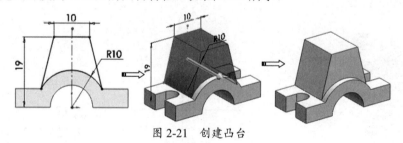

图 2-21 创建凸台

⑦ 使用【拉伸切除】工具，以凸台表面为草绘平面，在凸台上创建一个深度为 7mm 的方形缺口特征，如图 2-22 所示。

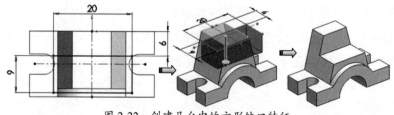

图 2-22 创建凸台中的方形缺口特征

⑧ 使用【拉伸切除】工具，以前视基准面为草绘平面，在凸台上创建一个深度为 10mm 的圆形缺口特征，如图 2-23 所示。

图 2-23　创建凸台中的圆形缺口特征

⑨ 同理，使用【拉伸凸台/基体】工具，以前视基准面为草绘平面，创建出深度为 7mm 的圆环实体特征（轴套），如图 2-24 所示。

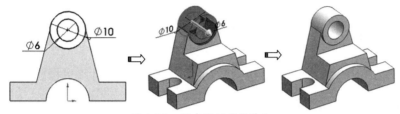

图 2-24　创建圆环实体特征

⑩ 使用【异形孔向导】工具，在凸台中创建直径为 5mm 的直孔，如图 2-25 所示。

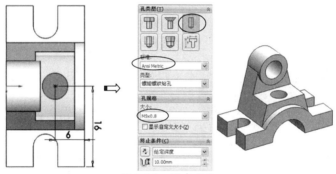

图 2-25　创建直孔

⑪ 至此，工作台零件的创建工作已全部完成。

2.3　使用 Instant3D 快速生成及修改模型

在 SolidWorks 中，用户可以使用 Instant3D 功能来拖动控标、草图和尺寸操纵杆以生成和快速修改模型特征。在草图模式或工程图模式中是不支持使用 Instant3D 功能的。

在【特征】选项卡中单击【Instant3D】按钮，再选择模型中的几何特征，即可使用 Instant3D 功能。

使用 Instant3D 功能，可以进行以下操作：

● 在零件模式下拖动几何体和尺寸操纵杆以调整特征大小；

- 对于装配体，可以装配体内的零部件，也可以编辑装配体层级草图、装配体特征以及配合尺寸；
- 使用标尺可以精确测量对象并完成修改；
- 从所选的轮廓或草图生成拉伸或切除凸台；
- 可以使用拖动控标来捕捉几何体；
- 动态切割模型几何体以查看和操纵特征；
- 可以编辑内部草图轮廓；
- 可以使用 Instant3D 镜像或阵列几何体；
- 对 2D 和 3D 的焊件零件进行操作。

2.3.1 使用 Instant3D 的几种方式

可以使用 Instant3D 功能来选择草图轮廓或实体边并拖动尺寸操纵杆以生成和修改特征。

1. 拖动控标指针生成特征

在特征上选择一边线或面，随后显示控标。选择边线与面所显示的控标有所不同。若选择边线，将显示双箭头的控标，表示可以从 4 个方向拖动；若选择面，则会显示一个箭头的控标，这意味着只能从 2 个方向拖动，如图 2-26 所示。

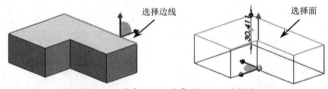

图 2-26　选择不同对象所显示的控标

若是双箭头的控标，可以任意拖动而不受特征厚度的限制，如图 2-27 所示。在拖动过程中，尺寸操纵杆上黄色显示的距离段为拖动距离。

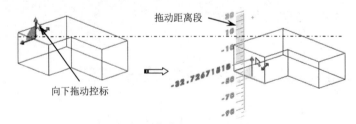

图 2-27　不受厚度限制的拖动控标

若是单箭头的控标，在拖动面时则要受厚度的限制，拖动后生成的新特征不得低于 5mm，如图 2-28 所示。

技巧点拨：
当选择的边为竖直方向的边时，拖动控标可创建拔模特征，即绕另一侧的实体边旋转。

第 2 章 高效辅助建模工具

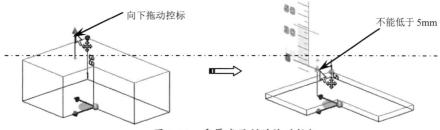

图 2-28 受厚度限制的拖动控标

2. 拖动草图至现有几何体生成特征

将草图轮廓拖至现有几何体时,草图轮廓拓扑和用户选择轮廓的位置将决定所生成的特征的默认类型。表 2-1 列出了草图曲线与现有几何体的位置关系以及拖动控标所生成的默认特征类型。

表 2-1 草图曲线与现有几何体的位置关系及生成的默认特征

选择原则	生成的默认特征	图 解
选择在面上的草图曲线	切除拉伸	
选择在面外的草图曲线	凸台拉伸	
草图曲线一半接触面,选择接触面的区域	切除拉伸	
草图曲线一半接触面,选择不接触面的区域	凸台拉伸	

3. 拖动控标创建对称特征

选择草图轮廓,拖动控标并按住 M 键,可以创建出具有对称性的新特征,如图 2-29 所示。

4. 修改特征

用户可以拖动控标来修改面和边线。使用三重轴中心球可以将整个特征拖动或复制(复制特征需按住 Ctrl 键)到其他面上,如图 2-30 所示。

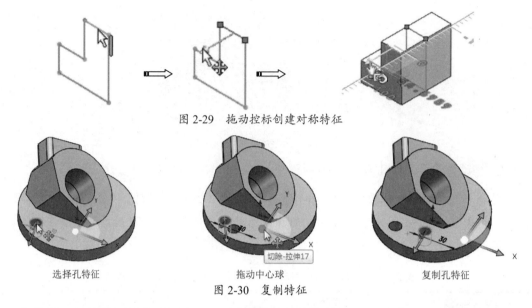

图 2-29 拖动控标创建对称特征

图 2-30 复制特征

在按住 Ctrl 键的同时拖动圆角,可以将其复制到模型的另一条边线上,如图 2-31 所示。

图 2-31 复制圆角

> **技巧点拨:**
> 如果某实体不可拖动,该控标就会变为黑色,或者在用户尝试拖动实体时出现 ⊗ 图标。此时,特征不受支持或受到限制。

2.3.2 利用 Instant3D 标尺可以精确修改对象

在拖动控标生成或修改特征时,会显示 Instant3D 标尺。

Instant3D 标尺包括直标尺和角度标尺。一般拖动控标平移将显示直标尺,如图 2-32 所示;在使用三重轴环旋转活动剖面时则显示角度标尺,如图 2-33 所示。

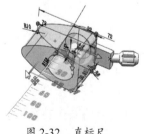
图 2-32 直标尺

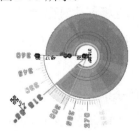
图 2-33 角度标尺

在装配体设计环境中,当右击某个零部件并在弹出的快捷菜单中执行【以三重轴移动】命令时,标尺会以三重轴显示,以便能够将零部件移至定义的位置,如图2-34所示。

当指针远离标尺时,可以自由拖动尺寸,在标尺上移动指针可捕捉到标尺增量,如图2-35所示。

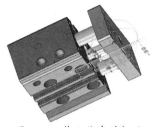

图2-34 装配体中的标尺

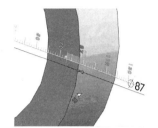

图2-35 自由拖动尺寸

上机实践——利用Instant3D快速建模

本例将使用Instant3D工具进行快速建模,要创建的模型如图2-36所示。

① 新建零件文件。
② 在特征管理器设计树中选中右视基准面(也可右击),在弹出的关联工具栏中单击【草图绘制】按钮 ,进入草图环境绘制如图2-37所示的草图。

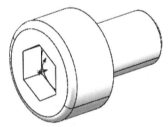

图2-36 内六角螺钉

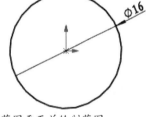

图2-37 选择草图平面并绘制草图

③ 退出草图环境。在【特征】选项卡中单击【Instant3D】按钮 开启Instant3D动态编辑模式。
④ 在图形区中选择直径为16mm的圆曲线,显示橙色的控标,如图2-38所示。拖动控标向正方向拖动,根据标尺精确拖动至10mm的位置,如图2-39所示。

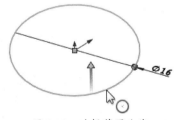

图2-38 选择草图曲线

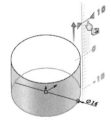

图2-39 拖动控标

技巧点拨:

如果不能精确捕捉到某个尺寸位置,滚动鼠标中键放大视图,就能轻松地捕捉到某个尺寸了。

⑤ 可以看到在拖动控标的过程中，自动创建了 3D 实体。这个操作等同于创建一个拉伸凸台特征，但操作要简便很多。

⑥ 选择此 3D 实体的顶面，然后在弹出的关联工具栏中单击【草图绘制】按钮，进入草图环境绘制如图 2-40 所示的草图。

⑦ 退出草图环境后，选择这个草图曲线向正方向拖动控标，拖动至 16mm 位置，生成如图 2-41 所示的 3D 实体。

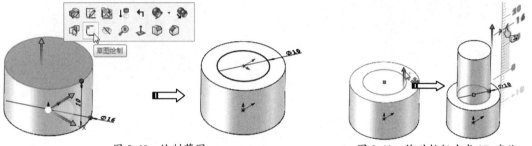

图 2-40 绘制草图　　　　　　图 2-41 拖动控标生成 3D 实体

⑧ 选中第一个 3D 实体的底面，在弹出的关联工具栏中单击【草图绘制】按钮，进入草图环境绘制如图 2-42 所示的正六边形草图（内切圆直径为 8mm）。

⑨ 退出草图环境后选中正六边形草图曲线，然后向 3D 实体内拖动控标，拖动至 -5mm 位置，生成内六角凹槽，如图 2-43 所示。

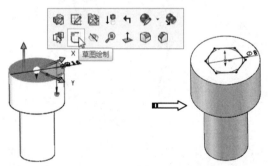 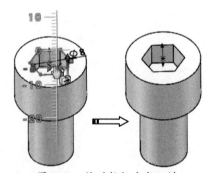

图 2-42 绘制正六边形草图　　　　图 2-43 拖动控标生成凹槽

⑩ 最后在【特征】选项卡中单击【圆角】按钮，选择两条边来创建多半径圆角特征，如图 2-44 所示。

⑪ 选中较小半径的圆角特征，按住 Ctrl 键，拖动圆角特征中的控标中心球，将其拖动到前端释放，即可完成圆角特征的复制，如图 2-45 所示。至此，完成了内六角螺钉的快速建模。

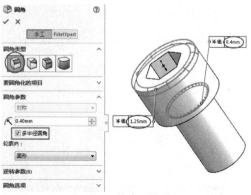

图 2-44 创建圆角特征

第 2 章 高效辅助建模工具

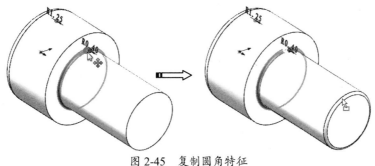

图 2-45 复制圆角特征

拓展训练——钻削刀具设计

本例主要是以钻削刀具的建模，了解三重轴在实际建模中的作用，如图 2-46 所示。

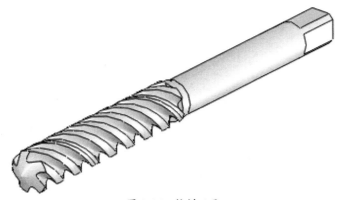

图 2-46 钻削刀具

① 新建零件文件进入零件模式。
② 在【特征】选项卡中单击【旋转凸台/基体】按钮，弹出【旋转】属性面板。然后在图形区中选择前视基准面作为草绘平面。
③ 进入草图环境绘制如图 2-47 所示的旋转截面草图。
④ 单击【草图】选项卡中的【退出草图】按钮，在【旋转】属性面板中单击【确定】按钮，完成钻削刀具主体特征的创建，如图 2-48 所示。

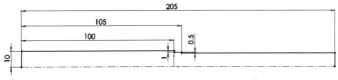

图 2-47 绘制钻削刀具的旋转截面草图　　　　图 2-48 创建钻削刀具主体特征

⑤ 在【特征】选项卡中单击【拉伸切除】按钮，弹出【切除-拉伸】属性面板。在图形区中选择钻削刀具主体特征的一个端面作为草绘平面，如图 2-49 所示。
⑥ 在草图环境下绘制如图 2-50 所示的矩形截面草图后，退出草图环境。

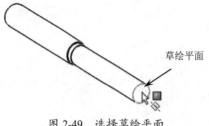
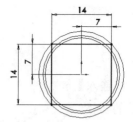

图 2-49　选择草绘平面　　　　　　　　图 2-50　绘制矩形截面草图

⑦ 在【切除-拉伸】属性面板中，设置深度为 20mm，并勾选【反侧切除】复选框，最后单击【确定】按钮，完成钻削刀具夹持部特征的创建，如图 2-51 所示。

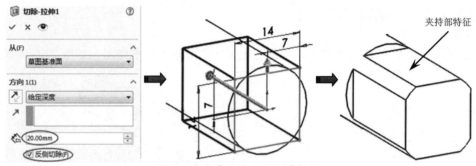

图 2-51　创建钻削刀具夹持部特征

⑧ 在菜单栏中执行【插入】|【特征】|【分割】命令，弹出【分割】属性面板。按信息提示在图形区中选择主体的一个横截面作为剪裁曲面，再单击【切除零件】按钮，完成主体的分割，如图 2-52 所示。

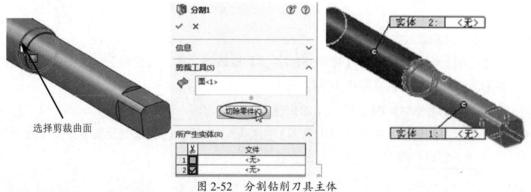

图 2-52　分割钻削刀具主体

技巧点拨：
在这里将主体分割成两部分，是为了在其中一部分中创建钻削刀具的工作部，即带有扭曲的退屑槽。

⑨ 使用【拉伸切除】工具，在主体最大直径端创建如图 2-53 所示的工作部退屑槽特征。

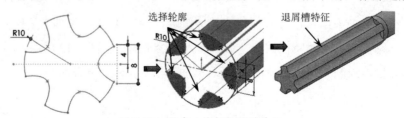

图 2-53　创建工作部退屑槽特征

> **技巧点拨：**
> 在创建拉伸切除特征时，需要手动选择要切除的区域，否则无法完成切除。

⑩ 在菜单栏中执行【插入】|【特征】|【弯曲】命令，弹出【弯曲】属性面板。

⑪ 在【弯曲输入】选项区中单击【扭曲】单选按钮，然后在图形区中选择钻削刀具主体作为弯曲的实体，随后显示弯曲的剪裁基准面，如图 2-54 所示。

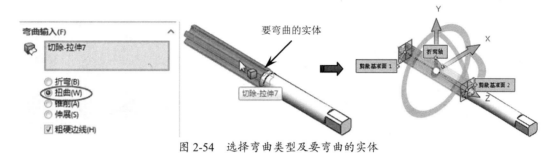

图 2-54　选择弯曲类型及要弯曲的实体

⑫ 在【弯曲输入】选项区中设置扭曲角度为 360 度，然后单击【确定】按钮 ✔ 完成钻削刀具工作部的创建，如图 2-55 所示。

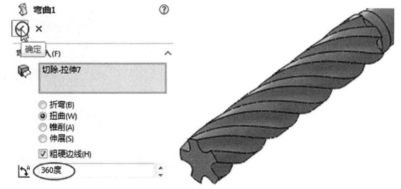

图 2-55　创建钻削刀具工作部

⑬ 在特征管理器设计树中选择上视基准面，然后使用【旋转切除】工具，在工作部顶端创建钻削刀具切削部，如图 2-56 所示。

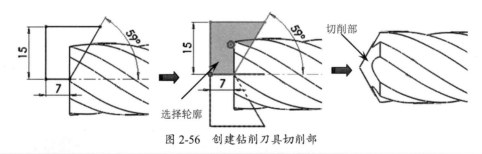

图 2-56　创建钻削刀具切削部

> **技巧点拨：**
> 旋转切除的草图必须是封闭的，否则将无法按设计需要来切除实体。

⑭ 设计完成的钻削刀具如图 2-57 所示。

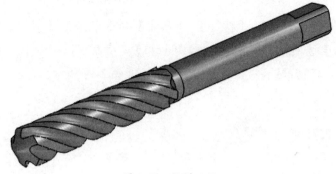

图 2-57　钻削刀具

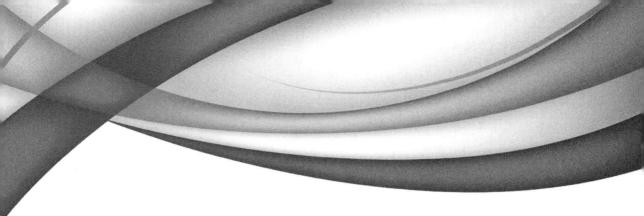

第 3 章
绘制二维草图

本章内容

草图绘制在 SolidWorks 三维模型生成中是极为重要的。在进行零件设计时,首先绘制实体模型的草图,再利用拉伸、旋转来生成三维实体模型。本章将全面介绍关于二维草图的基础知识和详细绘制步骤。

知识要点

- ☑ 草图绘制基础
- ☑ 草图基本曲线
- ☑ 草图变换操作
- ☑ 草图对象的约束

3.1 草图绘制基础

草图有二维草图（也称 2D 草图）和三维草图（也称 3D 草图）之分。二维草图是位于空间的点、线的组合，三维草图可以作为扫描特征的扫描路径、放样或扫描的引导线、放样的中心线等。一般情况下，没有特殊说明时，草图均指二维草图。二维草图必须在平面上绘制。这个平面可以是基准面，也可以是实体的特征表面等。绘制草图时应首先确定草图的绘制平面。

3.1.1 草图要素

草图是绘制三维模型的基础。通常，创建模型的第一步是绘制草图，随后可以从草图生成特征。用户可以使用基准面或平面来创建 2D 草图。除了 2D 草图，还可以创建包括 X 轴、Y 轴和 Z 轴的 3D 草图。草图中包含以下基本要素。

1. 草图原点

草图原点也是基准坐标系的原点。在许多情况下，用户都是从原点开始绘制草图的，原点为草图提供了定位点。利用原点作为参考，可以减少尺寸约束和几何约束，降低草图出现错误的风险。例如，在原点位置绘制中心矩形，可以减少定位尺寸的约束，如图 3-1 所示。

2. 基准面

基准面常用作草图的绘制平面，基准面的选择很重要。SolidWorks 提供了 3 个默认基准面：前视基准面、上视基准面和右视基准面。用户也可以在零件或装配体文档中自定义基准面。

在一些模型上，绘制草图的基准面仅影响模型在标准等轴测视图（3D）中的显示方式，而对于设计意图并无影响。对于其他模型而言，选择或创建正确的草图基准面来绘制草图，可以帮助用户更加高效地生成模型，如图 3-2 所示。

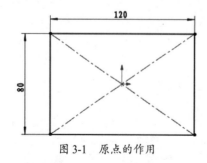

图 3-1 原点的作用

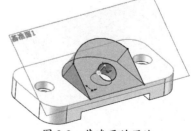

图 3-2 基准面的用途

3. 尺寸约束

尺寸约束用作图形的定形和定位。可以在几何元素之间定义尺寸约束，如长度、距离、角度、弧度和半径/直径等。当用户更改尺寸约束后,图形的位置与形状也会随之更改。草图环境中主要有两类尺寸约束:驱动尺寸和从动尺寸。

驱动尺寸是用来改变图形形状和位置的强尺寸,使用尺寸标注工具可生成驱动尺寸。当用户更改驱动尺寸的数值时,模型大小随之更改。

从动尺寸是参考尺寸,不作为图形改变之用。当用户修改模型中的驱动尺寸或几何关系时,从动尺寸的数值也随之更改。除非将从动尺寸转换为驱动尺寸,否则无法直接修改从动尺寸的数值。

4. 草图定义

草图的定义分为完全定义、欠定义和过定义。在完全定义的草图中,所有直线和曲线及其位置均由尺寸或几何关系或两者说明。在使用草图生成特征之前,无须完全定义草图,但是应该完全定义草图以维持用户的设计意图。完全定义的草图显示为黑色;过定义的草图显示为红色;欠定义的草图显示为蓝色,如图 3-3 所示。

图 3-3　草图定义

5. 几何约束关系

几何约束关系(也称"位置约束")是在草图实体之间建立几何关系,如相等、相切、同心、垂直、竖直及固定等。几何约束起到约束图线自由度的作用。此外还可以相应减少尺寸约束。尺寸约束和几何约束都可以起到几何元素的定位作用。

例如,用户可以在图 3-4 中的两条长为 100mm 的水平线段之间建立相等几何关系,同时在两个圆弧之间也建立相等几何关系。

当其中一条水平线的长度尺寸发生更改时,下方的一条水平线段的长度也随之更改,以保持相等几何约束关系。

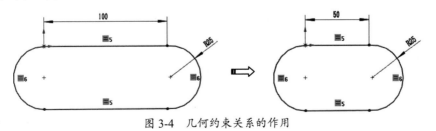

图 3-4　几何约束关系的作用

6. 指针反馈

在 SolidWorks 中,指针可以改变形状以显示对象类型,例如顶点、边线或面等。在草图中,指针形状动态改变,提供有关草图实体类型的数据,或者指示指针相对于其他草图实体的位置,如图 3-5 所示。

（a）垂直关系

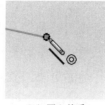
（b）同心关系

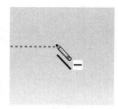
（c）共线关系

图 3-5　指针反馈

3.1.2　进入草图环境

草图环境是绘制特征截面草图或曲面骨架曲线的工作环境,如图 3-6 所示。

进入草图环境的方式有以下几种:

- 在【草图】选项卡中单击【草图绘制】按钮，选择草图平面后进入草图环境绘制草图。
- 在【特征】选项卡中单击【拉伸凸台/基体】按钮，选择草图平面后进入草图环境。
- 在特征管理器设计树中选择三个基准面之一,在弹出的关联工具栏中单击【草图绘制】按钮，或者直接在【草图】选项卡中单击某一个曲线绘制按钮,快速进入草图环境。
- 在图形区中已有的模型表面单击,在弹出的关联工具栏中单击【草图绘制】按钮，或者直接在【草图】选项卡中单击某一个曲线绘制按钮,快速进入草图环境。

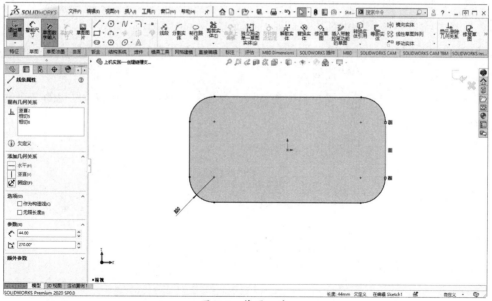

图 3-6　草图环境

上机实践——绘制零件轮廓草图

下面通过绘制如图 3-7 所示的某零件轮廓草图来掌握草图绘制的一般流程。

① 新建零件文件。在特征管理器设计树中选择前视基准面,接着单击【草图】选项卡中的【直线】按钮 ∕·快速进入草图环境。

② 从草图原点处开始绘制直线,绘制零件轮廓,如图 3-8(a)所示。

③ 单击【草图】选项卡中的【智能尺寸】按钮 ❖,依次完成直线段的尺寸标注,如图 3-8(b)所示。

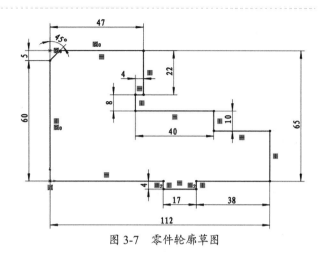

图 3-7 零件轮廓草图

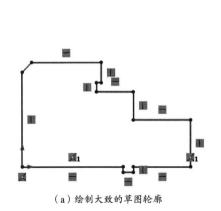

(a)绘制大致的草图轮廓

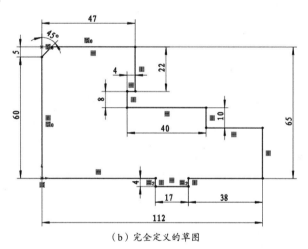

(b)完全定义的草图

图 3-8 绘制完成的轮廓草图

技巧点拨:

标注完尺寸,仔细查看草图,看草图中是否还有未变黑的直线。如果有表示其直线未被完全定义,把鼠标指针移动到其上面,仍可以拖动。根据其拖动的方向,可以判断缺少的几何尺寸或几何关系,可以继续添加几何尺寸或几何关系。

3.2 草图基本曲线

草图基本曲线包括直线、矩形、平行四边形、多边形、圆、圆弧、椭圆、抛物线、样条曲线、点和中心线等。

> **提示:**
> SolidWorks 草图中的曲线也称"草图实体"。此"实体"并非特征实体,仅仅指草图曲线。

1. 直线/中心线

直线或中心线是最基本的草图实体。绘制直线时可以拖动鼠标进行绘制(称"单击-拖动"模式),或者单击鼠标确定直线起点和终点进行绘制(称"单击-单击"模式)。

执行【直线】命令后,弹出【插入线条】属性面板,如图 3-9 所示。同时鼠标指针形状由 ▷ 变为 ✎。

在草图绘图区用鼠标选择直线或画完直线后,弹出【线条属性】属性面板,如图 3-10 所示。

【插入线条】属性面板中各选项含义如下。

- 按绘制原样:就是以任意方向来绘制直线。可以使用"单击-拖动"模式和"单击-单击"模式。
- 水平:绘制水平线,直到释放指针。无论使用何种绘制模式,都只能绘制出单条水平直线。
- 竖直:绘制竖直线,直到释放指针。无论使用何种绘制模式,都只能绘制出单条竖直直线。
- 角度:以与水平线成一定角度绘制直线,直到释放指针。可以使用"单击-拖动"模式和"单击-单击"模式。
- 作为构造线:勾选此复选框可生成一条构造线。
- 无限长度:勾选此复选框可生成一条可修剪的没有端点的直线。

【线条属性】属性面板中各选项含义如下。

- 【现有几何关系】选项区:所绘制的直线是否有水平、垂直约束,若有则将显示在列表中。
- 【添加几何关系】选项区:包括【水平】、【竖直】和【固定】3 种约束类型。任选一种约束类型,直线将按其来进行绘制。
- 【参数】选项区:包括【长度】选项 ✎ 和【角度】选项 ✎。其中【长度】选项用于输入直线的精确值;【角度】选项用于输入直线与水平线之间的角度值。当绘制方向为水平或竖直时,【角度】选项不可用。
- 【额外参数】选项区:用于设置直线端点在坐标系中的参数。

中心线用作草图的辅助线,其绘制过程不仅与直线相同,其属性管理器中的操控面板也是相同的。不同的是,使用【中心线】草图命令生成的仅是中心线。因此,这里就不再对中心线进行详细描述了。

2. 圆

在【草图】选项卡中单击【圆】按钮 ⊙,此时鼠标指针变为 ✎,弹出【圆】属性面板,如图 3-11 所示。

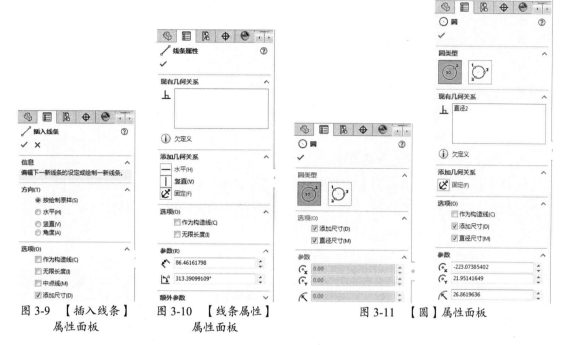

图 3-9 【插入线条】属性面板　　图 3-10 【线条属性】属性面板　　图 3-11 【圆】属性面板

(1)【圆类型】选项区。

- 圆：确定圆心、半径来绘制圆。
- 周边圆：确定圆上 3 个点来绘制圆。

(2)【选项】选项区。

- 添加尺寸：勾选此复选框，在绘制圆的同时标注尺寸。
- 直径尺寸：勾选此复选框，在绘制圆的同时标注直径尺寸。

(3)【参数】选项区。

- X 坐标置中：表示圆心的 X 坐标值。
- Y 坐标置中：表示圆心的 Y 坐标值。
- 半径：圆的半径值。

在绘制完一个圆后，【圆】属性面板中就会显示圆的属性定义选项。

3. 圆弧

圆弧有 3 种类型：圆心/起点/终点画弧、切线弧和三点圆弧，如图 3-12 所示。

图 3-12　三种圆弧类型

(1) 圆心/起点/终点画弧。

【圆心/起点/终点画弧】类型是以圆心、起点和终点的位置方式来绘制圆。如果圆弧不受几何关系约束，可在【参数】选项区中指定以下参数：

- X 坐标置中 : 圆心在 X 坐标上的参数值。
- Y 坐标置中 : 圆心在 Y 坐标上的参数值。
- 开始 X 坐标 : 起点在 X 坐标上的参数值。
- 开始 Y 坐标 : 起点在 Y 坐标上的参数值。
- 结束 X 坐标 : 终点在 X 坐标上的参数值。
- 结束 Y 坐标 : 终点在 Y 坐标上的参数值
- 半径 : 圆的半径值。
- 角度 : 圆弧所包含的角度。

选择【圆心/起点/终点画弧】类型来绘制圆弧，首先指定圆心位置，然后拖动指针来指定圆弧起点（同时也确定了圆的半径），指定起点后再拖动指针指定圆弧的终点，如图 3-13 所示。

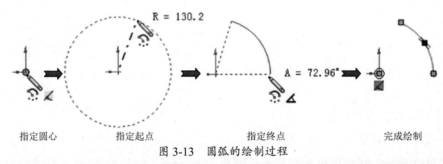

图 3-13　圆弧的绘制过程

> **技巧点拨：**
> 在绘制圆弧的面板还没有关闭的情况下，是不能使用指针来修改圆弧的。若要使用指针修改圆弧，须先关闭面板，再编辑圆弧。

（2）切线弧 。

选择【切线弧】类型，可生成一条与草图其他实体相切的圆弧。绘制切线弧的过程：首先在直线、圆弧、椭圆或样条曲线的终点上单击以指定圆弧起点，接着再拖动指针以指定相切圆弧的终点，释放指针后完成一段切线弧的绘制，如图 3-14 所示。

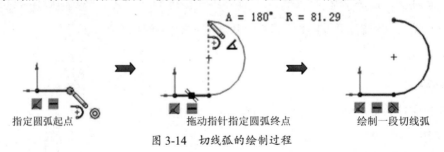

图 3-14　切线弧的绘制过程

（3）三点圆弧。

绘制三点圆弧的过程：在图形区中先确定圆弧的起点位置，拖动鼠标指针再次单击，确定圆弧的终点位置，最后确定圆弧的半径或是圆弧通过的一点，完成圆弧的绘制。

4. 矩形

SolidWorks 提供了 5 种矩形绘制类型，包括边角矩形、中心矩形、三点边角矩形、三点中心矩形和平行四边形。

（1）边角矩形。

在草图绘制状态下，单击草图选项卡中的【边角矩形】按钮 ▭，此时鼠标指针变为 ，确定矩形的一个角点，移动光标确定另一个角点后单击，即可完成矩形的绘制，如图 3-15（a）所示。

（2）中心矩形。

单击草图选项卡中的【中心矩形】按钮 ▫，鼠标指针变为 ，先确定矩形的中心点，再移动光标确定矩形的一个角点并单击，即可完成矩形的绘制，如图 3-15（b）所示。

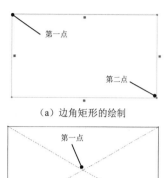

图 3-15 边角矩形与中心矩形的绘制方法

（3）三点边角矩形。

单击草图选项卡中的【三点边角矩形】按钮 ◇，鼠标指针变为 ，在图形区中先单击确定矩形的一个角点，移动光标确定矩形另一个角点并单击，继续移动光标单击，即可完成矩形的绘制，如图 3-16 所示。

（4）三点中心矩形。

【三点中心矩形】命令是通过确定矩形的一个中心点、两个角点来完成矩形的绘制。单击草图选项卡中的【三点中心矩形】按钮 ◇，鼠标指针变为 ，先确定矩形的中心点，然后移动光标，单击确定矩形一条边所在的位置后，移动光标单击确定矩形的一个角点，即可完成矩形的绘制，如图 3-17 所示。

（5）平行四边形。

【平行四边形】命令既可以生成任意的平行四边形，也可生成边线不是水平的矩形。单击草图选项卡中的【平行四边形】按钮 ▱，鼠标指针变为 ，先确定矩形的一个点，移动光标，在需要的地方再单击以确定矩形的第二个点。继续移动光标，移动到合适位置后单击以确定最后一点，即可完成平行四边形的绘制，如图 3-18 所示。

图 3-16 3 点边角矩形

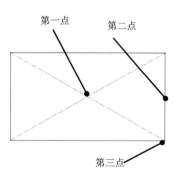

图 3-17 3 点中心矩形

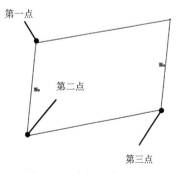

图 3-18 平行四边形

5. 多边形

使用【多边形】命令可生成任何数量边的等多边形（边数为 3~40 之间），内切或外接圆的直径确定多边形的大小。

单击【草图】选项卡中的【多边形】按钮⊙，此时鼠标指针变为✎，弹出【多边形】属性面板，如图 3-19 所示。

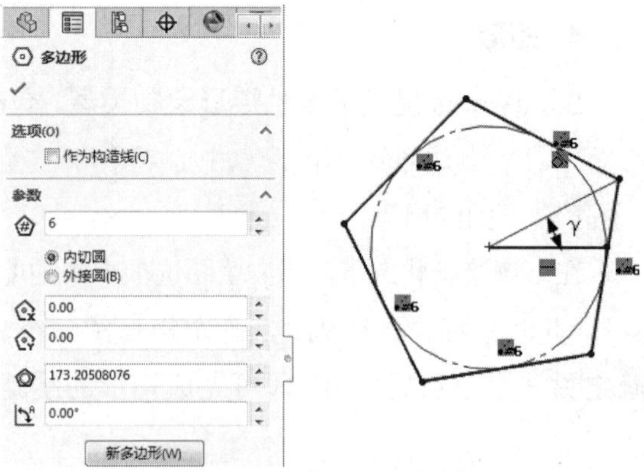

(1)【选项】选项区。

- 作为构造线：勾选此复选框，此时绘制的多边形转化为构造几何体的多边形。

图 3-19 多边形的绘制

(2)【参数】选项区。

- 边数⊙：通过单击上调、下调按钮或输入值来设定多边形的边数。
- 内切圆：在多边形内显示内切圆以定义多边形的大小。
- 外接圆：在多边形外显示外接圆以定义多边形的大小。
- X 坐标置中⊙：多边形的中心点在 X 坐标上的值。
- Y 坐标置中⊙：多边形的中心点在 Y 坐标上的值。
- 直径⊙：内切圆或外接圆的直径值。
- 角度⊿：设定多边形的旋转角度。

6. 椭圆/部分椭圆

椭圆或部分椭圆是由两个轴和一个中心点定义的，椭圆的形状和位置由 3 个因素决定：中心点、长轴、短轴。椭圆轴决定了椭圆的方向，中心点决定了椭圆的位置。

单击【草图】选项卡中的【椭圆】按钮⊙·，鼠标指针变为✎，在属性管理器中显示灰显的【椭圆】属性面板。在图形区单击确定椭圆中心，移动光标再确定椭圆的长轴（或短轴）端点，继续移动光标确定椭圆短轴（或长轴）端点，完成椭圆的绘制。完成椭圆绘制后，【椭圆】属性面板才亮显，如图 3-20 所示。

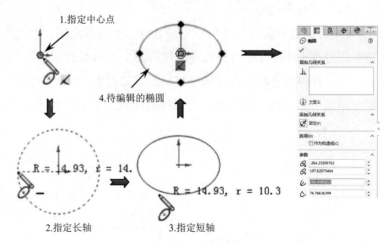

图 3-20 绘制椭圆

【椭圆】属性面板中的部分选项含义如下。

- 作为构造线：勾选此复选框，绘制的椭圆将转换为构造线（与中心线类型相同）。
- X 坐标置中：中心点在 X 轴中的坐标值。
- Y 坐标置中：中心点在 Y 轴中的坐标值。
- 半径1：椭圆的长轴半径。
- 半径2：椭圆的短轴半径。

上机实践——绘制吊钩草图曲线

绘制如图 3-21 所示的吊钩草图。

① 新建零件文件。在特征管理器设计树中选中前视基准面，然后单击【草图】选项卡中的【中心线】按钮，快速进入草图环境并绘制中心线，如图 3-22 所示。

② 分别利用【直线】、【圆形】、【多边形】命令，绘制如图 3-23 所示的大致轮廓。

③ 单击【草图】选项卡中的【智能尺寸】按钮，为图形添加尺寸约束，如图 3-24 所示。

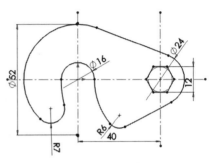

图 3-21 吊钩草图

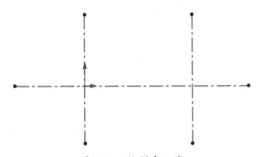

图 3-22 绘制中心线

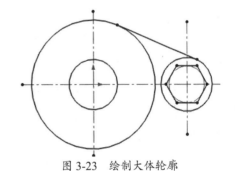

图 3-23 绘制大体轮廓

④ 单击【草图】选项卡中的【切线弧】按钮，绘制一段切线弧。再将其中一个圆转为构造线，标注尺寸，如图 3-25 所示。

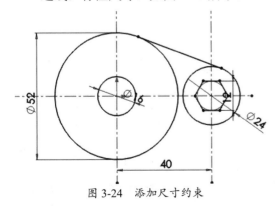

图 3-24 添加尺寸约束

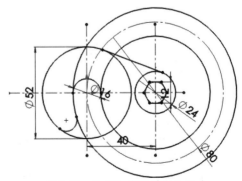

图 3-25 绘制切线弧并标注尺寸

⑤ 单击【草图】选项卡中的【剪裁实体】按钮，先将绘制的圆弧和圆进行剪裁。利用【直线】、【绘制圆角】命令绘制一条切线和切线弧（半径为 6mm），如图 3-26 所示。

⑥ 调整尺寸标注，完善草图，结果如图3-27所示。

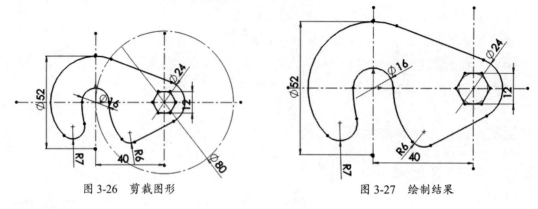

图3-26 剪裁图形　　　　　　　　图3-27 绘制结果

7. 圆角

【绘制圆角】命令是在两个草图实体交叉处裁剪掉角部，生成一个与两个草图实体都相切的圆弧。此命令在二维草图和三维草图中均可使用。

单击【草图】选项卡中的【绘制圆角】按钮，弹出【绘制圆角】属性面板，如图3-28所示。

【绘制圆角】属性面板中各选项含义如下。

- 要圆角化的实体：当选取一个草图实体时，它出现在该列表中。
- 圆角半径：设置圆角半径。
- 保持拐角处约束条件：如果顶点具有尺寸或几何关系，将保留虚拟交点。如果取消选择，且顶点具有尺寸或几何关系，将会询问用户是否想在生成圆角时删除这些几何关系。
- 标注每个圆角的尺寸：将尺寸添加到每个圆角，当取消选择时，在圆角之间添加相等几何关系，如图3-29所示。

图3-28 【绘制圆角】属性面板

图3-29 标注圆角尺寸

要绘制圆角，须事先绘制要进行圆角处理的草图曲线。例如，要在矩形的一个顶点位置绘制圆角曲线，其指针选择的方法大致有两种：一种是选择矩形的两条边（如图3-30所示）；另一种则是选取矩形顶点（如图3-31所示）。

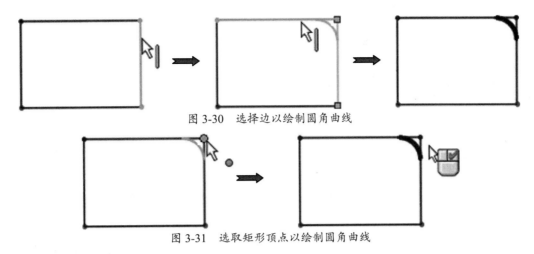

图 3-30 选择边以绘制圆角曲线

图 3-31 选取矩形顶点以绘制圆角曲线

8. 倒角

单击【草图】选项卡中的【绘制倒角】按钮 ⌐，弹出【绘制倒角】属性面板，如图 3-32 所示。设置好各项属性参数后选择要倒角的对象（可选择边或顶点），此时鼠标指针变为 。

- 角度距离：勾选此复选框，设置倒角的距离和倒角角度，如图 3-33（a）所示。
- 距离-距离：勾选此复选框，设置两个倒角的距离，如图 3-33（b）所示。如果设置的两个距离不相等，选择不同草图实体的次序不同，其绘制的倒角也不一样。
- 相等距离：勾选此复选框，将按相等的距离来定义倒角，如图 3-33（c）所示。

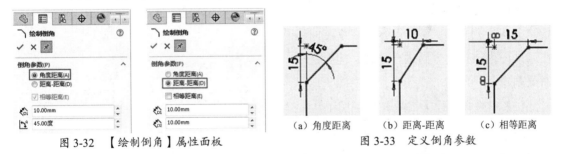

图 3-32 【绘制倒角】属性面板　　图 3-33 定义倒角参数

> **技巧点拨**
>
> 在绘制倒角时，以【距离-距离】方式绘制倒角，先选择的草图实体其倒角距离为【绘制倒角】属性面板中的 ，后选择的草图实体其倒角距离为 。

3.3 草图变换操作

一个完整的草图一般不是只用绘图命令就能完成的，有些复杂的图形还需要经过后期的修改和编辑，才能得到合格的草图。

本部分主要讲解草图变换基本操作，包括有剪切、复制、粘贴、移动、旋转、缩放、剪裁、延伸和分割合并等。

3.3.1 利用剪贴板复制草图对象

剪切、复制与粘贴操作是利用了 Windows 操作系统的剪贴板功能，在草图编辑过程中，将部分图线进行剪切、复制、粘贴等操作，可以极大地提高草图编辑效率。复制和粘贴方法有下面两种。

- 在同一零件文件中复制或将草图复制到另一个零件文件中，可在特征管理器设计树中选择、拖动草图，在拖动的同时按住 Ctrl 键，就可以实现文件的复制。
- 在草图中，选择要进行复制操作的草图对象，接着在菜单栏中选择【编辑】|【复制】命令或按快捷键 Ctrl+C 将草图对象复制到剪贴板中，然后再在菜单栏中选择【编辑】|【粘贴】命令或按快捷键 Ctrl+V，剪贴板中的草图对象便粘贴到当前草图中，草图实体的中心放置在鼠标选择的位置上。

> **技巧点拨：**
> 在图形区中粘贴图线时，是以光标的位置作为默认的粘贴位置。所以要精确放置副本对象，光标事先要拾取到参考点、参考线或参考面。

3.3.2 移动、复制、旋转、缩放及伸展草图对象

1. 移动或复制实体

移动实体是将草图曲线在基准面内按指定方向进行平移；复制实体是将草图曲线在基准面内按指定方向进行平移，但要生成对象副本。

在菜单栏中执行【工具】|【草图工具】|【移动实体】命令，打开【移动】属性面板，如图 3-34 所示。在菜单栏中执行【工具】|【草图工具】|【复制实体】命令，打开【复制】属性面板，如图 3-35 所示。

图 3-34 【移动】属性面板　　图 3-35 【复制】属性面板

【移动】或【复制】属性面板中各选项含义如下。

- 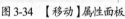：列出要移动或复制的对象。
- 保留几何关系：勾选此复选框，所选对象之间的几何关系被保留。
- 从/到：选择此选项，将通过选择起点和终点来移动或复制对象。
- X/Y：选择此选项，将通过输入 X、Y 的坐标值来移动或复制对象。
- 重复：单击此按钮，ΔX 和 ΔY 相对距离文本框中的值将以倍数增加。

【移动】工具的应用如图 3-36 所示。

【复制】工具的应用如图 3-37 所示。

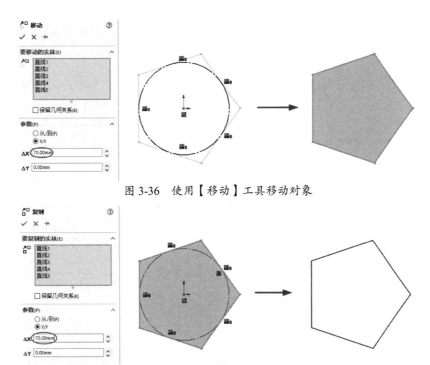

图 3-36 使用【移动】工具移动对象

图 3-37 使用【复制】工具复制对象

技巧点拨：
【移动】和【复制】操作将不生成几何关系。若想生成几何关系，用户可使用【添加几何关系】工具为其添加新的几何关系。

2. 旋转实体

使用【旋转】工具可将选择的草图曲线绕旋转中心进行旋转，不生成副本。在【草图】选项卡中单击【旋转】按钮，打开【旋转】属性面板，如图 3-38 所示。

通过【旋转】属性面板，为草图曲线指定旋转中心点及旋转角度后，单击【确定】按钮即可完成旋转实体的操作，如图 3-39 所示。

图 3-38 【旋转】属性面板

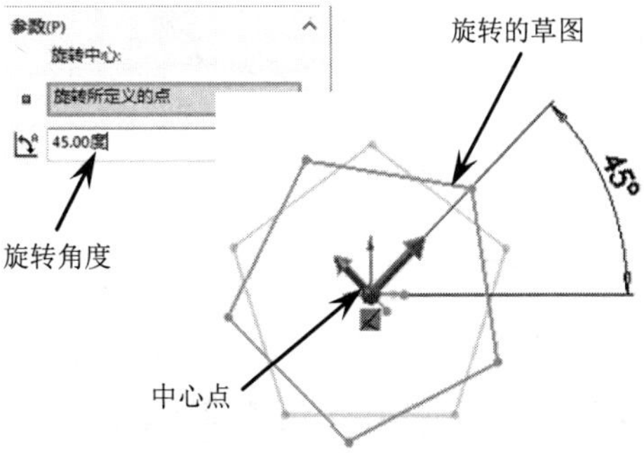

图 3-39 旋转实体操作

3. 按比例缩放实体

按比例缩放实体是指将草图曲线按设定的比例因子进行缩小或放大。使用【比例】工具可以生成对象的副本。

在【草图】选项卡中单击【缩放比例】按钮，打开【比例】属性面板，如图 3-40 所示。通过此面板，选择要缩放的对象，并指定基准点，再设定比例因子，即可将参考对象进行缩放，如图 3-41 所示。

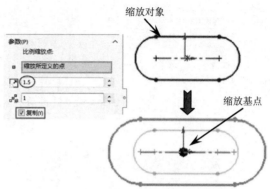

图 3-40　【比例】属性面板　　　　　　图 3-41　按比例缩放对象

【比例】属性面板中各选项含义如下。

- ：为缩放比例添加草图曲线。
- ：激活此列表框，为缩放指定基准点。
- ：在此文本框中输入缩小或放大的比例倍数。

技巧点拨：
为缩放指定比例因子，其值必须大于等于 0.000001 且小于等于 1000000。否则不能进行缩放操作。

- 复制：勾选此复选框，将弹出【份数】文本框，通过该文本框输入要复制的数量。如图 3-42 所示为不复制缩放对象的缩放操作，如图 3-43 所示为要复制缩放对象的缩放操作。

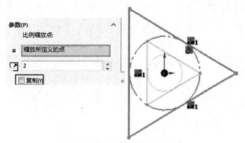
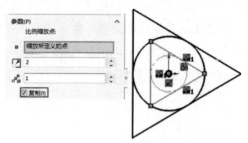

图 3-42　不复制缩放对象　　　　　　图 3-43　要复制缩放对象

4. 伸展实体

伸展实体是指将草图中选定的部分曲线按指定的距离进行延伸，使其整个草图被伸展。在【草图】选项卡中单击【伸展】按钮，打开【伸展】属性面板，如图 3-44 所示。通过此面板，在图形区选择要伸展的对象，并设定伸展距离，即可伸展选定的对象，如图 3-45 所示。

技巧点拨：
若用户选择草图中所有曲线进行伸展，最终结果是对象没有被伸展，而仅仅按指定的距离进行平移。

第 3 章 绘制二维草图

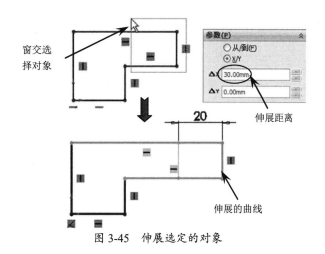

图 3-44 【伸展】属性面板　　　　图 3-45 伸展选定的对象

3.3.3 等距复制草图对象

1. 等距实体

【等距实体】工具可以将一条或多条草图曲线、所选模型边线或模型面按指定距离值等距离偏移、复制。

在【草图】选项卡中单击【等距实体】按钮 ，打开【等距实体】属性面板，如图 3-46 所示。

【等距实体】属性面板的【参数】选项区中各选项含义如下。

- ：设定数值以特定距离来生成等距草图曲线。
- 添加尺寸：勾选此复选框，生成等距曲线后将显示尺寸约束。
- 反向：勾选此复选框，将反转偏距方向。当勾选【双向】复选框时，此复选框不可用。
- 选择链：勾选此复选框，将自动选择曲线链作为等距对象。
- 双向：勾选此复选框，可双向生成等距曲线。
- 构造几何体：勾选此复选框，将要等距的曲线对象变成构造曲线，如图 3-47 所示。

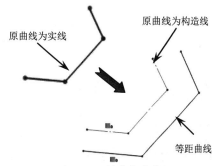

图 3-46 【等距实体】属性面板　　　　图 3-47 创建构造线

- 顶端加盖：为【双向】的等距曲线生成封闭端曲线，包括【圆弧】和【直线】两种封闭形式，如图 3-48 所示。

双向等距（无盖）　　　　　圆弧加盖　　　　　　直线加盖

图 3-48　为双向等距曲线加盖

2. 曲面上偏移

【曲面上偏移】工具是在已有曲面上创建曲面边界线的偏移线。此工具仅仅在已有模型对象的情况下才能使用。单击【曲面上偏移】按钮 ，打开【曲面上偏移】属性面板，如图 3-49 所示。

【曲面上偏移】属性面板中有两种等距类型。

- 测地线等距 ：完全参照曲面的形状来偏移复制，如图 3-50 所示。

 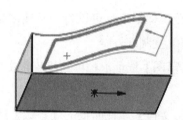

图 3-49　【曲面上偏移】属性面板　　　　图 3-50　测地线等距

- 欧几里得等距 ：不考虑曲面曲率来偏移复制，如图 3-51 所示。

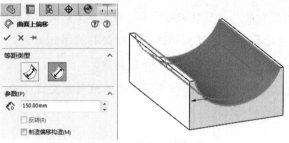

图 3-51　欧几里得等距

3.3.4　镜像与阵列草图对象

1. 镜像对象

【镜像实体】工具是以直线、中心线、模型实体边及线性工程图边线作为对称中心来镜像复制曲线的。

在【草图】选项卡中单击【镜像实体】按钮 ，打开【镜像】属性面板，如图 3-52 所示。

【镜像】属性面板中各选项含义如下。

- 要镜像的实体：将选择的要镜像的草图曲线对象列于该列表框中。
- 复制：勾选此复选框，镜像曲线后仍保留原曲线；取消勾选，将不保留原曲线，如图 3-53 所示。

图 3-52　【镜像】属性面板

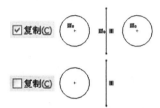

图 3-53　勾选与取消勾选【复制】复选框的效果对比

说明：

本书配图中的"镜向"系人为翻译错误，应为"镜像"。

- 镜像点：选择镜像中心线。

要绘制镜像曲线，先选择要镜像的对象曲线，然后选择镜像中心线（选择镜像中心线时必须激活【镜像点】列表框），最后单击面板中的【确定】按钮✔完成镜像操作，如图 3-54 所示。

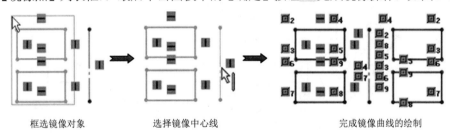

框选镜像对象　　　　　选择镜像中心线　　　　　完成镜像曲线的绘制

图 3-54　绘制镜像曲线

2. 线性阵列

线性阵列是将草图对象以相互垂直的两个轴方向进行矩形阵列。线性阵列是将草图对象在 X 轴和 Y 轴方向上进行线性阵列的阵列方式。在【草图】选项卡中单击【线性草图阵列】按钮，打开【线性阵列】属性面板，如图 3-55 所示。

【线性阵列】属性面板中各选项含义如下。

- 【方向 1】选项区：主要设置 X 轴方向的阵列参数。
- 反向：单击此按钮，将更改阵列方向。图形区将显示阵列方向箭头，拖动箭头顶点可以更改阵列间距和角度，如图 3-56 所示。
- 间距：设定阵列对象的间距。
- 标注 X 间距：勾选此复选框，生成阵列后将显示阵列对象之间的间距尺寸。

图 3-55　【线性阵列】属性面板

- 实例数:在 X 轴方向上阵列的对象数目。
- 显示实例记数:勾选此复选框,生成阵列后将显示阵列的数目。
- 角度:设置与 X 轴有一定角度的阵列。
- 【方向 2】选项区:主要设置 Y 轴方向上的阵列参数。

图 3-56　拖动方向箭头以更改间距和角度

> **技巧点拨:**
> 如果选取一模型边线来定义方向 1,那么方向 2 被自动激活。否则,必须手动选取方向其将其激活。

- 要阵列的实体:选择要进行阵列的对象。
- 要跳过的单元:在整个阵列中选择不需要的阵列对象。

使用【线性阵列】工具进行线性阵列的操作如图 3-57 所示。

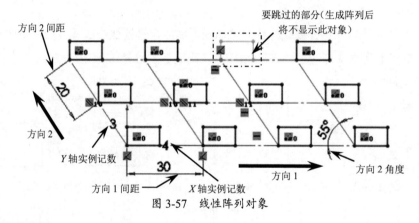

图 3-57　线性阵列对象

3. 圆周阵列

圆周阵列是将草图对象以轴心为基点的环形阵列。【圆周阵列】属性面板如图 3-58 所示。
【圆周阵列】属性面板中各选项含义如下。

- 反向旋转:单击此按钮,可以更改旋转阵列的方向,默认为顺时针方向。
- :沿 X 轴设定阵列中心。默认的中心点为坐标系原点。
- :沿 Y 轴设定阵列中心。
- 间距:设定阵列中旋转角度,也包括的总度数数量。
- 等间距:勾选此复选框,将使阵列对象彼此间距相等。
- 标注半径:勾选此复选框将标注圆周阵列的半径。
- 标注角间距:勾选此复选框将显示阵列成员之间的间距尺寸。
- 实例数:设定阵列对象的数量。
- 半径:阵列参考对象中心(此中心始终固定)至阵列中心之间的距离。

- 圆弧角度：设定从所选实体的中心到阵列的中心点或顶点所测量的夹角。

使用【圆周阵列】工具进行圆周阵列的示意图如图 3-59 所示。

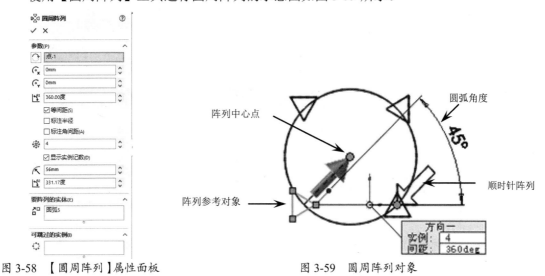

图 3-58 【圆周阵列】属性面板　　　图 3-59 圆周阵列对象

3.3.5 剪裁及延伸草图对象

1. 剪裁实体

剪裁实体就是修剪图形中多余的草图曲线，能够得到完整的截面轮廓曲线。剪裁实体有 5 种方式：强劲剪裁、边角、在内剪除、在外剪除和剪裁到最近端。

一般情况下我们用得最多的剪裁方式是强劲剪裁，也就是画线修剪，如图 3-60 所示。其他几种剪裁方式基本用不到。

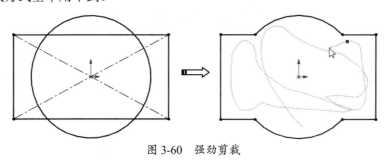

图 3-60 强劲剪裁

2. 延伸实体

使用【延伸实体】工具可以增加草图曲线（直线、中心线、或圆弧）的长度，使得要延伸的草图曲线延伸至与另一草图曲线相交。

单击【延伸实体】按钮后，指针由 变为 。在图形区将指针靠近要延伸的曲线，随后将以红色显示延伸曲线的预览，单击曲线将完成延伸操作，如图 3-61 所示。

图 3-61 延伸曲线

> **技巧点拨:**
> 若要将曲线延伸至多个曲线,第一次单击要延伸的曲线可以将其延伸至第 1 相交曲线,再单击可以延伸至第 2 相交曲线。

3.3.6 草图变换工具的应用

📖 上机实践——草图案例 1

要绘制的草图如图 3-62 所示。

① 新建零件文件。

② 在【草图】选项卡中单击【草图绘制】按钮 ,在绘图区选择草图平面后自动进入草图环境。

③ 创建基本图形。单击【草图】选项卡中的【边角矩形】按钮 ,选择原点后移动光标到合适位置后再选择结束矩形的绘制,进行倒角处理后,标注尺寸,得到如图 3-63 所示的草图。

④ 绘制两条中心线。绘制两条中心线并标注尺寸,如图 3-64 所示。

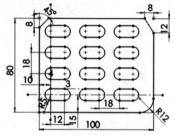

图 3-62 待绘制的多孔板草图

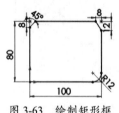

图 3-63 绘制矩形框

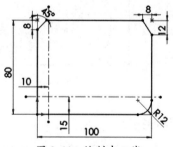

图 3-64 绘制中心线

⑤ 绘制阵列的几何实体。以两条中心线的交点为圆心,绘制一个半径为 5mm 的圆,然后在水平中心线上移动 12mm 继续绘制一个半径为 5mm 的圆。单击【草图】选项卡中的【直线】按钮 ,绘制两条跟刚绘制的两圆相切的直线,剪裁后得到如图 3-65 所示的草图。

⑥ 单击【草图】选项卡中的 线性草图阵列 按钮,打开【线性阵列】属性面板。设置如下阵列参数:

- ![]值设定为 30mm，![]值设为 3mm。
- ![]值设定为 18mm，![]值设为 4mm。
- 激活【要阵列的实体】选项，在图形区选择要阵列的草图实体。

⑦ 单击【确定】按钮 ✔，完成阵列操作，得到如图 3-66 所示的草图。

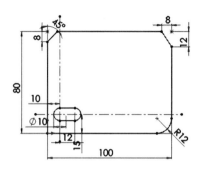

图 3-65 绘制阵列的几何实体

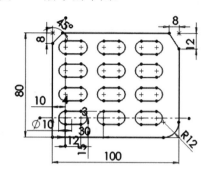

图 3-66 绘制完成的草图

上机实践——草图案例 2

法兰草图中包括圆、直线和中心线。其图形的编辑包括使用【剪裁实体】工具修剪多余曲线，使用【等距实体】工具绘制偏移图线，使用【阵列实体】工具阵列相同图线等。要绘制的法兰草图如图 3-67 所示。

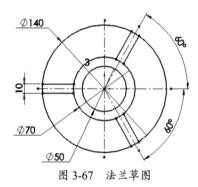

图 3-67 法兰草图

① 新建零件文件。选择前视基准面作为草绘平面，进入草图环境。
② 使用【中心线】工具绘制中心线，如图 3-68 所示。
③ 使用【圆】工具在定位基准线中绘制直径为 140mm 的圆，如图 3-69 所示。

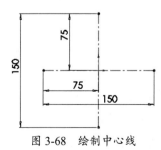

图 3-68 绘制中心线

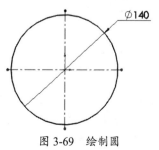

图 3-69 绘制圆

④ 在【草图】选项卡中单击【等距实体】按钮⊂,弹出【等距实体】属性面板。输入等距距离值,并勾选【反向】复选框。然后在图形区中选择圆作为等距参考,程序自动创建出偏距为35mm的圆,如图3-70所示。

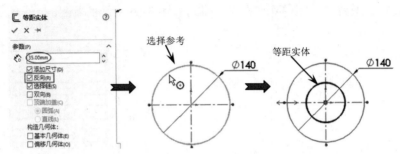

图 3-70 设置等距参数并绘制等距实体

⑤ 单击【等距实体】属性面板中的【确定】按钮✔将其关闭。

⑥ 同理,选择大圆作为等距参考,绘制出偏距为45mm且反向的等距实体,如图3-71所示。

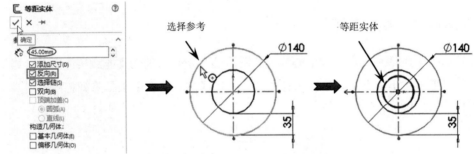

图 3-71 绘制偏距为 45 的等距实体

⑦ 使用【等距实体】工具,选择水平中心线作为等距参考,绘制出偏距为5mm的正、反方向的等距实体,如图3-72所示。

⑧ 使用【剪裁实体】工具,修剪上一步骤绘制的水平等距实体,如图3-73所示。

⑨ 在【草图】选项卡中单击【圆周草图阵列】按钮,弹出【圆周阵列】属性面板。在图形区中选择基准中心点作为圆周阵列的中心,如图3-74所示。

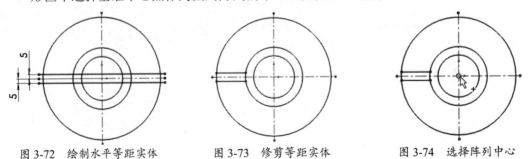

图 3-72 绘制水平等距实体　　图 3-73 修剪等距实体　　图 3-74 选择阵列中心

⑩ 设置阵列的数量为3,并激活【要阵列的实体】选项。再在图形区中选择修剪的水平等距实体作为阵列对象,随后自动显示阵列的预览,如图3-75所示。

⑪ 单击【圆周阵列】属性面板中的【确定】按钮将其关闭并完成操作。

⑫ 使用【智能尺寸】工具，对绘制完成的图形进行尺寸约束，结果如图3-76所示。

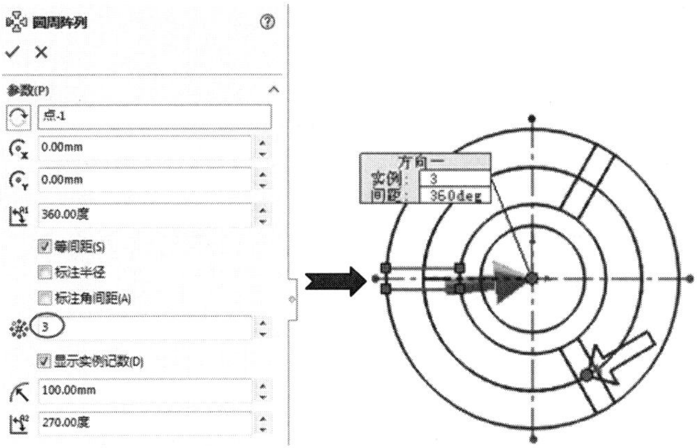

图 3-75　设置阵列参数 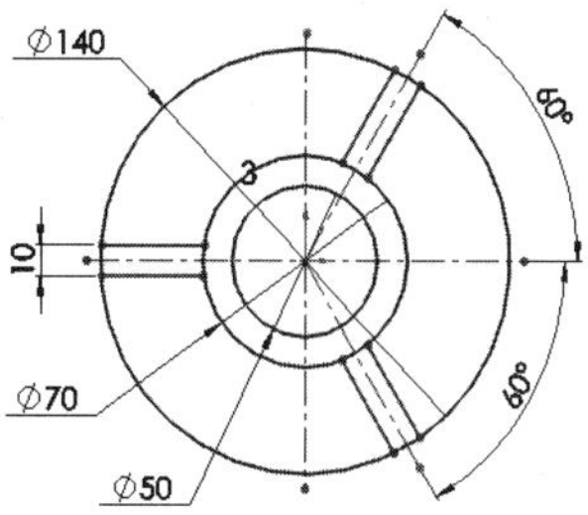　　　　　　图 3-76　绘制完成的草图

3.4　草图对象的约束

在草图环境中，草图的形状与定位需要尺寸和几何关系进行约束，否则不能按照设计者的意图完成想要的草图。

3.4.1　尺寸约束

首先要说明的是：草图并非工程图。草图中的尺寸定义其实是给图形施加约束关系，并不是工程图中的尺寸标注。

SolidWorks 中共有 9 种尺寸约束类型，在【草图】选项卡的【智能尺寸】工具下拉菜单中就包含了这 9 种尺寸约束类型，如图 3-77 所示。

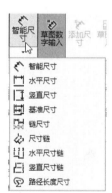

图 3-77　9 种尺寸约束类型

表 3-1 中列出了 SolidWorks 的所有尺寸约束类型的图解。

表 3-1　尺寸约束类型

尺寸约束类型	图　标	说　明	图　解
水平尺寸		标注的尺寸总是与坐标系的 X 轴平行	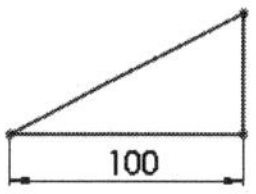 100
竖直尺寸		标注的尺寸总是与坐标系的 Y 轴平行	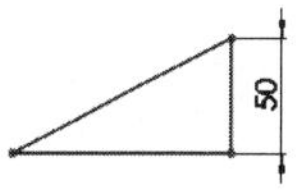 50
基准尺寸		基准尺寸主要用来定位图形中的线和点的位置。以指定的草图基准开始标注，每一个尺寸始终与第一个尺寸对齐	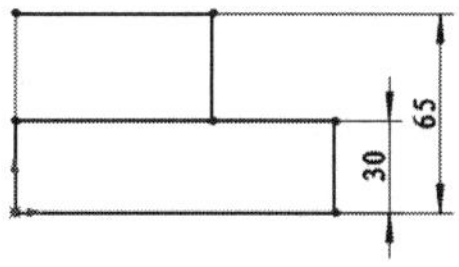 65 / 30

续表

尺寸约束类型		图标	说明	图解
链尺寸			链尺寸是关联尺寸，从一个特征测量到下一个特征，完成自动标注	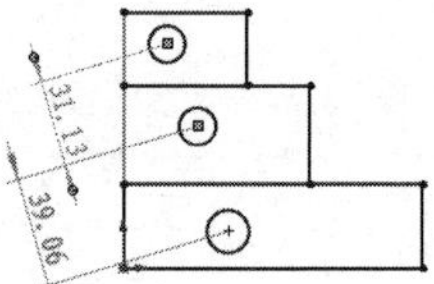
尺寸链			从工程图或草图中的零坐标开始测量的尺寸链组，包括对齐标注、竖直标注和水平标注的尺寸链	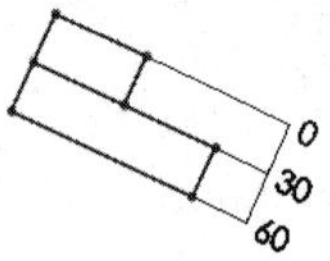
竖直尺寸链			竖直标注的尺寸链组	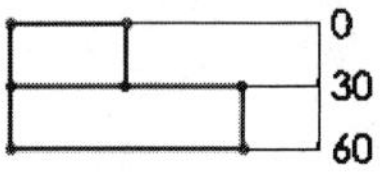
水平尺寸链			水平标注的尺寸链组	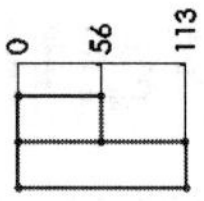
路径长度尺寸			用以标注曲线链的总长度	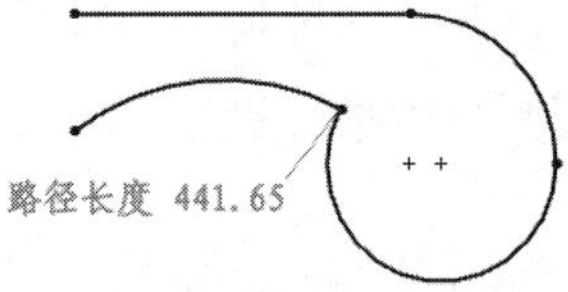
智能尺寸	平行尺寸		标注的尺寸总是与所选对象平行	
	角度尺寸		标注两相交直线的角度尺寸	
	直径尺寸		标注圆或圆弧的直径尺寸，或者以线性尺寸方式标注直径尺寸，且与轴平行	
	半径尺寸		标注圆或圆弧的半径尺寸	
	弧长尺寸		标注圆弧的弧长尺寸。标注方法是先选择圆弧，然后依次选择圆弧的两个端点	
	水平尺寸和竖直尺寸		标注出水平放置和竖直放置的尺寸	

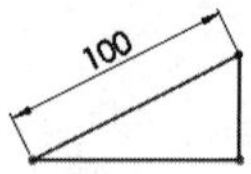

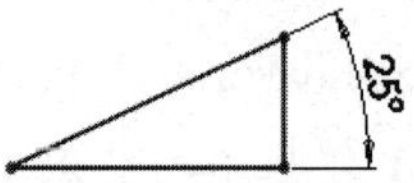

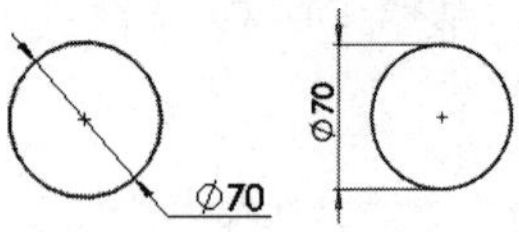

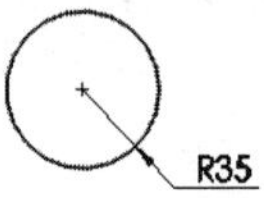

第 3 章 绘制二维草图

> **技术要点:**
> 要想在绘制图形过程中自动产生尺寸约束,可以将【草图数字输入】命令和【添加尺寸】命令添加到【草图】选项卡中,如图 3-78 所示。添加这两个命令后,先单击【草图数字输入】按钮,执行相关绘图命令后,再单击【添加尺寸】按钮,即可在绘图过程中即时输入尺寸以控制草图。

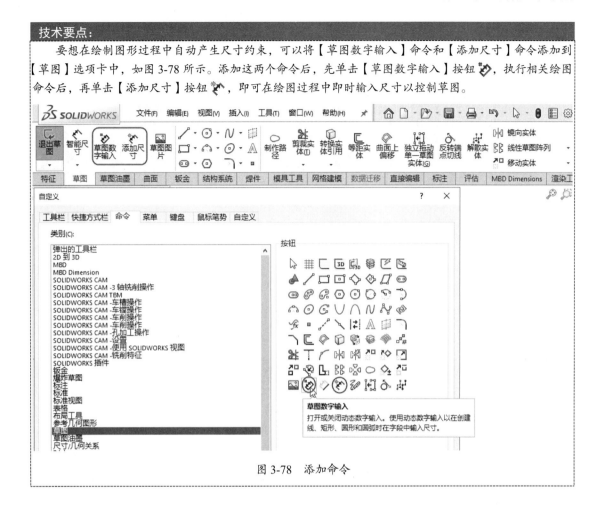

图 3-78　添加命令

3.4.2　几何约束

几何约束其实也是草图捕捉的一种特殊方式。几何约束类型包括推理和添加类型。表 3-2 列出了 SolidWorks 草图模式中所有的几何关系。

表 3-2　草图几何关系

几何关系	类 型	说　　明	图　解
水平	推理	绘制水平线	
垂直	推理	按垂直于第一条直线的方向绘制第二条直线。草图工具处于激活状态,因此草图捕捉中点显示在直线上	
平行	推理	按平行几何关系绘制两条直线	

续表

几何关系	类型	说明	图解
水平和相切	推理	添加切线弧到水平线	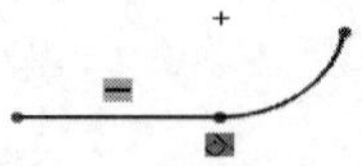
水平和重合	推理	绘制第二个圆。草图工具处于激活状态,因此草图捕捉的象限显示在第二个圆弧上	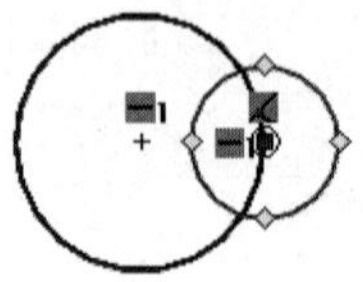
竖直、水平、相交和相切	推理和添加	按中心推理到草图原点绘制圆(竖直),水平线与圆的象限相交,添加相切几何关系	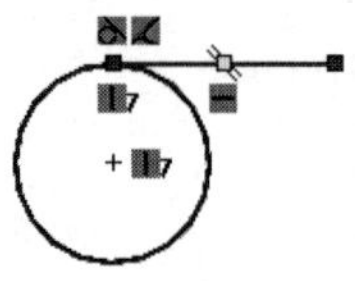
水平、竖直和相等	推理和添加	推理水平和竖直几何关系,添加相等几何关系	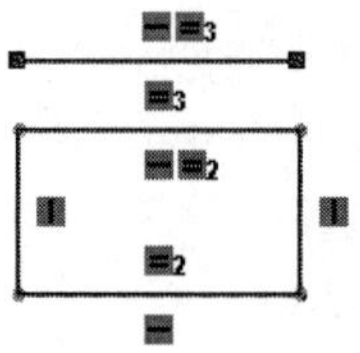
同心	添加	添加同心几何关系	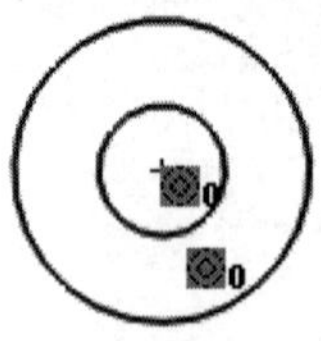

推理类型的几何约束仅在绘制草图的过程中自动出现。而添加类型的几何约束则需要用户手动添加。

> **技巧点拨:**
> 推理类型的几何约束,仅在【系统选项】的【草图】选项设置中【自动几何关系】选项被勾选的情况下才显示。

上机实践——绘制拨叉草图

绘制如图 3-79 所示的拨叉草图,其操作步骤如下。

① 新建零件文件。

② 在特征管理器设计树中选择前视基准面,然后单击【草图】选项卡中的【草图绘制】按钮，进入草图环境。

③ 单击【草图】选项卡中的【中心线】按钮，分别绘制一条水平中心线和两条竖直中心线,如图 3-80 所示。

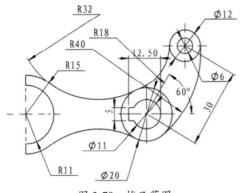

图 3-79　拨叉草图

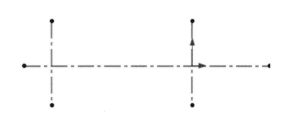

图 3-80　绘制中心线

④ 单击【草图】选项卡中的【圆】按钮⊙，绘制两个圆，直径分别为 20mm 和 11mm。单击【草图】选项卡中的【三点圆弧】按钮，绘制两段圆弧，半径分别为 15mm 和 11mm，如图 3-81 所示。

⑤ 单击【草图】选项卡中的【中心线】按钮，绘制与水平方向成 60°的中心线，绘制与圆心距离为 30mm 并与刚绘制的中心线相垂直的中心线，如图 3-82 所示。

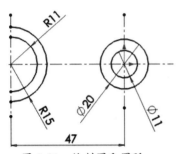

图 3-81　绘制圆和圆弧

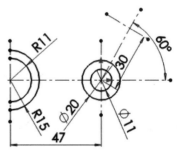

图 3-82　绘制中心线

⑥ 以刚绘制的中心线的交点为圆心绘制直径分别为 6mm 和 12mm 的圆，如图 3-83 所示。

⑦ 单击【草图】选项卡中的【圆】按钮⊙，绘制两个直径为 64mm 的圆，且与直径为 20mm 和 30mm 的圆相切，如图 3-84 所示。

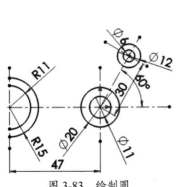

图 3-83　绘制圆

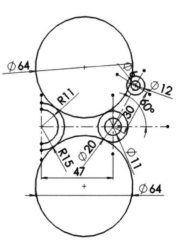

图 3-84　绘制相切圆

⑧ 单击【草图】选项卡中的【三点圆弧】按钮，接着绘制圆弧，该圆弧与端点处的两个圆相切。再单击【剪裁实体】按钮修剪图形，结果如图 3-85 所示。

⑨ 单击【草图】选项卡中的【直线】按钮绘制键槽，添加几何关系使键槽关于水平中心线对称，结果如图 3-86 所示。

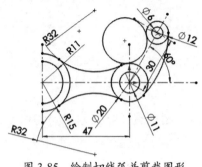 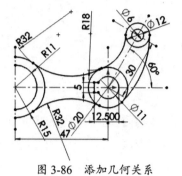

图 3-85　绘制切线弧并剪裁图形　　　　图 3-86　添加几何关系

3.5　综合案例

通常情况下，需要使用草图编辑工具对绘制的草图进行编辑。本节将以几个典型的草图曲线编辑的实例来演示草图编辑工具的应用。

3.5.1　案例一——绘制手柄支架草图

本例会使用直线、中心线、圆、圆弧、等距实体、移动实体、剪裁实体、几何约束、尺寸约束等工具来绘制草图。手柄支架草图如图 3-87 所示，其主要包含已知线段、连接线段和中间线段。

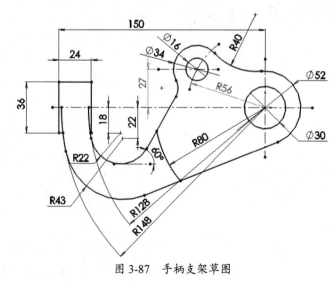

图 3-87　手柄支架草图

操作步骤

1. 绘制尺寸基准线和定位线

① 新建零件文件，选择前视基准面作为草绘平面，进入草图环境。
② 使用【中心线】工具，在图形区绘制如图 3-88 所示的中心线。
③ 使用【圆心/起点/终点画弧】工具在图形区绘制半径为 56mm 的圆弧，并将此圆弧设为构造线，如图 3-89 所示。

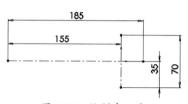

图 3-88 绘制中心线

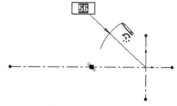

图 3-89 绘制圆弧

> **技巧点拨：**
> 将圆弧设为构造线，是因为圆弧将作为定位线而存在。

④ 使用【直线】工具，绘制一条与圆弧相交的构造线，如图 3-90 所示。

2. 绘制已知线段

① 使用【圆】工具在图形区中绘制 4 个直径分别为 52mm、30mm、34mm、16mm 的圆，如图 3-91 所示。

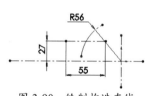

图 3-90 绘制构造直线

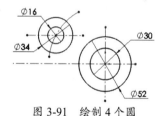

图 3-91 绘制 4 个圆

② 使用【等距实体】工具，选择竖直中心线作为等距参考，绘制出两条偏距分别为 150mm 和 126mm 的等距实体，如图 3-92 所示。
③ 使用【直线】工具绘制出如图 3-93 所示的水平直线。

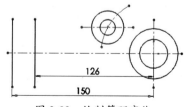

图 3-92 绘制等距实体

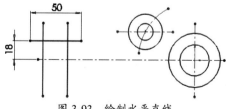

图 3-93 绘制水平直线

④ 在【草图】选项卡中单击【镜像实体】按钮，弹出【镜像】属性面板。按信息提示在图形区选择要镜像的图线，如图 3-94 所示。

⑤ 勾选【复制】复选框,并激活【镜像点】列表,然后在图形区选择水平中心线作为镜像中心线,如图 3-95 所示。

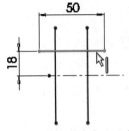
图 3-94 选择要镜像的图线

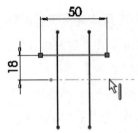
图 3-95 选择镜像中心线

⑥ 最后单击【确定】按钮 ✔,完成镜像操作,如图 3-96 所示。

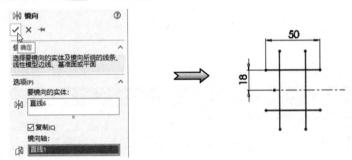
图 3-96 完成镜像操作

⑦ 使用【圆心/起点/终点画弧】工具 ⊙ 在图形区绘制两条半径为 148mm 和 128mm 的圆弧,如图 3-97 所示。

⑧ 使用【直线】工具 ╱,绘制两条水平短直线,如图 3-98 所示。

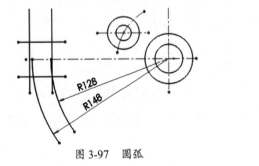
图 3-97 圆弧

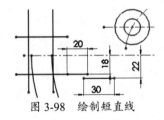
图 3-98 绘制短直线

3. 绘制中间线段

① 使用【添加几何关系】工具 ⊥,将前面绘制的所有图线固定。

② 使用【圆心/起点/终点画弧】工具 ⊙ 在图形区绘制半径为 22mm 的圆弧,如图 3-99 所示。

③ 使用【添加几何关系】工具 ⊥,选择如图 3-100 所示的两段圆弧进行相切约束。

④ 同理,再绘制半径为 43mm 的圆弧,并添加几何关系使其与另一圆弧相切,如图 3-101 所示。

⑤ 使用【直线】工具 ╱,绘制一条直线构造线,使之与半径为 22mm 的圆弧相切,并与水平中心线平行,如图 3-102 所示。

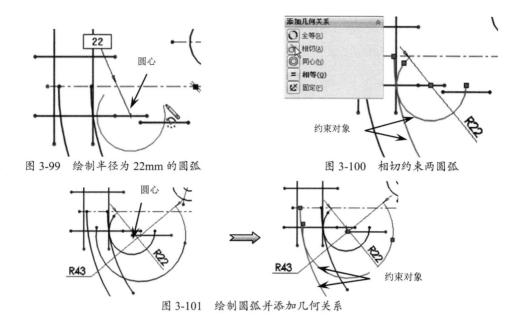

图 3-99　绘制半径为 22mm 的圆弧　　　图 3-100　相切约束两圆弧

图 3-101　绘制圆弧并添加几何关系

⑥ 使用【直线】工具，再绘制一条直线，使其与上一步骤绘制的直线构造线成 60°角。添加几何关系使其相切于半径为 22mm 的圆弧，如图 3-103 所示。

⑦ 使用【剪裁实体】工具，修剪图形，结果如图 3-104 所示。

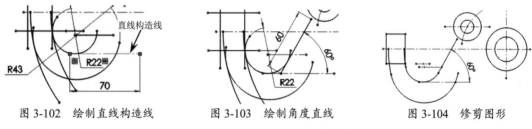

图 3-102　绘制直线构造线　　　图 3-103　绘制角度直线　　　图 3-104　修剪图形

4. 绘制连接线段

① 使用【直线】工具，绘制一条角度直线，并添加几何关系使其与另一圆弧和圆相切，如图 3-105 所示。

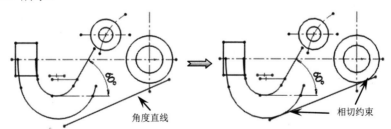

图 3-105　绘制与圆、圆弧都相切的直线

② 使用【三点圆弧】工具，在两个圆之间绘制半径为 40mm 的连接圆弧。并添加几何关系使其与两个圆都相切，如图 3-106 所示。

> **技巧点拨：**
> 绘制圆弧时，圆弧的起点与终点不要与其他图线中的顶点、交叉点或中点重合，否则无法添加新的几何关系。

③ 同理，在图形区另一位置绘制半径为 12mm 的圆弧，添加几何关系使其与角度直线和圆都相切，如图 3-107 所示。

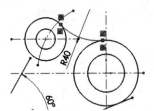

图 3-106　绘制与两圆都相切的圆弧

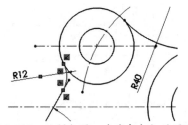

图 3-107　绘制与圆、直线都相切的圆弧

④ 使用【圆心/起点/终点画弧】工具 ⌒，以基准线中心为圆弧中心，绘制半径为 80mm 的圆弧，如图 3-108 所示。

⑤ 使用【剪裁实体】工具 ⌒，将草图中多余的图线全部修剪掉，完成结果如图 3-109 所示。

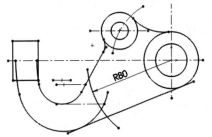

图 3-108　绘制半径为 80mm 的圆弧

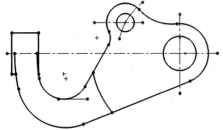

图 3-109　修剪多余图线

⑥ 使用【显示/删除几何关系】工具 ⌒，除中心线外删除其余草图图线的几何关系。然后对草图进行尺寸标注，完成结果如图 3-110 所示。

⑦ 至此，手柄支架草图已绘制完成，将草图保存。

3.5.2　案例二——绘制转轮架草图

转轮架草图的绘制方法与手柄支架草图的绘制是完全相同的。

本例的转轮架草图如图 3-111 所示。

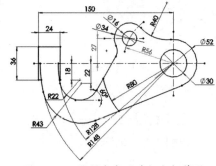

图 3-110　绘制完成的手柄支架草图

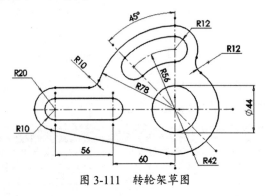

图 3-111　转轮架草图

第 3 章 绘制二维草图

🖥 **操作步骤**

① 新建零件文件，选择前视视图作为草绘平面，并自动进入草图环境。

② 使用【中心线】工具，在图形区绘制草图的定位中心线，如图 3-112 所示。

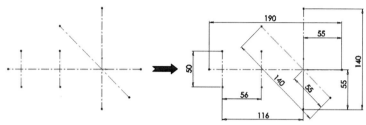

图 3-112 绘制定位中心线

③ 将中心线全部固定。使用【圆】工具⊙，绘制如图 3-113 所示的圆。

④ 使用【圆心/起点/终点画弧】工具，绘制如图 3-114 所示的圆弧。

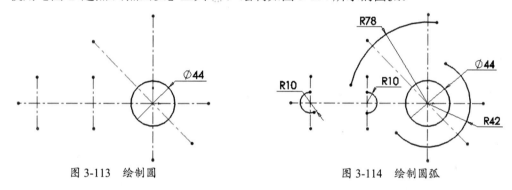

图 3-113 绘制圆　　　　　　　　图 3-114 绘制圆弧

⑤ 使用【直线】工具，绘制两条水平直线，添加几何关系使其与相接的圆弧相切，如图 3-115 所示。

⑥ 使用【等距实体】工具，选择如图 3-116 所示的圆弧，分别绘制出偏距为 10mm、22mm 和 34mm 且反向的等距实体。

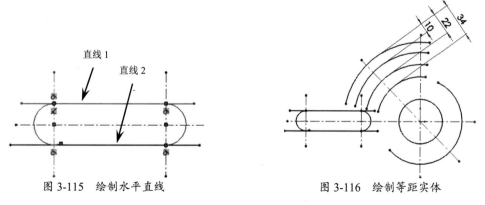

图 3-115 绘制水平直线　　　　　　图 3-116 绘制等距实体

⑦ 为了便于操作，使用【剪裁实体】工具对图形进行部分修剪，如图 3-117 所示。

⑧ 使用【圆心/起点/终点画弧】工具，绘制如图 3-118 所示的圆弧。

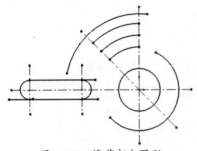
图 3-117 修剪部分图形

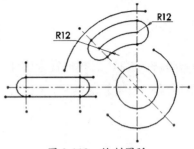
图 3-118 绘制圆弧

⑨ 使用【等距实体】工具㇐，在草图中绘制等距实体，如图 3-119 所示。
⑩ 使用【直线】工具╱，绘制一条斜线，添加几何关系使其与相邻圆弧相切，如图 3-120 所示。

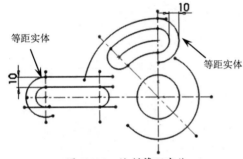
图 3-119 绘制等距实体

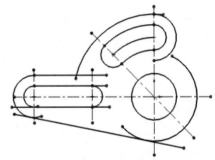
图 3-120 绘制斜线

⑪ 使用【绘制圆角】工具㇐，在草图中绘制半径分别为 12mm 和 10mm 的两个圆弧，如图 3-121 所示。
⑫ 使用【剪裁实体】工具㇐，修剪草图中的多余图线。
⑬ 对绘制的草图进行尺寸约束，如图 3-122 所示。至此，转轮架草图绘制完成，将结果保存。

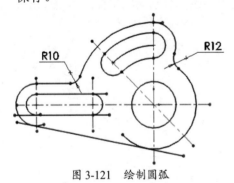
图 3-121 绘制圆弧

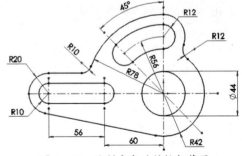
图 3-122 绘制完成的转轮架草图

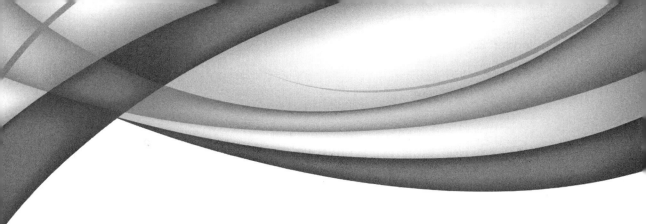

第 4 章
基体特征建模

本章内容

在一些简单的实体建模过程中,首先从草图绘制开始,再通过实体特征工具建立基本实体模型,还可以编辑实体特征。对于复杂零件的实体建模过程,实质上是许多简单特征之间的叠加、切割或相交等方式的操作过程。

知识要点

- ☑ 特征建模基础
- ☑ 拉伸凸台/基体特征
- ☑ 旋转凸台/基体特征
- ☑ 扫描凸台/基体特征
- ☑ 放样凸台/基体特征
- ☑ 边界凸台/基体特征

4.1 特征建模基础

所谓特征就是由点、线、面或实体构成的独立几何体。零件模型是由各种形状特征组合而成的，零件模型的设计就是特征的叠加过程。

SolidWorks 中所应用的特征大致可以分为以下 4 类。

1. 基准特征

起辅助作用，为基体特征的创建和编辑提供定位和定形参考。基准特征不对几何元素产生影响。基准特征包括基准面、基准轴、基准曲线、基准坐标系、基准点等，如图 4-1 所示为 SolidWorks 中的 3 个默认基准面——前视基准面、右视基准面和上视基准面。

2. 基体特征

基体特征是基于草图而建立的扫掠特征，是零件模型的重要组成部分，也称父特征。基体特征用作构建零件模型的第一个特征。基体特征通常要求先草绘出特征的一个或多个截面，然后根据某种扫掠形式进行扫掠而生成基体特征。

基体特征分加材料特征和减材料特征。加材料就是特征的累加过程，减材料是特征的切除过程。在本章中将主要介绍加材料的基体特征创建工具，减材料的切除特征工具的用法与加材料工具是完全相同的，只是操作结果不同而已。

常见的基体特征包括拉伸特征、旋转特征、扫描特征、放样特征和边界特征等，如图 4-2 所示为利用【拉伸凸台/基体】命令来创建的拉伸特征。

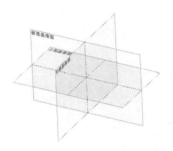
图 4-1 SolidWorks 中的默认基准面

图 4-2 拉伸特征

3. 工程特征

工程特征也可称作细节特征、构造特征或子特征，是对基本特征进行局部细化操作的结果。工程特征是系统提供或自定义的模板特征，其几何形状是确定的，构建时只需要提供工程特征的放置位置和尺寸即可。常见的工程特征包括倒角特征、圆角特征、孔特征、抽壳特征等，如图 4-3 所示。

4. 曲面特征

曲面特征是用来构建产品外形的片体特征。曲面建模是与实体特征建模完全不同的建模方式。实体建模是以实体特征进行布尔运算得到的结果，实体模型是有质量的。而曲面建模是通过构建无数块曲面再进行修剪、缝合后,得到产品外形的表面模型。曲面模型是空心的,没有质量。图 4-4 所示为应用多种曲面工具构建的曲面模型。

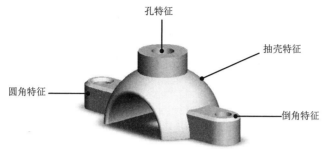

图 4-3　工程特征

SolidWorks 中零件的建模过程如图 4-5 所示。

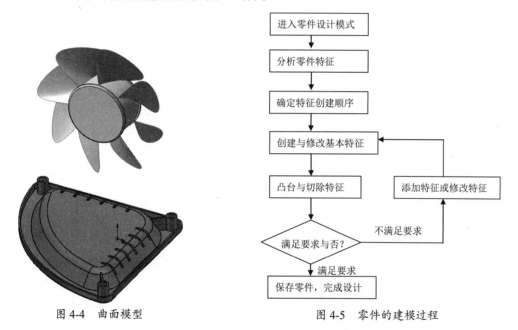

图 4-4　曲面模型　　　　　　图 4-5　零件的建模过程

4.2　拉伸凸台/基体特征

拉伸凸台/基体特征的意义是:利用拉伸操作来创建凸台或基体特征。第一个拉伸特征称为"基体",而随后依序创建的拉伸特征则属于"凸台"范畴。所谓"拉伸",就是在完成截面草图设计后,沿着截面草图平面的法向进行推拉。

拉伸特征适合创建比较规则的实体。拉伸特征是最基本和常用的特征造型方法,而且操作比较简单,工程实践中的多数零件模型,都可以看作多个拉伸特征相互叠加或切除的结果。

4.2.1 【凸台-拉伸】属性面板

单击【特征】选项卡中的【拉伸凸台/基体】按钮，将打开如图 4-6 所示的【拉伸】属性面板，根据属性面板中的信息提示，须选择拉伸特征截面的草绘平面。进入草图环境绘制截面草图，退出草图环境后将显示【凸台-拉伸】属性面板，此面板用于定义拉伸特征的属性参数。

拉伸特征可以向一个方向拉伸，也可以向相反的两个方向拉伸，默认是向一个方向拉伸，如图 4-7 所示。

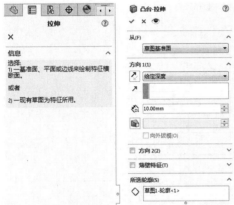

图 4-6 【拉伸】与【凸台-拉伸】属性面板　　　　图 4-7 单向拉伸特征

4.2.2 拉伸的开始条件和终止条件

【凸台-拉伸】属性面板中的开始条件和终止条件就是指定截面的拉伸方式。根据建模过程的实际需要，系统提供多种拉伸方式。

1. 开始条件

在【凸台-拉伸】属性面板中的【从】下拉列表中，包含 4 种截面的起始拉伸方式，如图 4-8 所示。

- 草图基准面：选择此拉伸方式，将从草图平面开始对截面进行拉伸。
- 曲面/面/基准面：选择此拉伸方式，将以指定的曲面、平面或基准面作为截面起始位置，对截面进行拉伸。
- 顶点：此方式是选取一个参考点，以此点作为截面拉伸的起始位置。
- 等距：选择此方式，可以输入基于草图平面的偏距值来定位截面拉伸的起始位置。

图 4-8 【从】下拉列表中的拉伸方式

2. 终止条件

截面拉伸的终止条件，主要有以下 6 个。

（1）条件1：给定深度。

如图4-9所示，直接指定拉伸特征的拉伸长度，这是最常用的拉伸长度定义选项。

 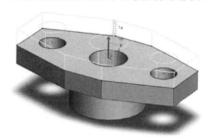

(a) 在文本框中修改值　　　　　　　　　　(b) 拖动句柄修改值

图 4-9　给定深度

（2）条件2：完全贯穿。

拉伸特征沿拉伸方向穿越已有的所有特征。如图4-10所示是一个切除材料的拉伸特征。

（3）条件3：成型到一顶点。

拉伸特征延伸至下一个顶点位置，如图4-11所示。

图 4-10　切除材料的拉伸特征　　　　　图 4-11　成型到一顶点

（4）条件4：成型到一面。

拉伸特征沿拉伸方向延伸至指定的零件表面或一个基准面，如图4-12所示。

（5）条件5：两侧对称。

拉伸特征以草绘平面为中心向两侧对称拉伸，如图4-13所示，拉伸长度两侧均分。

（6）条件6：到离指定面指定的距离。

拉伸特征延伸至距一个指定平面一定距离的位置，如图4-14所示。指定距离以指定平面为基准。

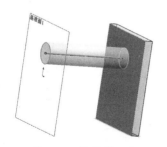  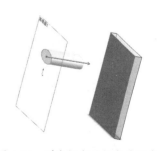

图 4-12　成型到一面　　　　图 4-13　两侧对称　　　　图 4-14　到离指定面指定的距离

> **技巧点拨:**
> 此拉伸深度类型，只能选择在截面拉伸过程中所能相交的曲面，否则不能创建拉伸特征。如图 4-15 所示，选定没有相交的曲面，不能创建拉伸特征，若强行创建特征会弹出错误提示。
> 加材料拉伸草绘截面时，程序总是将方向指向实体外部；减材料拉伸时则总是指向内部。

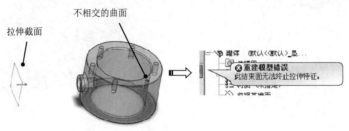

图 4-15 不能创建拉伸特征的情形

4.2.3 拉伸截面的要求

在拉伸截面的过程中，需要注意以下几方面内容。

- 拉伸截面原则上必须是封闭的。如果是开放的，其开口处线段端点必须与零件模型的已有边线对齐，这种截面在生成拉伸特征时系统自动将截面封闭。
- 草绘截面可以由一个或多个封闭环组成，封闭环之间不能自交，但封闭环之间可以嵌套。如果存在嵌套的封闭环，在生成加材料的拉伸特征时，系统自动认为里面的封闭环类似于孔特征。

若所绘截面不满足以上要求，则通常不能正常结束草绘进入到下一步骤。如图 4-16 所示，草绘截面区域外出现了多余的图元，此时在所绘截面不合格的情况下若单击【确定】按钮 ，在信息区会出现错误提示框，需要将其修剪后再进行下一步的操作。

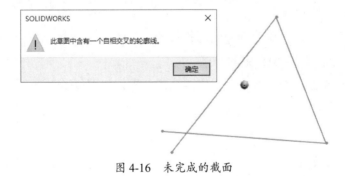

图 4-16 未完成的截面

📓 上机实践——创建键槽支撑件

在原有的草绘基准面上，用从草图基准面以给定深度拉伸的方法创建特征，然后再创建切除材料的拉伸特征——孔。拉伸截面需要自行绘制。

① 按快捷键 Ctrl+N，弹出【新建 SOLIDWORKS 文件】对话框，新建零件文件，如图 4-17 所示。

第 4 章 基体特征建模

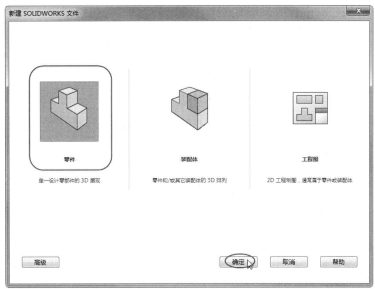

图 4-17 新建零件文件

② 在【草图】选项卡中单击【草图绘制】按钮，选择前视基准面作为草绘平面并自动进入草图环境，如图 4-18 所示。

③ 使用【中心矩形】工具，在原点位置绘制一个长 160mm、宽 84mm 的矩形，结果如图 4-19 所示。

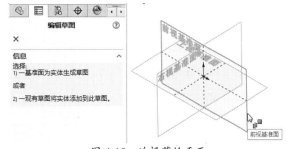

图 4-18 选择草绘平面

④ 使用【圆角】工具绘制 4 个半径为 20mm 的圆角，如图 4-20 所示。单击【草绘】选项卡中的【退出草图】按钮退出草图环境。

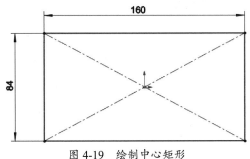

图 4-19 绘制中心矩形

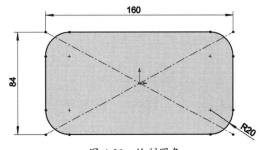

图 4-20 绘制圆角

⑤ 单击【特征】选项卡中的【拉伸凸台/基体】按钮，选择草图截面，在【凸台-拉伸】属性面板中保留默认的拉伸方法，设置拉伸高度为 20mm，单击【确定】按钮，完成拉伸凸台特征 1 的创建，如图 4-21 所示。

⑥ 单击【特征】选项卡中的【拉伸切除】按钮，选择第一个拉伸实体的侧面作为草绘平面进入草图环境，如图 4-22 所示。

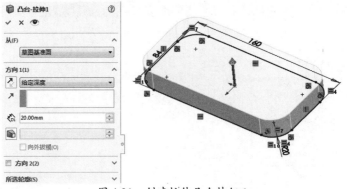

图 4-21　创建拉伸凸台特征 1

⑦ 使用【矩形】工具绘制如图 4-23 所示的底板上的槽草图。

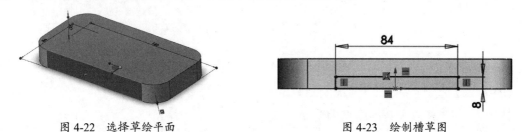

图 4-22　选择草绘平面　　　　　　　　图 4-23　绘制槽草图

⑧ 单击【确定】按钮 ✓ 退出草图环境。在【切除-拉伸】属性面板中更改拉伸方式为【完全贯穿】，如图 4-24 所示。再单击【确定】按钮 ✓，完成拉伸切除特征 1 的创建。

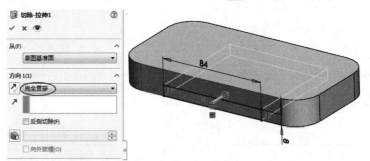

图 4-24　创建拉伸切除特征 1

⑨ 继续创建拉伸切除特征 2。单击【特征】选项卡中的【拉伸切除】按钮 ⓘ，选择拉伸凸台特征 1 的上表面作为草绘平面，进入草图环境绘制如图 4-25 所示的圆形草图。

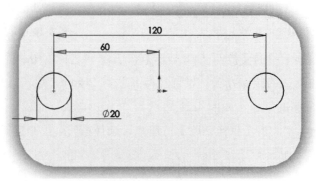

图 4-25　绘制圆形草图

⑩ 单击【确定】按钮✔退出草图环境。在【切除-拉伸】属性面板中设置拉伸方法为【给定深度】，设置拉伸高度为8mm，再单击【确定】按钮✔，完成第二个拉伸切除特征的创建（沉头孔的沉头部分），如图4-26所示。

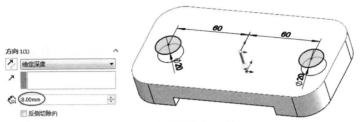

图4-26 创建拉伸切除特征2

⑪ 重复前面的步骤，绘制如图4-27所示的拉伸切除特征3的草图截面。

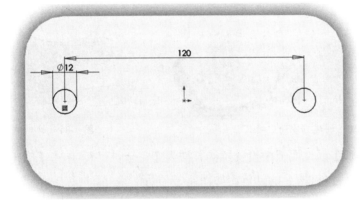

图4-27 绘制拉伸切除特征3的截面

⑫ 单击【确定】按钮✔退出草图环境。在【切除-拉伸】属性面板中设置拉伸方法为【完全贯穿】，单击【确定】按钮✔，完成第三个拉伸切除特征的创建（沉头孔的孔部分），如图4-28所示。

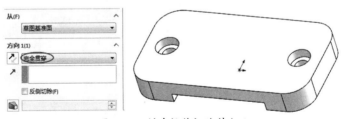

图4-28 创建拉伸切除特征3

⑬ 使用【拉伸凸台/基体】工具，选择拉伸凸台特征1的顶面作为草绘平面，进入草图环境绘制如图4-29所示的拉伸草图截面，注意圆与凸台边线对齐。

⑭ 单击【确定】按钮✔退出草图环境。在【凸台-拉伸】属性面板中设置拉伸方法为【给定深度】，设置拉伸高度为50mm，再单击【确定】按钮✔完成拉伸凸台特征2的创建，如图4-30所示。

⑮ 使用【拉伸切除】工具，选择圆柱顶面作为草绘平面，进入草图环境绘制键槽孔草图，如图4-31所示。

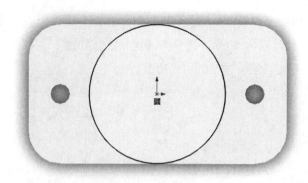

图 4-29　绘制拉伸草图截面

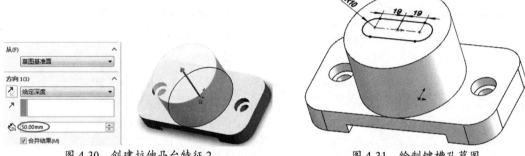

图 4-30　创建拉伸凸台特征 2　　　　图 4-31　绘制键槽孔草图

⑯ 在【切除-拉伸】属性面板中设置拉伸方法为【完全贯穿】，单击【确定】按钮 ✓，完成拉伸切除特征 4（键槽）的创建，如图 4-32 所示。

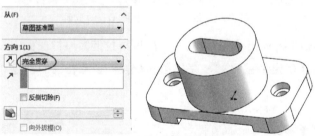

图 4-32　创建拉伸切除特征 4

⑰ 最后再利用【拉伸切除】工具 🔲，通过绘制草图截面和设置拉伸参数，创建拉伸切除特征 5，并完成零件设计，结果如图 4-33 所示。

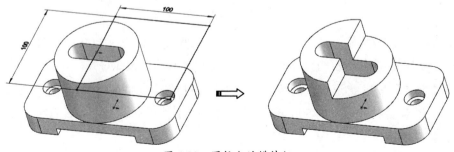

图 4-33　圆柱上的槽特征

4.3 旋转凸台/基体特征

【旋转凸台/基体】命令通过绕中心线旋转一个或多个轮廓来添加或移除材料，可以生成旋转凸台、旋转切除特征或旋转曲面。

要创建旋转凸台/基体特征应注意以下准则。

- 实体旋转特征的草图可以包含多个相交轮廓。
- 薄壁或曲面旋转特征的草图可包含多个开环或闭环的相交轮廓。
- 轮廓不能与中心线交叉。如果草图包含一条以上中心线，请选择想要用作旋转轴的中心线。仅对于旋转曲面和旋转薄壁特征而言，草图不能位于中心线上。
- 当在中心线内为旋转特征标注尺寸时，将生成旋转特征的半径尺寸。如果通过中心线外为旋转特征标注尺寸，将生成旋转特征的直径尺寸。

4.3.1 【旋转】属性面板

在【特征】选项卡中单击【旋转凸台/基体】按钮，弹出【旋转】属性面板。当进入草图环境完成草图绘制并退出草图环境后，再显示如图 4-34 所示的【旋转】属性面板。

草绘旋转特征截面时，其截面必须全部位于旋转中心线一侧，并且截面必须是封闭的，如图 4-35 所示。

图 4-34 【旋转】属性面板

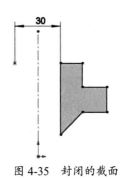
图 4-35 封闭的截面

4.3.2 关于旋转方法与角度

旋转特征截面草绘完成后，创建旋转特征时，可按要求选择旋转方法。图 4-36 所示的【旋转】属性面板中包括了系统提供的 4 种旋转方法。

旋转特征的生成取决于旋转角度和方向控制两个方面的作用。由图 4-37 可知，当旋转角度为 100°时，特征由草绘平面逆时针旋转 100°生成。

图 4-36　旋转方法

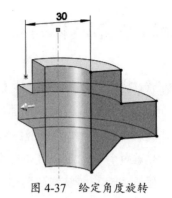

图 4-37　给定角度旋转

4.3.3　关于旋转轴

旋转特征的旋转轴可以是外部参考（基准轴），也可以是内部参考（自身轮廓边或绘制的中心线）。

默认情况下，SolidWorks 会自动使用内部参考，如果用户没有绘制旋转中心线，可在退出草图环境后创建基准轴作为参考。

当选取草图截面轮廓的一条直线作为旋转轴时，无须再绘制中心线。

📱上机实践——创建轴套零件模型

利用【旋转】命令，创建如图 4-38 所示的轴套截面。所使用的旋转方法为【给定深度】，旋转轴为内部的基准中心线。

① 新建一个零件文件，如图 4-39 所示。

② 在功能区的【特征】选项卡中单击【旋转凸台/基体】按钮 🛠，弹出【旋转】属性面板。按信息提示选择前视基准面作为草绘平面，然后自动进入草图环境，如图 4-40 所示。

③ 首先使用【基准中心线】工具在坐标系原点位置绘制一条竖直的参考中心线。

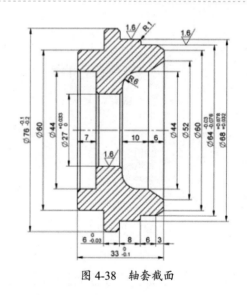

图 4-38　轴套截面

④ 从图 4-38 得知，旋转截面为阴影部分，但这里仅仅绘制一个阴影截面即可。使用【直线】和【圆弧】工具绘制如图 4-41 所示的草图。

⑤ 使用【倒角】命令，对草图进行倒斜角处理，如图 4-42 所示。

第 4 章 基体特征建模

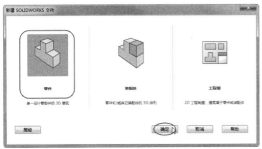

图 4-39 新建零件文件

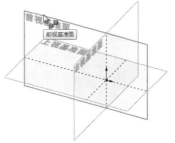

图 4-40 选择草绘平面

技巧点拨：
除在图形区中直接选择基准面作为草绘平面外，还可以在特征管理器设计树中选择基准面。

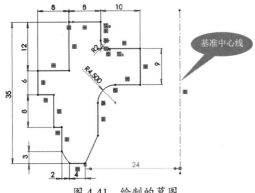

图 4-41 绘制的草图

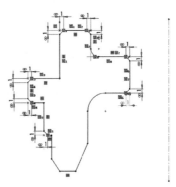

图 4-42 倒斜角处理

⑥ 退出草图环境，SolidWorks 自动选择内部的基准中心线作为旋转轴，并显示旋转特征的预览，如图 4-43 所示。

⑦ 保留旋转方法及旋转参数的默认设置，单击【确定】按钮 ✓，完成轴套零件的设计，结果如图 4-44 所示。

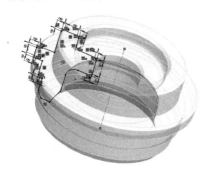

图 4-43 旋转特征的预览

图 4-44 轴套零件

4.4 扫描凸台/基体特征

扫描是在沿一个或多个选定轨迹扫描截面时通过控制截面的方向和几何特征来添加或

移除材料的特征创建方法。轨迹线可看作特征的外形线，而草绘平面可看作特征截面。

扫描凸台/基体特征主要由扫描轨迹和扫描截面构成，如图4-45所示。扫描轨迹可以指定现有的曲线、边，也可以进入草图环境进行草绘。扫描的截面包括恒定截面和可变截面。

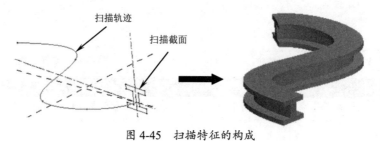

图4-45 扫描特征的构成

4.4.1 【扫描】属性面板

要创建扫描特征，必须先绘制扫描截面和扫描轨迹（否则【扫描】命令不可用）。在【特征】选项卡中单击【扫描】按钮 ，弹出【扫描】属性面板，如图4-46所示。

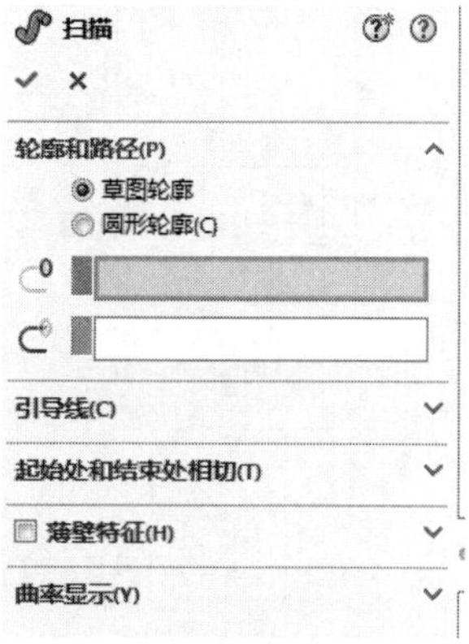

4.4.2 扫描轨迹的创建方法

简单扫描特征由一条轨迹线和一个特征截面构成。轨迹线可以是开放的也可以是封闭的，但特征截面必须是封闭的，否则不能创建出扫描特征，将弹出警告信息，如图4-47所示。

图4-46 【扫描】属性面板

必须要事先准备好扫描截面或扫描轨迹，才能执行【扫描】命令来创建扫描特征。

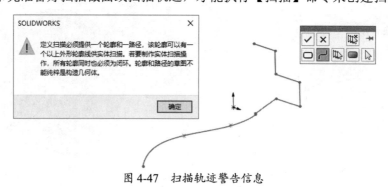

图4-47 扫描轨迹警告信息

轨迹线可以是草图线、空间曲线或模型的边，且轨迹线必须与截面的所在平面相交。另外，扫描引导线必须与截面或截面草图中的点重合。

在零件设计过程中，常常会在已有的模型上创建附加特征（子特征），那么对于扫描特征，可以选取现有的模型边作为扫描轨迹，如图4-48所示。

第 4 章 基体特征建模

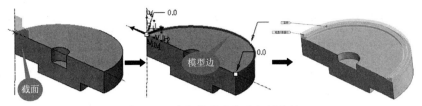

图 4-48 选取模型边作为扫描轨迹

4.4.3 带引导线的扫描特征

简单扫描特征的特征截面是相同的。如果特征截面在扫描的过程中是变化的,则必须使用带引导线的方式创建扫描特征。也就是说,增加辅助轨迹线并使其对特征截面的变化规律加以约束。从图 4-49 和图 4-50 中可见,添加与不添加引导线,特征形状是完全不同的。

上机实践——麻花绳建模

本实例将利用扫描的可变截面方法来创建一个麻花绳的造型。这种方法也可以针对一些不规则的截面用来设计具有造型曲面特点的弧形,由于操作简单,绘制的曲面质量好,而为广大 SolidWorks 用户所使用。下面来详解这一操作过程。

① 新建零件文件。
② 单击【草图】选项卡中的【草图绘制】按钮,弹出【编辑草图】属性面板。选择前视基准面作为草绘平面并自动进入草图环境。

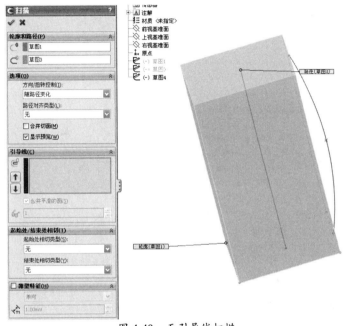

图 4-49 无引导线扫描

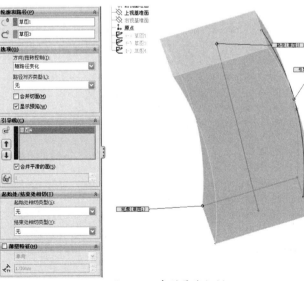

图 4-50 有引导线扫描

③ 单击【草绘】选项卡中的【样条曲线】按钮 ∿，绘制如图 4-51 所示的样条曲线作为扫描轨迹。

④ 单击【草绘】选项卡中的【退出草图】按钮，退出草图环境。下一步进行扫描截面的绘制，选择右视基准面作为草绘平面，如图 4-52 所示。

⑤ 在右视基准面中绘制如图 4-53 所示的圆形阵列。注意右图方框位置，圆形阵列的中心与扫描轨迹线的端点对齐。

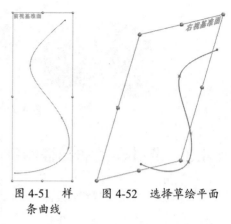

图 4-51 样条曲线　　图 4-52 选择草绘平面

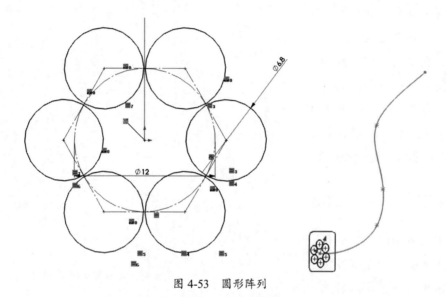

图 4-53 圆形阵列

⑥ 单击【特征】选项卡中的【扫描】按钮，打开【扫描】属性面板，选择【沿路径扭转】选项，如图 4-54 所示。如果选择【随路径变化】选项，则无法实现纹路造型特征，如图 4-55 所示。

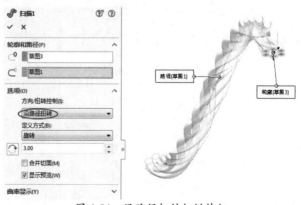

图 4-54 沿路径扭转扫描特征

第 4 章 基体特征建模

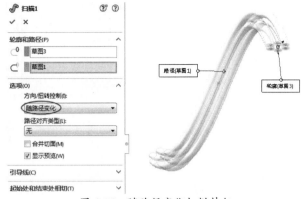

图 4-55 随路径变化扫描特征

⑦ 单击【确定】按钮 ✓，完成麻花绳扫描特征的创建，如图 4-56 所示。

图 4-56 麻花绳扫描特征创建完成

4.5 放样凸台/基体特征

【放样凸台/基体】命令通过在轮廓之间进行过渡生成特征，如图 4-57 所示。放样可以是基体、凸台、切除或曲面。可以使用两个或多个轮廓生成放样。仅第一个或最后一个轮廓可以是点，也可以这两个轮廓均为点。

创建放样特征时，理论上各个特征截面的线段数量应相等，并且要合理地确定截面之间的对应点，如果系统自动创建的放样特征截面之间的对应点不符合用户的要求，则创建放样特征时必须使用引导线。

单击【特征】选项卡中的【放样凸台/基体】按钮 ♨，打开【放样】属性面板，如图 4-58 所示。

【放样】属性面板中各选项区、选项的含义如下。
- 【轮廓】选项区：设置放样轮廓。
  - ♨：决定用来生成放样的轮廓。
  - ⬆和⬇：调整轮廓的顺序。

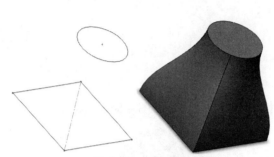

图 4-57 放样特征

图 4-58 【放样】属性面板

- 【起始/结束约束】选项区：应用约束以控制开始和结束轮廓的相切。
- 【引导线】选项区：设置放样引导线。
    ➢ ：选择引导线来控制放样。
    ➢ ↑和↓：调整引导线的顺序。
- 【中心线参数】选项区：设置中心线参数。
    ➢ ：使用中心线引导放样形状。在图形区域中选择一草图。
    ➢ 截面数：在轮廓之间并绕中心线添加截面。可通过移动滑杆来调整截面数。
    ➢ 显示截面 ：显示放样截面。单击箭头来显示截面。也可输入一截面数然后单击【显示截面】按钮 以跳到此截面。
- 【草图工具】选项区：利用草图工具可在先前的特征上拖动 3D 草图。
- 【选项】选项区：设置放样选项。
    ➢ 合并切面：如果对应的线段相切，则使在所生成的放样中的曲面合并。
    ➢ 封闭放样：沿放样方向生成一闭合实体。此选项会自动连接最后一个和第一个草图。
    ➢ 显示预览：显示放样的上色预览。取消勾选此复选框则只能查看路径和引导线。
    ➢ 微公差：使用微小的几何图形为零件创建放样。
- 【薄壁特征】选项区：勾选【薄壁特征】复选框，可定义放样薄壁特征，包括薄壁生成方向和薄壁厚度设置。

4.5.1 创建带引导线的放样特征

如果放样特征各个特征截面之间的融合效果不符合用户要求，可使用带引导线的方式来创建放样特征，如图 4-59 所示。

第 4 章 基体特征建模

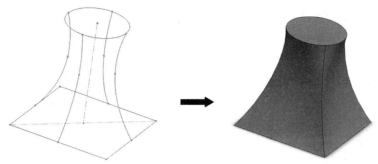

图 4-59 带引导线的放样特征

使用带引导线的方式创建放样特征时，必须注意以下事项。

- 引导线必须与所有特征截面相交。
- 可以使用任意数量的引导线。
- 引导线可以相交于点。
- 可以使用任意草图曲线、模型边线或曲线作为引导线。
- 如果放样失败或扭曲，可以添加通过参考点的样条曲线作为引导线，可以选择适当的轮廓顶点以生成样条曲线。
- 引导线可以比生成的放样特征长，放样终止于最短引导线的末端。

4.5.2 创建带中心线的放样特征

放样特征在创建过程中，各个特征截面可沿着一条中心线进行扫描并相互融合，这样的放样特征叫作"带中心线的放样特征"，如图 4-60 所示。

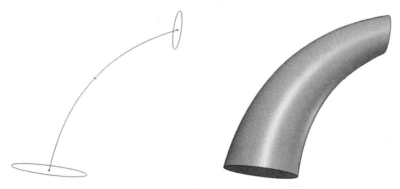

图 4-60 带中心线的放样特征

上机实践——扁瓶造型

利用拉伸、放样等命令来创建如图 4-61 所示的扁瓶。瓶口由拉伸命令创建，瓶体由放样特征实现。

① 新建零件文件。

② 使用【拉伸凸台/基体】工具,选择上视基准面作为草绘平面,绘制如图 4-62 所示的圆。

图 4-61 扁瓶

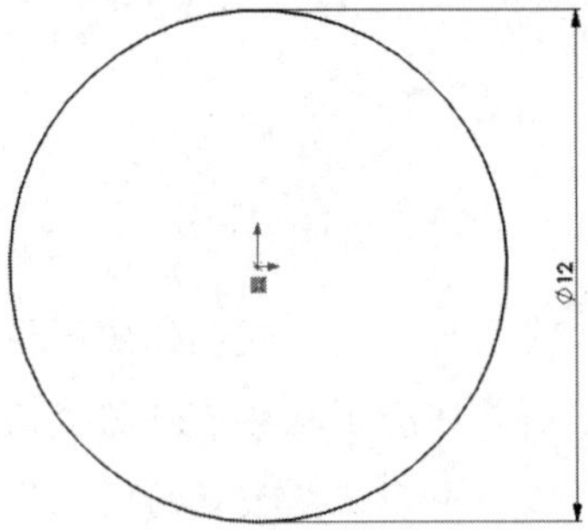

图 4-62 绘制拉伸的截面草图

③ 退出草图环境后再创建拉伸长度为 15mm 的等距拉伸实体特征,如图 4-63 所示,等距距离为 80mm。

④ 利用【基准面】命令,参照上视基准面平移 55mm,创建基准面 1,如图 4-64 所示。

图 4-63 等距拉伸实体

图 4-64 创建基准面 1

⑤ 进入草图环境,在上视基准面上绘制如图 4-65 所示的椭圆(瓶底草图),长距和短距分别为 15mm 和 6mm。

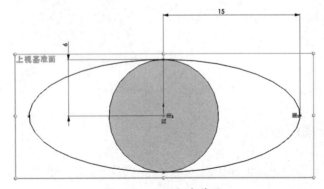

图 4-65 绘制瓶底草图

⑥ 在基准面 1 上绘制如图 4-66 所示的瓶身截面草图。

第 4 章　基体特征建模

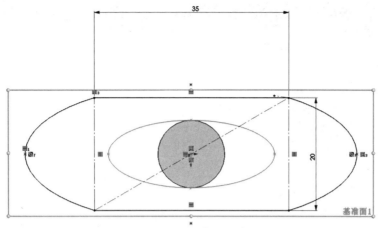

图 4-66　绘制瓶身截面草图

⑦ 单击【特征】选项卡中的【放样凸台/基体】按钮 ，打开【放样】属性面板，选择扫描截面和轨迹线后，单击【确定】按钮 完成扁瓶的制作，如图 4-67 所示。

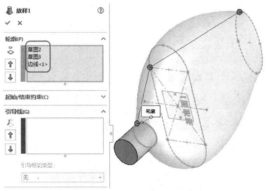

图 4-67　创建瓶身放样特征

4.6　边界凸台/基体特征

【边界凸台/基体】命令通过选择两个或多个截面来创建混合形状特征。
用户可通过以下方式执行【边界凸台/基体】命令，打开【边界】属性面板，如图 4-68 所示。
- 单击【特征】选项卡中的【边界凸台/基体】按钮 ；
- 在菜单栏中执行【插入】|【凸台/基体】|【边界】命令。

【边界】属性面板中各选项区、选项的含义如下。
- 【方向 1】选项区：设置单个方向的边界特征。
  ➢ 曲线：指定用于以此方向生成边界特征的曲线。选择要连接的草图曲线、面或边线，边界特征根据曲线选择的顺序而生成。
  ➢ 和 ：调整曲线的顺序。

> **技巧点拨：**
> 如果预览显示的边界特征令人不满意，可以重新选择或重新对草图进行排序以连接曲线上不同的点。

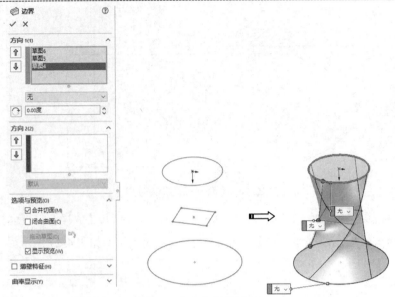

图 4-68 【边界】属性面板

- 【方向 2】选项区：与上述【方向 1】选项区中的选项相同。
- 【选项与预览】选项区：通过选项来预览边界。
  - 合并切面：如果对应的线段相切，则会使所生成的边界特征中的曲面保持相切。
  - 闭合曲面：沿边界特征方向生成一闭合实体。此选项会自动连接最后一个和第一个草图。
  - 拖动草图：激活拖动模式。在编辑边界特征时，可以从任何已为边界特征定义了轮廓线的 3D 草图中拖动 3D 草图线段、点或基准面。
  - 撤销草图拖动 ↶：撤销先前的草图拖动并将预览返回到其先前状态。可撤销多个草图拖动。
  - 显示预览：勾选此复选框，显示边界特征的上色预览。取消勾选此复选框，则只能查看曲线。
- 【薄壁特征】选项区：选择此选项可生成一薄壁特征边界。
  - 单向：在曲线的单侧生成薄壁特征。
  - 反向 ⇄：单击此按钮，改变薄壁加厚方向。
  - 厚度 ⇄：设置薄壁加厚的厚度值。
- 【曲率显示】选项区：设置曲面网格、斑马条纹及曲率梳的显示。
  - 网格预览：勾选此复选框，显示曲面网格。
  - 斑马条纹：勾选此复选框，可查看曲面中标准显示难以分辨的小变化。斑马条纹模仿在光泽表面上反射的长光线条纹。
  - 曲率检查梳形图：勾选此复选框，将显示曲面的曲率梳，用于判断曲面的质量。

第4章 基体特征建模

4.7 综合案例——矿泉水瓶造型

在本例中,我们将会使用一些基体特征工具和还没有学习的工具进行建模训练。提前使用还没有学习的工具,会帮助我们更好地掌握相关知识的应用。本例的矿泉水瓶造型如图 4-69 所示。

4.7.1 创建瓶身主体

① 新建 SolidWorks 零件文件。
② 在【特征】选项卡中单击【旋转凸台/基体】按钮,选择前视基准面作为草图平面,进入草图环境绘制如图 4-70 所示的旋转截面(草图 1)。
③ 退出草图环境后弹出【旋转】属性面板。选择草图中的中心线作为旋转轴,单击【确定】按钮完成主体模型的创建,如图 4-71 所示。

图 4-69 矿泉水瓶造型

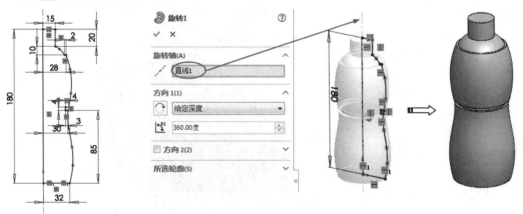

图 4-70 绘制旋转截面　　图 4-71 创建主体模型

④ 创建的主体模型带有尖角,这样的瓶子握在手中会扎手,这是不允许的,需要创建圆角。单击【特征】选项卡中的【圆角】按钮,打开【圆角】属性面板。选择主体模型底部边线进行倒圆角,圆角半径为5mm,单击【确定】按钮,完成圆角的创建,如图 4-72 所示。

⑤ 单击【特征】选项卡中的【圆角】按钮,打开【圆角】属性面板。设置圆角类型为【完整圆角】,在主体模型的中段

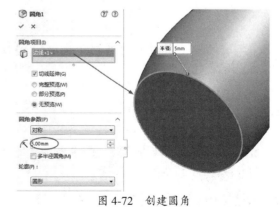

图 4-72 创建圆角

凹槽上依次选择相邻的 3 个面，单击【确定】按钮☑，完成完整圆角的创建，如图 4-73 所示。

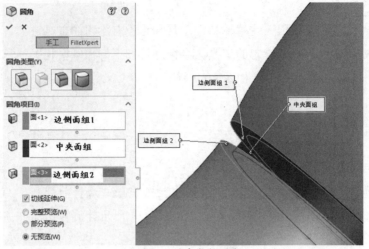

图 4-73 创建完整圆角

⑥ 最后，再创建多处半径相等的圆角特征（半径为 2mm），如图 4-74 所示。

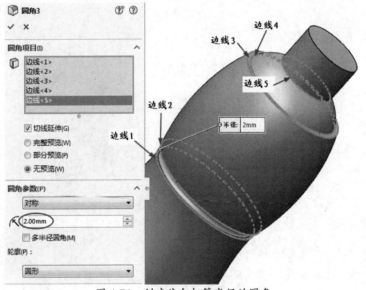

图 4-74 创建其余相等半径的圆角

4.7.2 创建附加特征

① 选择右视基准面作为草图平面进入草图环境，绘制一个点（此点将作为建立三维曲面的中心参考点），如图 4-75 所示。

② 在【草图】选项卡中单击【草图绘制】的三角按钮，激活【3D 草图】命令。在 3D 草图环境中利用【点】工具 ▫ 在瓶身曲面上绘制如图 4-76 所示的两个点，再用【样条曲线】工具 Ⅳ·将其连接起来。

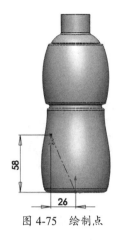
图 4-75 绘制点

图 4-76 绘制并连接点

③ 在前视基准面上绘制 2D 草图，利用【样条曲线】工具绘制样条曲线，起点和经过点与上一步骤绘制的 3D 草图点重合（如果没有重合，请约束为重合），如图 4-77 所示。

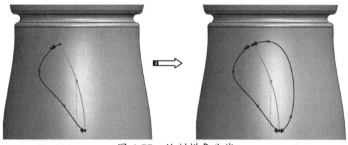
图 4-77 绘制样条曲线

④ 在【曲面】选项卡中单击 投影曲线 按钮，打开【曲线】属性面板。选择样条曲线草图投影到瓶身曲面上，注意投影方向，如图 4-78 所示。

⑤ 在【曲面】选项卡中单击【填充曲面】按钮，打开【曲面填充】属性面板。选择投影曲线和 3D 草图的样条曲线来创建填充曲面，如图 4-79 所示。

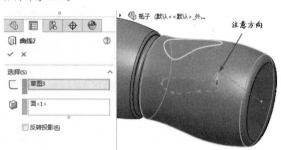
图 4-78 创建投影曲线

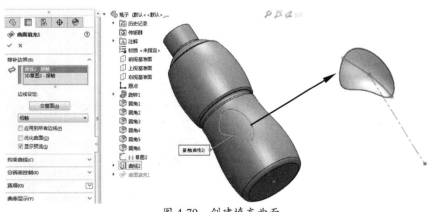
图 4-79 创建填充曲面

⑥ 在【曲面】选项卡中单击 使用曲面切除 按钮，打开【使用曲面切除】属性面板。选择填充曲面作为切除工具，确定切除方向指向瓶身外，单击【确定】按钮 ✓ 完成切除，如图4-80所示。

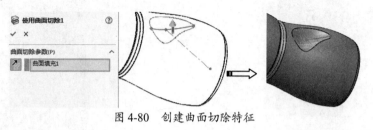

图 4-80 创建曲面切除特征

⑦ 在【特征】选项卡中单击 圆周阵列 按钮，打开【圆周阵列】属性面板。选择草图1中的旋转轴作为阵列轴，阵列数目为4，选择上一步骤创建的曲面切除特征作为阵列对象，单击【确定】按钮，完成圆周阵列，如图4-81所示。

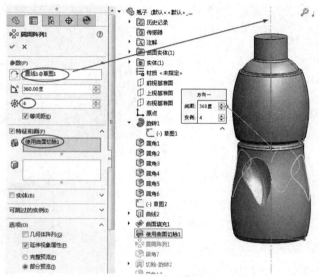

图 4-81 创建圆周阵列

⑧ 利用【圆角】工具在阵列的4个特征上创建半径为5mm的圆角特征，如图4-82所示。

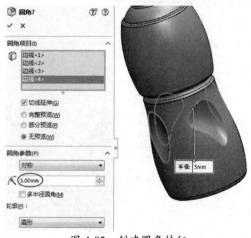

图 4-82 创建圆角特征

⑨ 在前视基准面上绘制草图 4，如图 4-83 所示。然后利用【旋转切除】工具 ，在瓶身底部创建旋转切除特征，如图 4-84 所示。

图 4-83　绘制草图 4　　　　　　　图 4-84　创建旋转切除特征

⑩ 在旋转切除特征边线上创建圆角特征，如图 4-85 所示。

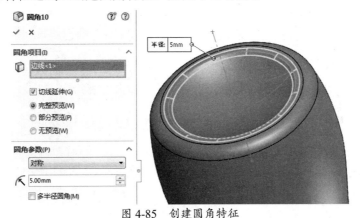

图 4-85　创建圆角特征

⑪ 在前视基准面上绘制草图 5（用【等距实体】命令绘制曲线），如图 4-86 所示。
⑫ 基于上视基准面和上一步骤绘制的草图点来创建基准面 1，如图 4-87 所示。

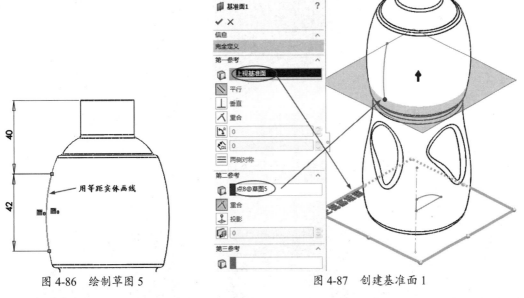

图 4-86　绘制草图 5　　　　　　　图 4-87　创建基准面 1

⑬ 在创建的基准面上绘制草图 6（圆），如图 4-88 所示。圆心与草图 5 中的点进行穿透约束。
⑭ 利用【扫描切除】工具 创建扫描切除特征，如图 4-89 所示。

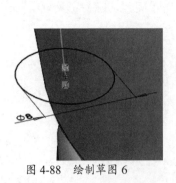
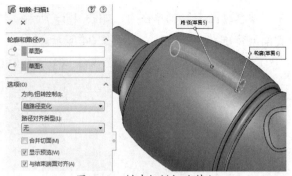

图 4-88　绘制草图 6　　　　　图 4-89　创建扫描切除特征

⑮ 单击【特征】选项卡中的【圆角】按钮 创建半径为 2mm 的圆角特征，如图 4-90 所示。

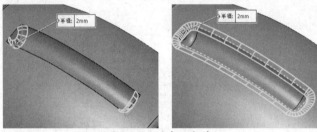

图 4-90　创建圆角特征

⑯ 单击【特征】选项卡中的 圆周阵列 按钮，创建如图 4-91 所示的圆周阵列特征。

图 4-91　创建圆周阵列特征

⑰ 单击【特征】选项卡中的 抽壳 按钮，选择瓶口位置的端面作为抽壳的面，壳厚度为 0.5mm，如图 4-92 所示。

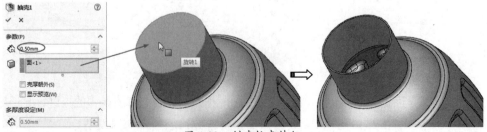

图 4-92　创建抽壳特征

⑱ 在前视基准面上绘制草图 7，如图 4-93 所示。然后创建旋转特征（选择草图 1 中的中心线作为旋转轴），如图 4-94 所示。

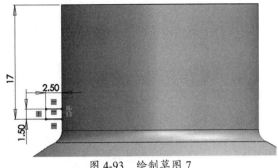
图 4-93　绘制草图 7

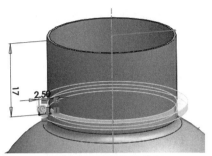
图 4-94　创建旋转特征

⑲ 利用【基准面】工具创建基准面 2，如图 4-95 所示。

⑳ 然后在基准面 2 上绘制草图 8（此草图圆的直径尽量比瓶口小，避免在后面出现布尔运算问题），如图 4-96 所示。

图 4-95　创建基准面 2

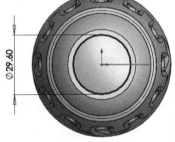
图 4-96　绘制草图 8

㉑ 在【曲线】工具栏中单击【螺旋线/涡状线】按钮，选择草图 8 为螺旋线横断面，然后设置螺旋线参数，单击【确定】按钮创建螺旋线，如图 4-97 所示。

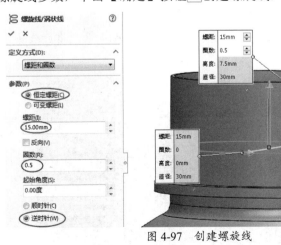
图 4-97　创建螺旋线

㉒ 在右视基准面上绘制草图 9（从螺旋线端点出发，绘制两条直线），如图 4-98 所示。然后以此草图直线创建基准面 3，如图 4-99 所示。

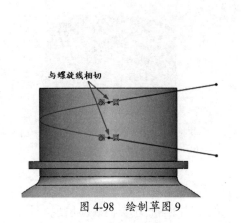

图 4-98 绘制草图 9

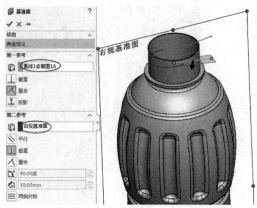

图 4-99 创建基准面 3

㉓ 接下来创建基准面 4，如图 4-100 所示。

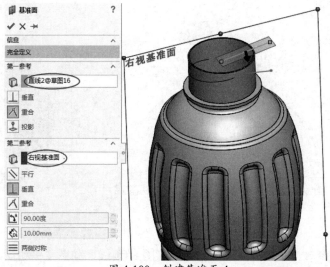

图 4-100 创建基准面 4

㉔ 在基准面 3 上绘制草图 10——半径为 5mm 的圆弧，此圆弧要与螺旋线相切，如图 4-101 所示。

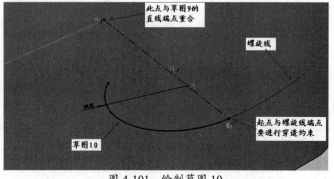

图 4-101 绘制草图 10

㉕ 同理，在基准面4上绘制与草图10相同大小的圆弧（草图11），如图4-102所示。
㉖ 单击【曲线】工具栏中的【组合曲线】按钮 ，将螺旋线和与之相切的两个草图圆弧结合成一段完整曲线，如图4-103所示。

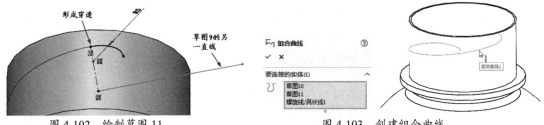

图4-102 绘制草图11　　　　　　图4-103 创建组合曲线

㉗ 在前视基准面上绘制如图4-104所示的草图12作为即将要创建扫描特征的截面。
㉘ 单击【特征】选项卡中的 扫描 按钮，选择草图12作为截面，选择组合曲线作为路径，创建如图4-105所示的扫描特征（瓶口的螺纹）。

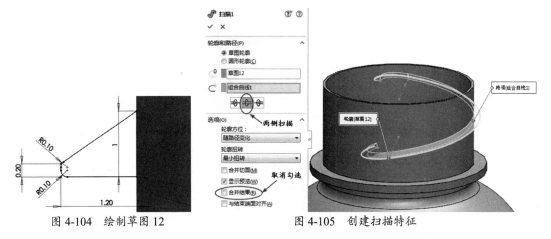

图4-104 绘制草图12　　　　　　图4-105 创建扫描特征

㉙ 单击【特征】选项卡中的 分割 按钮，用等距曲面去分割扫描特征，如图4-106所示。

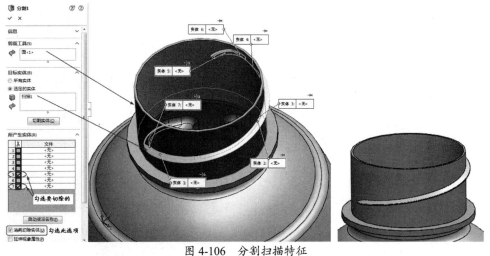

图4-106 分割扫描特征

㉚ 将分割后的扫描特征进行圆周阵列，阵列个数为3，如图4-107所示。

㉛ 使用【组合】工具 将扫描特征与瓶身主体合并成整体，如图 4-108 所示。

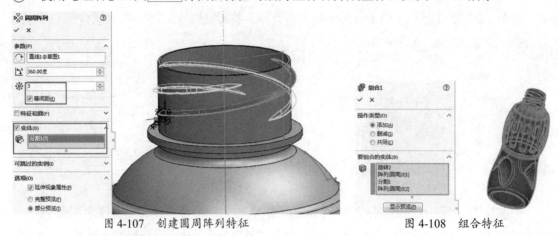

图 4-107　创建圆周阵列特征　　　　　　　图 4-108　组合特征

㉜ 至此完成了矿泉水瓶造型的绘制。

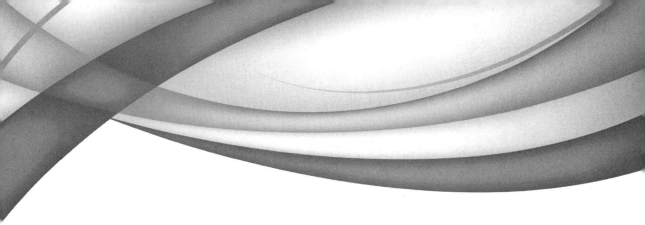

第 5 章
创建工程特征

本章内容

工程特征就是在不改变基体特征主要形状的前提下,对已有的特征进行局部修改的建模方法。在 SolidWorks 中,工程特征主要包括圆角、倒角、孔、抽壳、拔模及阵列、镜像、筋等,本章将对这些工程特征的造型方法进行逐一介绍。

知识要点

- ☑ 创建倒角与圆角特征
- ☑ 创建孔特征
- ☑ 抽壳与拔模
- ☑ 对象的阵列与镜像
- ☑ 筋及其他特征

5.1 创建倒角与圆角特征

在零件设计过程中,通常在锐利的零件边角处进行倒角或圆角处理,便于搬运、装配及避免应力集中等。

5.1.1 倒角特征

单击【特征】选项卡中的【倒角】按钮，或者选择菜单栏中的【插入】|【特征】|【倒角】命令,弹出【倒角】属性面板,如图 5-1 所示。

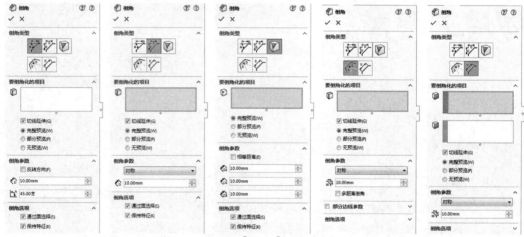

图 5-1 【倒角】属性面板

【倒角】属性面板中提供了 5 种倒角类型,常用的为前 3 种。

1. 角度距离、距离距离和顶点

【角度距离】倒角类型是以斜三角形的某一条边的长度和角度来定义倒角特征的,可以从【倒角参数】选项区中设置两个选项:距离和角度。

【距离距离】倒角类型是以斜三角形的两条直角边的长度来定义倒角特征的。

【顶点】倒角类型是以相邻的三条相互垂直的边来定义顶点圆角的。

如图 5-2 所示为 3 种倒角类型的应用。

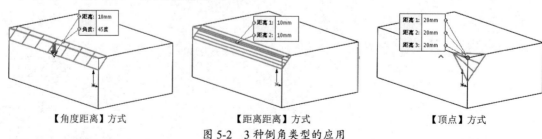

图 5-2 3 种倒角类型的应用

2. 等距面

【等距面】倒角类型是通过偏移选定边线旁边的面来求解等距面倒角的。如图 5-3 所示,可以选择某一个面来创建【等距面】倒角。严格意义上讲,这种倒角类型近似于【距离距离】倒角类型。

3. 面-面

【面-面】倒角类型选择带有角度的两个面来创建刀具,如图 5-4 所示。

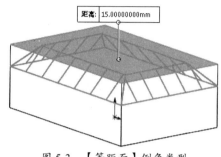

图 5-3 【等距面】倒角类型

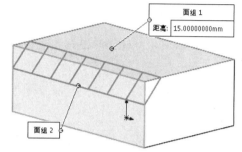

图 5-4 【面-面】倒角类型

> **技巧点拨:**
> 如果某个特征重建失败,可以在特征管理器设计树中右击该特征,再选择快捷菜单中的【什么错】命令来查看失败原因。

5.1.2 圆角特征

在零件上加入圆角特征,除了在工程上达到保护零件的目的,还有助于增强造型平滑的效果。【圆角】命令可以为一个面的所有边线、所选的多组面、单一边线或者边线环生成圆角特征,如图 5-5 所示。

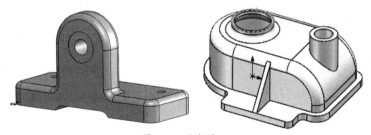

图 5-5 圆角特征

生成圆角时遵循以下原则。

- 当有多个圆角汇于一个顶点时,先添加大圆角再添加小圆角。
- 在生成具有多个圆角边线及拔模面的铸模零件时,通常情况下在添加圆角之前先添加拔模特征。
- 最后添加装饰用的圆角。在大多数其他几何体定位后尝试添加装饰圆角,添加的时间越早,系统重建零件需要花费的时间越长。

- 如果要加快零件重建的速度，使用一次生成一个圆角的方法处理需要相同半径圆角的多条边线。

单击【特征】选项卡中的【圆角】按钮，弹出【圆角】属性面板，如图5-6所示。

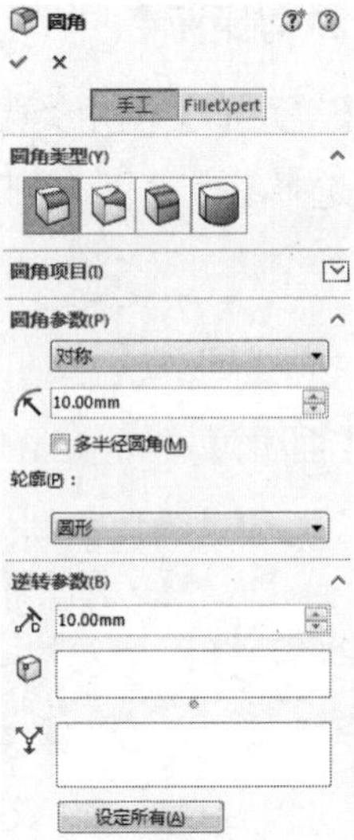

- 等半径：选择此圆角类型，即将创建的所有圆角特征的半径都是相等的。
- 变半径：选择此圆角类型，可以生成带变半径的圆角。
- 面圆角：选择此圆角类型，可以混合非相邻、非连续的面。
- 完整圆角：选择此圆角类型，可以生成相切于3个相邻面组的圆角。
- 多半径圆角：勾选此复选框，可以为每条边线选择不同的圆角半径值进行倒圆角操作。
- 逆转圆角：可以在混合曲面之间沿着零件边线创建圆角，生成平滑过渡。

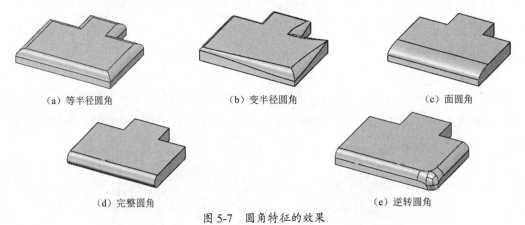

图5-6 【圆角】属性面板

SolidWorks 2020 根据不同的参数设置可生成以下几种圆角特征，如图5-7所示。

(a) 等半径圆角　　(b) 变半径圆角　　(c) 面圆角

(d) 完整圆角　　(e) 逆转圆角

图5-7 圆角特征的效果

上机实践——创建螺母零件

① 新建一个零件文件进入零件设计环境。
② 选择前视基准面作为草绘平面自动进入草图环境，绘制如图5-8所示的六边形（草图1）。
③ 使用【拉伸凸台/基体】命令，设置拉伸深度为3mm，创建如图5-9所示的拉伸特征。
④ 切除斜边。选择右视基准面，绘制如图5-10所示的草图2，注意三角形的边线与基体对齐。再绘制旋转用的中心线。
⑤ 单击【特征】选项卡中的【旋转切除】命令，选定中心线，并设置方向为360°，创建旋转切除特征，如图5-11所示。

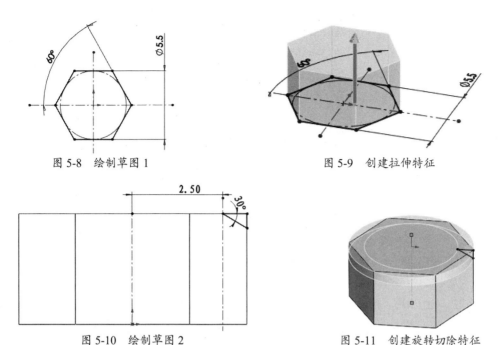

图 5-8 绘制草图 1　　　　　　图 5-9 创建拉伸特征

图 5-10 绘制草图 2　　　　　　图 5-11 创建旋转切除特征

⑥ 通过 3 条相邻边线的中点创建基准面，如图 5-12 所示。

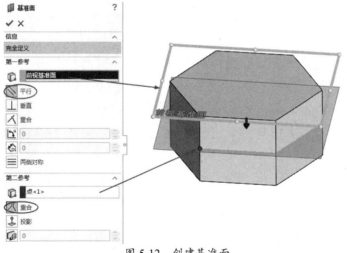

图 5-12 创建基准面

技巧点拨：
这个特征也可以通过重复步骤⑤和步骤⑥的操作实现，通过镜像、阵列等特征可以更有效地完成模型创建，这在稍后的章节中将逐步介绍。

⑦ 单击【特征】选项卡中的【镜像】按钮，选择要镜像切除的特征（旋转切除特征）和镜像基准面，单击【确定】按钮✔完成镜像，如图 5-13 所示。

⑧ 在螺母表面绘制直径为 3mm 的圆，拉伸切除螺栓孔。注意，拉伸方法选择【完全贯穿】，如图 5-14 所示。

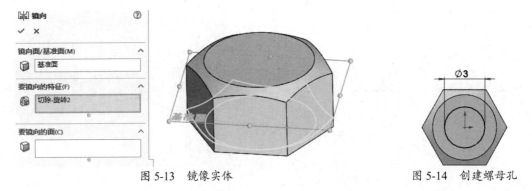

图 5-13 镜像实体　　　　　图 5-14 创建螺母孔

⑨ 选择螺母孔的边线进行倒角特征的创建，倒角距离为 0.5mm，角度为 45°，如图 5-15 所示。

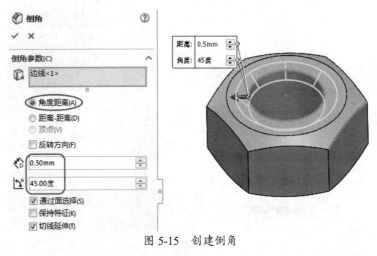

图 5-15 创建倒角

⑩ 在螺母孔的另一面选择圆角特征，圆角半径为 0.5mm，勾选【切线延伸】复选框，如图 5-16 所示。

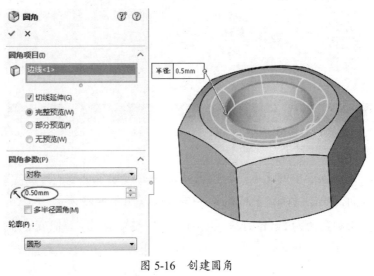

图 5-16 创建圆角

⑪ 将创建的螺母零件保存。

5.2 创建孔特征

在 SolidWorks 的零件环境中可以创建 4 种类型的孔特征：简单直孔、高级孔、异形孔和螺纹线。简单直孔用来创建非标孔，高级孔和异形孔向导用来创建标准孔，螺纹线用来创建圆柱内、外螺纹特征。

5.2.1 简单直孔

简单直孔的创建类似于拉伸切除特征。也就是只能创建圆柱直孔，不能创建其他孔类型（如沉头、锥孔等）。简单直孔只能在平面上创建，不能在曲面上创建。因此，要想在曲面上创建简单直孔特征，建议使用【拉伸切除】工具或【高级孔】工具来创建。

> 提示：
> 若【简单直孔】命令不在默认的功能区【特征】选项卡中，需要从【自定义】对话框的【命令】选项卡下调用此命令。

在模型表面上创建简单直孔的操作步骤如下。

① 在模型中选取要创建简单直孔的平直表面。
② 单击【特征】选项卡中的【简单直孔】按钮 ⓘ，或者选择【插入】|【特征】|【钻孔】|【简单直孔】命令，打开【孔】属性面板。【孔】属性面板中的选项含义与【凸台-拉伸】属性面板中的选项含义完全相同，这里就不再赘述了。
③ 在模型表面的光标选取位置上自动放置孔特征，通过孔特征的预览查看生成情况，如图 5-17 所示。

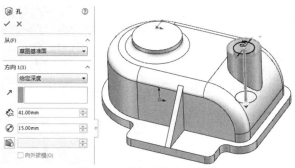

图 5-17 放置孔并显示预览

④ 设置孔参数后单击【确定】按钮 ✓，完成简单直孔的创建。

5.2.2 高级孔

【高级孔】工具可以创建沉头孔、锥形孔、直孔、螺纹孔等类型的标准系列孔。【高级孔】工具可以选择标准孔类型，也可以自定义孔尺寸。

与【简单直孔】工具所不同的是,【高级孔】工具可以在曲面上创建孔特征。

单击【特征】选项卡中的【高级孔】按钮,在模型中选择放置孔的平面后,弹出【高级孔】属性面板,如图 5-18 所示。

创建高级孔的步骤如下。

① 选择放置孔的平面或曲面,并通过设置【位置】选项卡中的选项来精准定义孔位置。

② 在属性面板右侧展开的【近端】选项面板中单击【在活动元素下方插入元素】按钮,然后选择孔类型。

③ 若要创建螺栓孔,在【近端面和远端面】选项区中勾选【远端】

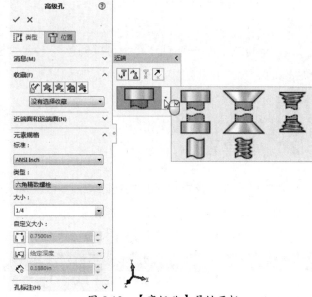

图 5-18 【高级孔】属性面板

复选框,接着在属性面板右侧展开的【远端】选项面板中选择远端面的孔类型。

④ 在【元素规格】选项区中选择螺栓孔或螺钉孔的标准、类型及大小等选项。

⑤ 可以自定义孔大小,并设置孔标注样式。

⑥ 单击【确定】按钮完成高级孔的创建,如图 5-19 所示。

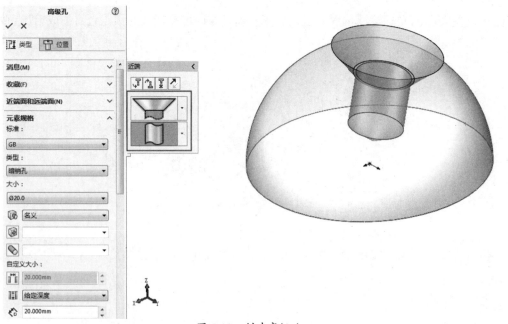

图 5-19 创建高级孔

> **技巧点拨：**
> 如果在活动元素（指的是螺栓或螺钉标准件的沉头部分）下不插入元素（指的是孔部分），那么仅创建高级孔的近端形状（指的是沉头形状）或远端形状。如果不希望创建沉头部分，可以在【近端】选项面板的元素列表中选择沉头形状为【孔】类型。

5.2.3 异形孔向导

异形孔包括柱形沉头孔、锥形沉头孔、螺纹孔、锥螺纹孔、旧制孔、柱孔槽口、锥孔槽口及槽口等类型，如图 5-20 所示。与【高级孔】工具所不同的是，【异形孔向导】工具只能选择标准孔规格，不能自定义孔尺寸。

当使用异形孔向导生成孔时，孔的类型和大小出现在【孔规格】属性面板中。

使用异形孔向导可以生成基准面上的孔，或者在平面和非平面上生成孔。

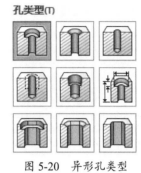

图 5-20 异形孔类型

📓上机实践——创建零件上的孔特征

① 新建零件文件。
② 在【草图】选项卡中单击【草图绘制】按钮，选择前视基准面作为草绘平面进入草图环境。
③ 绘制如图 5-21 所示的基体。
④ 使用【拉伸凸台/基体】命令，拉伸基体。拉伸深度为 8mm。
⑤ 插入异形孔特征。单击【特征】选项卡中的【异形孔向导】按钮，弹出【孔规格】属性面板。在【类型】选项卡中设置如图 5-22 所示的孔参数。

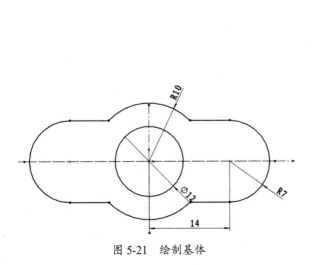

图 5-21 绘制基体

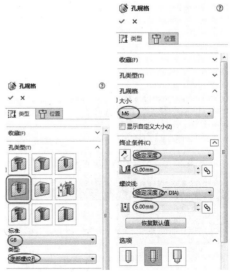

图 5-22 设置孔参数

⑥ 切换到【位置】选项卡，单击【3D 草图】按钮，指定零件中两个半圆形端面的圆心作为异形孔位置，如图 5-23 所示。

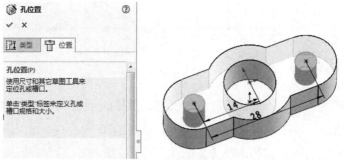

图 5-23 指定异形孔位置

⑦ 单击【孔位置】属性面板中的【确定】按钮✔完成孔特征的创建。

> **技巧点拨：**
> 用户可以通过打孔点的设置，一次选择多个同规格孔的创建，提高绘图效率。

5.2.4 螺纹线

【螺纹线】命令用来创建英制或公制螺纹特征。螺纹特征包括外螺纹（也称板牙螺纹）和内螺纹（或称攻丝螺纹）。

在【特征】选项卡中单击【螺纹线】按钮 ，弹出【SOLIDWORKS】警告对话框，如图 5-24 所示。单击【确定】按钮，弹出【螺纹线】属性面板，如图 5-25 所示。

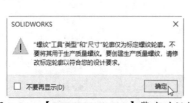

图 5-24 【SOLIDWORKS】警告对话框

图 5-25 【螺纹线】属性面板

> **技巧点拨：**
> 【SOLIDWORKS】警告对话框中警告提示的含义为：【螺纹线】属性面板中的螺纹类型和螺纹尺寸仅仅是英制或公制的标准螺纹，不能用作非标螺纹的创建，若要创建非标螺纹，可修改标准螺纹的轮廓以满足生产要求。

在【螺纹线】属性面板的【规格】选项区中，包含 5 种标准螺纹类型，如图 5-26 所示。

- Inch Die：英制板牙螺纹，主要用来创建外螺纹。
- Inch Tap：英制攻螺纹，主要用来创建内螺纹。
- Metric Die：公制板牙螺纹，主要用来创建外螺纹。
- Metric Tap：公制攻螺纹，主要用来创建内螺纹。
- SP4xx Bottle：国际瓶口标准螺纹，用来创建瓶口处的外螺纹。

图 5-26　5 种标准螺纹类型

上机实践——创建螺钉、蝴蝶螺母和瓶口螺纹

本例将在螺钉、蝴蝶螺母和矿泉水瓶中分别创建外螺纹、内螺纹和瓶口螺纹。

① 打开本例源文件"螺钉、蝴蝶螺母和矿泉水瓶.SLDPRT"，如图 5-27 所示。

② 创建螺钉外螺纹。在【特征】选项卡中单击【螺纹线】按钮，弹出【螺纹线】属性面板。

③ 在图形区中选取螺钉圆柱面的边线作为螺纹的参考，随后系统生成预定义的螺纹预览，如图 5-28 所示。

图 5-27　螺钉、蝴蝶螺母和矿泉水瓶　　　　图 5-28　选取螺纹参考

④ 在【螺纹线】属性面板的【螺纹线位置】选项区中激活【可选起始位置】选择框，然后在螺钉圆柱面上再选取一条边线作为螺纹起始位置，如图 5-29 所示。

⑤ 在【结束条件】选项区中单击【反向】按钮，更改螺纹生成方向，如图 5-30 所示。

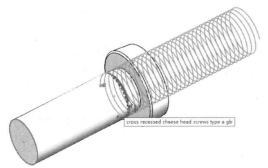 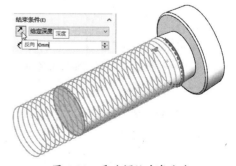

图 5-29　选取螺纹起始位置　　　　图 5-30　更改螺纹生成方向

⑥ 在【规格】选项区的【类型】下拉列表中选择【Metric Die】类型，在【尺寸】下拉列表中选择【M1.6×0.35】规格尺寸，其余选项保持默认，单击【确定】按钮✓，完成螺钉外螺纹的创建，如图5-31所示。

图5-31 创建外螺纹

⑦ 创建蝴蝶螺母的内螺纹。在【特征】选项卡中单击【螺纹线】按钮，弹出【螺纹线】属性面板。

⑧ 在图形区中选取蝴蝶螺母的圆孔边线作为螺纹的参考，随后系统生成预定义的螺纹预览，如图5-32所示。

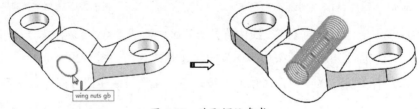

图5-32 选取螺纹参考

⑨ 在【规格】选项区的【类型】下拉列表中选择【Metric Tap】类型，并在【尺寸】下拉列表中选择【M1.6×0.35】规格尺寸，其余选项保持默认，单击【确定】按钮✓，完成蝴蝶螺母内螺纹的创建，如图5-33所示。

⑩ 创建瓶口螺纹。在【特征】选项卡中单击【螺纹线】按钮，弹出【螺纹线】属性面板。

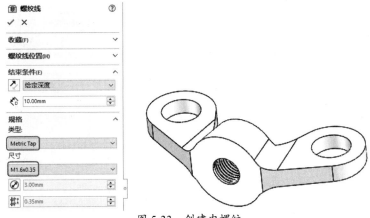

图 5-33 创建内螺纹

⑪ 在图形区中选取瓶口上的圆柱边线作为螺纹的参考，随后系统生成预定义的螺纹预览，如图 5-34 所示。

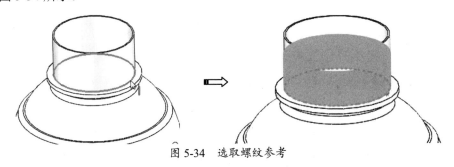

图 5-34 选取螺纹参考

⑫ 在【规格】选项区的【类型】下拉列表中选择【SP4xx Bottle】类型，并在【尺寸】下拉列表中选择【SP400-M-6】规格尺寸，单击【覆盖螺距】按钮 ，修改螺距为 15mm，选择【拉伸螺纹线】单选选项。

⑬ 在【螺纹线位置】选项区中勾选【偏移】复选框，并设置偏移距离为 5mm。在【结束条件】选项区中设置深度为 7.5mm，如图 5-35 所示。

图 5-35 设置瓶口螺纹选项及参数

⑭ 查看螺纹线的预览确认无误后，单击【确定】按钮 ，完成瓶口螺纹的创建，如图 5-36 所示。

⑮ 单击【特征】选项卡中的【圆周阵列】按钮 ，对瓶口螺纹特征进行圆周阵列，阵列个数为 3，如图 5-37 所示。

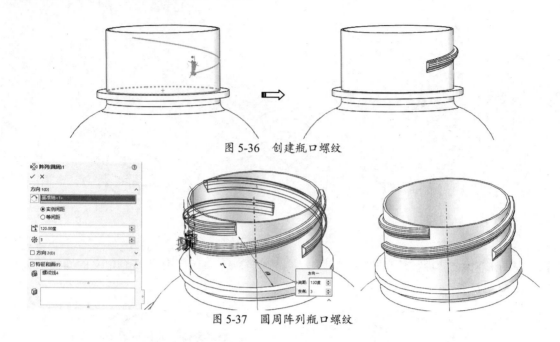

图 5-36　创建瓶口螺纹

图 5-37　圆周阵列瓶口螺纹

5.3　抽壳与拔模

　　抽壳与拔模是产品设计常用的形状特征创建方法。抽壳能产生薄壳,比如有些箱体零件和塑件产品,都需要用此工具来完成壳体的创建。

　　拔模可以理解为"脱模",是来自于模具设计与制造中的工艺流程。意思是将零件或产品的外形在模具开模方向上形成一定倾斜角度,以将产品轻易地从模具型腔中顺利脱出,而不至于将产品刮伤。

5.3.1　抽壳特征

　　单击【特征】选项卡中的【抽壳】按钮,显示【抽壳】属性面板,如图 5-38 所示。【抽壳】属性面板中的选项含义如下。

- 厚度：指定抽壳的厚度。
- 移除的面：选取要移除的面,可以是一个或多个模型表面。
- 壳厚朝外：以"移除的面"为基准,在基准面外创建加厚壳体。
- 显示预览：在抽壳过程中显示特征。在选择面之前最好关闭显示预览,否则每次选择面都将更新预览,导致操作速度变慢。
- 多厚度设定：可以选取不同的面来设定抽壳厚度。

　　选择合适的实体表面,设置抽壳厚度,完成特征创建。选择不同的表面,会产生不同的抽壳效果,如图 5-39 所示。

图 5-38 【抽壳】属性面板

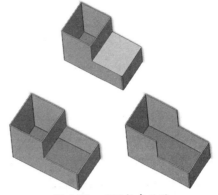

图 5-39 不同抽壳效果

> **技巧点拨:**
> 多数塑料零件都有圆角,如果抽壳前对边缘加入圆角而且圆角半径大于壁厚,零件抽壳后形成的内圆角就会自动形成圆角,内圆角的半径等于圆角半径减去壁厚。利用这个优点可以省去在零件内部创建圆角的工作。如果壁厚大于圆角半径,内圆角将会是尖角。

5.3.2 拔模特征

在 SolidWorks 中,可以在利用【拉伸凸台/基体】工具创建凸台时设置拔模斜度,也可使用【拔模】命令对已知模型进行拔模操作。

单击【特征】选项卡中的【拔模】按钮,弹出【拔模】属性面板。SolidWorks 提供的手工拔模方法有 3 种,包括【中性面】、【分型线】和【阶梯拔模】,如图 5-40 所示。

- 中性面:在拔模过程中的固定面,如图 5-41 所示。指定下端面为中性面,矩形四周的面为拔模面。

图 5-40 【拔模】属性面板

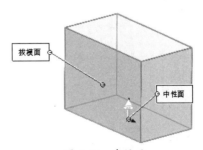

图 5-41 中性面

- 分型线:可以在任意面上绘制曲线作为固定端,如图 5-42 所示。选取样条曲线为分型线。需要说明的是,并不是任意草绘的一条曲线都可以作为分型线,作为分型线的曲线必须同时是一条分割线。

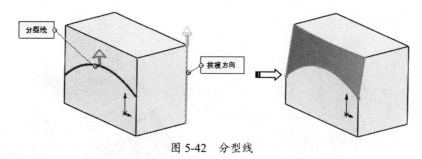

图 5-42 分型线

- 阶梯拔模：以分型线为界，可以进行【锥形阶梯】拔模或【垂直阶梯】拔模。如图 5-43 所示为锥形阶梯拔模。

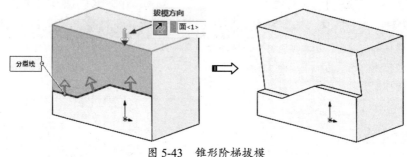

图 5-43 锥形阶梯拔模

上机实践——创建花瓶模型

① 执行【文件】|【新建】命令，新建零件文件后进入零件建模环境。

② 在【草图】选项卡中单击【草图绘制】按钮，弹出【编辑草图】属性面板，选择前视基准面作为草绘平面并自动进入草图环境。

③ 绘制如图 5-44 所示的组合图形，样条曲线的尺寸以实际花瓶为参考。

④ 使用【旋转凸台/基体】命令，并设置旋转角度为 360°，旋转轴为草图中的直线，创建旋转特征，如图 5-45 所示。

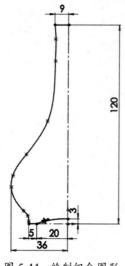

图 5-44 绘制组合图形

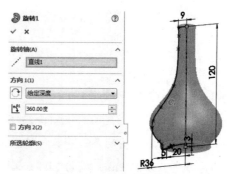

图 5-45 创建旋转特征

⑤ 单击【特征】选项卡中的【抽壳】按钮🔲，选择花瓶上表面为抽壳面，壳体厚度为 4mm，创建抽壳特征，如图 5-46 所示。

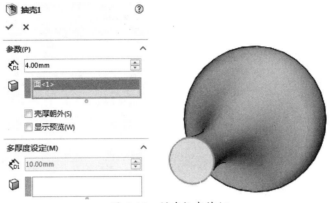

图 5-46　创建抽壳特征

⑥ 选择瓶口表面，创建圆角特征，完成花瓶的制作，如图 5-47 所示。

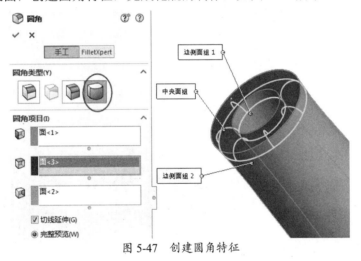

图 5-47　创建圆角特征

5.4　对象的阵列与镜像

阵列是创建多个具有一定排列规则的副本特征的常用建模方法。镜像是阵列方法中的一种特例，仅可创建一个镜像对称的副本。

5.4.1　阵列

SolidWorks 提供了 7 种特征阵列方式，最常用的是线性阵列和圆周阵列，介绍如下。

1. 线性阵列 🔲

线性阵列是指在一个方向或两个相互垂直的直线方向上生成阵列特征。

单击【特征】选项卡中的【线性阵列】按钮，打开【线性阵列】属性面板，如图 5-48 所示。根据系统要求设置面板中的相关选项：指定一个线性阵列的方向，指定一个要阵列的特征，设定阵列特征之间的间距与实例数，如图 5-49 所示。

2. 圆周阵列

圆周阵列是指阵列特征绕着一个基准轴进行特征复制，它主要用于圆周方向特征均匀分布的情形。

单击【特征】选项卡中的【圆周阵列】按钮，打开【圆周阵列】属性面板。根据系统要求设置相关选项：选取参考轴线，选取要阵列的特征，设置阵列参数，如图 5-50 所示。

图 5-48 【线性阵列】属性面板

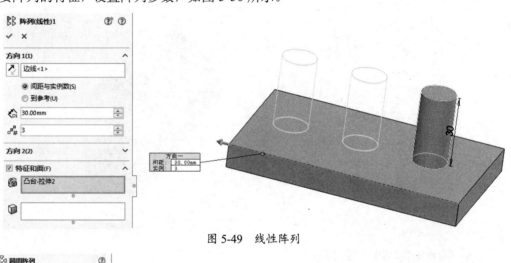

图 5-49 线性阵列

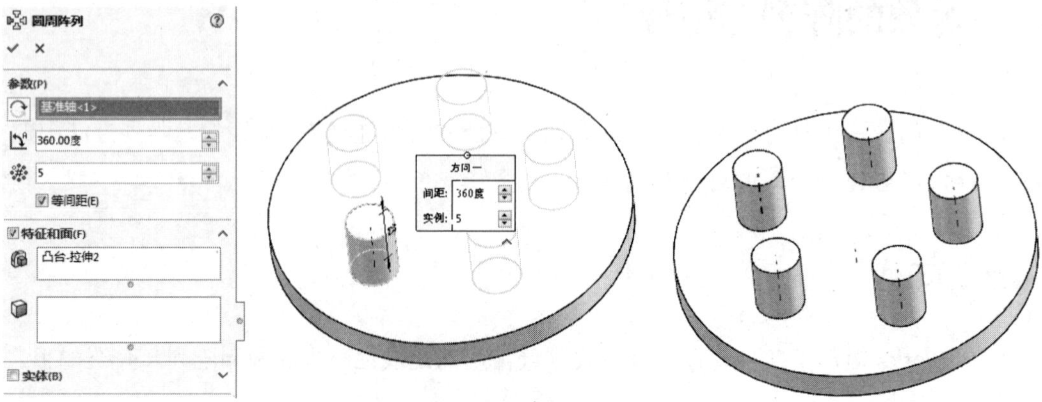

图 5-50 圆周阵列

5.4.2 镜像

镜像是绕面或基准面镜像特征、面及实体。沿面或基准面镜像，生成一个特征（或多个特征）的复制。可选择特征或构成特征的面。对于多实体零件，可使用阵列或镜像特征来阵列或镜像同一文件中的多个实体。

单击【特征】选项卡中的【镜像】按钮 ，打开【镜像】属性面板，如图 5-51 所示。根据系统要求设置面板中的相关选项：指定一个参考平面作为执行特征镜像操作的参考平面；选取一个或多个要镜像的特征，如图 5-52 所示。

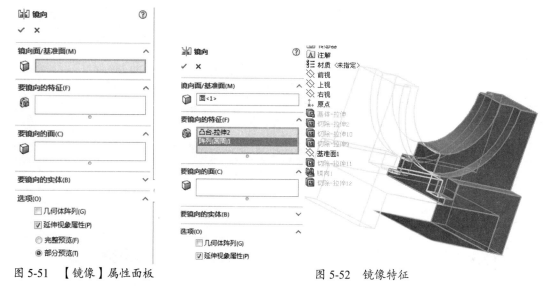

图 5-51　【镜像】属性面板　　　　图 5-52　镜像特征

上机实践——创建多孔板

① 新建一个文件，进入零件建模环境。
② 选择前视基准面作为草绘平面并自动进入草图环境。
③ 绘制如图 5-53 所示的基体图形。然后创建拉伸高度为 2mm 的拉伸凸台基体，如图 5-54 所示。

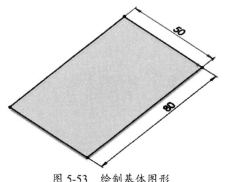

图 5-53　绘制基体图形　　　　图 5-54　创建拉伸凸台基体

④ 使用【圆角】命令，选中基体一侧的边线创建半径为 2mm 的圆角，如图 5-55 所示。
⑤ 创建如图 5-56 所示的第一个孔，切除高度为 1mm。

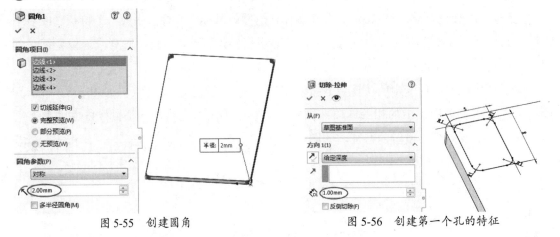

图 5-55 创建圆角　　图 5-56 创建第一个孔的特征

⑥ 选择第一个孔作为阵列特征，并选择基体长边为方向 1，短边为方向 2，尺寸参数如图 5-57 所示。
⑦ 单击【特征】选项卡中的【镜像】按钮，选择基体侧面为镜像基准面，完成镜像操作，如图 5-58 所示。

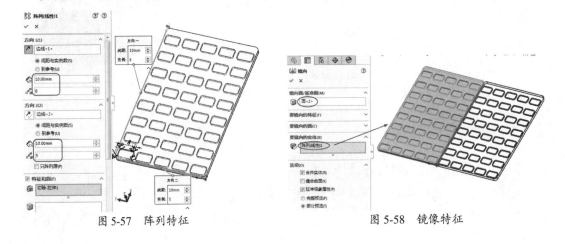

图 5-57 阵列特征　　图 5-58 镜像特征

5.5 筋及其他特征

除了上述提到的构造特征，还有一些附加特征，如筋特征、形变特征等。

5.5.1 筋特征

筋给实体零件添加薄壁支撑。筋是从开环或闭环绘制的轮廓所生成的特殊类型的拉伸特征。它在轮廓与现有零件之间添加指定方向和厚度的材料。可使用单一或多个草图生成筋特征,也可以用拔模生成筋特征,或者选择一个要拔模的参考轮廓。

要创建筋特征,必须先绘制筋草图,再单击【特征】选项卡中的【筋】按钮,打开【筋】属性面板,如图5-59所示。

筋特征允许用户使用最少的草图几何元素创建筋。创建筋时,需要指定筋的厚度、位置、方向和拔模角度。

如表5-1所示为筋草图拉伸的典型例子。

图 5-59 【筋】属性面板

表 5-1 筋草图拉伸的典型例子

拉 伸 方 向	图 例
简单草图,拉伸方向与草图平面平行	
简单草图,拉伸方向与草图平面垂直	
复杂草图,拉伸方向与草图平面垂直	

上机实践——插座造型

本例要创建一个插座造型,如图5-60所示。

① 新建零件文件。
② 选择前视基准面作为草绘平面并自动进入草图环境。利用【直线】命令\绘制如图 5-61 所示的图形作为基座。
③ 选择【拉伸凸台/基体】命令，设置拉伸参数，拉伸基座，如图 5-62 所示。

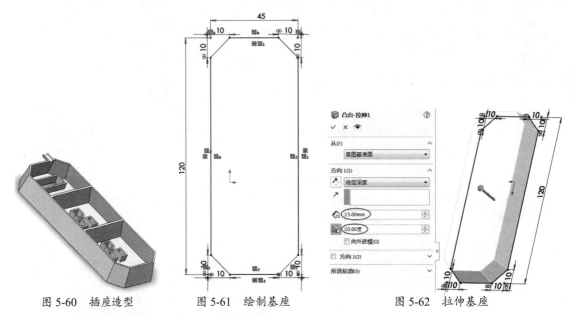

图 5-60 插座造型　　图 5-61 绘制基座　　图 5-62 拉伸基座

④ 在基座表面绘制插座孔和指示灯孔，如图 5-63 所示。选择【拉伸切除】命令，给定深度为 5mm。
⑤ 选择基座背面，执行【抽壳】命令，如图 5-64 所示，壳体厚度为 1。

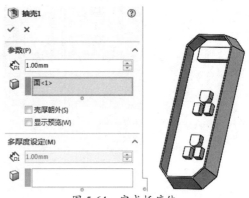

图 5-63 插座孔及指示灯孔　　图 5-64 完成插座体

⑥ 通过执行【拉伸切除】命令将插座孔和指示灯孔挖穿，如图 5-65 所示。考虑到绘图效率，可以用【草图】选项卡中的【转换实体引用】命令更方便地选择线段。

技巧点拨：
在这里，选择插座孔和指示灯孔的底面作为草绘平面。

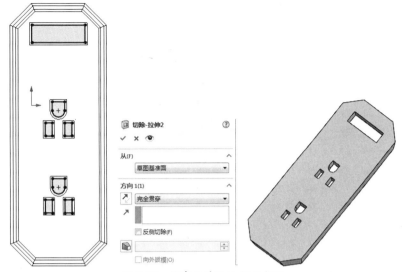

图 5-65 挖穿插座孔和指示灯孔

⑦ 在生成电线孔的特征时,用到了【参考几何体】中的【新建基准面】命令🚪,参考前视基准面,新建如图 5-66 所示的基准面 1。

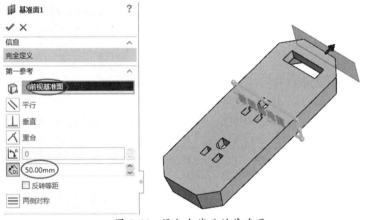

图 5-66 添加电线孔的基准面

⑧ 在基准面 1 上绘制如图 5-67 所示的一组同心半圆(电线孔草图),内圆直径为 2.5mm,外圆直径为 4mm,半圆的端点与基座底边自动对齐。

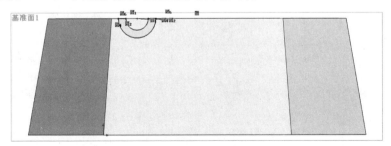

图 5-67 绘制同心半圆

⑨ 执行【拉伸凸台/基体】命令完成电线孔特征的创建,考虑到基座侧面有 10°的拔模角度,选择【成型到一面】的拉伸方法,并选择基座侧面为拉伸面,如图 5-68 所示。

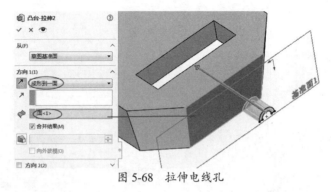

图 5-68 拉伸电线孔

⑩ 如图 5-69 所示，采用【拉伸切除】命令，选取内圆草图作为拉伸截面，将基座侧壁上的电线位置挖穿。

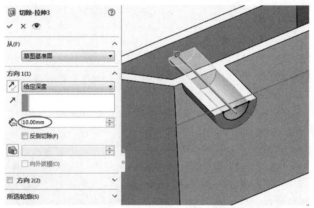

图 5-69 挖穿基座侧壁

⑪ 以基座底面（边线面）作为草绘平面，绘制两条直线（筋线），如图 5-70 所示，尺寸是未完全定义的。注意这两条线是"水平"的。

⑫ 使用【筋】工具，设置参数，创建筋特征，如图 5-71 所示。

图 5-70 绘制筋线

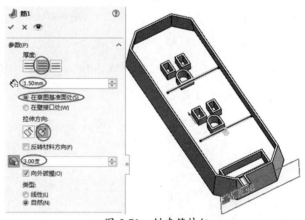

图 5-71 创建筋特征

⑬ 预览一下拉伸方向，如果筋拉伸的方向错了，就勾选【反转材料方向】复选框。单击【细节预览】按钮，确认是否是自己想要的状态，确认后退出，完成插座设计。

⑭ 至此，插座的造型设计工作结束。

5.5.2 形变特征

通过形变特征来改变或生成实体模型和曲面。常用的形变特征有自由形、变形、压凹、弯曲和包覆等。

1. 自由形

自由形通过在点上推动和拖动而在平面或非平面上添加变形曲面。自由形特征用于修改曲面或实体的面。每次只能修改一个面，该面可以有任意条边线。设计人员可以通过生成控制曲线和控制点，然后推拉控制点来修改面，对变形进行直接的交互式控制。可以使用三重轴约束推拉方向。

单击【特征】选项卡中的【自由形】按钮，打开【自由形】属性面板。

实体模型的自由形变操作，如图 5-72 所示。

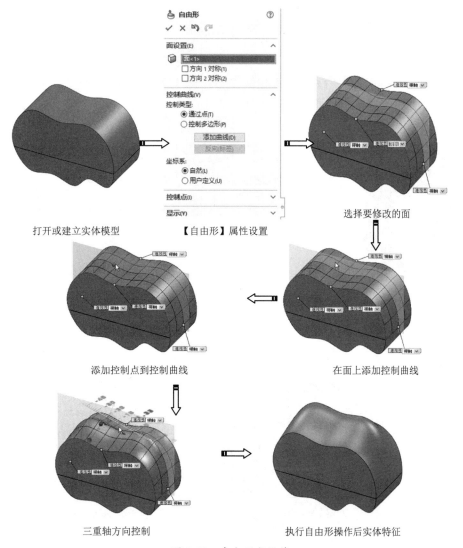

图 5-72 自由形变操作

2. 变形

变形是将整体变形应用到实体或曲面实体上。使用变形特征改变复杂曲面或实体模型的局部或整体形状，无须考虑用于生成模型的草图或特征约束。

变形提供一种虚拟改变模型的简单方法，这在创建设计概念或对复杂模型进行几何修改时很有用，因为使用传统的草图、特征或历史记录编辑需要花费很长时间。

变形特征有以下 3 种变形类型。

- 点：点变形是改变复杂形状的最简单的方法。选择模型面、曲面、边线或顶点上的一点，或者选择空间中的一点，然后选择用于控制变形的距离和球形半径。
- 曲线到曲线：曲线到曲线变形是改变复杂形状的更为精确的方法。通过将几何体从初始曲线（可以是曲线、边线、剖面曲线及草图曲线组等）映射到目标曲线组，可以变形对象。
- 曲面推进：曲面推进变形通过使用工具实体曲面替换（推进）目标实体的曲面来改变其形状。目标实体曲面接近工具实体曲面，但在变形前后每个目标曲面之间保持一对一的对应关系。

单击【特征】选项卡中的【变形】按钮 ⬥，打开【变形】属性面板。

使用【点】变形类型的操作过程，如图 5-73 所示。

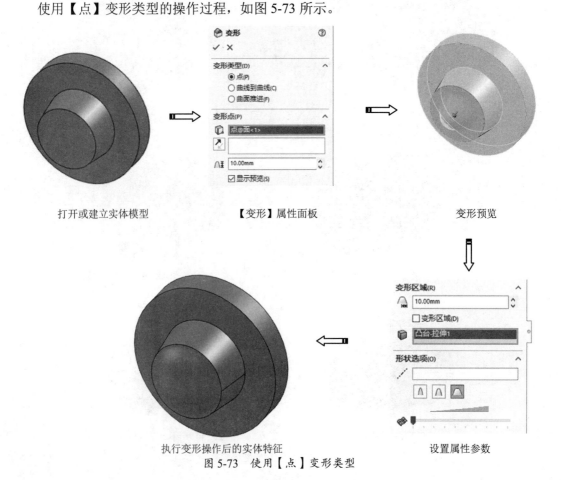

图 5-73 使用【点】变形类型

3. 压凹

压凹特征以工具实体的形状在目标实体中生成袋套或凸起,因此在最终实体中比在原始实体中显示更多的面、边线和顶点。这与变形特征不同,变形特征中的面、边线和顶点数在最终实体中保持不变。

压凹可用于以指定厚度和间隙值进行复杂等距的多种应用,其中包括封装、冲印、铸模及机器的压入配合等。

技巧点拨:
如果更改用于生成凹陷的原始工具实体的形状,则压凹特征的形状将会更新。

生成压凹特征的一些条件和要求如下。
- 目标实体和工具实体中必须有一个为实体。
- 如想压凹,目标实体必须与工具实体接触,或者间隙值必须允许穿越目标实体的凸起。
- 如想切除,目标实体和工具实体不必相互接触,但间隙值必须大到可足够生成与目标实体的交叉。
- 如想以曲面工具实体压凹(切除)实体,曲面必须与实体完全相交。

单击【特征】选项卡中的【压凹】按钮,打开【压凹】属性面板。
实体模型压凹特征的操作过程如图 5-74 所示。

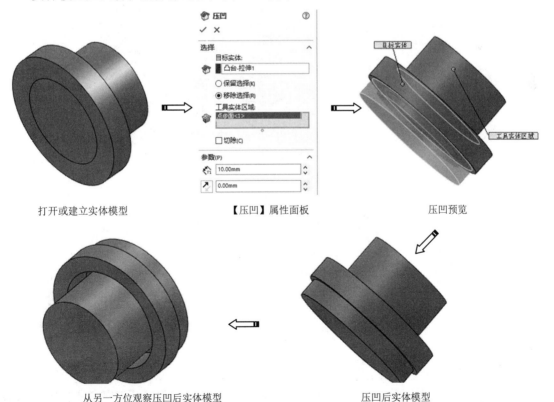

图 5-74 实体模型压凹特征操作

4. 弯曲

弯曲特征以直观的方式对复杂的模型进行变形，包括 4 种弯曲类型：折弯、扭曲、锥削和伸展。

单击【特征】选项卡中的【弯曲】按钮，打开【弯曲】属性面板。

实体模型弯曲特征的操作过程，如图 5-75 所示。

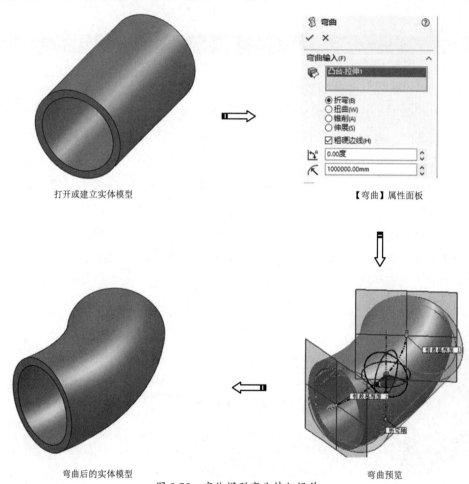

图 5-75　实体模型弯曲特征操作

5. 包覆

包覆特征将草图包裹到平面或非平面上，可从圆柱、圆锥或拉伸模型中生成一个平面。也可选择一个平面轮廓来添加多个闭合的样条曲线草图。包覆特征支持轮廓选择和草图再用，可以将包覆特征投影至多个面上。

单击【特征】选项卡中的【包覆】按钮，指定草图平面并绘制包覆草图后，打开【包覆】属性面板。

实体模型生成包覆特征的操作过程，如图 5-76 所示。

> 提示：
> 包覆的草图只可包含多个闭合轮廓，不能从包含任何开放性轮廓的草图生成包覆特征。

第5章 创建工程特征

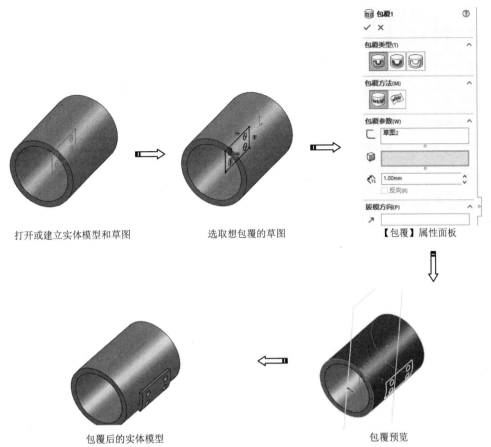

图 5-76 实体模型生成包覆特征操作

上机实践——飞行器造型

飞行器的结构由飞行器机体、侧翼、动力装置和喷射的火焰组成,如图 5-77 所示。

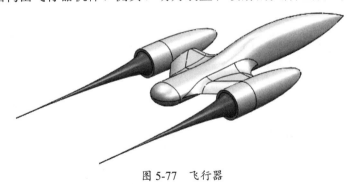

图 5-77 飞行器

① 打开本例源文件"飞行器草图.SLDPRT",打开的文件为飞行器机体的草图,如图 5-78 所示。

② 在【特征】选项卡中单击【扫描】按钮 🎺,打开【扫描】属性面板。在图形区中选择草图作为轮廓和路径,如图 5-79 所示。

③ 激活【引导线】选项区的列表,然后在图形区选择两条扫描的引导线,如图 5-80 所示。

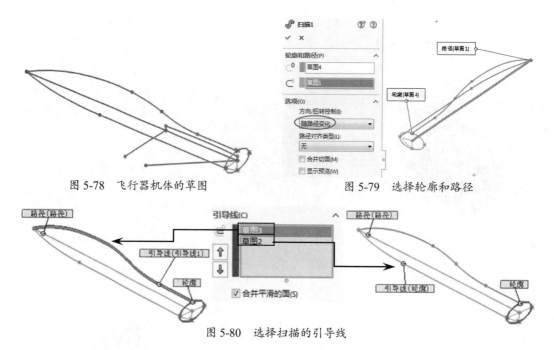

图 5-78 飞行器机体的草图　　　　图 5-79 选择轮廓和路径

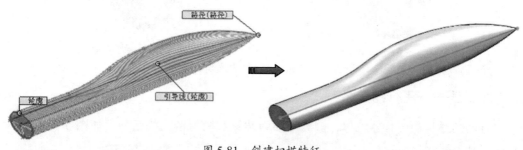

图 5-80 选择扫描的引导线

④ 查看扫描预览，确认无误后单击【扫描】属性面板中的【确定】按钮 ✓，完成扫描特征的创建，如图 5-81 所示。

图 5-81 创建扫描特征

技巧点拨：

若要自己绘制草图来创建扫描特征，则扫描的轮廓（椭圆）不能为完整椭圆，即要将椭圆一分为二。否则在创建扫描特征时会出现如图 5-82 所示的情况。

图 5-82 以完整椭圆为轮廓时创建的扫描特征

⑤ 在【特征】选项卡中单击【圆顶】按钮 ⬤ 圆顶，打开【圆顶】属性面板。在扫描特征中选择面和方向，随后显示圆顶预览，如图 5-83 所示。

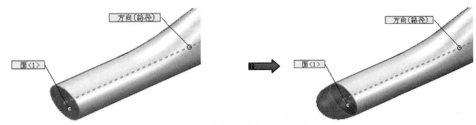

图 5-83 选择到圆顶的面和方向

⑥ 设置圆顶的距离值为 105cm，单击【确定】按钮 ✅ 完成圆顶特征的创建，如图 5-84 所示。扫描特征与圆顶特征即为飞行器机体。

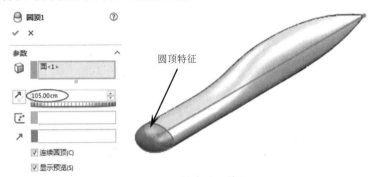

图 5-84 创建圆顶特征

⑦ 使用【扫描】工具，选择如图 5-85 所示的扫描轮廓、扫描路径和扫描引导线来创建扫描特征。

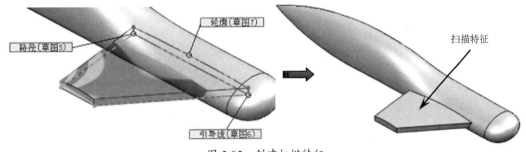

图 5-85 创建扫描特征

技巧点拨：
在【扫描】属性面板的【选项】选项区中须勾选【合并结果】复选框。这是为了便于后面进行镜像操作。

⑧ 使用【圆角】工具，分别在扫描特征上创建半径为 91.5cm 和 160cm 的圆角特征，如图 5-86 所示。

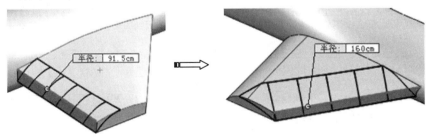

图 5-86 创建圆角特征

⑨ 使用【旋转凸台/基体】工具，选择如图 5-87 所示的扫描特征侧面作为草绘平面，然后进入草图环境绘制旋转草图。

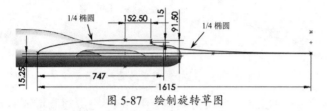

图 5-87　绘制旋转草图

⑩ 退出草图环境后，以默认的旋转设置来完成旋转特征的创建，结果如图 5-88 所示。此旋转特征即为动力装置和喷射火焰。

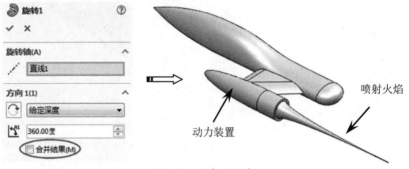

图 5-88　创建旋转特征

⑪ 使用【镜像】工具，以右视基准面作为镜像平面，在机体另一侧镜像出侧翼、动力装置和喷射火焰，结果如图 5-89 所示。

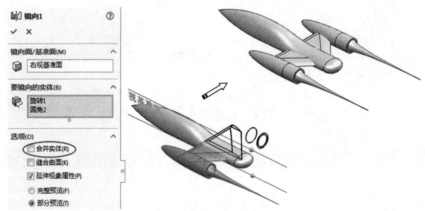

图 5-89　镜像侧翼、动力装置和喷射火焰

> **技巧点拨：**
> 在【镜像】属性面板中不能勾选【合并实体】复选框。这是因为在镜像过程中，只能合并一个实体，不能同时合并两个及两个以上的实体。

⑫ 使用【组合】工具，将图形区中所有实体合并成一个整体，如图 5-90 所示。

⑬ 使用【圆角】工具，在侧翼与机体连接处创建半径为 120cm 的圆角特征，如图 5-91 所示。至此，飞行器的造型设计操作全部完成。

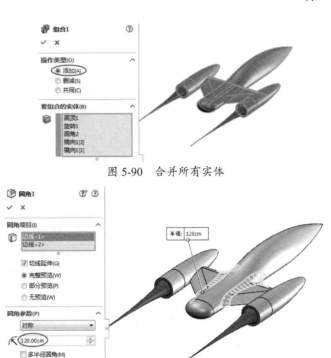

图 5-90　合并所有实体

图 5-91　创建圆角特征

5.6　综合案例——中国象棋造型设计

在 SolidWorks 的零件建模环境下象棋的造型其实是比较简单的，象棋与棋盘可以做成装配体，也可以做成一个零件。

本节要创建的中国象棋模型如图 5-92 所示。

① 新建零件文件，进入零件建模环境。

② 选择前视基准面作为草图平面，绘制如图 5-93 所示的草图 1。

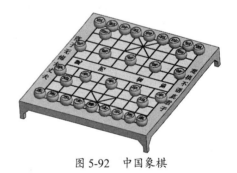

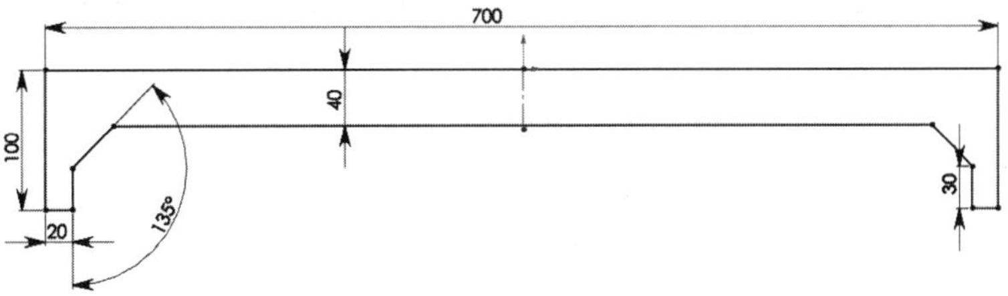

图 5-92　中国象棋

图 5-93　绘制草图 1

③ 单击【特征】选项卡中的【拉伸凸台/基体】按钮，选择草图 1 创建拉伸特征，如图 5-94 所示。

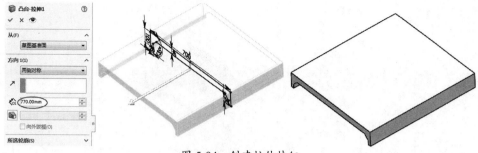

图 5-94 创建拉伸特征

④ 选择拉伸特征的一个端面（此端面与前视基准面垂直）作为草图平面，绘制如图 5-95 所示的草图 2。

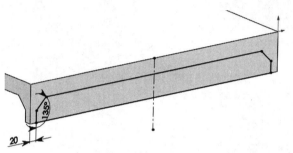

图 5-95 绘制草图 2

⑤ 单击【特征】选项卡中的【拉伸切除】按钮，打开【切除-拉伸】属性面板，选择草图 2，创建拉伸切除特征 1，如图 5-96 所示，完成棋桌主体的绘制。

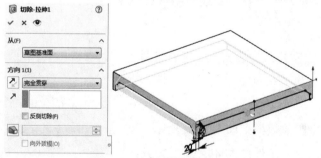

图 5-96 创建拉伸切除特征 1

⑥ 选择桌面作为草图平面，绘制草图 3，如图 5-97 所示。

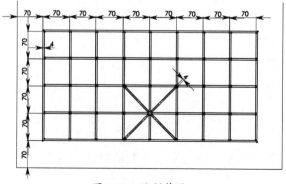

图 5-97 绘制草图 3

⑦ 使用【拉伸切除】工具,选择草图 3,创建拉伸切除特征 2,如图 5-98 所示。此特征为棋盘格。

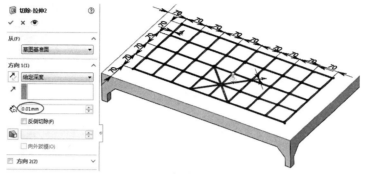

图 5-98 创建拉伸切除特征 2

⑧ 单击【特征】选项卡中的【镜像】按钮,打开【镜像】属性面板。选择前视基准面为镜像平面,选择拉伸切除特征 2 作为要镜像的特征,单击【确定】按钮完成镜像操作,如图 5-99 所示。

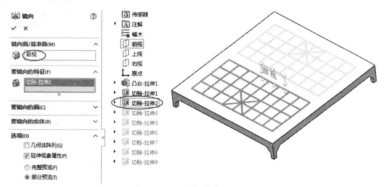

图 5-99 创建棋盘格镜像

⑨ 选择桌面作为草图平面,进入草图环境绘制文字。首先绘制"楚河"二字,另需要绘制一条辅助构造线,如图 5-100 所示。

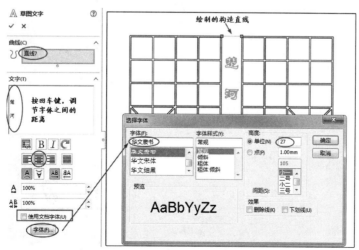

图 5-100 绘制"楚河"二字与辅助构造线

> **技巧点拨:**
> 不要将文字设置为粗体,否则不能创建拉伸切除特征。

⑩ 同理,在下方绘制构造直线,再绘制"汉界"二字,如图 5-101 所示。

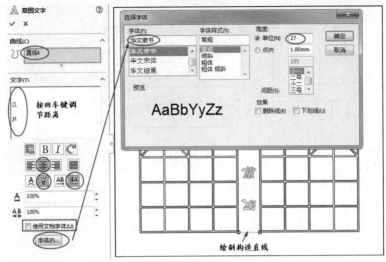

图 5-101 绘制"汉界"二字

⑪ 退出草图环境后使用【拉伸切除】工具,创建文字的切除特征,如图 5-102 所示。

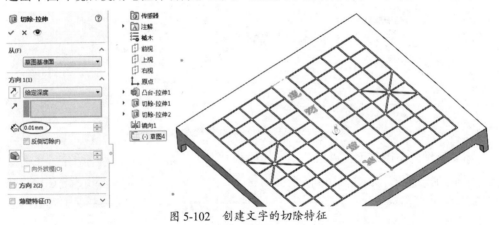

图 5-102 创建文字的切除特征

⑫ 接下来设计象棋棋子。在右视基准面上绘制旋转截面草图,然后使用【旋转凸台/基体】工具创建旋转特征,作为棋子的主体,如图 5-103 所示。

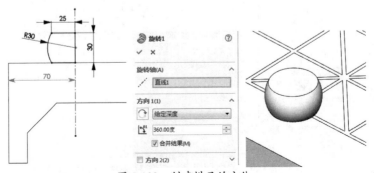

图 5-103 创建棋子的主体

⑬ 对旋转特征进行倒圆角处理，如图 5-104 所示。

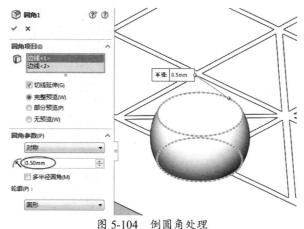

图 5-104 倒圆角处理

⑭ 在旋转特征上表面绘制文字草图，以黑子的"帅"为例，如图 5-105 所示。

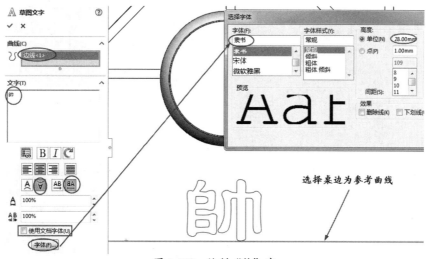

图 5-105 绘制"帅"字

⑮ 将"帅"字进行定位，不能使用【移动实体】工具，可以制作成块。选中"帅"字，在显示的浮动工具栏中单击【制作块】按钮，打开【制作块】属性面板。拖动操纵柄定义块的插入点，单击【确定】按钮，完成块的创建，如图 5-106 所示。

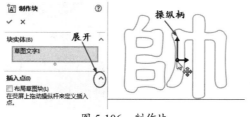

图 5-106 制作块

⑯ 默认情况下制作的块在坐标系的原点位置，需要拖动块的插入点，直到棋子上，如图 5-107 所示。

⑰ 退出草图环境。利用【拉伸切除】工具，创建文字的拉伸切除特征，如图 5-108 所示。

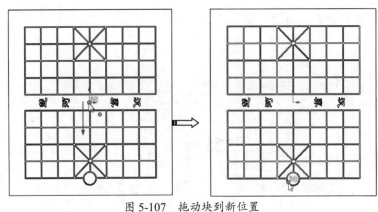

图 5-107 拖动块到新位置

图 5-108 创建文字的拉伸切除特征

⑱ 在棋子表面绘制同心圆草图，并创建拉伸切除特征（深度为 0.2mm），如图 5-109 所示。

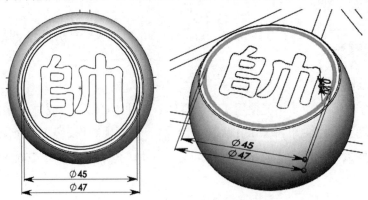

图 5-109 创建拉伸切除特征

⑲ 其他的象棋棋子不必再一一创建，使用阵列和镜像操作，最后只需要修改文字即可。首先将"帅"字棋进行草图阵列。要进行草图阵列，必须先绘制草图，在桌面上绘制如图 5-110 所示的草图点（每个棋子的位置）。

⑳ 在【特征】选项卡中单击 草图驱动的阵列 按钮，打开【由草图驱动的阵列】属性面板。选择点草图，然后再选择特征进行草图驱动阵列，如图 5-111 所示。

第 5 章 创建工程特征

图 5-110 绘制草图点（15 个）

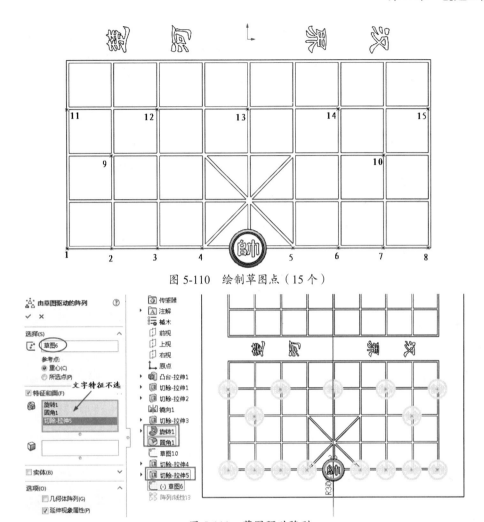

图 5-111 草图驱动阵列

㉑ 使用【镜像】工具，将现有的棋子全部镜像到前视基准面的另一对称侧，如图 5-112 所示。

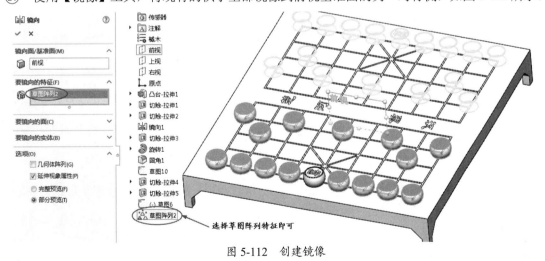

图 5-112 创建镜像

㉒ 统一在棋子表面绘制各棋子文字草图，当然也可以分开绘制。然后再创建拉伸切除特征

（拉伸深度为 0.2mm），最终效果如图 5-113 所示。

> **技巧点拨：**
> 如果把文字制作成块后找不到，可以缩小整个视图，文字块极有可能在绘图区的一个角落里，千万不要以为没有创建成功。在创建对称侧的文字时，制作块后还要把文字块进行旋转（单击 旋转实体按钮）。

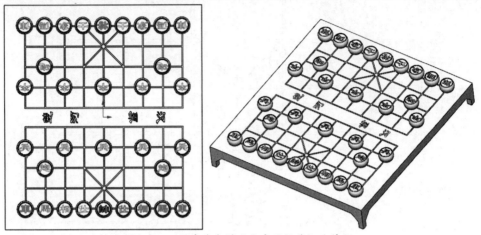

图 5-113 创建其余棋子文字的拉伸切除特征

㉓ 至此，完成了中国象棋的造型设计。

第 6 章
曲线与曲面建模

本章内容

曲面的造型设计在实际工作中会经常用到，其往往是三维实体造型的基础，因此要熟练掌握。本章将详细介绍曲线工具、基础曲面设计及曲面编辑与修改。

知识要点

- ☑ 曲线工具
- ☑ 基础曲面设计
- ☑ 曲面编辑与修改

6.1 曲线工具

SolidWorks 的曲线工具是用来创建空间曲线的基本工具,由于多数空间曲线可以由 2D 草图或 3D 草图创建,因此创建曲线的工具仅有如图 6-1 所示的 6 个工具。

图 6-1 曲线工具

技术要点:
曲线工具在【特征】选项卡或是【曲面】选项卡的【曲线】下拉菜单中。

6.1.1 通过 XYZ 点的曲线

此工具通过输入空间中点的坐标,以此生成空间曲线。

单击【曲线】下拉菜单中的【通过 XYZ 点的曲线】按钮 ,打开【曲线文件】对话框,如图 6-2 所示。

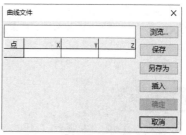

图 6-2 【曲线文件】对话框

【曲线文件】对话框中各选项含义如下。

- 浏览:单击此按钮可以导览至要打开的曲线文件。可打开.sldcrv 文件或.txt 文件。打开的文件将显示在文件文本框中。
- 坐标输入:在一个单元格中双击,然后输入新的数值。当输入数值时,注意图形区中会显示曲线的预览。

技巧点拨:
默认情况下仅有一行,若要继续输入,可以双击【点】下面的空白行,即可添加新的坐标值输入行,如图 6-3 所示。若要删除该行,选中后按 Delete 键即可。

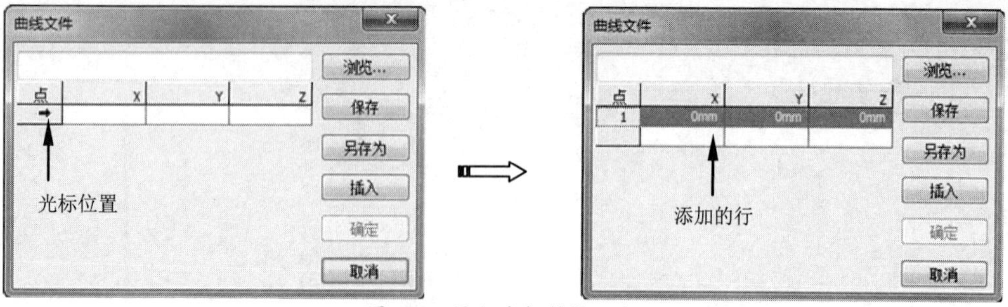

图 6-3 添加坐标值输入行

- 保存:单击此按钮可以将定义的坐标点保存为曲线文件。
- 插入:当输入了第一行的坐标值,单击【点】列下的数字 1 即可选中第一行,再单击【插入】按钮,新的一行插入在所选行之下,如图 6-4 所示。

第 6 章 曲线与曲面建模

图 6-4 插入新的行

> **技巧点拨：**
> 如果仅有一行，【插入】命令是不起任何作用的。

上机实践——输入坐标点创建空间样条曲线

① 新建零件文件。
② 在【曲线】下拉菜单中单击【通过 XYZ 的点】按钮，打开【曲线文件】对话框。
③ 双击坐标单元格输入行，依次添加 5 个点的空间坐标，结果如图 6-5 所示。
④ 单击【确定】按钮完成样条曲线的创建，如图 6-6 所示。

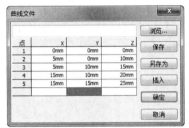

图 6-5 输入坐标点

图 6-6 创建样条曲线

6.1.2 通过参考点的曲线

【通过参考点的曲线】命令通过已经创建了参考点，或者已有模型上的点来创建曲线。单击【曲线】下拉菜单中的【通过参考点的曲线】按钮，弹出【通过参考点的曲线】属性面板，如图 6-7 所示。

> **技巧点拨：**
> 【通过参考点的曲线】命令仅当用户创建曲线或实体、曲面特征以后，才被激活。

选取的参考点将被自动收集到【通过点】收集器中。若勾选【闭环曲线】复选框，将创建封闭的样条曲线。如图 6-8 所示为封闭和不封闭的样条曲线。

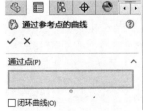

图 6-7 【通过参考点的曲线】属性面板

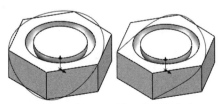

图 6-8 封闭和不封闭的样条曲线

153

技巧点拨：

【通过参考点的曲线】命令执行过程中，如果选取 2 个点，将创建直线，如果选取 3 个及 3 个以上点，将创建样条曲线。

技巧点拨：

若选取 2 个点来创建曲线（直线），是不能创建闭环曲线的。若勾选了【闭环曲线】复选框，则会弹出警告信息，如图 6-9 所示。

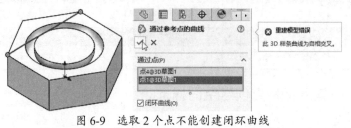

图 6-9 选取 2 个点不能创建闭环曲线

6.1.3 投影曲线

【投影曲线】命令是将绘制的 2D 草图投影到指定的曲面、平面或草图上。单击【曲线】下拉菜单中的【投影曲线】按钮 🗐，打开【投影曲线】属性面板，如图 6-10 所示。

图 6-10 【投影曲线】属性面板

技巧点拨：

要投影的曲线只能是 2D 草图，3D 草图和空间曲线是不能进行投影的。

【投影曲线】属性面板中各选项含义如下。

- 面上草图：将 2D 草图投影到所选面上，如图 6-11 所示。

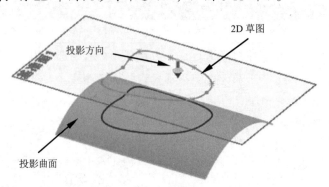

图 6-11 【面上草图】投影类型

● 草图上草图：用于 2 个相交基准面上的草图曲线进行相交投影，以此获得 3D 空间交会曲线，如图 6-12 所示。

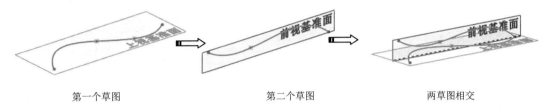

第一个草图　　　　　　　　　第二个草图　　　　　　　　两草图相交

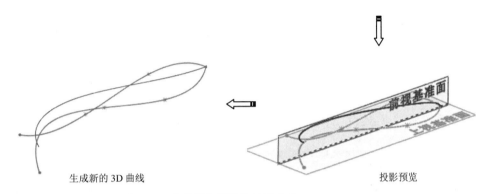

生成新的 3D 曲线　　　　　　　　　　　　　　投影预览

图 6-12　【草图上草图】投影类型

技巧点拨：

2 个草图必须交会才能创建投影曲线。如图 6-13 所示的 2 个基准面上的草图没有交会，就不能创建【草图上草图】类型的投影曲线。

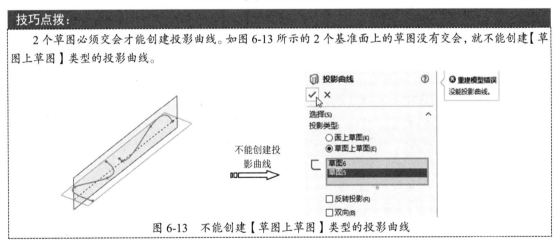

图 6-13　不能创建【草图上草图】类型的投影曲线

● 反转投影：勾选此复选框，改变投影方向。

上机实践——利用【投影曲线】命令创建扇叶曲面

① 新建零件文件。

② 在特征管理器设计树中选择前视基准面，单击【草图绘制】按钮 ，在前视基准面中绘制草图 1，如图 6-14 所示。

③ 单击【曲面】选项卡中的【拉伸曲面】按钮 ，拉伸生成圆柱曲面，如图 6-15 所示。

图 6-14 在前视基准面
中绘制草图 1

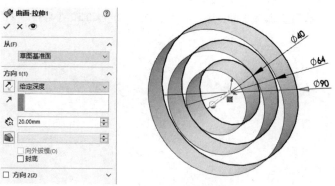

图 6-15 拉伸生成圆柱曲面

④ 在【特征】选项卡中单击【基准面】按钮 🗖，创建距离上视基准面 50mm 的平行基准面，如图 6-16 所示。

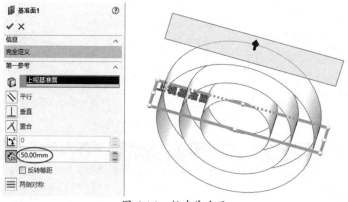

图 6-16 新建基准面

⑤ 在特征管理器设计树中选择基准面 1，单击【草图绘制】按钮 ⌷·，在基准面 1 中绘制草图 2，如图 6-17 所示。

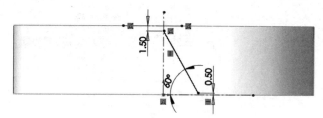

图 6-17 在基准面 1 中绘制草图 2

⑥ 依次右击外面的两个圆柱曲面，在弹出的快捷菜单中选择【隐藏】命令，只显示最里面的圆柱曲面。

⑦ 单击【曲线】下拉菜单中的【投影曲线】按钮 🗖，弹出【投影曲线】属性面板，选择【面上草图】投影类型，单击【要投影的草图】 ⌷，选择上一步骤绘制的草图 2，再单击【投影面】 🗖，对应选择最里面的圆柱表面，勾选【反转投影】复选框，最后单击【确定】按钮 ✓ 完成投影曲线的创建，操作过程如图 6-18 所示。

第 6 章 曲线与曲面建模

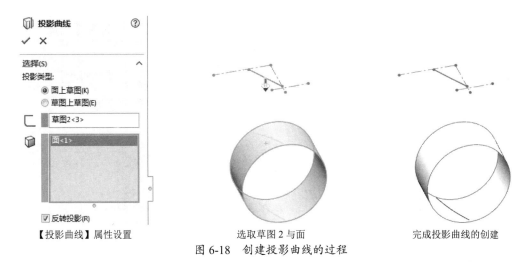

【投影曲线】属性设置　　　选取草图 2 与面　　　完成投影曲线的创建

图 6-18 创建投影曲线的过程

⑧ 右击特征管理器设计树中的【曲面-拉伸 1】特征，在弹出的快捷菜单中选择【显示】命令。依次右击里面的两个圆柱曲面，在弹出的快捷菜单中选择【隐藏】命令，只显示最外部的圆柱曲面。

⑨ 在特征管理器设计树中选择基准面 1，单击【草图绘制】按钮 ，在基准面 1 中绘制草图 3，如图 6-19 所示。

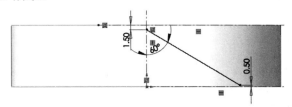

图 6-19 在基准面 1 中绘制草图 3

⑩ 单击【曲线】下拉菜单中的【投影曲线】按钮 ，弹出【投影曲线】属性面板。选择【面上草图】投影类型，单击【要投影的草图】 ，选择上一步骤绘制的草图 3，再单击【投影面】 ，对应选择最大的圆柱表面，勾选【反转投影】复选框，最后单击【确定】按钮 完成投影曲线的创建，如图 6-20 所示。

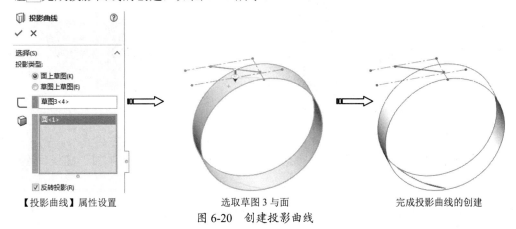

【投影曲线】属性设置　　　选取草图 3 与面　　　完成投影曲线的创建

图 6-20 创建投影曲线

⑪ 右击特征管理器设计树中的【曲面-拉伸 1】特征，在弹出的快捷菜单中选择【显示】

命令。依次右击外面和里面的两个圆柱曲面，在弹出的快捷菜单中选择【隐藏】命令，只显示中间的圆柱曲面。

⑫ 在基准面 1 中再绘制草图 4，如图 6-21 所示。在中间圆柱面上创建投影曲线，如图 6-22 所示。

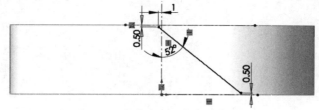

图 6-21 在基准面 1 中绘制草图 4

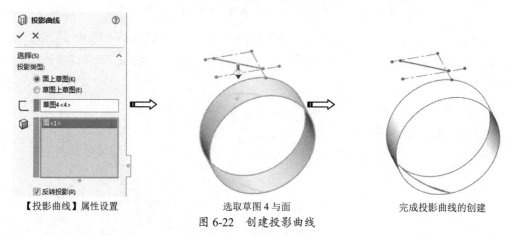

图 6-22 创建投影曲线

⑬ 单击【曲线】下拉菜单中的【通过参考点的曲线】按钮，依次选择投影曲线的 6 个端点，如图 6-23 所示。单击【确定】按钮 完成 3D 曲线的创建，如图 6-24 所示。

图 6-23 选择投影曲线的 6 个端点　　　图 6-24 生成的 3D 曲线

⑭ 隐藏外部两个圆柱面，单击【曲面】选项卡中的【放样曲面】按钮，在弹出的【曲面-放样】属性面板中，在轮廓中依次选择 3D 曲线和小圆柱面上的投影曲线，放样曲面生成叶片，如图 6-25 所示。

⑮ 在菜单栏中执行【插入】|【曲面】|【移动/复制】命令，打开【移动/复制实体】属性面板。

第 6 章 曲线与曲面建模

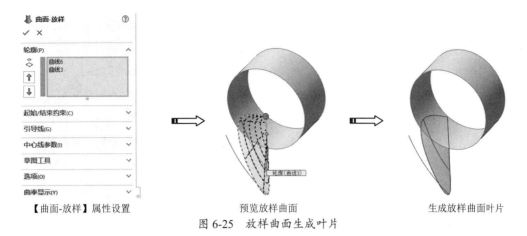

图 6-25 放样曲面生成叶片

⑯ 在图形区选择放样曲面叶片，选中【复制】复选框，将复制的数量设置为 7。选取坐标原点作为旋转参考点，在【Z 旋转角度】文本框中输入数值 45，最后单击【确定】按钮 ✔ 完成叶片的旋转复制，如图 6-26 所示。

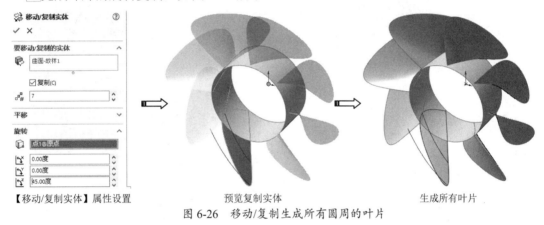

图 6-26 移动/复制生成所有圆周的叶片

6.1.4 分割线

执行分割曲面的操作后所得的交线就是分割线。

> 技巧点拨：
> 【分割线】命令仅当创建模型、草图或曲线后，才被激活。

在【曲线】下拉菜单中单击【分割线】按钮 🔲，打开【分割线】属性面板，如图 6-27 所示。

1. 【轮廓】分割类型

当选择【轮廓】分割类型时，【分割线】属性面板中各选项含义如下。

- 拔模方向 ⌀：即选取基准面为拔模方向参考，拔模方向始终与基准面（或分割线）是垂直的，如图 6-28 所示。

图 6-27 【分割线】属性面板

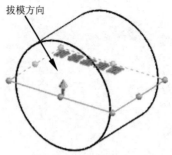

图 6-28 拔模方向

- 要分割的面 ⬜：要分割的面只能是曲面，绝对不能是平面，如图 6-29 所示。

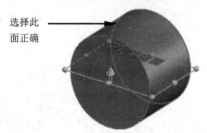

图 6-29 要分割的面

- 角度 ⬜：分割线与基准面之间形成的夹角，如图 6-30 所示。

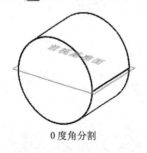

0 度角分割

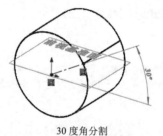

30 度角分割

图 6-30 角度

> **技巧点拨：**
> 要利用【轮廓】分割类型须满足 2 个条件——拔模方向参考仅仅局限于基准面（平直的曲面不可以）；要分割的面必须是曲面（模型表面是平面也是不可以的）。

在一个零件实体模型上生成轮廓分割线的过程如图 6-31 所示。

2.【投影】分割类型

此分割类型利用投影的草图曲线来分割实体、曲面。适用于多种类型的投影，例如可以：

- 将草图投影到平面上并分割。
- 将草图投影到曲面上并分割。

第 6 章　曲线与曲面建模

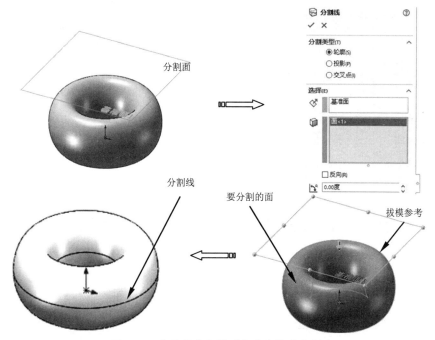

图 6-31　在零件实体模型上生成轮廓分割线

当选择【投影】分割类型时，【分割线】属性面板如图 6-32 所示。

【分割线】属性面板中各选项含义如下。

- 要投影的草图⌐：选取要投影的草图。可从同一个草图中选择多个轮廓进行投影。
- 要分割的面：选取要投影草图的面（也是即将被分割的面），此面可以是平面也可以是曲面。
- 单向：勾选此复选框，往一个方向投影分割线。
- 反向：勾选此复选框，改变投影方向。

在一个零件实体模型上生成投影分割线的过程如图 6-33 所示。

图 6-32　【分割线】属性面板

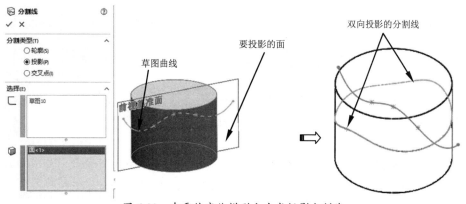

图 6-33　在零件实体模型上生成投影分割线

技巧点拨：

默认情况下，不勾选【单向】复选框，草图将向曲面两侧同时投影。如图 6-34 所示为双向投影和单向投影的情形。

草图及要投影的曲面

双向投影

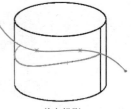
单向投影

图 6-34 双向投影与单向投影

技巧点拨：

上图中如果圆柱面是一个整体，只能进行双向投影。

3.【交叉点】分割类型

此分割类型是用交叉实体、曲面、面、基准面或曲面样条曲线来分割面。

当选择【交叉点】分割类型时，【分割线】属性面板如图 6-35 所示。

【分割线】属性面板中各选项含义如下。

- 分割实体/面/基准面 ⬜：选择分割工具（交叉实体、曲面、面、基准面或曲面样条曲线）。
- 要分割的面/实体 ⬜：选择要投影分割线的目标面或实体。
- 分割所有：勾选此复选框，将分割分割工具与分割对象接触的所有曲面。

技巧点拨：

分割工具可以与所选单个曲面不完全接触，如图 6-36 所示。若完全接触则该复选框不起作用。

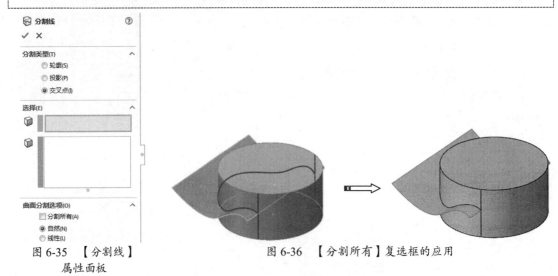

图 6-35 【分割线】属性面板   图 6-36 【分割所有】复选框的应用

- 自然：选择此单选按钮，按默认的曲面、曲线的延伸规律进行分割，如图 6-37 所示。
- 线性：选择此单选按钮，将不按延伸规律进行分割，如图 6-38 所示。

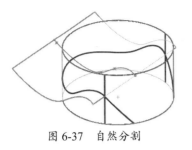
图 6-37 自然分割

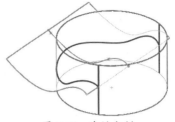
图 6-38 线性分割

上机实践——以【交叉点】分割类型分割模型

① 打开本例源文件"零件.SLDPRT"。
② 在特征管理器设计树中选取 3 个已创建的点以显示，如图 6-39 所示。
③ 在【特征】选项卡中选择【参考几何体】|【基准面】命令，打开【基准面】属性面板。分别选取 3 个点作为第一、第二和第三参考，并完成基准面的创建，如图 6-40 所示。

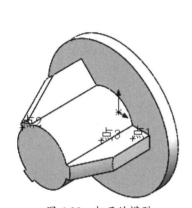
图 6-39 打开的模型

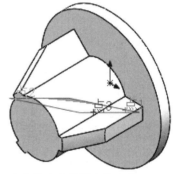
图 6-40 选取 3 个点作为参考创建基准面

④ 单击【曲线】下拉菜单中的【分割线】按钮，打开【分割线】属性面板。选择【交叉点】分割类型，然后选择基准面作为分割工具，再选择如图 6-41 所示的模型表面作为要分割的面。
⑤ 保留曲面分割选项的默认设置，单击【确定】按钮 完成分割，如图 6-42 所示。

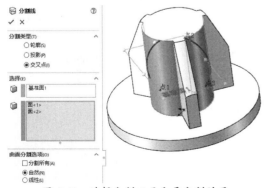
图 6-41 选择分割工具和要分割的面

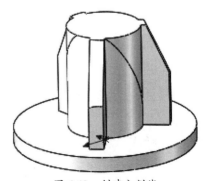
图 6-42 创建分割线

6.1.5 螺旋线/涡状线

螺旋线/涡状线可以被当成一个路径或引导曲线使用在扫描的特征上，或者作为放样特征的引导曲线。

单击【曲线】下拉菜单中的【螺旋线/涡状线】按钮 ，选择草图平面进入草图环境绘制草图后，打开【螺旋线/涡状线】属性面板。【螺旋线/涡状线】属性面板中的 4 种定义方式如图 6-43 所示。

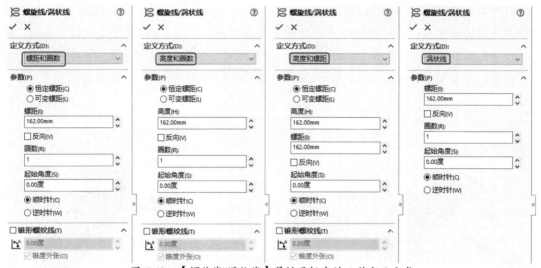

图 6-43 【螺旋线/涡状线】属性面板中的 4 种定义方式

上机实践——创建螺旋线

① 新建零件文件。

② 利用【圆】命令绘制如图 6-44 所示的圆。

③ 单击【曲线】下拉菜单中的【螺旋线/涡状线】按钮 ，按信息提示选择绘制的草图，如图 6-45 所示，随后打开【螺旋线/涡状线】属性面板。

图 6-44 绘制圆

图 6-45 选择草图

④ 随后在【螺旋线/涡状线】属性面板中选择【螺距和圈数】定义方式，并设置相关参数，单击【确定】按钮 完成螺旋线的创建，如图 6-46 所示。

第 6 章 曲线与曲面建模

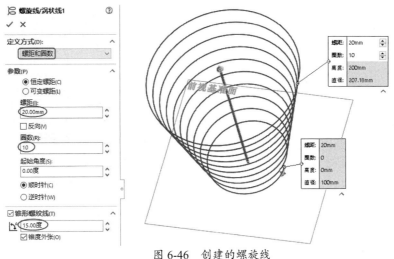

图 6-46 创建的螺旋线

6.1.6 组合曲线

通过将曲线、草图几何和模型边线组合为一条单一曲线来生成组合曲线。使用该曲线作为生成放样或扫描的引导曲线。

当创建了草图、模型或曲面特征后,【组合曲线】命令才被激活。单击【曲线】下拉菜单中的【组合曲线】按钮 🖵,打开【组合曲线】属性面板,如图 6-47 所示。

图 6-47 【组合曲线】面板

在一个零件实体模型上生成组合曲线的过程,如图 6-48 所示。

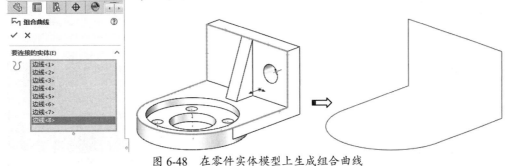

图 6-48 在零件实体模型上生成组合曲线

> **技巧点拨:**
> 所选的边线必须是相接或相切连续的,否则不能创建组合曲线。

6.2 基础曲面设计

曲面是一种可以用来构建产品外形表面的几何片体,一个零件的外表由多个曲面片构成。在 SolidWorks 中,曲面设计工具在【曲面】选项卡中,如图 6-49 所示。

图 6-49 【曲面】选项卡

SolidWorks 的曲面工具有两种，一种是基础曲面设计工具，另一种是曲面编辑与修改工具。【拉伸曲面】【旋转曲面】【扫描曲面】【放样曲面】【边界曲面】等工具与前面学习的【特征】选项卡中的【拉伸凸台/基体】【旋转凸台/基体】【扫描】【放样凸台/基体】【边界凸台/基体】等工具的属性面板设置与用法是完全相同的，所以本节就不再介绍这几种基础曲面工具了。下面仅介绍【填充曲面】、【平面区域】、【等距曲面】、【直纹曲面】及【中面】等基础曲面工具。

6.2.1 填充曲面

填充曲面是指在现有模型边线、草图或曲线定义的边界内构成带任何边数的曲面修补。填充曲面通常用于以下几种情况。

- 填充用于型芯和型腔造型零件中的孔。
- 生成实体模型。
- 纠正没有正确输入 SolidWorks 中的零件。
- 用于包括作为独立实体的特征或合并这些特征。
- 构建用于工业设计的曲面。

生成填充曲面的操作步骤如下。

① 单击【曲面】选项卡中的【填充曲面】按钮 ◈ ，或者选择【插入】|【曲面】|【填充】命令，弹出【填充曲面】属性面板，如图 6-50 所示。

【填充曲面】属性面板中各选项含义如下。

- 修补边界 ◈ ：定义所应用的修补边线。对于曲面或者实体边线，可以使用草图作为修补的边界。对于所有草图边界，只能设置【曲率控制】类型为【相触】。
- 交替面：只在实体模型上生成修补时使用，用于控制修补曲率的反转边界面，如图 6-51 所示。

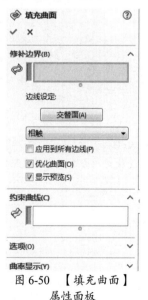

图 6-50 【填充曲面】属性面板

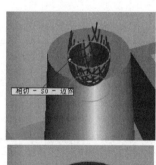

图 6-51 交替面

- 曲率控制：在生成的填充面上进行控制，可以在同一填充面中应用不同的曲率控制方式（相触、相切和曲率），如图 6-52 所示。

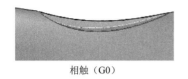
相触（G0）

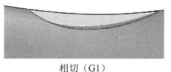
相切（G1）

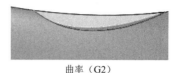
曲率（G2）

图 6-52 曲率的控制

- 应用到所有边线：可以将相同的曲率控制应用到所有边线中。
- 优化曲面：用于对曲面进行优化。
- 显示预览：以上色的方式显示曲面填充预览。

② 单击【修补边界】选择框，然后在图形区域选择边线，在【修补边界】选项区中设置【曲率控制】类型为【相切】。

③ 单击【确定】按钮，生成填充曲面，如图 6-53 所示。

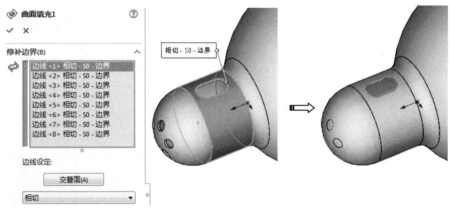

图 6-53 生成填充曲面

6.2.2 平面区域

可以通过草图生成有边界的平面区域，也可以在零件中生成有一组闭环边线边界的平面区域。生成平面区域的操作步骤如下。

① 生成一个非相交、单一轮廓的闭环草图。

② 单击【曲面】选项卡中的【平面区域】按钮，或者选择【插入】|【曲面】|【平面区域】命令，弹出【平面】属性面板。

③ 选择【边界实体】，并在图形区域选择草图。

④ 如果要在零件中生成平面区域，则选择【边界实体】，然后在图形区域选择零件上的一组闭环边线。注意：所选边线必须位于同一基准面上。

⑤ 单击【确定】按钮即可生成平面区域，如图 6-54 所示。

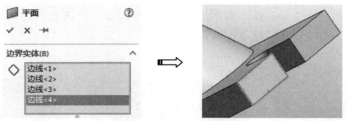

图 6-54 生成平面区域

6.2.3 等距曲面

等距曲面的造型方法和特征造型中的对应方法相似，对于已经存在的曲面都可以生成等距曲面。生成等距曲面的操作步骤如下。

① 单击【曲面】选项卡中的【等距曲面】按钮 ，或者选择【插入】|【曲面】|【等距曲面】命令，弹出如图 6-55 所示的【等距曲面】属性面板。

② 单击 图标右侧的显示框，然后在右侧的图形区域选择要等距的模型面或曲面。

③ 在【等距参数】选项区的文本框中指定等距曲面之间的距离，此时在右侧的图形区域显示等距曲面的效果。

④ 如果等距面的方向有误，单击【反向】按钮 ，反转等距方向。

⑤ 单击【确定】按钮 ，生成等距曲面，如图 6-56 所示。

图 6-55 【等距曲面】属性面板　　　　图 6-56 生成等距曲面

6.2.4 直纹曲面

【直纹曲面】工具通过实体、曲面的边来定义曲面。单击【曲面】选项卡中的【直纹曲面】按钮 ，打开【直纹曲面】属性面板，如图 6-57 所示。

【直纹曲面】属性面板中提供了 5 种直纹曲面的创建类型。

1. 相切于曲面

【相切于曲面】类型可以创建相切于所选曲面的直纹面，如图 6-58 所示。

> 技巧点拨：
> 【直纹曲面】工具不能创建基于草图和曲线的曲面。

第 6 章 曲线与曲面建模

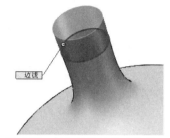

图 6-57 【直纹曲面】属性面板　　　　图 6-58 相切于曲面的直纹面

- 交替面：如果所选的边线为两个模型面的共边，可以单击【交替面】按钮切换相切曲面，来获取想要的曲面，如图 6-59 所示。

图 6-59 交替面

> 技巧点拨：
> 如果所选边线为单边，【交替面】按钮将以灰色显示，表示不可用。

- 剪裁和缝合：如果所选的边线为两个或两个以上且相连，【剪裁和缝合】选项被激活，用来相互剪裁和缝合所产生的直纹面，如图 6-60 所示。

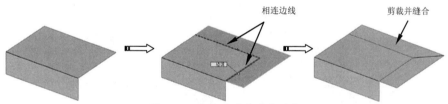

图 6-60 直纹面的剪裁和缝合

> 技巧点拨：
> 如果取消勾选此复选框，将不进行缝合，但会自动修剪。如果所选的多边线不相连，那么勾选此复选框就不再有效。

- 连接曲面：勾选此复选框，具有一定夹角且延伸方向不一致的直纹面将以圆弧过渡进行连接。如图 6-61 所示为不连接曲面和连接曲面的效果。

图 6-61 不连接曲面与连接曲面

2. 正交于曲面

【正交于曲面】类型用于创建与所选曲面边正交（垂直）的延伸曲面，如图 6-62 所示。单击【反向】按钮可改变延伸方向，如图 6-63 所示。

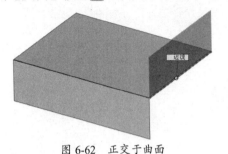

图 6-62 正交于曲面

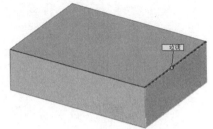

图 6-63 更改延伸方向

3. 锥削到向量

【锥削到向量】类型可创建沿指定向量成一定夹角（拔模斜度）的延伸曲面，如图 6-64 所示。

4. 垂直于向量

【垂直于向量】可创建沿指定向量成垂直角度的延伸曲面，如图 6-65 所示。

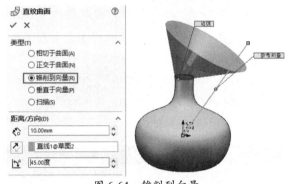

图 6-64 锥削到向量

5. 扫描

【扫描】类型可创建沿指定参考边线、草图及曲线的延伸曲面，如图 6-66 所示。

图 6-65 垂直于向量

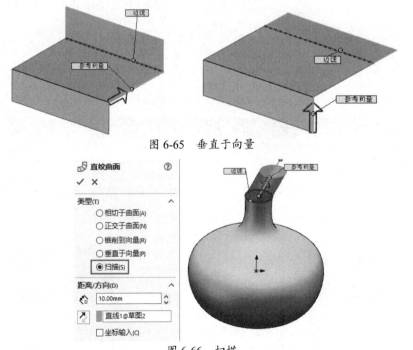

图 6-66 扫描

6.2.5 中面

【中面】工具可在实体上合适的所选双对面之间生成中面。合适的双对面应该处处等距,并且必须属于同一实体。

中面生成通常有以下几种情况。

- 单个:从图形区中选择单个等距面生成中面。
- 多个:从图形区中选择多个等距面生成中面。
- 所有:单击【中面】属性面板中的【查找双对面】按钮,系统会自动选择模型上所有合适的等距面以生成所有等距面的中面。

① 单击【曲面】选项卡中的【中面】按钮 中面,或者选择【插入】|【曲面】|【中面】命令,弹出【中面】属性面板,如图 6-67 所示。

② 单击【面 1】选择框,在图形区中选择外圆柱面,单击【面 2】选择框,在图形区中选择内孔面,在【定位】文本框中设定值为 50%。

③ 单击【确定】按钮 ,生成的中面如图 6-68 所示。

图 6-67 【中面】属性面板

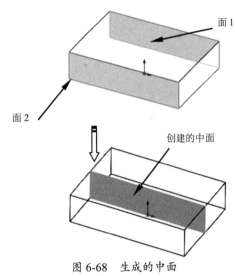

图 6-68 生成的中面

6.2.6 拓展训练——基础曲面造型应用

① 新建零件文件。
② 在菜单栏中选择【插入】|【曲线】|【螺旋线/涡状线】命令,打开【螺旋线/涡状线】属性面板。
③ 选择上视基准面为草图平面,绘制草图 1,如图 6-69 所示。
④ 退出草图环境后,在【螺旋线/涡状线】属性面板中设置如图 6-70 所示的螺旋线参数。
⑤ 单击【确定】按钮 完成螺旋线的创建。

图 6-69 绘制草图 1

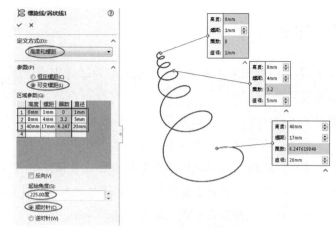
图 6-70 设置螺旋线参数

> **技巧点拨：**
> 要设置或修改高度和螺距，须选择【高度和螺距】定义方式。若需要修改圈数，则选择【高度和圈数】定义方式即可。

⑥ 利用【草图绘制】工具，在前视基准面上绘制如图 6-71 所示的草图 2。

⑦ 利用【基准面】工具，选择螺旋线和螺旋线端点作为第一参考和第二参考，创建垂直于端点的基准面 1，如图 6-72 所示。

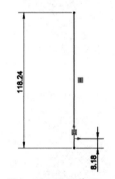
图 6-71 绘制草图 2

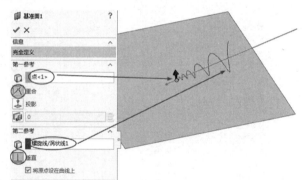
图 6-72 创建基准面 1

⑧ 利用【草图绘制】工具，在基准面 1 上绘制如图 6-73 所示的草图 3。

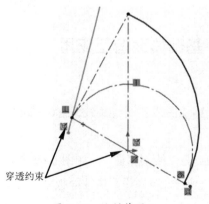
图 6-73 绘制草图 3

第6章 曲线与曲面建模

> **技巧点拨：**
> 当绘制草图曲线而无法利用草图环境外的曲线作为约束参考时，可以先随意绘制草图曲线，然后选取草图曲线端点和草图环境外的曲线进行【穿透】约束，如图6-74所示。

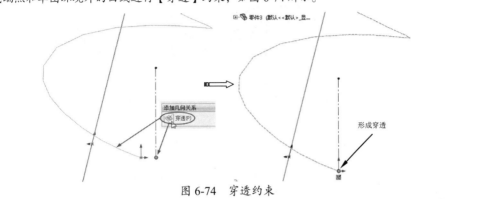

图6-74 穿透约束

⑨ 单击【曲面】选项卡中的【扫描曲面】按钮 ，打开【曲面-扫描】属性面板。

⑩ 选择草图3作为扫描截面、螺旋线作为扫描路径，再选择草图2作为引导线，如图6-75所示。

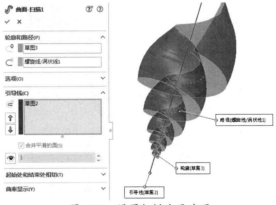

图6-75 设置扫描曲面选项

⑪ 单击【确定】按钮 ，完成扫描曲面的创建。

⑫ 利用【螺旋线/涡状线】工具，选择上视基准面为草图平面。再在原点绘制直径为1mm的圆（草图4）后，完成如图6-76所示的螺旋线的创建。

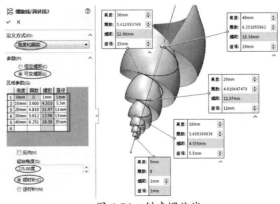

图6-76 创建螺旋线

173

⑬ 利用【草图绘制】工具，在基准面 1 上绘制如图 6-77 所示的圆弧（草图 5）。

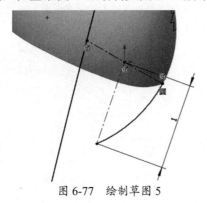

图 6-77　绘制草图 5

⑭ 单击【曲面】选项卡中的【扫描曲面】按钮 ⚙，打开【曲面-扫描】属性面板。按如图 6-78 所示的设置，创建扫描曲面。

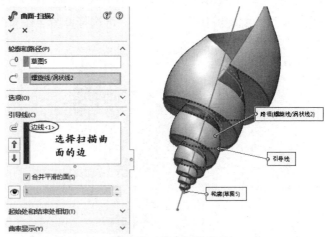

图 6-78　创建扫描曲面

⑮ 最终完成的结果如图 6-79 所示。

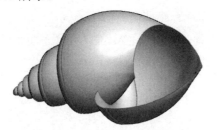

图 6-79　创建完成的田螺曲面

6.3　曲面编辑与修改

曲面编辑与修改工具是基于基础曲面的进一步编辑与修改的常规操作工具，简单的外形经过修改后可以变为复杂的外形。

6.3.1 曲面的延展与延伸

曲面可以延展成平面，也可以延续曲率来延伸现有曲面。

1. 延展曲面

延展曲面是通过选择平面参考来创建实体或曲面边线的新曲面。多数情况下，也利用此工具来设计简单产品的模具分型面。

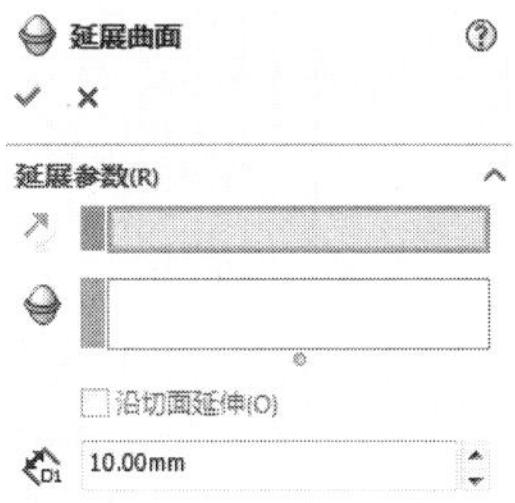

单击【曲面】选项卡中的【延展曲面】按钮 ⬢ 延展曲面，打开【延展曲面】属性面板，如图 6-80 所示。

【延展曲面】属性面板中各选项含义如下。

- 延展方向参考 ▮▮▮▮▮：激活此选择框，为创建延展曲面来选择延展方向的参考平面，延展方向将平行于所选参考平面。
- 反转延展方向 ↗：单击此按钮，将改变延展方向。
- 要延展的边线 ⬢：选取要延展的实体边或曲面边。
- 沿切面延伸：勾选此复选框，将创建与所选边线都相切的延展曲面，如图 6-81 所示。

图 6-80 【延展曲面】属性面板

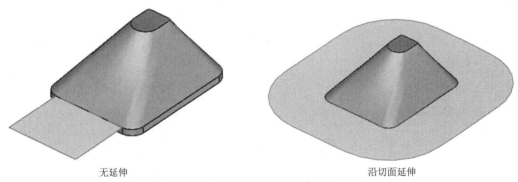

无延伸　　　　　　　　　　　　　沿切面延伸

图 6-81 沿切面延伸的延展曲面

- 延展距离 ⬢：输入延展曲面的延展长度。

2. 延伸曲面

延伸曲面是指基于已有曲面创建新曲面。与前面所介绍的延展曲面不同，延伸曲面的终止条件有多重选择，可以沿不同方向延伸，且截面会有变化。延展曲面只能跟所选平面平行，截面是恒定的。

此外，延展曲面可以针对实体或曲面，而延伸曲面只能基于曲面进行创建。

> **技巧点拨：**
> 对于边线，曲面沿边线的基准面延伸。对于面，曲面沿面的所有边线延伸，那些连接到另一个面的除外。

单击【曲面】选项卡中的【延伸曲面】按钮 ，打开【延伸曲面】属性面板，如图6-82所示。

【延伸曲面】属性面板中各选项含义如下。

- 【拉伸的边线/面】选项区：激活【所选面/边线】选择框，在图形区中选择要延伸的面或边线。
- 【终止条件】选项区：包括【距离】、【成型到某一点】和【成型到某一面】选项，如图6-83所示。
- 【延伸类型】选项区：包括【同一曲面】和【线性】两种延伸类型。【同一曲面】延伸是沿曲面的几何体延伸曲面，如图6-84所示；【线性】延伸是沿边线相切于原有曲面来延伸曲面，如图6-85所示。

图6-82 【延伸曲面】属性面板

按输入的距离值延伸

将曲面延伸到指定的点或顶点

图6-83 终止条件

将曲面延伸到指定的平面或基准面

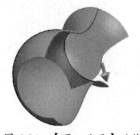

图6-84 【同一曲面】延伸

图6-85 【线性】延伸

6.3.2 曲面的缝合与剪裁

多个曲面片体可以缝合成一个整体曲面，也可以利用剪裁工具将单个曲面剪裁成多个曲面片体。

1. 缝合曲面

【缝合曲面】工具就是曲面的布尔求和运算工具，可以将两个及两个以上的曲面缝合成一个整体。如果多个曲面形成了封闭状态，可利用【缝合曲面】工具将其缝合，空心的曲面就变成了实心的实体。

单击【曲面】选项卡中的【缝合曲面】按钮 ，打开【曲面-缝合】属性面板，如图6-86所示。

【缝合曲面】工具还应用于模具分型面设计，其属性面板中的【缝隙控制】选项对于曲面之间的间隙控制十分有效，一般情况下应保持默认公差，确保在分割型芯、型腔时不会出错。如果曲面之间有缝隙且缝隙距离超出了默认值，那么就要适当加大缝合公差，将曲面缝合起来。

图 6-86　【曲面-缝合】属性面板

2. 剪裁曲面

剪裁曲面是指在一个曲面与另一个曲面、基准面或草图交叉处修剪曲面，或者将曲面与其他曲面联合使用作为相互修剪的工具。

剪裁曲面主要有【标准】和【相互】两种剪裁类型。

（1）标准剪裁。

【标准】类型是指用曲面、草图实体、曲线、基准面等来剪裁曲面。

① 单击【曲面】选项卡中的【剪裁曲面】按钮 剪裁曲面，或者选择【插入】|【曲面】|【剪裁】命令，弹出如图 6-87 所示的【剪裁曲面】属性面板。

② 在【剪裁类型】选项区中，选中【标准】单选按钮。在【选择】选项区中，单击【剪裁工具】选择框，在图形区中选择曲面 1；选中【保留选择】单选按钮，并在【保留部分】选择框中选择曲面 2，如图 6-88 所示。

图 6-87　【剪裁曲面】属性面板

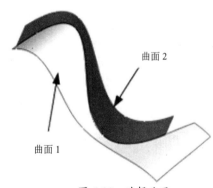

图 6-88　选择曲面

③ 单击【确定】按钮，生成剪裁曲面，如图 6-89（b）所示。若在步骤②中选中【移除选择】单选按钮，则产生的剪裁曲面效果如图 6-89（c）所示。

（a）剪裁之前两曲面

（b）保留选择的剪裁曲面

（c）移除选择的剪裁曲面

图 6-89　剪裁曲面

（2）相互剪裁。

【相互】剪裁类型是指相交的两个曲面互为修剪和被修剪对象，能够进行相互之间的修剪，如图 6-90 所示。

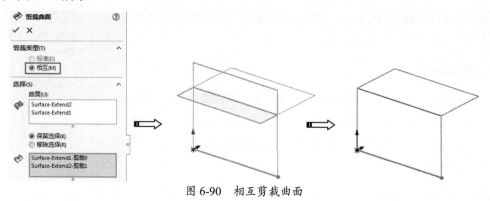

图 6-90　相互剪裁曲面

3. 解除剪裁曲面

如果要恢复剪裁曲面之前的结果，可以使用 解除剪裁曲面 工具，选择已经被剪裁的曲面，即可恢复至原始状态，如图 6-91 所示。

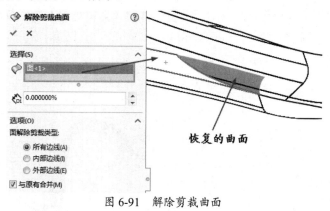

图 6-91　解除剪裁曲面

6.3.3　曲面的删除与替换

可以对不需要的多余曲面进行删除，或者将曲面中的破孔进行删除得到完整曲面，再或者可以替换模型表面得到新的形状曲面。下面介绍几种曲面修改工具。

1. 替换面

替换面是指以新曲面实体来替换曲面或者实体中的面。在替换面时，原来实体中的相邻面自动剪裁或修补到替换后的曲面上。另外，替换后的曲面可以不与旧的面具有相同的边界。

替换面通常用于以下几种情况。

- 以一个曲面实体替换另一个或者一组相连的面。
- 在单一操作中，用一个相同的曲面实体替换一组以上相连的面。
- 在实体或曲面实体中替换面。

第 6 章　曲线与曲面建模

替换面的操作步骤如下。

① 单击【曲面】选项卡中的【替换面】按钮 ，或者选择【插入】|【面】|【替换】命令，弹出【替换面】属性面板。

② 在【替换的目标面】选择框中单击选择面 1，在【替换曲面】选择框中单击选择面 2。

③ 单击【确定】按钮 ，替换效果如图 6-92 所示。

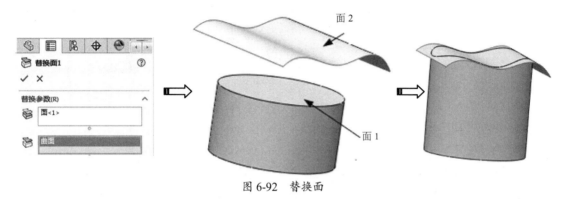

图 6-92　替换面

2. 删除面

利用【删除面】工具，可以从实体中删除面，使其由实体变成曲面；也可以从曲面集合中删除个别曲面。删除曲面可以采用下面的操作。

① 单击【曲面】选项卡中的【删除面】按钮 ，或者选择【插入】|【面】|【删除】命令，弹出【删除面】属性面板，如图 6-93 所示。

② 在图形区中选择要删除的面，此时要删除的曲面在【删除面】属性面板中的【要删除的面】选择框中显示。

③ 如果选中【删除】单选按钮，将删除所选曲面；如果选中【删除并修补】单选按钮，则在删除曲面的同时，对删除曲面后的曲面进行自动修补；如果选中【删除并填补】单选按钮，则在删除曲面的同时，对删除曲面后的曲面进行自动填充。

④ 单击【确定】按钮 ，完成曲面的删除，如图 6-94 所示。

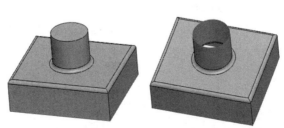

图 6-93　【删除面】属性面板　　　　图 6-94　删除面的效果

3. 删除孔

利用【删除孔】工具可以将曲面中的孔删除，从而修补孔得到完整曲面。单击【曲面】选项卡中的【删除孔】按钮 ⊗ 删除孔，弹出【删除孔】属性面板。选择曲面中的孔边线，单击【确定】按钮 ✓，完成孔的删除，如图 6-95 所示。

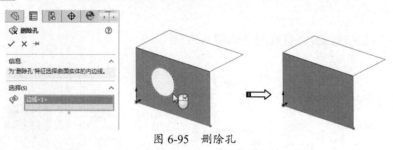

图 6-95　删除孔

6.3.4　曲面与实体的修改工具

在 SolidWorks 中，可以利用【曲面加厚】工具将曲面变成实体模型；也可以利用曲面修剪实体，从而改变实体的模型状态。

1. 曲面加厚

加厚是根据所选曲面来创建具有一定厚度的实体，如图 6-96 所示。

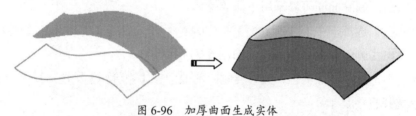

图 6-96　加厚曲面生成实体

单击【曲面】选项卡中的【加厚】按钮 ⊜ 加厚，打开【加厚】属性面板，如图 6-97 所示。

> **技巧点拨：**
> 必须先创建曲面特征，【加厚】命令才可用。

【加厚】属性面板中包括以下 3 种加厚方法。

- ≡ 加厚侧边 1：在所选曲面的上方生成加厚特征，如图 6-98（a）所示。
- ≡ 加厚两侧：对所选曲面的两侧同时加厚，如图 6-98（b）所示。
- ≡ 加厚侧边 2：在所选曲面的下方生成加厚特征，如图 6-98（c）所示。

图 6-97　【加厚】属性面板

2. 加厚切除

也可以使用【加厚切除】工具来分割实体而创建出多个实体。

第 6 章 曲线与曲面建模

（a）加厚侧边 1　　　　　　　（b）加厚两侧边　　　　　　　（c）加厚侧边 2

图 6-98　加厚方法

> **技巧点拨：**
> 仅当在图形区中创建了实体和曲面后，【加厚切除】命令才可用。

单击【曲面】选项卡中的【加厚切除】按钮，打开【切除-加厚】属性面板，如图 6-99 所示。

该属性面板中的选项与【加厚】属性面板中的选项完全相同。如图 6-100 所示为加厚切除的操作过程。

图 6-99　【切除-加厚】属性面板

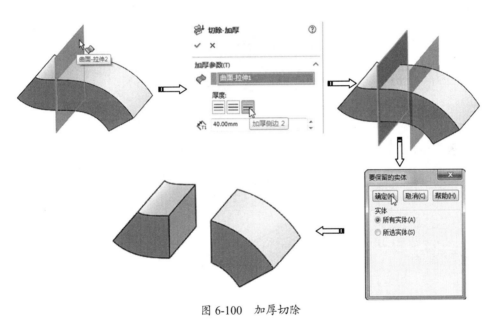

图 6-100　加厚切除

3. 使用曲面切除

【使用曲面切除】工具用曲面来分割实体。如果是多实体零件，可选择要保留的实体。单击【曲面】选项卡中的【使用曲面切除】按钮，打开【使用曲面切除】属性面板，如图 6-101 所示。

图 6-101　【使用曲面切除】属性面板

如图 6-102 所示为使用曲面切除的操作过程。

图 6-102　使用曲面切除

6.3.5　拓展训练——汤勺造型

① 新建零件文件。
② 利用【草图绘制】命令在前视基准面上绘制如图 6-103 所示的草图 1。

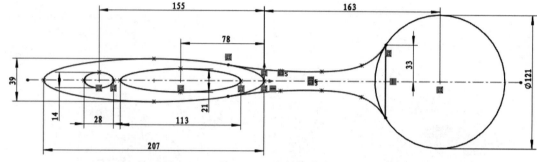

图 6-103　绘制草图 1

③ 利用【草图绘制】命令在上视基准面上绘制如图 6-104 所示的草图 2。

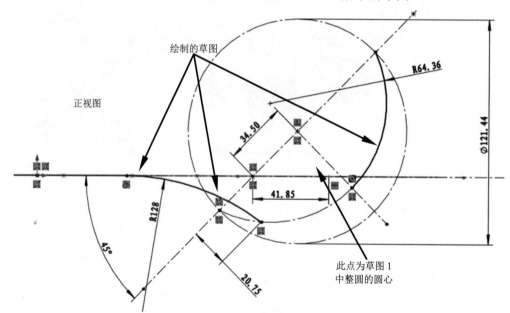

图 6-104　绘制草图 2

第 6 章 曲线与曲面建模

技巧点拨：

由于线条比较多，为了让大家看清楚绘制了多少曲线，将草图 1 暂时隐藏，如图 6-105 所示。

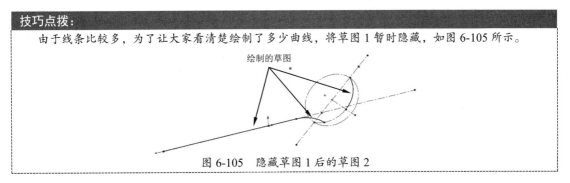

图 6-105 隐藏草图 1 后的草图 2

④ 利用【拉伸曲面】命令，选择草图 2 中的部分曲线来创建拉伸曲面，如图 6-106 所示。

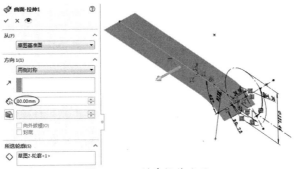

图 6-106 创建拉伸曲面

⑤ 利用【旋转曲面】命令，选择如图 6-107 所示的旋转轮廓和旋转轴来创建旋转曲面。

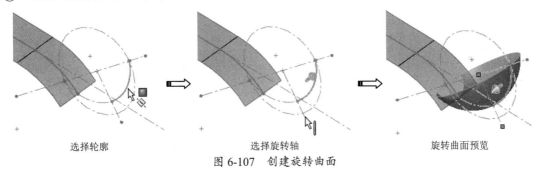

选择轮廓　　　　　　选择旋转轴　　　　　　旋转曲面预览

图 6-107 创建旋转曲面

⑥ 利用【剪裁曲面】命令，设置【标准】剪裁类型，选择草图 1 作为剪裁工具，再在拉伸曲面中选择要保留的曲面部分，剪裁曲面，如图 6-108 所示。

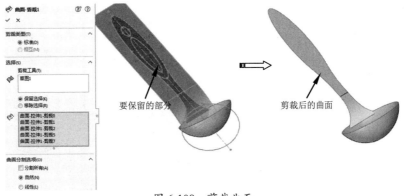

图 6-108 剪裁曲面

⑦ 单击【曲面】选项卡中的【等距曲面】按钮，打开【曲面-等距】属性面板。选择如图 6-109 所示的曲面进行等距复制，创建等距曲面 1。将等距曲面 1 暂时隐藏。

⑧ 利用【基准面】工具，创建如图 6-110 所示的基准面 1。

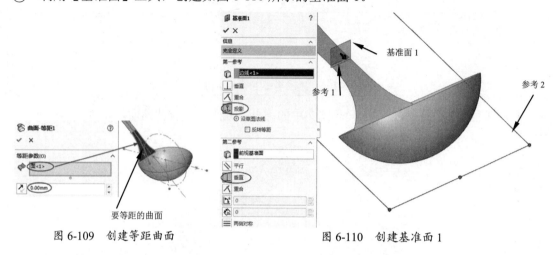

图 6-109　创建等距曲面　　　　　图 6-110　创建基准面 1

⑨ 再利用【剪裁曲面】工具，以基准面 1 为剪裁工具，剪裁如图 6-111 所示的曲面（此曲面为前面剪裁后的曲面）。

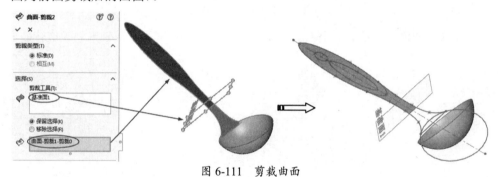

图 6-111　剪裁曲面

⑩ 单击【曲面】选项卡中的【加厚】按钮，打开【加厚】属性面板。选择剪裁后的曲面进行加厚，厚度为 10mm，单击【确定】按钮完成加厚，如图 6-112 所示。

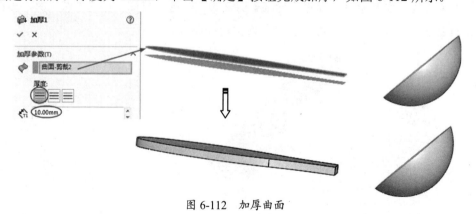

图 6-112　加厚曲面

⑪ 利用【圆角】工具，对加厚的曲面进行圆角处理，半径为 3mm，结果如图 6-113 所示。

第 6 章　曲线与曲面建模

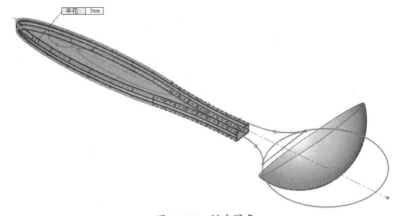

图 6-113　创建圆角

⑫　单击【曲面】选项卡中的【删除面】按钮 ，选择如图 6-114 所示的两个面进行删除。

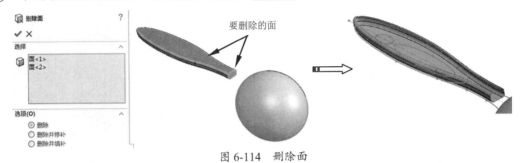

图 6-114　删除面

⑬　显示隐藏的等距曲面 1。利用【直纹曲面】工具 ，选择等距曲面 1 上的边来创建直纹曲面，如图 6-115 所示。

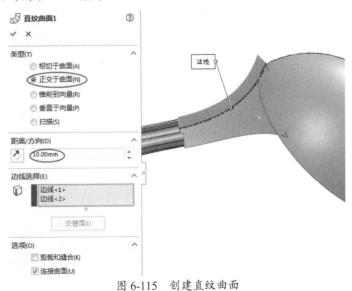

图 6-115　创建直纹曲面

⑭　利用【分割线】工具 ，选择上视基准面作为分割工具，选择两个曲面作为分割对象，创建如图 6-116 所示的分割线 1。

185

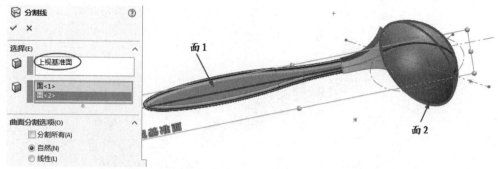

图 6-116　创建分割线 1

⑮ 再利用【分割线】工具 ，创建如图 6-117 所示的分割线 2。

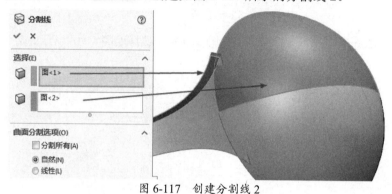

图 6-117　创建分割线 2

⑯ 在上视基准面上绘制如图 6-118 所示的草图 3。

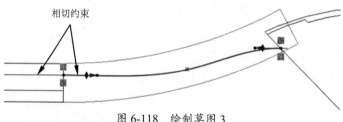

图 6-118　绘制草图 3

⑰ 利用【投影曲线】工具 ，将草图 3 投影到直纹曲面上，如图 6-119 所示。

⑱ 随后再在上视基准面上绘制如图 6-120 所示的草图 4。

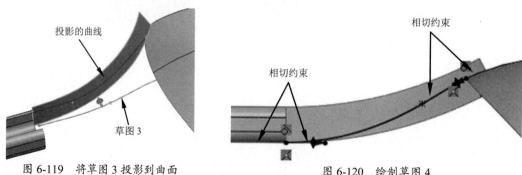

图 6-119　将草图 3 投影到曲面　　　　图 6-120　绘制草图 4

⑲ 将等距曲面 1 暂时隐藏。利用【组合曲线】工具 ，选择如图 6-121 所示的 3 条边创建组合曲线。

第 6 章 曲线与曲面建模

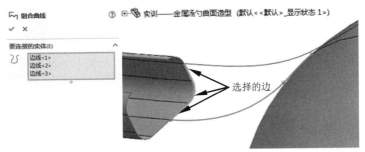

图 6-121 创建组合曲线

⑳ 利用【放样曲面】工具 ◆，创建如图 6-122 所示的放样曲面。

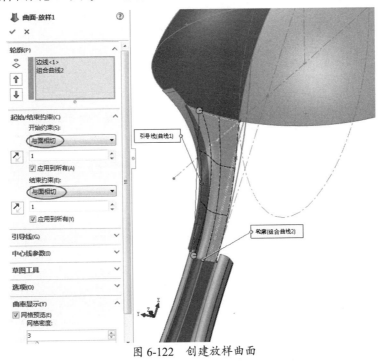

图 6-122 创建放样曲面

㉑ 利用【镜像】工具，将放样曲面镜像至上视基准面的另一侧，如图 6-123 所示。

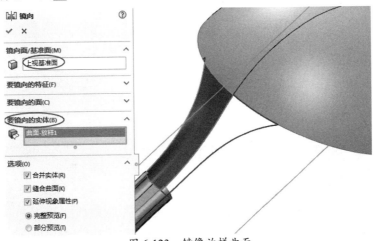

图 6-123 镜像放样曲面

㉒ 在上视基准面上绘制如图 6-124 所示的草图 5。

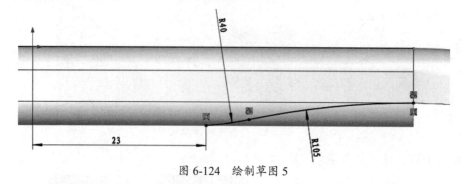

图 6-124 绘制草图 5

㉓ 再利用【剪裁曲面】工具，用草图 5 中的曲线剪裁手柄曲面，如图 6-125 所示。

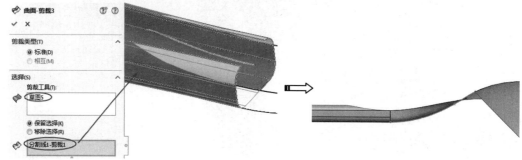

图 6-125 剪裁手柄曲面

㉔ 利用【缝合曲面】工具，缝合所有曲面。再利用【加厚】命令，创建厚度为 0.8mm 的特征。

㉕ 至此，完成了汤勺的造型设计，结果如图 6-126 所示。

图 6-126 汤勺造型

6.4 综合案例——水龙头曲面造型

本节以水龙头的曲面造型来介绍 SolidWorks 中的曲面连续性问题的解决方式。本例中的水龙头要求曲面连接性至少是 G2 连续，表面光滑。水龙头造型如图 6-127 所示。

第 6 章 曲线与曲面建模

1. 水龙头手柄部分建模

① 新建零件文件,进入建模环境。

② 在前视基准面上绘制草图 1 作为手柄的外形轮廓,如图 6-128 所示。后续的截面草图可以参考此草图进行绘制。

图 6-127 水龙头造型

③ 仍然以前视基准面为草图平面,绘制草图 2(使用【等距实体】工具复制草图 1 的曲线,等距距离为 0mm,然后修剪一半草图),此草图为旋转曲面的截面,如图 6-129 所示。

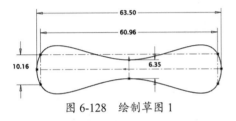

图 6-128 绘制草图 1

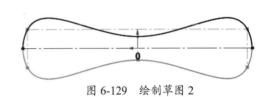

图 6-129 绘制草图 2

④ 使用【旋转曲面】工具 ,以草图 2 为旋转截面,创建如图 6-130 所示的旋转曲面 1。

图 6-130 创建旋转曲面 1

⑤ 使用【基准轴】工具 ,选择草图 1 中的中心线作为参考,创建基准轴 1,如图 6-131 所示。

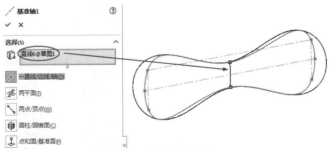

图 6-131 创建基准轴 1

⑥ 单击【曲面】选项卡中的【移动/复制实体】按钮 (需要调出此命令),将旋转曲面绕旋转轴(基准轴 1)旋转 90°度并复制,如图 6-132 所示。

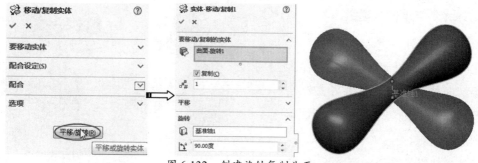

图 6-132 创建旋转复制曲面

2. 水龙头管身及头部建模

① 在前视基准面上绘制草图 3,可以只画大概形状,不必完全按照尺寸绘制,如图 6-133 所示。

② 使用【旋转曲面】工具 ⌬,以草图 3 为旋转截面,创建如图 6-134 所示的旋转曲面 2。

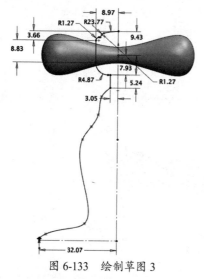

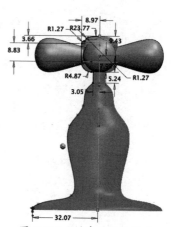

图 6-133 绘制草图 3　　　　图 6-134 创建旋转曲面 2

③ 在右视基准面上绘制草图 4,如图 6-135 所示。

④ 使用【基准面】工具 ▯ 基准面,创建基准面 1,如图 6-136 所示。

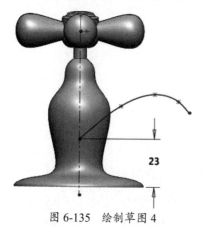

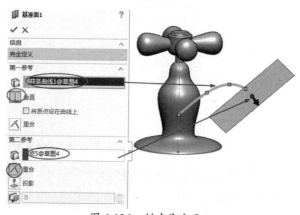

图 6-135 绘制草图 4　　　　图 6-136 创建基准面 1

第6章 曲线与曲面建模

⑤ 在基准面1上绘制如图6-137所示的草图5。

⑥ 单击【曲面】选项卡中的【扫描曲面】按钮 ✍ ，打开【曲面-扫描】属性面板。选择草图4和草图5分别作为扫描轮廓和扫描路径，创建扫描曲面1，如图6-138所示。

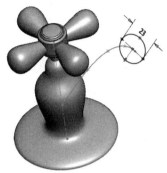

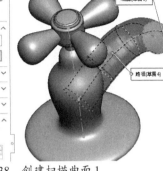

图6-137　绘制草图5　　　　　图6-138　创建扫描曲面1

⑦ 在右视基准面上绘制草图6，如图6-139所示。

⑧ 单击【曲面】选项卡中的【剪裁曲面】按钮  ，以草图6作为裁剪工具，管身曲面（旋转曲面2）作为被修剪且被保留部分，单击【确定】按钮 ✓ 完成剪裁，如图6-140所示。

⑨ 同理，再绘制草图7，并用草图7去剪裁扫描曲面1（水龙头头部曲面），如图6-141所示。

图6-139　绘制草图6

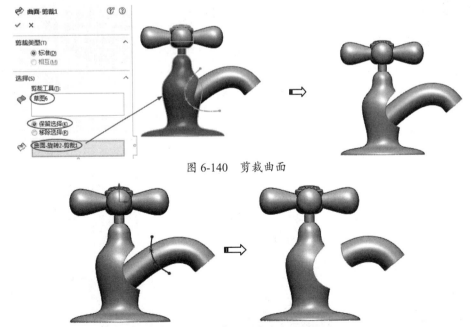

图6-140　剪裁曲面

图6-141　绘制草图7并剪裁扫描曲面

⑩ 单击【曲面】选项卡中的【曲面放样】按钮 ⬇ ，选择管身曲面的剪裁边和头部曲面的剪

裁边来创建曲面放样,须设置【起始/结束约束】为【与面的曲率】,如图 6-142 所示。

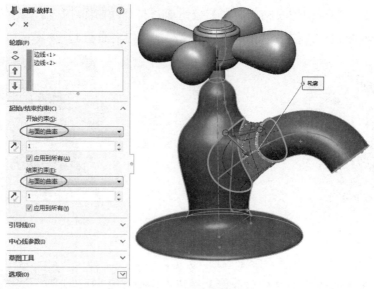

图 6-142 创建曲面放样

⑪ 在右视基准面上绘制草图 8,然后利用【扫描曲面】工具创建扫描曲面,如图 6-143 所示。

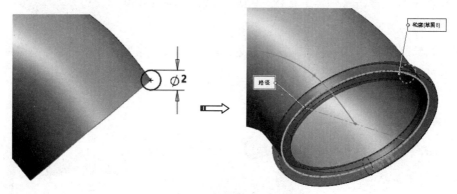

图 6-143 创建扫描曲面

⑫ 最后使用【缝合曲面】工具,将管身曲面和头部曲面缝合,如图 6-144 所示。至此,完成了水龙头的造型设计。

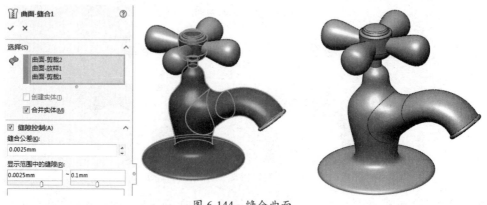

图 6-144 缝合曲面

第 7 章
产品造型与结构设计

本章内容

本章主要介绍产品设计基本知识,并利用 SolidWorks 软件进行产品外观造型设计。本章主要以可爱小猪音响和头盔造型设计案例进行实战演示。建模的方法采用实体建模与曲面建模相结合,快速完成模型设计工作。

知识要点

- ☑ 产品概念与设计流程
- ☑ 产品造型设计
- ☑ 产品结构设计
- ☑ 产品强度设计

7.1 产品设计知识

产品设计是工业设计的核心,是企业运用设计的关键环节,它实现了将原料的形态改变为更有价值的形态。

7.1.1 产品概念与设计流程

工业设计师通过对生理、心理、生活习惯等一切关于人的自然属性和社会属性的认知,进行产品的功能、性能、形式、价格、使用环境的定位,结合材料、技术、结构、工艺、形态、色彩、表面处理、装饰、成本等因素,从社会、经济、技术的角度进行创意设计,在企业生产管理中保证设计质量实现的前提下,使产品既是企业的产品、市场中的商品,又是老百姓的用品,达到顾客需求和企业效益的完美统一。如图 7-1 所示为工业产品概念设计图。

图 7-1 工业产品概念设计

SolidWorks 更加注重团队协调一致的工作,在实际应用中,利用 SolidWorks 的建模、虚拟装配技术基本能完成新产品设计。以设计某型柴油机为例,在设计过程中,以"自顶向下"设计方法为主线,适当地结合"自底而上"设计方法,从整体到局部来完成整个设计过程。整个产品设计过程如图 7-2 所示。

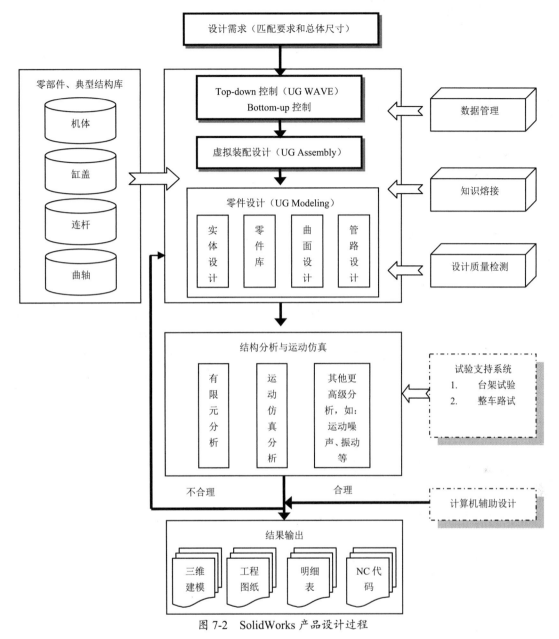

图 7-2 SolidWorks 产品设计过程

从单个产品来讲,产品设计应包括产品外形(造型)设计、产品结构设计和产品强度设计。

7.1.2 产品造型设计

产品的造型设计是对产品的材料、构造、加工方法、功能性、合理性、经济性、审美性的推敲和设计,是一门涉及科学和美学、技术和艺术的新兴学科。它既不是自然科学中的工程技术设计,也不是艺术领域中的工艺美术设计,而是技术与艺术的有机结合,使人们在使用产品的同时,获得一种艺术享受。

1. 造型设计的基本要素

产品的造型设计包括使用功能、工艺技术条件和艺术造型三个基本要素。

（1）使用功能。

使用功能是指产品的用途，它是产品造型的主要目的和最根本的使用要求，是产品赖以生存的根本所在。造型要充分体现功能的科学性、使用的合理性，物质功能对产品的结构和造型起着主导的决定性作用。

（2）工艺技术条件。

工艺技术条件包括产品材料和成型技术手段，是产品从材料变为制品的条件和过程。

（3）艺术造型。

艺术造型是对产品的艺术欣赏要求，体现了产品的精神功能。

这三个基本要素是互相依赖、互相渗透的，任何一个产品的设计都是综合考虑的结果。产品造型中，除了考虑上述三个基本要素，文化的差异、时代的变迁、地方习俗、人们的心理特点等也是影响产品造型的因素。因此，造型设计既是物质产品设计，又是精神的艺术创造。设计师不仅是一位工程师，也应该是一位艺术家，应具备技术、艺术、社会经济、生理、心理、精神等多方面的知识和技能。

2. 造型设计的要点

任何一个产品，都具有物质功能和精神功能。产品的物质功能，通过产品的工程技术设计来保证，而产品的精神功能则通过产品的造型设计来体现。产品外观的比例、色彩、材质、装饰等都会让使用者产生种种心理感受，这些感受就是产品造型所产生的精神功能。

因此，产品的造型设计应包括以下设计要点。

- 造型设计的核心是物质功能决定艺术造型，满足产品的使用性能，是设计的首要任务，也是设计的重点。
- 造型设计是通过材质、结构和工艺手段来实现造型美的，因此它应充分反映"材质美"、"结构美"和"工艺美"。
- 造型设计应反映现代科学技术水平和物质文化生活面貌，体现当代的、民族的审美要求，具有强烈的时代性。
- 产品的艺术造型应通过形体的塑造、线形的组织、色彩的功能、材质肌理等艺术表现形式和使用舒适等，使人获得精神享受。
- 产品造型的最终实现，是以现代化生产方式完成的，因此产品的造型应满足成型性能，符合标准化、通用化、系列化和成批生产的要求。
- 造型设计具有物质产品的使用价值和艺术感染力的精神功能的双重作用。

3. 造型设计的基本原则

产品造型设计的基本原则是实用、美观、经济。实用是产品艺术造型的技术性能指标，指产品具有先进和完善的多种功能，并保证产品的使用性能得到最大程度的发挥。美观是艺术造型的审美性指标,它是材质、结构、形式、工艺等美感的综合,是产品精神功能的具体表现。经济是艺术造型的经济效果指标,是指以最少的投入获取最大的经济效益和社会效益。实用、美观、经济三者是密切相关缺一不可的。

4. 造型设计实例

产品的造型设计、力学分析及图形绘制都可通过计算机辅助设计(Computer Aided Design)来完成。设计人员通过人机交互的方式,直观、形象地在屏幕上建立产品的几何模型,并从不同的角度审视造型设计效果,快速准确地进行产品性能的理论分析计算,并利用数据库和图形库完成产品的结构设计、技术文件的编制及全部图纸的绘制和输出。CAD 技术已成为产品造型设计的先进的工具和主要手段,它不仅充分发挥了设计人员的智慧和创新性,而且大大提高了产品设计的质量和效率。

产品的计算机辅助设计主要包括四个方面的内容,即产品的几何造型设计、设计信息库的编制和调用、产品分析计算和优化,以及总装图和零件图的绘制。

目前,产品设计软件众多,主要以图形设计软件为主,如 AutoCAD、CAXA、Pro/E、UG、SolidWorks 等,使用它们可进行二维和三维图形的设计和绘制。图 7-3 是用 SolidWorks 软件完成的部分产品造型图。

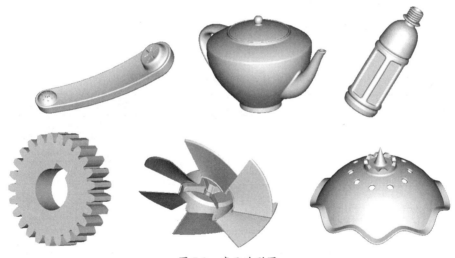

图 7-3　产品造型图

7.1.3　产品结构设计

产品的结构直接关系着模具的结构。在满足产品使用要求的前提下,应尽量使产品结构简单,从而简化模具结构,降低模具成本。

1. 产品形状对于模具设计的影响

设计产品形状时要尽量避免侧孔、侧凹结构。对于某些因使用要求必须带侧凹、侧凸或侧孔的产品,可以通过合理的设计,避免侧向抽芯。

图 7-4（a）所示产品上的侧孔需要由侧型芯来成型，模具结构较为复杂。如将孔改为如图 7-4（b）所示的孔形，则无须设计侧向抽芯机构。图 7-5（a）所示产品内侧有凸结构，模具成型困难，改为如图 7-5（b）所示的产品结构，模具成型容易。图 7-6（a）所示产品外部有侧凹需设计侧抽芯机构以帮助产品脱模，改为图 7-6（b）所示的产品结构形状后则取消了不必要的侧凹结构。

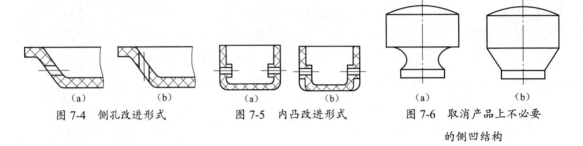

图 7-4　侧孔改进形式　　　图 7-5　内凸改进形式　　　图 7-6　取消产品上不必要的侧凹结构

2. 产品的壁厚设计

产品的壁厚应以满足产品在使用时要求的强度、刚度、绝缘性、重量、尺寸稳定性和与其他零件的装配关系，并能使塑料熔体顺利充满整个型腔。产品的壁厚设计应遵循以下两点。

（1）尽量减小壁厚。

产品允许的最小壁厚与塑料品种和产品尺寸有关，表 7-1 为常用热塑性塑料的壁厚推荐值，表 7-2 为常用热固性塑料的推荐壁厚值。

表 7-1　常用热塑性塑料的壁厚推荐值　　　　　　　　　　　　　　单位：mm

模塑材料	最小壁厚	常用壁厚	最大壁厚
高密度聚乙烯	0.9	1.57	6.35
低密度聚乙烯	0.5	1.57	5.35
聚丙烯	0.64	2.0	4.53
共聚甲醛	0.38	1.57	3.18
聚苯乙烯	0.76	1.57	6.35
ABS 或 AS	0.76	2.3	3.18
聚丙烯酸酯类	0.64	2.36	6.35
硬聚氯乙烯	—	2.36	9.53
聚砜	—	2.54	9.53
纤维素塑料	0.64	1.90	4.75
聚酰胺	0.38	1.57	3.18
聚碳酸酯	—	2.36	9.53

（2）尽可能保持壁厚均匀。

一般情况下应使壁厚差保持在 30% 以内。对于由产品结构造成的壁厚差过大的情况，可采取将产品过厚部分挖空的方法减小壁厚差，如图 7-7 所示。

表 7-2　常用热固性塑料的壁厚推荐值　　　　　　　　　　　　　单位：mm

模塑材料	最小壁厚	常用壁厚	最大壁厚
纤维(粉)充填醇酸塑料	1.0	3.2	12.7
矿粉充填醇酸塑料	1.0	4.75	9.5
邻苯二甲酸二丙烯酯	1.0	4.75	9.5
玻纤充填环氧树脂	0.76	3.2	25.4
三聚氰胺塑料	0.9	2.54	4.75
脲醛塑料	0.9	2.54	4.75
普通酚醛塑料	1.27	3.2	25.4
玻纤充填酚醛塑料	0.76	2.36	19.1
矿粉充填酚醛塑料	3.2	4.75	25.4
聚酯预混料	1.0	1.78	25.4

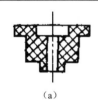

(a)　　　　　　　　(b)　　　　　　　　(c)　　　　　　　　(d)

图 7-7　挖空产品过厚部分使壁厚均匀

3. 脱模斜度设计

为便于产品从模腔中脱出，在平行于脱模方向的产品表面上，必须设有一定的斜度，此斜度称为脱模斜度。斜度留取方向，对于产品内表面应以小端为基准，即保证径向基本尺寸，斜度向扩大方向取；产品外表面则应以大端为基准，即保证径向基本尺寸，斜度向缩小方向取，如图 7-8 所示。

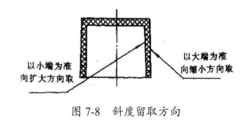

图 7-8　斜度留取方向

脱模斜度随制件形状、塑料种类、模具结构、表面精加工程度、精加工方向等而异。一般情况下，脱模斜度取 1/60～1/30（1°～2°）较适宜，实际工作中采用的最小脱模斜度为 1/120（0.5°）。脱模斜度的选取，往往采用经验数据。如果在允许范围内取较大值，可使顶出更加容易，所以应尽可能采用较大的脱模斜度。

产品高度在 25mm 以下时，可不考虑脱模斜度。但如果产品结构复杂，即使脱模高度仅几毫米，也必须设计脱模斜度，如格子状产品。表 7-3 至表 7-5 是脱模斜度的推荐值。

4. 圆角的设计

带有尖角的产品往往在其尖角处产生应力集中而易于开裂。产品圆角的作用：

- 分散载荷，增强及充分发挥产品的机械强度。
- 改善塑料熔体的流动性，便于充满与脱模，消除壁部转折处的凹陷等缺陷。
- 便于模具的机械加工和热处理，从而提高模具的使用寿命。

表 7-3 热塑性塑料件的脱模斜度推荐值

模塑材料	脱 模 斜 度	
	产品外表面	产品内表面
尼龙(通用)	20′ ~	25′ ~
尼龙(增强)	20′ ~	20′ ~
聚乙烯	20′ ~	25′ ~
氯化聚醚	25′ ~	30′ ~
聚甲基丙烯酸甲酯	30′ ~	35′ ~
聚碳酸酯	35′ ~	30′ ~
聚苯乙烯	35′ ~	30′ ~
ABS	40′ ~ 1°20′	35′ ~ 1°

表 7-4 热固性塑料件上孔的脱模斜度推荐值

脱出长度/mm	直径/mm	脱模斜度/(′)
4~10	2~10	15~18
	10 以上	18~30
20~40	5~10	10~15
	15 以上	15~18

表 7-5 热固性塑料件外表面的脱模斜度推荐值

脱出长度/mm	10 以下	10~30	30 以上
脱模斜度/(′)	25~30	30~35	35~40

因此，产品上除了必须保留的尖角，所有转角处均应尽可能采用圆弧过渡。圆角半径大小的确定可参照图 7-9 和图 7-10。

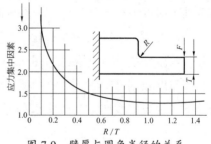

图 7-9 壁厚与圆角半径的关系

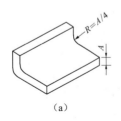 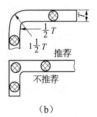 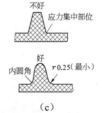 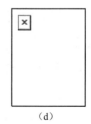

(a)　　　　(b)　　　　(c)　　　　(d)

图 7-10 产品圆角半径

F-负荷　R-圆角半径　T-产品壁厚

合理的圆角半径：$1/4 \leq R/T \leq 3/5$ 或 $R_{min} \geq 0.4mm$

5. 加强筋的设计

设计加强筋的目的是为了提高产品的强度和防止产品翘曲变形，如图 7-11 所示。

图 7-12 所示为典型加强筋的合理形状和尺寸比例，A 为产品厚度。

图 7-13 所示为容器底部加强筋的布置情况，图 7-13（a）由于加强筋交会，厚度不均匀，易产生气泡、缩孔等，图 7-13（b）较合理。

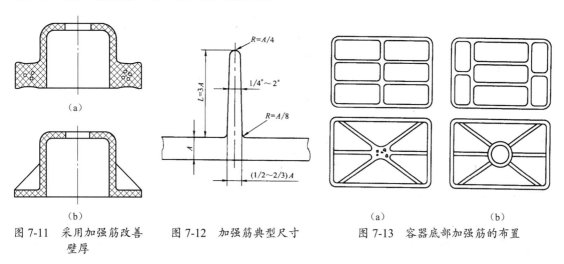

图 7-11　采用加强筋改善壁厚　　　图 7-12　加强筋典型尺寸　　　图 7-13　容器底部加强筋的布置

6. 支承面的设计

产品的支承面设计成一个平板是不合理的，如图 7-14（a）所示，因为平板状的支撑面很容易翘曲变形。常用的方法是以边框式或点式（三点或四点）结构做支承，如图 7-14（b）和图 7-14（c）所示。这样不仅可提高产品的基面效果，而且还可以延长产品的使用寿命。支承面设置加强筋时，筋的端部应低于支承面 0.5mm 左右。

图 7-14　产品的支承面

7. 产品中孔的设计

产品中有各种形状的孔，如通孔、盲孔、螺纹孔等，尽可能开设在不减弱产品机械强度的部位，孔的形状也应力求使模具制造简单。

相邻两孔之间和孔与边缘之间的距离，通常应等于或大于孔的直径，如图 7-15 所示。

通孔可用一端固定的单一成型杆，如图 7-16（a）所示，或者各端分别固定的对接成型杆来成型，如图 7-16（b）所示。盲孔则用一端支承的成型杆来成型，但在成型过程中，由于物料流动产生的压力不平衡，容易使型芯折断或弯曲，所以，盲孔的深度取决于孔的直径，其关系见表 7-6。

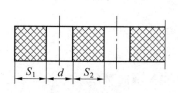
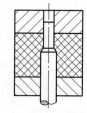
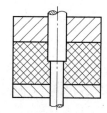

$S_1=S_2=d$

图 7-15　产品上的孔距　　　　　（a）一端固定的成型杆　　　（b）对接成型杆

　　　　　　　　　　　　　　　　　　　图 7-16　通孔的成型

表 7-6　盲孔深度与其直径的关系　　　　　　　　　　　　　　　　　单位：mm

盲孔直径 D	盲孔深度 L	
	压塑	注塑或铸压
1.5 以下	1D	2D
1.5~5	1.5D	3D
5~10	2D	4D

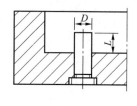

8. 标记、符号、图案和文字

　　产品上常带有产品型号、名称、文字说明及装饰用的花纹图案。这些文字图案一般以在产品上凸起为好，一是美观，二是模具容易制造，但凸起的文字图案容易磨损。如果使这些文字图案等凹入产品表面，虽不易磨损，但不仅不美观，模具也难以加工制造。解决的方法是仍使这些文字图案在产品上凸起，但产品带文字图案的部位应低于产品主体表面。模具上成型文字图案的部分加工成镶件，镶入模腔主体，使其高出型腔主体表面，如图 7-17 所示。文字图案的高度一般为 0.2~0.5mm，线条宽度为 0.3~0.8mm。

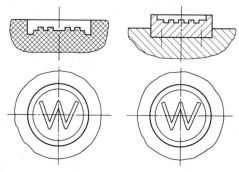

（a）塑件上的文字图案　　（b）相应的成型模具

图 7-17　产品上的文字图案与相应的模具

9. 凸凹纹设计

　　塑料旋钮、瓶盖、手柄等，应在柱面周围设计出凸凹纹以增加旋动时的摩擦力。常采用的凸凹纹可为密集的细纹，形如滚花，也可采用比较稀疏的粗纹。其结构形式和尺寸分别列在表 7-7 和表 7-8 中。凸凹纹尽量避免采用菱形，菱形凸凹纹成型后无法直接顶出。

10. 螺纹设计

　　螺纹成型方法主要有 3 种，一是用模具直接成型制作塑料螺纹，又称模塑螺纹。二是用机械切削加工法制作螺纹，又称机制螺纹。三是在产品内部镶嵌金属螺纹构件，又称嵌件螺纹。其中成型最困难的是模塑螺纹。

表 7-7 细凸凹纹结构形式与尺寸

结构形式	直径 D/mm	l/mm	r/mm	D/h
	≤18	1.2～1.5	0.2～0.3	1
	>18～50	1.5～2.5	0.3～0.5	1.2
	>50～80	2.5～3.5	0.5～0.7	1.5
	>80～120	3.5～4.5	0.7～1.0	1.5

表 7-8 粗凸凹纹结构形式与尺寸

结构形式	直径 D/mm	R/mm	l	h
	≤18	0.3～1	4R	0.8R
	>18～50	0.5～4		
	>50～80	1～5		
	>18～120	2～6		

（1）模塑螺纹类型。

模塑螺纹常见的牙形有 6 种，即标准公制螺纹、矩形螺纹、梯形螺纹、锯齿形螺纹、玻瓶螺纹（圆弧形螺纹）和 V 形螺纹，如图 7-18 所示。其中标准螺纹是最常用的联接螺纹，其牙根和牙尖都应是圆柱面，这样可大大降低联接内应力。产品上的标准公制螺纹应选用螺牙尺寸较大者，不宜选用过小的细牙螺纹，可参考表 7-9 选用。特别是用纤维或布基做填料的产品，当螺纹牙过细时其牙尖部分常常被强度不高的纯树脂所充填，会直接影响使用时的联接强度。

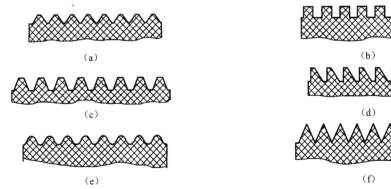

(a) 标准螺纹　(b) 矩形螺纹　(c) 梯形螺纹
(d) 锯齿形螺纹　(e) 圆弧形螺纹　(f) V 形螺纹

图 7-18 产品螺纹常见形式

表 7-9　螺纹选用范围

螺纹公称直径/mm	螺纹种类				
	公制标准螺纹	1级细牙螺纹	2级细牙螺纹	3级细牙螺纹	4级细牙螺纹
3以下	√	×	×	×	×
3～6	√	×	×	×	×
6～10	√	√	×	×	×
10～18	√	√	√	×	×
18～30	√	√	√	√	×
30～50	√	√	√	√	√

注：表中"×"为建议不采用。

（2）模塑螺纹成型方法。

模塑螺纹成型方法主要有以下几种。

- 采用成型杆或成型环，成型后从产品上旋下来。
- 阳螺纹采用瓣合模成型，阴螺纹采用可收缩的多瓣型芯成型，生产效率高，但精度较差，常带有明显的飞边。
- 要求不高的阴螺纹，如瓶盖螺纹用软塑料成型时，可强制脱模，这时螺牙断面最好设计得浅一些。

（3）螺纹设计要点。

为防止塑料螺孔最外圈的螺纹崩裂或变形，应使阴螺纹始端有一台阶孔，台阶高 0.2～0.8mm，且螺纹牙应渐渐凸起，如图 7-19 所示。

产品的阳螺纹其始端也应下降 0.2mm 以上，末端不宜延长到与垂直底面相接，否则易从根部发生断裂，如图 7-20 所示。同样，螺纹始端和末端均不应突然开始和结束，而应有过渡部分（l），其值可按表 7-10 选取。

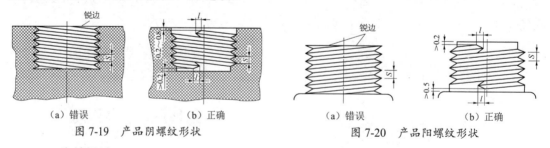

图 7-19　产品阴螺纹形状　　　　图 7-20　产品阳螺纹形状

11. 齿轮设计

塑料齿轮目前主要用于精度和强度要求不高的传动场合。常用模塑成型材料有尼龙、聚碳酸酯、聚甲醛、聚砜等，其结构尺寸见表 7-11。

设计塑料齿轮时应避免模塑、装配和使用齿轮时产生内应力或应力集中，避免收缩不均而变形。为此，塑料齿轮要尽量避免截面突变，应以较大圆弧进行转角过渡，如图 7-21 所示。宜采用过渡配合和用非圆孔联接，不应采用过盈配合和键联接，如图 7-22 所示。

表7-10 产品上螺纹始末部分尺寸　　　　　　　　　　　　　　　　　　　　单位：mm

螺纹直径	螺距 S		
	<0.5	>0.5	>1
	始末部分长度尺寸 l		
≤10	1	2	3
>10～20	2	2	4
>20～34	2	4	6
>34～52	3	6	8
>52	3	8	10

表7-11 塑料齿轮形状及尺寸　　　　　　　　　　　　　　　　　　　　单位：mm

轮缘宽度 t_1	≥3t（t 为齿高）
辐板厚度 H_1	≤H
轮毂厚度 H_2	≥H
轮毂外径 D_1	≥（1.5～3）D

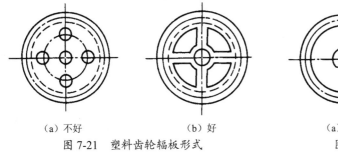

（a）不好　　　　　　（b）好

图7-21 塑料齿轮辐板形式

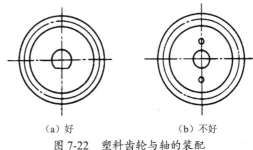

（a）好　　　　　　（b）不好

图7-22 塑料齿轮与轴的装配

12. 铰链设计

聚丙烯、乙丙共聚物等塑料具有优异的耐疲劳性，在箱体、盒盖、容器等产品中可直接成型为铰链结构。

铰链的截面形状和尺寸如图7-23所示。铰链部分应尽量薄，一般取0.25～0.38mm，充模时塑料熔体在流经铰链部分时，使分子取向，提高弯折寿命。从模腔取出产品后应立刻人工弯曲铰链若干次，可大大提高其强度及疲劳寿命。

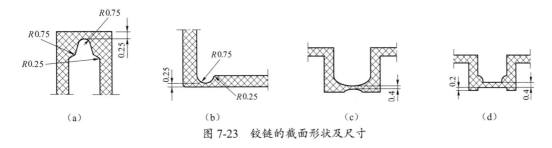

图7-23 铰链的截面形状及尺寸

13. 嵌件设计

为了安装、联接等需要，往往在产品中放置金属件或其他非金属材料的零件，这些零件称为产品中的嵌件。产品中镶入嵌件可增加产品局部强度、硬度、耐磨、导磁导电性能，加强产品尺寸精度和形状的稳定性，还可用于产品的装饰。

（1）金属嵌件结构。

金属嵌件的种类和形式很多，为了在产品内牢固嵌定而不被拔出，其表面应加工成沟槽或滚花或制成多种特殊形状。图 7-24 所示就是几种金属嵌件的结构。

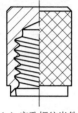
(a) 官孔螺纹嵌件

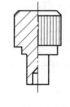
(b) 铆钉式嵌件

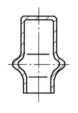
(c) 空心套型嵌件

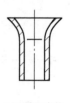
(d) 羊眼嵌件

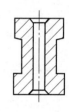
(e) 通孔嵌件

图 7-24　金属嵌件结构

（4）设计原则。

设计带金属嵌件的产品的基本原则如下。

- 产品中的金属嵌件周边应有一定的壁厚，常用产品中金属嵌件周围的最小壁厚可参见表 7-12。

表 7-12　金属嵌件周围的最小壁厚　　　　　　　　　　　　　　单位：mm

模 塑 材 料	钢制嵌件直径 D	
	1.5～13	16～25
酚醛塑料（通用）	0.8D	0.5D
酚醛塑料（矿物填充）	0.75D	0.5D
酚醛塑料（玻璃纤维填充）	0.4D	0.25D
氨基塑料（矿物填充）	0.8D	0.75D
尼龙 66	0.5D	0.3D
聚乙烯	0.4D	0.25D
聚丙烯	0.5D	0.25D
软质聚氯乙烯	0.75D	0.5D
聚苯乙烯	1.5D	1.3D
聚碳酸酯	1D	0.8D
聚甲基丙烯酸酯	0.75D	0.6D
聚甲醛	0.5D	0.3D

- 金属嵌件嵌入部分的周边应有倒角，以减少周边塑料冷却时产生的应力集中。

- 嵌件设在产品上的凸起部位时，嵌入深度应大于凸起部位的高度，以保证产品的机械强度。
- 内、外螺纹嵌件的高度应低于型腔的成型高度 0.05mm，以免压坏嵌件和模具型腔。
- 外螺纹嵌件应在无螺纹部分与模具配合，避免熔融物料渗入螺纹部分。
- 嵌件在模内的固定部分应采用小间隙配合，以保证定位准确，防止溢料。
- 嵌件高度不应超过其直径的 2 倍，高度应有公差。

7.1.4 产品强度设计

产品在使用过程中往往要受力，因此设计产品时，要充分考虑强度要求，在结构上进行加强。

1. 产品盖和底部的加强设计

除采用加强筋外，薄壳状的产品可制作成球面或拱面，可有效增加刚性和减少变形，如图 7-25 所示。

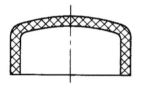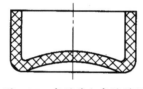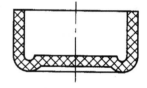

图 7-25 容器盖和底的增强

2. 产品侧壁的加强设计

聚烯烃类塑料成型矩形薄壁容器时，其侧壁容易出现内凹变形，如图 7-26（a）所示，可事先把产品侧壁设计成少许外凸，如图 7-26（b）所示，变形后趋于平直，但这种方法不容易做到。因此在不影响使用的情况下，可将产品设计成各边均向外凸的美丽弧线，使变形不易察觉，如图 7-26（c）所示。

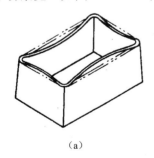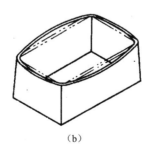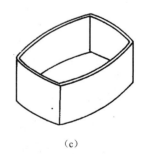

（a）　　　　　　　　　　（b）　　　　　　　　　　（c）

图 7-26 防止矩形薄壁容器侧壁内凹变形

3. 产品边缘的加强设计

对于薄壁容器的边缘，可按图 7-27 所示设计来增加边缘部分的刚性，减少产品的变形。

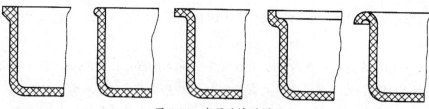

图 7-27 容器边缘的增强

7.2 拓展训练

本节的两个拓展训练着重于介绍产品的外观造型设计。

7.2.1 训练一：音响建模

这款音响采用了小猪造型，如图 7-28 所示。猪头是音响主体，4 个猪蹄是支架。2 个大眼睛、耳朵下边以及猪肚子组成了 5 个扬声器。猪鼻子只起装饰作用，猪嘴巴是电源显示灯，接通后会发出绿光。

1. 设计小猪音响主体

音响主体部分比较简单，由一个完整球体减去小部分。所使用的工具包括【旋转凸台/基体】、【实体切割】、【抽壳】等。

① 启动 SolidWorks 2020，在打开的欢迎界面中单击 零件 按钮，进入零件设计环境，如图 7-29 所示。

图 7-28 小猪音响

图 7-29 新建零件文件

② 在【特征】选项卡中单击【旋转凸台/基体】按钮，然后选择前视基准面作为草图平面，绘制半圆草图后创建旋转球体特征，如图 7-30 所示。

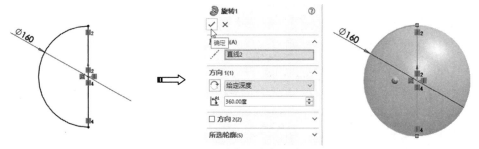

图 7-30 创建旋转球体特征

③ 在【特征】选项卡的【参考几何体】下拉菜单中单击【基准面】按钮，然后按如图 7-31 所示的操作，创建用于分割旋转球体的基准面 1。

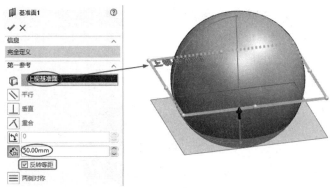

图 7-31 创建基准面 1

技巧点拨：
用于分割旋转球体的可以是参考基准面，或者是一个平面，还可以是其他特征上的面。

④ 在菜单栏中执行【插入】|【特征】|【分割】命令，然后按如图 7-32 所示的操作步骤，分割旋转球体。

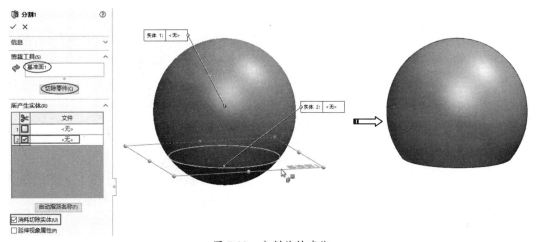

图 7-32 分割旋转球体

⑤ 在【特征】选项卡中单击【抽壳】按钮，然后按如图 7-33 所示的操作步骤，创建抽壳特征。

图 7-33　创建抽壳特征

⑥ 使用【基准轴】工具，在前视基准面和右视基准面的交叉界线位置创建基准轴 1，如图 7-34 所示。

> 提示：
> 也可以不创建此基准轴，通过在前导视图工具栏的【隐藏所有类型】 ⊙▼ 下拉列表中单击【观阅临时轴】来显示球体中的虚拟轴。

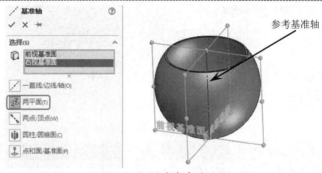

图 7-34　创建参考基准轴

⑦ 使用【基准面】工具，以前视基准面和参考基准轴为第一参考和第二参考，创建如图 7-35 所示的基准面 2。

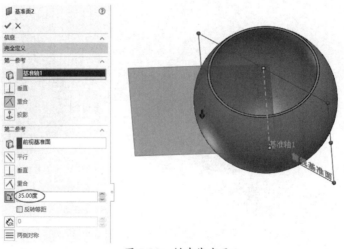

图 7-35　创建基准面 2

⑧ 在【曲面】选项卡中单击【拉伸曲面】按钮 ，选择基准面 2 作为草图平面，然后按如图 7-36 所示的操作步骤，创建拉伸曲面。

第 7 章 产品造型与结构设计

图 7-36 创建拉伸曲面

⑨ 在【特征】选项卡中单击【镜像】按钮，然后按如图 7-37 所示的操作步骤，将拉伸曲面镜像到右视基准面的另一侧。

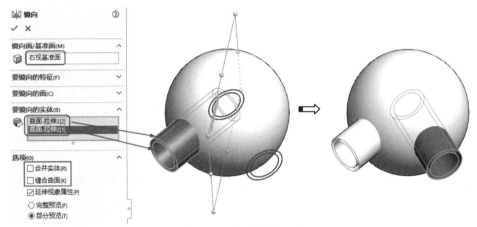

图 7-37 创建镜像曲面

⑩ 使用【分割】工具，以两个曲面来分割抽壳的特征，如图 7-38 所示。

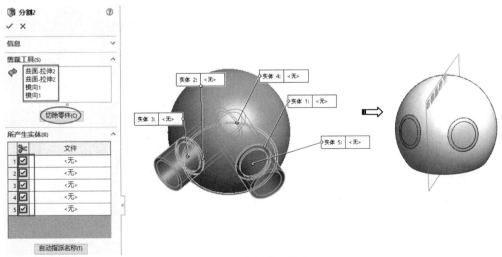

图 7-38 分割抽壳特征

⑪ 使用【基准轴】工具，以右视基准面和上视基准面作为参考，创建基准轴 2，如图 7-39 所示。

⑫ 使用【基准面】工具，以上视基准面和基准轴 2 作为参考，创建基准面 3，如图 7-40 所示。

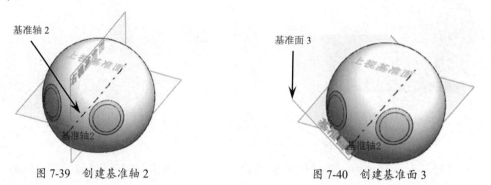

图 7-39　创建基准轴 2　　　　　图 7-40　创建基准面 3

⑬ 使用【拉伸曲面】工具，以基准面 3 作为草图平面，创建如图 7-41 所示的拉伸曲面。

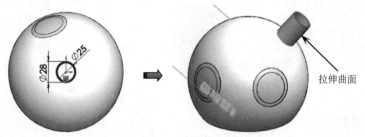

图 7-41　创建拉伸曲面

⑭ 使用【镜像】工具，将上一步骤创建的拉伸曲面镜像到右视基准面的另一侧，如图 7-42 所示。

⑮ 再使用【分割】工具，以拉伸曲面和镜像曲面来分割抽壳特征，结果如图 7-43 所示。

2. 设计音响喇叭网盖

小猪音响喇叭网盖的形状为圆形，其中有多个阵列的小圆孔。

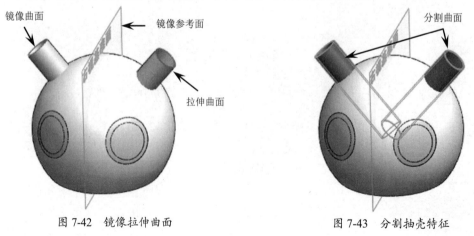

图 7-42　镜像拉伸曲面　　　　　图 7-43　分割抽壳特征

① 使用【拉伸凸台/基体】工具，在抽壳特征的底部创建厚度为 2mm 的拉伸实体特征，如图 7-44 所示。

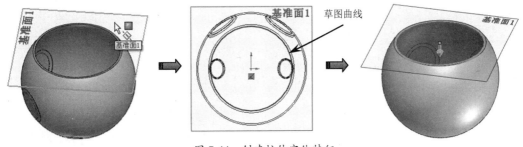

图 7-44 创建拉伸实体特征

② 在【特征】选项卡中单击【拉伸切除】按钮,然后按如图 7-45 所示的操作步骤创建拉伸切除特征。

图 7-45 创建拉伸切除特征

③ 在【特征】选项卡中单击【填充阵列】按钮,然后按如图 7-46 所示的操作步骤,创建填充阵列特征。

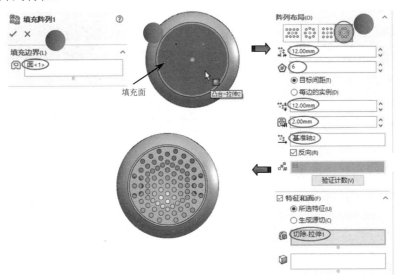

图 7-46 创建填充阵列特征

④ 对于曲面中的孔阵列,也可以使用【填充阵列】工具。使用【草图】工具,在基准面 2 中绘制如图 7-47 所示的草图 6。

⑤ 使用【填充阵列】工具,按如图 7-48 所示的操作步骤,在眼睛位置的网盖上创建填充阵列孔特征。

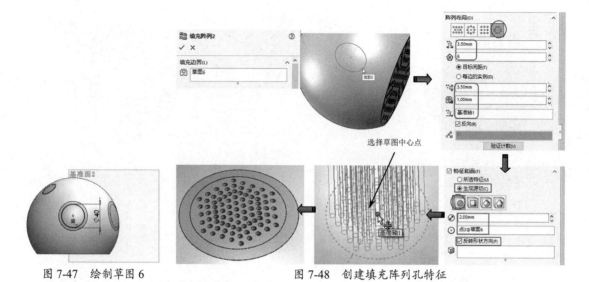

图 7-47 绘制草图 6　　　　图 7-48 创建填充阵列孔特征

⑥ 使用【镜像】工具,以右视基准面作为镜像平面,将填充阵列的孔镜像到另一侧,如图 7-49 所示。然后将另一侧的原分割特征隐藏。

图 7-49 镜像阵列的孔

⑦ 耳朵位置喇叭网盖的设计方法与眼睛位置的网盖相同,这里就不详述了。创建的喇叭网盖如图 7-50 所示。

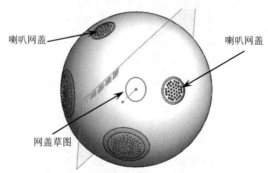

图 7-50 创建完成的 2 个喇叭网盖

3. 设计小猪音响嘴巴和鼻子造型

小猪音响鼻子的设计实际上也是曲面分割实体的操作,分割实体后,再使用【移动】工具移动分割实体的面,以此创建出鼻子造型。嘴巴的设计可以使用【拉伸切除】工具来完成。

① 使用【拉伸曲面】工具,在前视基准面中绘制如图 7-51 所示的草图 7 后,创建拉伸曲面。

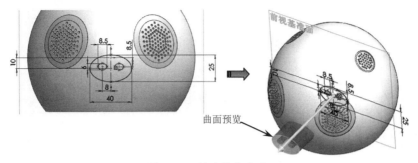

图 7-51 创建拉伸曲面

② 使用【分割】工具,以拉伸曲面来分割音响主体,结果如图 7-52 所示。

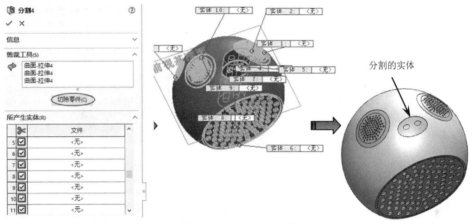

图 7-52 分割音响主体

③ 在菜单栏中执行【插入】|【面】|【移动】命令,然后选择分割的实体面进行平移,如图 7-53 所示。

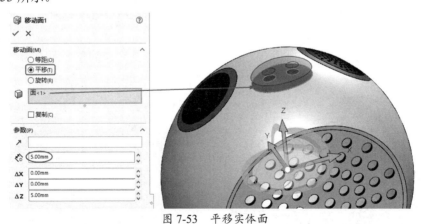

图 7-53 平移实体面

④ 同理,鼻孔的两个小实体也按此方法移动。

⑤ 在【特征】选项卡中单击【拔模】按钮 ,然后按如图 7-54 所示的操作步骤创建拔模特征。

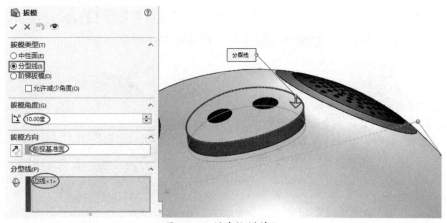

图 7-54 创建拔模特征

⑥ 使用【特征】选项卡中的【圆角】工具,选择如图 7-55 所示的拔模实体边来创建半径为 2 的圆角特征。

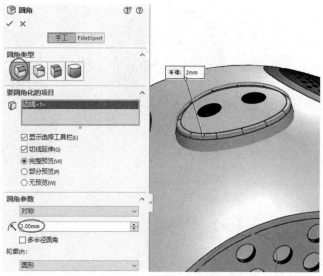

图 7-55 创建圆角特征

⑦ 使用【拉伸切除】工具,在前视基准面中绘制嘴巴草图后,创建如图 7-56 所示的拉伸切除特征。

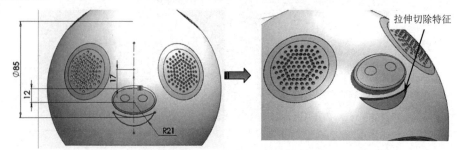

图 7-56 创建拉伸切除特征

⑧ 使用【圆角】工具,在拉伸切除特征上创建半径为 0.5mm 的圆角特征,如图 7-57 所示。

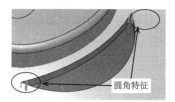 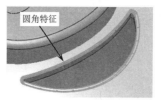

图 7-57　创建圆角特征

4. 设计小猪音响耳朵

小猪的耳朵在顶部小喇叭的位置，主要由一个旋转实体切除一部分实体来完成设计。

① 使用【旋转凸台/基体】工具，在前视基准面上绘制旋转截面，创建如图 7-58 所示的旋转特征。

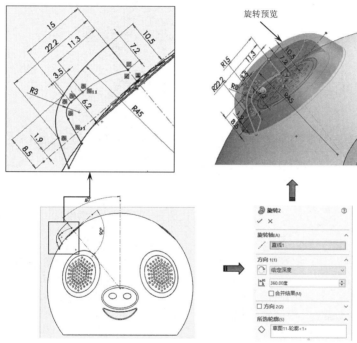

图 7-58　创建旋转特征

② 使用【基准面】工具，创建如图 7-59 所示的基准面 4。

技巧点拨：
创建此基准面，用来作为切除旋转实体的草图平面。

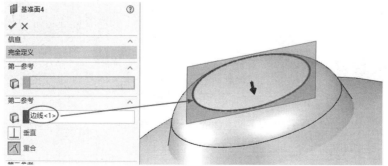

图 7-59　创建基准面 4

③ 使用【拉伸切除】工具,在基准面 4 中绘制草图后,创建如图 7-60 所示的拉伸切除特征(即小猪耳朵)。

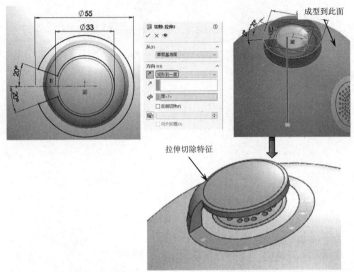

图 7-60 创建拉伸切除特征

④ 使用【镜像】工具,将小猪耳朵镜像至右视基准面的另一侧,如图 7-61 所示。
⑤ 使用【圆角】工具,在 2 个耳朵上创建半径为 0.5mm 的圆角特征,如图 7-62 所示。

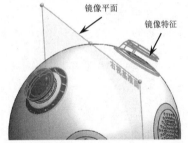
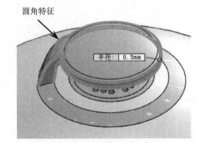

图 7-61 镜像小猪耳朵　　　　　图 7-62 创建圆角特征

⑥ 在菜单栏中执行【插入】|【特征】|【组合】命令,将音响主体和 2 个耳朵组合成一个整体,如图 7-63 所示。

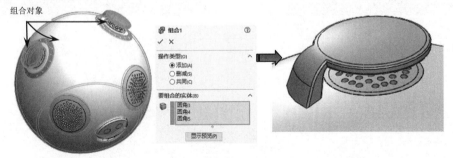

图 7-63 组合耳朵与音响主体

5. 设计小猪音响脚

小猪音响的脚是按圆周阵列来放置的,创建其中一只脚,通过圆周阵列创建其余 3 只脚即可。

① 使用【基准面】工具，以右视基准面和基准轴 1 为参考，创建旋转角度为 45°的基准面 5，如图 7-64 所示。

② 使用【旋转凸台/基体】工具，在基准面 5 中绘制如图 7-65 所示的旋转截面。

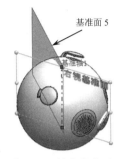
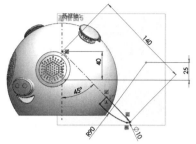

图 7-64　创建基准面 5　　　　图 7-65　绘制旋转截面

③ 退出草图环境，然后创建如图 7-66 所示的旋转特征（即小猪的脚）。

④ 使用【圆周草图阵列】工具，创建小猪的其余 3 只脚，如图 7-67 所示。

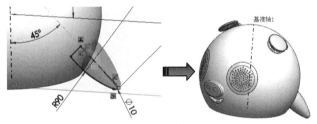

图 7-66　创建小猪的脚　　　　图 7-67　创建小猪的其余 3 只脚

⑤ 使用【编辑外观】工具，将小猪主体、耳朵、鼻子、嘴巴、脚的颜色更改为粉红色，将喇叭网盖、鼻孔的颜色设置为黑色，最终设计完成的小猪音响造型如图 7-68 所示。

图 7-68　设计完成的小猪音响造型

7.2.2　训练二：摩托车头盔造型设计

摩托车头盔由头盔和防护罩构成，为了达到极佳的渲染效果，特地添加了地板实体。本例要设计的摩托车头盔造型如图 7-69 所示。

针对摩托车头盔造型做出如下设计分析。

- 使用【放样曲面】工具来创建头盔轮廓曲面；
- 使用【拉伸曲面】工具来创建用于修剪头盔实体的曲面；

图 7-69　摩托车头盔造型

- 使用【延伸曲面】工具延伸头盔轮廓曲面，再使用【填充曲面】工具来创建头盔轮廓底部的封闭曲面，并使用【缝合曲面】工具缝合轮廓曲面和填充曲面，以此生成头盔实体；

- 使用【移动/复制实体】工具复制头盔实体，再使用【缩放比例】工具缩放其中一个头盔实体。
- 使用【使用面】工具和【分割】工具利用拉伸曲面来切除、分割头盔实体；
- 使用【圆角】工具来创建头盔边缘的圆角特征；
- 使用【缩放比例】工具和【抽壳】工具来创建防护罩；
- 使用【拉伸凸台/基体】工具创建防护罩的夹紧器。

1. 头盔造型设计

① 打开本例源文件"头盔曲线.SLDPRT"。

② 在【曲面】选项卡中单击【放样曲面】按钮，打开【曲面-放样】属性面板。在图形区选择轮廓和引导线，如图7-70所示。

③ 在【选项】选项区中勾选【闭合放样】复选框后，单击【确定】按钮，完成放样曲面的创建，如图7-71所示。此曲面即为头盔轮廓曲面。

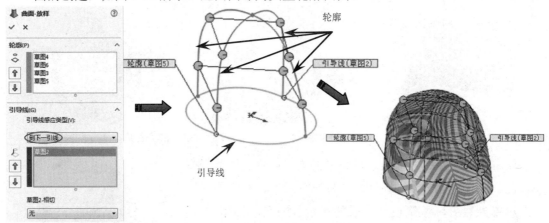

图7-70　选择放样曲面的轮廓和引导线

④ 使用【延伸曲面】工具，延伸轮廓曲面，如图7-72所示。

图7-71　创建放样曲面　　　　　　图7-72　延伸轮廓曲面

> **技巧点拨：**
> 延伸轮廓曲面，是因为要分割头盔实体的拉伸曲面在其外部。只有使拉伸曲面在轮廓曲面内，最后才能完成分割实体操作。

⑤ 使用【填充曲面】工具，创建轮廓曲面底部的填充曲面，如图7-73所示。

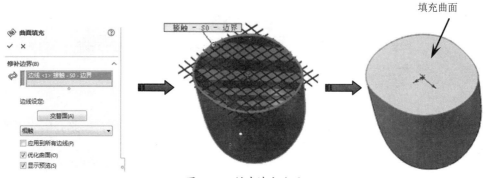

图 7-73　创建填充曲面

⑥ 使用【缝合曲面】工具,将轮廓曲面和填充曲面缝合,以生成头盔实体。
⑦ 使用【移动/复制实体】工具,复制缝合的头盔实体。
⑧ 使用【缩放比例】工具,将其中一个头盔实体进行缩放,如图 7-74 所示。

图 7-74　缩放头盔实体

技巧点拨:
复制头盔实体时,无须进行平移或旋转操作。

⑨ 使用【拉伸曲面】工具,选择如图 7-75 所示的草图曲线来创建拉伸曲面。

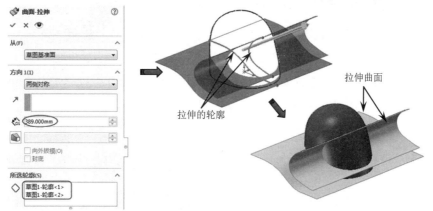

图 7-75　创建拉伸曲面

⑩ 在菜单栏中执行【插入】|【切除】|【使用面】命令,选择如图 7-76 所示的拉伸曲面来切除 2 个头盔实体。

图 7-76 使用拉伸曲面切除 2 个头盔实体

⑪ 使用【分割】工具，选择另一个拉伸曲面来分割余下的头盔实体，最终分割完成的实体由 2 个变成 3 个，如图 7-77 所示。

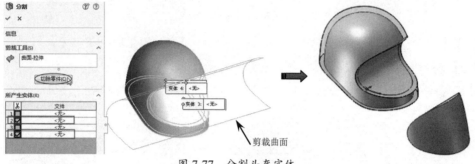

图 7-77 分割头盔实体

⑫ 暂时将小实体隐藏。使用【分割】工具，以缩放的头盔实体面来分割大头盔实体，如图 7-78 所示。

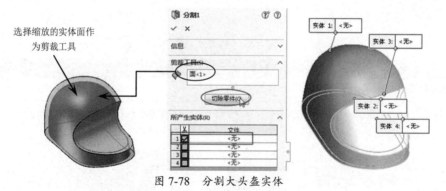

图 7-78 分割大头盔实体

⑬ 隐藏小头盔实体。使用【圆角】工具在分割后的大头盔实体中创建半径为 3mm 的圆角特征，如图 7-79 所示。至此，头盔部分的造型设计操作结束。

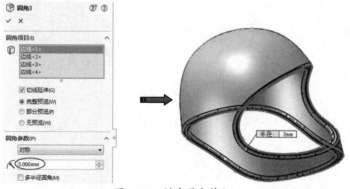

图 7-79 创建圆角特征

2. 防护罩造型设计

① 显示分割的小实体。使用【缩放比例】工具，将小实体放大为原来的 1.1 倍，如图 7-80 所示。

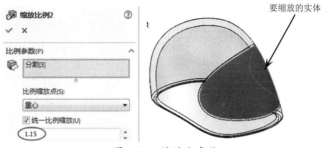

图 7-80 缩放小实体

② 在图形区选择头盔将其隐藏。使用【抽壳】工具，在放大的小实体上创建抽壳特征，如图 7-81 所示。完成抽壳操作后即可生成防护罩。

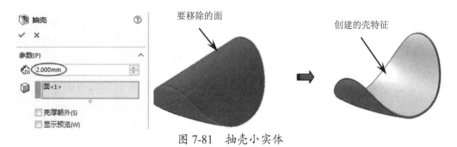

图 7-81 抽壳小实体

③ 使用【圆角】工具，在防护罩上创建半径为 0.5mm 的圆角特征，如图 7-82 所示。

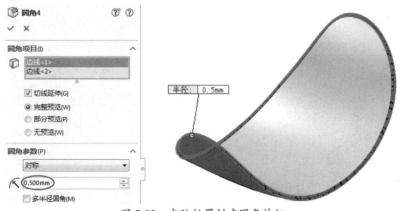

图 7-82 在防护罩创建圆角特征

④ 显示头盔。使用【拉伸凸台/基体】工具，选择右视基准面作为草绘平面，并创建出如图 7-83 所示的拉伸特征。此拉伸特征即为防护罩的夹紧器。

技巧点拨：
在【凸台-拉伸】属性面板中，如果勾选了【合并结果】复选框，则另一侧的夹紧器只能使用"拉伸"方法创建。如果不勾选，还可以使用"镜像"方法来创建，最后组合实体即可。

⑤ 同理，再使用【拉伸凸台/基体】工具，在另一侧也创建出相同参数的拉伸特征，如图 7-84 所示。

图 7-83 创建拉伸特征

⑥ 使用【圆角】工具在拉伸特征上创建半径为 3mm 的圆角特征,如图 7-85 所示。至此,防护罩部分的造型设计工作也完成了。

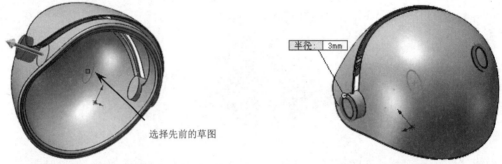

图 7-84 创建另一侧的拉伸特征　　　　图 7-85 创建圆角特征

⑦ 最后使用【拉伸凸台/基体】工具,在前视基准面中创建边长为 1000mm×1000mm 且厚度为 10mm 的地板实体,如图 7-86 所示。

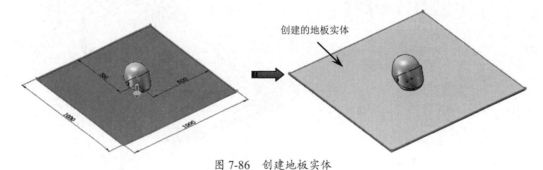

图 7-86 创建地板实体

⑧ 至此,整个摩托车头盔的造型设计工作全部结束。在渲染设计之前,将造型设计的结果保存。

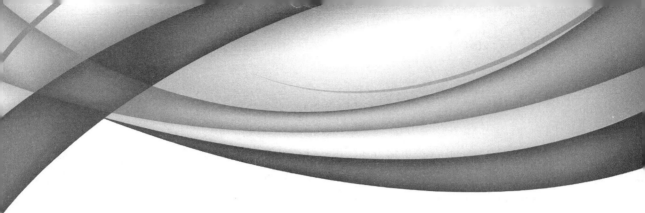

第 8 章
插件应用与标准件设计

本章内容

SolidWorks 在机械设计中应用最为广泛,其简便的操作和智能的工具,可以帮助设计师快速完成机械三维模型的创建。本章将介绍 SolidWorks 内置插件和外部插件的应用。

知识要点

- ☑ SolidWorks 内置插件
- ☑ SolidWorks 外部插件

8.1 SolidWorks 内置插件

在 SolidWorks 中进行机械设计，零件建模是最重要的。机械零件的结构比一般塑胶产品的结构要简单许多，建模也轻松许多。下面学习如何利用 SolidWorks 插件来设计机械标准件和常用件。

8.1.1 应用 FeatureWorks 插件

FeatureWorks 插件可用来识别 SolidWorks 零件文件中输入实体的特征。识别的特征与 SolidWorks 生成的特征相同，并带有某些设计特征的参数。

1. FeatureWorks 插件载入

要应用 FeatureWorks 插件，可在【插件】对话框中勾选【FeatureWorks】插件，单击【确定】按钮即可，如图 8-1 所示。

2. FeatureWorks 选项

在菜单栏中执行【插入】|【FeatureWorks】|【选项】命令，打开【FeatureWorks 选项】对话框，如图 8-2 所示。

【FeatureWorks 选项】对话框中有 4 个选项页面。

图 8-1 应用【FeatureWorks】插件

- 普通：此选项页面主要设置打开其他格式文件时需要做出的动作。勾选【零件打开时提示识别特征】复选框可以对模型进行诊断，并对诊断出现的错误进行修复。
- 尺寸/几何关系：此选项页面主要控制输入模型的尺寸标注和几何约束关系，如图 8-3 所示。

图 8-2 【FeatureWorks 选项】对话框

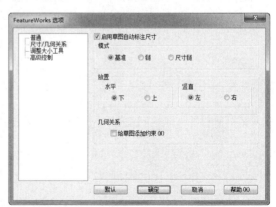

图 8-3 【尺寸/几何关系】选项页面

- 调整大小工具：此选项页面用来控制模型识别后，特征管理器中所显示特征的排列顺序，如图 8-4 所示。
- 高级控制：此页面控制识别特征的方法和结果显示，如图 8-5 所示。

图 8-4 【调整大小工具】选项页面

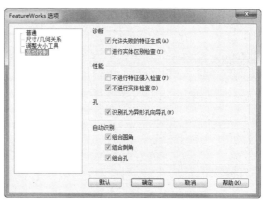

图 8-5 【高级控制】选项页面

3. 识别特征

对于软件初学者来说，此功能无疑极大地帮助你参考识别后的数据进行建模练习。

> **技巧点拨：**
> 但此功能并不能识别所有特征，例如，在输入文件时，没有进行诊断或者诊断后没有修复错误的模型，不能完全识别出其所包含的特征。

输入其他格式的文件模型后，在菜单栏中执行【插入】|【FeatureWorks】|【识别特征】命令，打开【FeatureWorks】属性面板，如图 8-6 所示。

通过此属性面板，可以识别标准特征（即在建模环境下创建的模型）和钣金特征。

4. 自动识别

自动识别是根据在【FeatureWorks 选项】对话框中设置的识别选项而进行的识别操作。自动识别的【标准特征】的特征类型在【自动特征】选项区中，包括拉伸、体积、拔模、旋转、孔、圆角/倒角、筋等常见特征。

若不需要识别某些特征，在【自动特征】选项区中取消勾选即可。

在【钣金特征】特征类型中，可以修复多个钣金特征，如图 8-7 所示。

5. 交互识别

交互识别是通过用户手动选取识别对象后进行的自我识别模式，如图 8-8 所示。例如，在【交互特征】选项区的【特征类型】中选择其中一种特征类型，然后选取整个模型，SolidWorks 会自动甄别模型中是否有要识别的特征。如果能识别，可以单击属性面板中的【下一步】按钮，查看识别的特征。例如，选择一个模型来识别圆角，如图 8-9 所示。

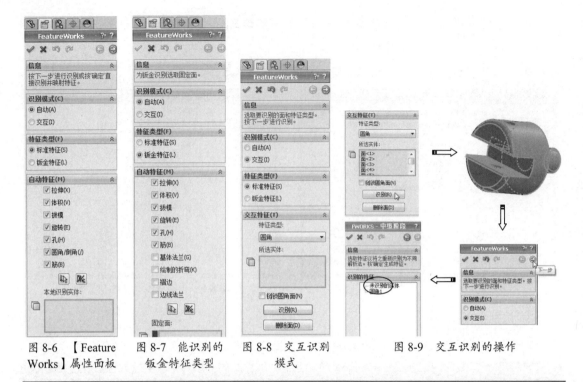

图 8-6 【FeatureWorks】属性面板   图 8-7 能识别的钣金特征类型   图 8-8 交互识别模式   图 8-9 交互识别的操作

技巧点拨：

如果选择了一种特征类型，而模型中却没有这种特征，那么是不会识别成功的，会弹出识别错误提示，如图 8-10 所示。

图 8-10 不能识别的提示

当完成一个特征的识别后，该特征将会隐藏，余下的特征将继续进行识别，如图 8-11 所示。

单击【删除面】按钮，可以删除模型中的某些子特征。例如，选择要删除的一个或多个特征所属的曲面后，单击【删除】按钮，此特征被移除，如图 8-12 所示。

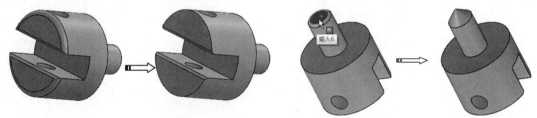

图 8-11 识别后（圆角）将不再显示此特征   图 8-12 删除面

第 8 章 插件应用与标准件设计

> **技巧点拨:**
> 并非所有类型的特征都能删除。父特征（凸台/基体特征）及其子特征是不能删除的,强行删除时会弹出警告信息,如图 8-13 所示。要删除的特征必须是独立的特征,即独立的子特征。

图 8-13 不能删除的信息提示

📖 上机实践——识别特征并修改特征

① 打开本例的源文件"零件.prt",如图 8-14 所示。

② 随后弹出【SolidWorks】信息提示对话框,单击【是】按钮,自动对载入的模型进行诊断,如图 8-15 所示。

图 8-14 打开 UG 格式文件　　图 8-15 诊断确认

> **技巧点拨:**
> 进行诊断也是为了使特征的识别工作进行得更加顺利。

③ 随后打开【输入诊断】属性面板。面板中显示无错误,单击【确定】按钮 ✅,完成诊断并载入零件模型,如图 8-16 所示。

图 8-16 完成诊断并载入零件模型

> **技巧点拨:**
> 一般情况下,实体模型在转换时是不会产生错误的,而其他格式的曲面模型则会出现错误,包括前面交叉、缝隙、重叠等,需要及时进行修复。

④ 在菜单栏中执行【插入】|【FeatureWorks】|【识别特征】命令,打开【FeatureWorks】属性面板。

⑤ 选择【自动】识别模式,全选模型中要识别的特征,如图8-17所示。

⑥ 单击【下一步】按钮,运行自动识别,识别的结果显示在列表中。从结果中可以看出此模型中有5个特征被成功识别,如图8-18所示。

⑦ 单击【确定】按钮✔完成特征识别操作,在特征管理器中显示结果,如图8-19所示。

 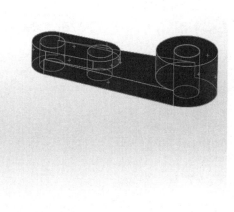  

图 8-17 全选要识别的特征　　图 8-18 识别特征　　图 8-19 显示识别结果

⑧ 修改【凸台-拉伸2】特征,将高度值更改为15mm,如图8-20所示。

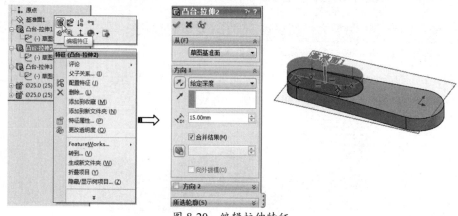

图 8-20 编辑拉伸特征

⑨ 保存结果。

8.1.2 应用 Toolbox 插件

Toolbox 是 SolidWorks 的内置标准件库，与 SolidWorks 软件集成为一体（在安装 SolidWorks 时将会一起安装）。利用 Toolbox，用户可以快速生成并应用标准件，或者直接向装配体中调入相应的标准件。Toolbox 中包含螺栓、螺母、轴承等标准件，以及齿轮、链轮等传动件。

管理 Toolbox 文件的过程实际上是配置 Toolbox 的过程。

- 选择菜单栏中的【工具】|【选项】命令，或者单击【标准】工具栏中的【选项】按钮，在弹出的【系统选项】对话框的【系统选项】选项卡的选项列表中选择【异形孔向导/Toolbox】选项，然后在对话框右侧显示的选项区域中单击【配置】按钮，如图 8-21 所示。
- 随后系统弹出如图 8-22 所示的 Toolbox 设置向导。设置向导共有 5 个步骤。

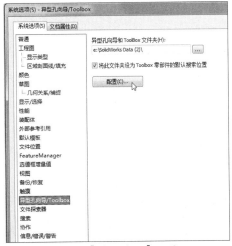
图 8-21　通过【系统选项】配置 Toolbox

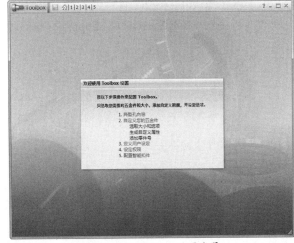
图 8-22　Toolbox 设置向导

提示：

本书配图中的"异型孔"系翻译错误，应为"异形孔"。

1. 生成 Toolbox 标准件的方式

Toolbox 可以通过两种方式生成标准件：基于主零件建立配置，或者直接复制主零件为新零件。

Toolbox 中提供的主零件文件包含用于建立零件的几何形状信息，每一个文件最初安装后只包含一个默认配置。对于不同规格的零件，Toolbox 利用包含在 Access 数据库文件中的信息来建立。

用户向装配体中添加 Toolbox 标准件时，若是基于主零件建立配置，则装配体中的每个实例为单一文件的不同配置；若是直接通过复制的方法生成单独的零件文件，则装配体中每个不同的 Toolbox 标准件为单独的零件文件。

用户可以在配置 Toolbox 向导的第 3 个步骤中设定选项，以确定 Toolbox 零件的生成和管理方式。配置 Toolbox 向导中的第 3 个步骤如图 8-23 所示。

- 生成配置：向装配体中添加的 Toolbox 标准件为主零件中生成的一个新配置，系统不生成新文件。
- 生成零件：向装配体中添加的 Toolbox 标准件是单独生成的新文件。这种方式也可以通过在 Toolbox 浏览器中右击标准件图标，然后在弹出的快捷菜单中选择【生成零件】命令来实现。选择该选项后，【在此文件夹生成零件】选项被激活，用户可以指定生成零件保存的位置。如果用户没有指定位置，则 SolidWorks 默认把生成的零件保存到 "…\ SolidWorks Data\CopiedParts" 文件夹中。

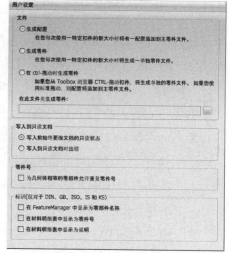

图 8-23 Toolbox 用户设定

- 在 ctrl-拖动时生成零件：允许用户在向装配体添加 Toolbox 标准件的过程中对上述两种方式做出选择。如果直接从 Toolbox 浏览器拖放标准件到装配体中，采用【生成配置】方式；如果按住 Ctrl 键从 Toolbox 浏览器拖放标准件到装配体中，采用【生成零件】方式。

2. Toolbox 标准件的只读选项

Toolbox 标准件是基于现有标准生成的，因此为了避免用户修改 Toolbox 零件，通常将 Toolbox 标准件设置为只读。

但是如果零件的属性为只读，就无法保存可能生成的配置，并且不能使用【生成配置】选项。为了解决这个问题，可以选择【写入到只读文档】选项区中的【写入前始终更改文档的只读状态】选项。SolidWorks 临时将 Toolbox 零件的权限改为写入权，从而写入新的配置。零件保存后，Toolbox 标准件又返回只读状态。

上机实践——应用 Toolbox 标准件

本例通过介绍在"台虎钳"装配体中添加螺母标准件的过程，来说明使用 Toolbox 的不同选项所得到的不同结果。本例中，Toolbox 安装在 "D:\Program Files\SolidWorks Corp\SolidWorks Data" 文件夹中。

下面的步骤采用基于主零件建立配置的方式向装配体中添加零件，所添加的零件只是在主零件中建立的配置。

① 打开本例的"台虎钳.SLDASM"装配体文件，如图 8-24 所示。
② 打开的台虎钳装配体模型如图 8-25 所示。

第 8 章　插件应用与标准件设计

图 8-24　打开装配体文件

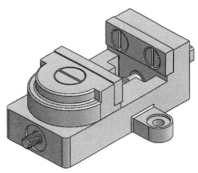

图 8-25　台虎钳装配体模型

③ 在功能区的【评估】选项卡中，单击【测量】按钮，打开【测量】对话框。选择装配体中的螺杆组件进行测量，如图 8-26 所示。

④ 测量得到的螺杆半径为 5mm，可以确定螺母标准件的直径应是 M10。

图 8-26　测量螺杆

⑤ 在【设计库】面板中展开 Toolbox 库，找到 GB 六角螺母，如图 8-27 所示。

⑥ 然后在 GB 六角螺母列表中选择"1 型六角螺母 细牙 GB/T 6171—2000"螺母标准件，如图 8-28 所示。

图 8-27　找到 GB 六角螺母

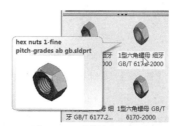

图 8-28　选择螺母类型

⑦ 将选中的螺母拖移到图形区的空白区域，然后再选择螺母参数，如图 8-29 所示。

技巧点拨：
　　如果是添加多个同类型的螺母标准件，可以单击【OK】按钮，完成多个螺母的添加，如图 8-30 所示。当然也可以在随后打开的【配置零部件】属性面板中设置螺母参数，如果不需要添加多个螺母，按 Esc 键结束即可。

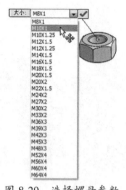

图 8-29 选择螺母参数

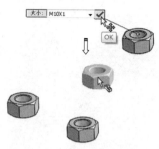

图 8-30 添加多个螺母

⑧ 接下来需要将螺母标准件装配到螺杆上。单击【装配】选项卡中的【配合】按钮 ，打开【配合】属性面板。

⑨ 选择螺母的螺纹孔面与螺杆的螺纹面进行【同心】约束，如图 8-31 所示。

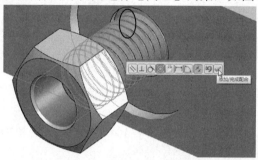

图 8-31 【同心】约束

⑩ 再选择螺母端面与台虎钳沉孔端面进行【重合】约束，如图 8-32 所示。

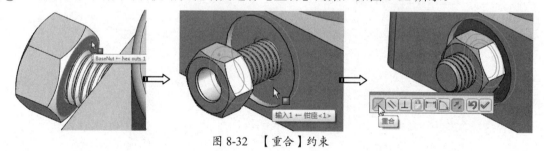

图 8-32 【重合】约束

⑪ 单击【配合】属性面板中的【确定】按钮 ，完成装配。最后将结果保存。

8.1.3 应用 MBD（尺寸专家）插件

MBD（尺寸专家）主要根据 ASME Y14.41—2003 和 ISO 16792 两项 GD&T（全球尺寸与公差规定）标准在 SolidWorks 中自动生成尺寸标注和形位公差，避免了设计人员由于设计经验不足及 GD&T 知识的欠缺而导致产品质量下降及成本增加。

MBD 可以直接在 3D 图形中按照标准生成标注，还可以帮助用户查找图形是否缺少尺寸，并在工程图中直接根据标注生成图样，而出图时尺寸完全无须再标注。

在尺寸公差设计过程中，一部分设计人员可以通过装配关系查找手册，确定基本偏差及公差，另一部分设计人员则是按照公差的标准进行标注，这两种方式已经在企业中存在了很多年，并且一直沿用至今。而形状位置公差却是设计人员的一道门槛，大部分都是根据经验标注，有时甚至没有标注，如图 8-33 所示。

MBD 可以根据规范或提供详细的在线资源，以帮助设计人员自动、准确地标注形状位置公差，如图 8-34 所示。

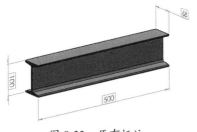

图 8-33　原有标注　　　　　　　　　图 8-34　自动、准确地标注

DimXpert 的标注工具在【MBD Dimensions】选项卡中，如图 8-35 所示。

图 8-35　【MBD Dimensions】选项卡

> **技巧点拨：**
> 在装配体环境中，SolidWorks MBD 尺寸专家的标注工具在【MBD】选项卡中。

上机实践——手动和自动标注装配体中的组件

① 打开本例源文件"\MBD\Drum_Pedal..SLDASM"，打开的装配体模型如图 8-36 所示。

② 选择如图 8-37 所示的零件（锤头），并在自动弹出的工具栏中单击【在当前位置打开零件】按钮 ，进入锤头零件的建模环境。

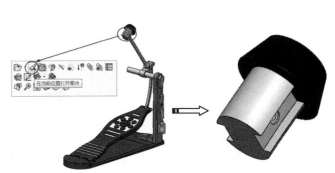

图 8-36　装配体模型　　　　　　　　图 8-37　在当前位置打开零件

③ 在【MBD Dimensions】选项卡中单击【大小尺寸】按钮 ，选择孔进行标注，随后弹出识别特征的特征选择器。在特征选择器中单击【生成复合孔】按钮 ，接着选择另一侧

的孔面,如图 8-38 所示。

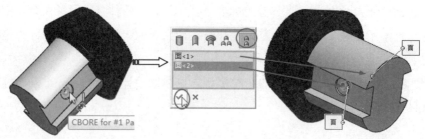

图 8-38 选择孔添加大小尺寸

④ 单击【确定】按钮 后在空白区域放置尺寸,完成大小尺寸的标注,如图 8-39 所示。
⑤ 在【MBD Dimensions】选项卡中单击【位置尺寸】按钮 ,先选择零件的一个端面,如图 8-40 所示。

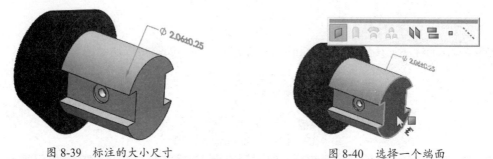

图 8-39 标注的大小尺寸　　　　　图 8-40 选择一个端面

⑥ 再选择相对的另一端面,并将位置尺寸放置在下方,如图 8-41 所示。

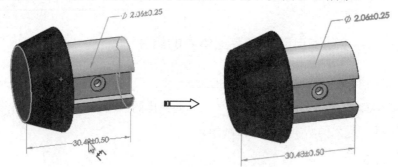

图 8-41 选择另一端面并放置尺寸

⑦ 同理,再添加一个位置尺寸,如图 8-42 所示。

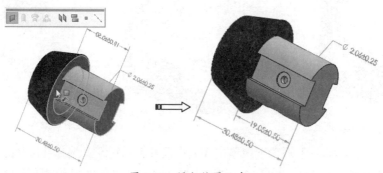

图 8-42 添加位置尺寸

⑧ 再继续添加端面至复合孔的位置尺寸，如图 8-43 所示。
⑨ 在零件的锥面添加大小尺寸（选择锥面即可），如图 8-44 所示。

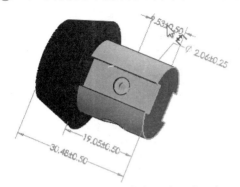

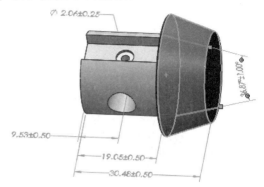

图 8-43 标注端面至复合孔的位置尺寸　　图 8-44 标注锥面的大小尺寸

⑩ 添加位置尺寸到凹槽，如图 8-45 所示。
⑪ 在菜单栏选择【窗口】|【1 drum_Pedal.SLDASM】命令，进入装配模式。选择弹簧系统的圆柱体零件在当前位置打开，如图 8-46 所示。

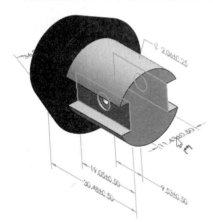

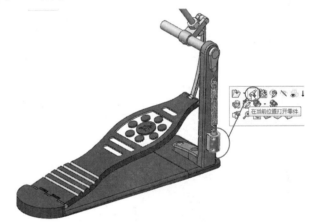

图 8-45 添加位置尺寸到凹槽　　图 8-46 选择圆柱零件打开

⑫ 单击【MBD Dimensions】选项卡中的【自动尺寸方案】按钮，设置【自动尺寸方案】属性面板中的选项，并选择主要基准，如图 8-47 所示。

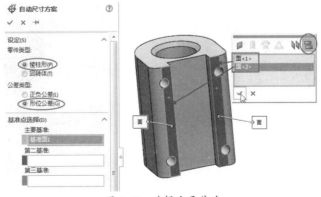

图 8-47 选择主要基准

⑬ 接着选择第二基准（选中孔后单击鼠标右键确认）和第三基准（选择最大圆柱孔面），如图 8-48 和图 8-49 所示。

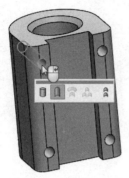

图 8-48　选择第二基准　　　　　　图 8-49　选择第三基准

⑭ 在【自动尺寸方案】属性面板的【范围】选项区中选择【所选特征】单选选项，然后选择以下列出的面（如图 8-50 所示）。

- 背面的较大部分圆柱（圆柱）。
- 较大圆柱旁的两个面（基准面）。
- 顶面和底面（基准面）。
- 右上角的小孔（孔阵列）。
- 内部右侧面（凹口）。

⑮ 单击【自动尺寸方案】属性面板中的【确定】按钮 ✓ 完成自动标注，结果如图 8-51 所示。

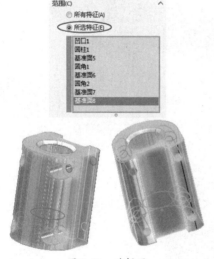
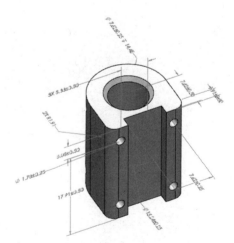

图 8-50　选择面　　　　　　图 8-51　自动尺寸标注结果

8.1.4　应用 TolAnalyst（公差分析）插件

在 SolidWorks 中，MBD 和 TolAnalyst 正好构成一个公差设计系统，而 MBD 的标准直接关联到 TolAnalyst 中，因此能够更直观、更方便地帮助企业设计更好的产品。

由于标准规范与企业标准不兼容，企业往往会在尺寸标注过程中，使用实验中所获得的精度或配合方式，但是这样无法对批量生产的产品性能进行控制。

而 TolAnalyst 的主要作用之一就是解决公差设计的问题，TolAnalyst 可以帮助设计人员完成以下工作。

- 尺寸公差链的推导：依据蓝图上的规格，标示出各零件的加工顺序以及相互间的依存关系，即可找出相关的线性公差累积，以方便公差设计。
- 几何公差模式：指工件上某一部位的几何公差或所在位置的允许变化量。若工件的几何公差超出设定范围，可能会造成功能缺失或无法装配。
- 统计与概率公差模式：统计公差是设计者所给的尺寸误差范围，同时考虑上限与下限区间范围内其尺寸误差值的发生概率，在大量生产时更能发挥其效益。但是，统计公差分析数学运算较烦琐，对于复杂产品的累积公差分析较困难。
- 以分析和合成为基础的公差模式：公差设计基本程序包含了公差分析与公差合成。公差分析的主要目的是确定每一组件的公差与尺寸，以确保组合后的公差与尺寸的可行性。而公差合成是将组合后的公差在特定要求（如成本最低或产品对环境改变最小等）下，选定或分配到各组件中，以达到公差设计的目的。
- 成本-公差演算模式：利用数学规划的方法来配置各零件的公差，以求得最低的制造成本。

上机实践——TolAnalyst 等距公差与最小间隙分析

1. 首先要启用插件

① 在快速访问工具栏中展开【选项】下拉菜单，选择【插件】命令，打开【插件】对话框。在【插件】对话框中勾选【TolAnalyst】插件，单击【确定】按钮完成插件的启用，如图 8-52 所示。

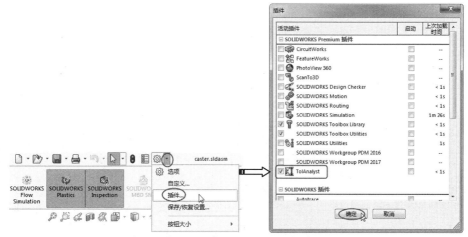

图 8-52 启用 TolAnalyst 插件

② 在【SOLIDWORKS 插件】选项卡中单击【TolAnalyst】按钮🔳，激活 TolAnalyst 插件。此时，在管理器窗口中显示【DimXpert Manager】管理器，其中就包括【TolAnalyst 算例】工具🔳，如图 8-53 所示。

2. 审核 MBD 尺寸

① 打开本例源文件"offset \caster.SLDASM"，打开的装配体模型如图 8-54 所示。

图 8-53 【DimXpert Manager】管理器　　　　图 8-54 装配体模型

② 选择滚轮装配体中的一块底座板，在当前位置打开，进入该底座板部件的零件设计环境，如图 8-55 所示。

③ 在【DimXpert Manager】管理器中单击【显示公差状态】按钮，显示该零件的尺寸公差，如图 8-56 所示。

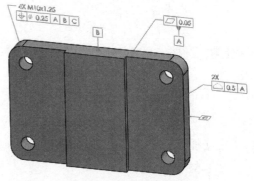

图 8-55 底座板零件　　　　图 8-56 显示尺寸公差

④ 可以看出，零件中并没有完全的标注尺寸或公差。TolAnalyst 不要求完全约束每个零件以便估算算例。然而，TolAnalyst 在估算算例的公差链不完整或断开时会给予警告信息。

⑤ 返回装配模式。

⑥ 同理，再单独打开支架零件，观察其尺寸标注情况，如图 8-57 所示。

3. 定义测量

① 在【DimXpert Manager】管理器中单击【TolAnalyst 算例】按钮🔳，显示【测量】属性面板。

② 在图形区域中右击轴的中心，选择快捷菜单中的【选择其他】命令，然后选择【axle_support<1>】上镗孔的面，如图 8-58、图 8-59 所示。

第 8 章 插件应用与标准件设计

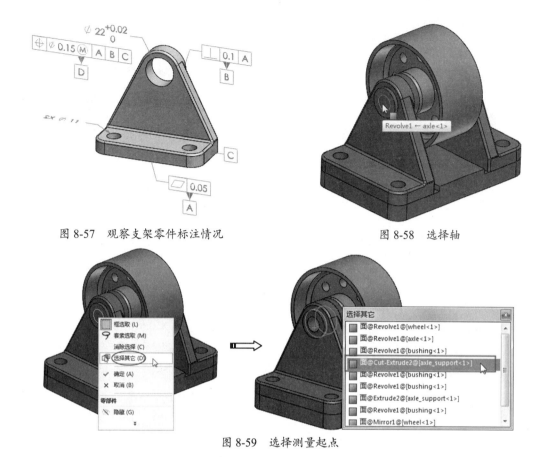

图 8-57 观察支架零件标注情况　　　　图 8-58 选择轴

图 8-59 选择测量起点

③ 在【测量】属性面板中激活【测量到】收集框，然后在对称的另一边按上一步骤的方法来选择【axle_support<2>】上镗孔的面，如图 8-60 所示。

④ 在图形区域中单击以放置尺寸（在两个镗孔之间沿 Z 轴应用长度为零的尺寸），如图 8-61 所示。

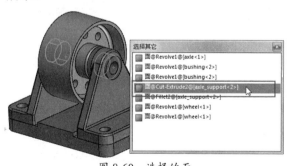
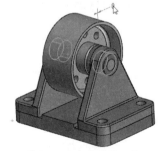

图 8-60 选择的面　　　　　　　　图 8-61 放置测量尺寸

⑤ 在【测量】属性面板的【测量方向】选项区中单击 Y 按钮，改变测量方向，如图 8-62 所示。

4. 定义装配顺序

① 在随后显示的【装配体顺序】属性面板中单击【下一步】按钮，然后选择底座板作为公差装配体，如图 8-63 所示。

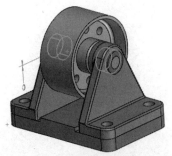
图 8-62 改变测量方向

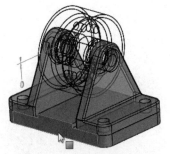
图 8-63 选择公差装配体

> **技巧点拨：**
> top_plate-1@caster（底座板）作为基体零件出现在公差装配体之下，并作为第一个零部件出现在零部件和顺序之下。基体的相邻零件变成透明的并出现在 PropertyManager 装配管理器中的相邻内容之下。所有其他零件以线架图形式显示。

② 在【装配体顺序】属性面板的【相邻内容】列表中选择【axle_support-1】零部件进行添加，如图 8-64 所示。再选择【axle_support-2】零部件进行添加，单击【下一步】按钮，如图 8-65 所示。

图 8-64 添加第一个零部件

图 8-65 添加第二个零部件

5. 定义装配约束

① 随后打开【装配体约束】属性面板。此时图形区中显示约束标注，每个标注代表可在轴支撑和顶盘上在 MBD 特征之间应用的约束。

② 在【零部件】列表中选择【axle_support-2】零部件，随之图形区显示该零件的全部约束（P1、P2）。在 P1 重合约束过滤器中单击【1】按钮，如图 8-66 所示。

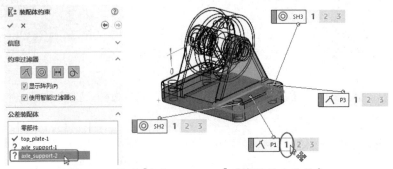
图 8-66 显示【axle_support-2】零部件的主要约束

③ 同理，选择【axle_support-1】零部件，在 P1 约束过滤器中单击【1】按钮，显示该零部

件的主要约束，单击【下一步】按钮，如图 8-67 所示。

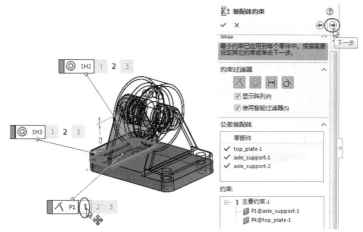

图 8-67　显示【axle_support-1】零部件的主要约束

6. 显示结果并修改促进值公差

① 随后打开【分析结构】属性面板。

② 从【分析摘要】列表中可以看到装配组件之间的最大装配公差（0.67）和最小装配公差（-0.67），如图 8-68 所示。

图 8-68　装配零部件之间的最大公差与最小公差

③ 在【促进值】列表中选择【P4@top_plate-1=37.31%】项目或者【P5@top_plate-1=37.31%】项目，零部件上会显示公差值，如图 8-69 所示。

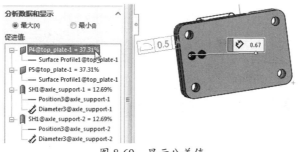

图 8-69　显示公差值

④ 在【P4@top_plate-1】项目中双击【Surface Profile1@top_plate-1】,可以修改形位公差值,将 0.5 修改成 0.2,如图 8-70 所示。

图 8-70　修改形位公差值

⑤ 单击【分析参数】选项区中的 重算(R) 按钮,重新计算,结果如图 8-71 所示。

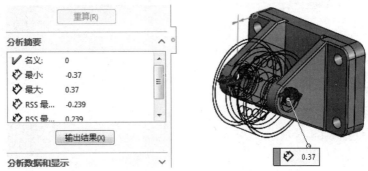

图 8-71　重新计算的结果

⑥ 关闭【分析结果】属性面板,最后保存装配体文件。

8.2　SolidWorks 外部插件

利用 Toolbox 插件往图形区中插入齿轮、螺钉、螺母、销钉或轴承等标准件时,可直接从标准件库中拖放到图形区中,操作非常简便。尽管如此,由于其提供的标准类型不够丰富(比如皮带轮、蜗轮蜗杆、链轮、弹簧等标准件就没有提供),所以在本节中,我们将使用 GearTrax(齿轮插件)、弹簧宏程序这样的外部插件来帮助我们完成诸多系列传动件、常用件的设计。

8.2.1　GearTrax 齿轮插件的应用

GearTrax 2020 需要安装,是一个独立的插件,不能从 SolidWorks 中启动,在设置好齿轮参数准备创建模型时,必须先启动 SolidWorks 软件。

> 提示:
> GearTrax 2020 目前没有简体中文版。初次打开 GearTrax 2020 为英文版,需要单击【选项】按钮 ❉,选择界面语言。

GearTrax 2020 的中文界面如图 8-72 所示。

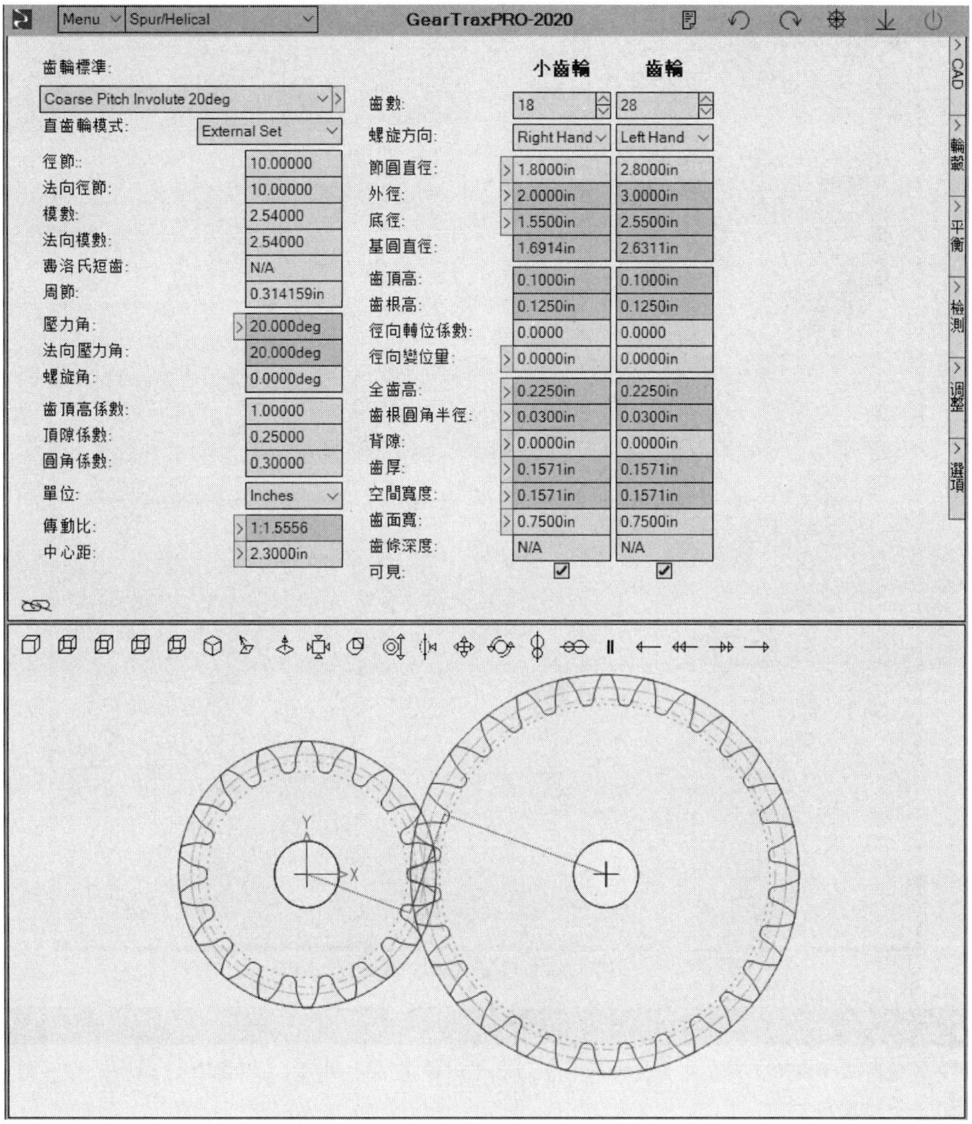

图 8-72 GearTrax 2020 的中文界面

GearTrax 2020 齿轮插件可以设计各种齿轮、带轮及蜗轮蜗杆、花键等标准件，当然也可以自定义非标准件。利用 GearTrax 设计齿轮非常简单，要设置的参数不多，有机械设计基础的读者理解这些参数的定义是没有问题的。

上机实践——设计外啮合齿轮标准件

① 启动 SolidWorks 软件。
② 再启动 GearTrax 2020 插件，在标准件类型列表中选择【直/斜齿轮】选项，选择【大节距渐开线 20°】齿轮标准，再选择【公制】单位，其余参数保持默认，如图 8-73 所示。

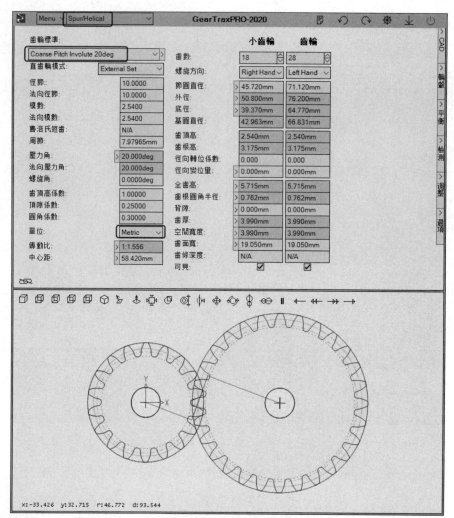

图 8-73 设置直齿轮参数

技术要点:

如要创建内啮合齿轮,可在【直齿轮模式】列表中选择【Internal Set(内齿轮)】选项,即可创建内啮合齿轮组,如图 8-74 所示。

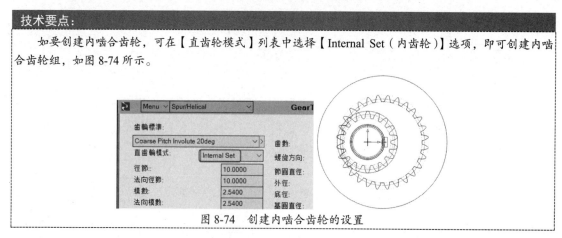

图 8-74 创建内啮合齿轮的设置

③ 在 GearTrax 面板右侧选择【轮毂】选项卡,弹出【轮毂安装】面板,设置轮毂的参数,如图 8-75 所示。

第 8 章 插件应用与标准件设计

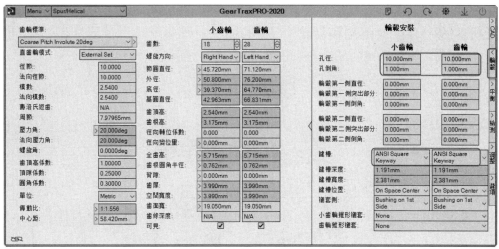

图 8-75 设置轮毂参数

④ 在【CAD】选项卡中设置两个输出选项，最后再单击【在 CAD 中创建】按钮，如图 8-76 所示。

⑤ 随后自动在 SolidWorks 中依次创建外啮合齿轮组的两个零件模型和装配体，如图 8-77 所示。

图 8-76 设置输出选项

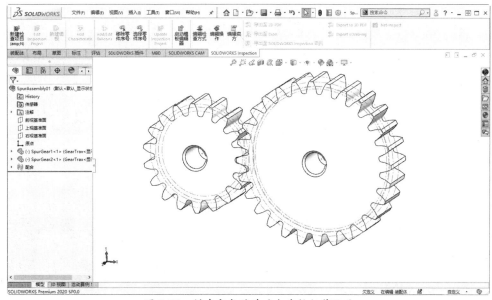

图 8-77 创建完成的外啮合齿轮组装配体

上机实践——设计链轮和带轮

链传动由主动链轮（1）、从动链轮（2）和中间挠性件（链条3）组成，如图8-78所示。通过链条的链节与链轮上的轮齿相啮合传递运动和动力。

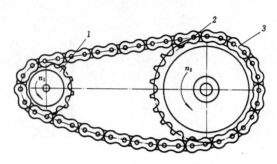

图 8-78　链传动的组成

带传动是机械传动系统中用以传递运动和动力的常用传动装置之一。带传动是由带和带轮组成的挠性传动。按其工作原理分为摩擦型带传动和啮合型带传动，如图8-79所示。摩擦型带传动靠带与带轮接触面上的摩擦力来传递运动和动力；啮合型带传动靠带齿与带轮齿之间的啮合实现传动。

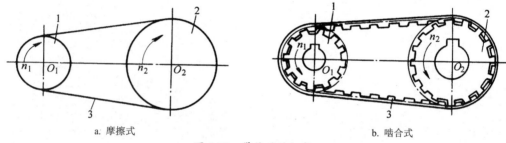

a. 摩擦式　　　　　　　　　　　　b. 啮合式

图 8-79　带传动的组成

在GearTrax插件中设计带轮跟设计链轮的方法类似，摩擦式带轮在GearTrax中称为"皮带轮"，而啮合式带轮则称为"同步带轮"。

在GearTrax插件中设计链轮也很简单，主要是选择链条规格和齿轮齿数，如图8-80所示。

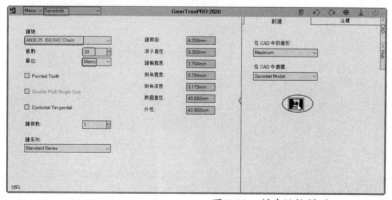

图 8-80　创建链轮模型

GearTrax 中的【同步带轮】选项卡设置如图 8-81 所示。

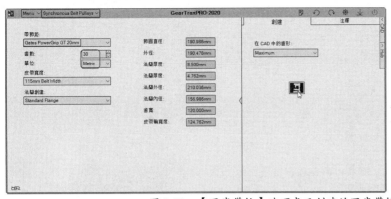
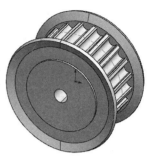

图 8-81 【同步带轮】选项卡及创建的同步带轮

【皮带轮】选项卡设置如图 8-82 所示。

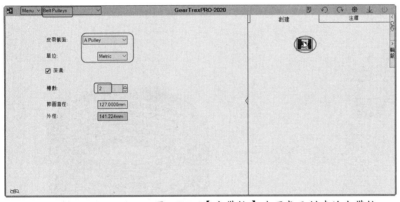

图 8-82 【皮带轮】选项卡及创建的皮带轮

8.2.2 SolidWorks 弹簧宏程序

宏程序是运用 Visual Basic for Applications（VBA）编写的程序，也是在 SolidWorks 中录制、执行或编辑宏的引擎。录制的宏以 .swp 项目文件的形式保存。

即将介绍的 SolidWorks 弹簧宏程序就是通过 VBA 编写的弹簧标准件设计的程序代码。

上机实践——利用 SolidWorks 弹簧宏程序设计弹簧

① 新建 SolidWorks 文件。
② 在前视基准面上绘制草图，如图 8-83 所示。
③ 在菜单栏中执行【工具】|【宏】|【运行】命令，打开本例源文件"SolidWorks 弹簧宏程序.swp"，如图 8-84 所示。
④ 弹出【弹簧参数】属性面板，如图 8-85 所示。在该属性面板中可以创建 4 种弹簧类型。

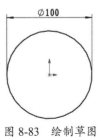

图 8-83 绘制草图

图 8-84　打开宏程序

⑤ 选择草图，随后可以看见弹簧预览，默认的是"压力弹簧"，如图 8-86 所示。

图 8-85　【弹簧参数】属性面板

图 8-86　压力弹簧预览

⑥ 选择【拉力弹簧】类型，可以保持默认弹簧参数直接单击【确定】按钮✓完成创建，也可以修改弹簧参数，如图 8-87 所示。

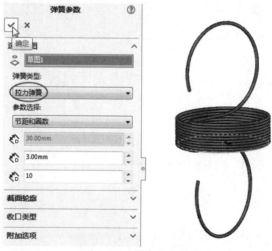

图 8-87　创建拉力弹簧

8.3 拓展训练——Toolbox 凸轮设计

① 新建 SolidWorks 零件文件。
② 在【SOLIDWORKS 插件】选项卡单击【SOLIDWORKS 插件】按钮，开启 Toolbox 工具栏（在【SOLIDWORKS 插件】选项卡右侧显示该工具栏）。
③ 单击 Toolbox 工具栏中的【凸轮】按钮，打开【凸轮-圆形】对话框。
④ 首先设置【设置】选项卡，如图 8-88 所示。
⑤ 接着设置【运动】选项卡。单击【添加】按钮，弹出【运动生成细节】对话框，参数设置如图 8-89 所示。

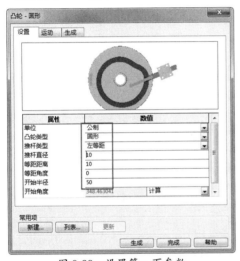

图 8-88 设置第一页参数

图 8-89 添加运动

⑥ 同理，继续添加其余 3 个运动类型，如图 8-90 所示。
⑦ 最后在【生成】选项卡中设置属性和数值，单击【生成】按钮，如图 8-91 所示。

图 8-90 添加运动类型

图 8-91 设置属性和数值

⑧ 最终创建的凸轮模型如图 8-92 所示。

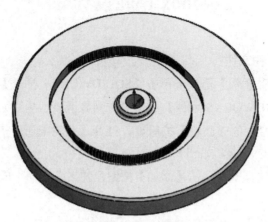

图 8-92　凸轮模型

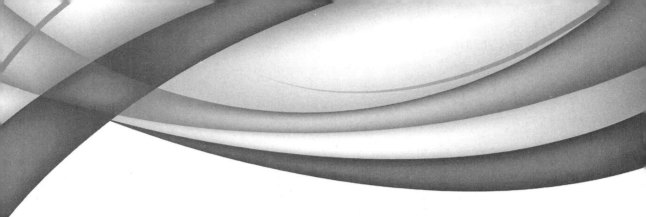

第 9 章
模型检测与质量评估

本章内容

在利用 SolidWorks 进行机械零件设计、产品造型设计、模具设计、钣金设计以及管道设计时,需要利用 SolidWorks 提供的产品测量与质量分析工具,辅助设计人员完成设计。希望初学者熟练掌握这些工具的应用,以提高自身的设计能力。

知识要点

- ☑ 测量工具
- ☑ 质量属性与剖面属性
- ☑ 传感器
- ☑ 性能评估、诊断与检查
- ☑ 模型质量分析

9.1 测量工具

利用模型测量，可以测量草图、3D 模型、装配体或工程图中直线、点、曲面、基准面的距离、角度、半径、大小，以及它们之间的距离、角度、半径或尺寸。当选择一个顶点或草图点时，会显示其 x、y 和 z 坐标值。

在【评估】选项卡中单击【测量】按钮，弹出【测量】对话框，如图 9-1 所示。同时，鼠标指针由 箭头 变为 测量。

利用【测量】工具栏中的测量工具可进行圆弧/圆测量、单位/精度测量、显示 XYZ 测量、点到点测量、面积与长度测量、零件原点测量和投影测量。

图 9-1 【测量】对话框

9.1.1 设置单位/精度

在对模型进行测量之前，用户可以设置测量所用的单位及精度。在【测量】工具栏中单击【单位/精度】按钮，弹出【测量单位/精度】对话框，如图 9-2 所示。

【测量单位/精度】对话框中各选项含义如下。

- 使用文档设定：选择此选项，将使用【文档属性】中所定义的单位和材质属性。如图 9-3 所示为系统选项设置的【文档属性】中默认的单位设置。

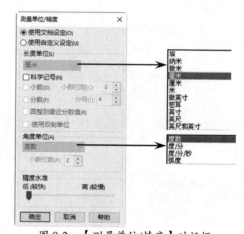

图 9-2 【测量单位/精度】对话框

- 使用自定义设定：选择此选项，用户可以自定义单位与精度的相关选项。
- 【长度单位】选项区：该选项区可以设置测量的长度单位与精度，包括选择线性测量的单位、科学记号、小数位数、分数与分母等。
- 【角度单位】选项区：该选项区可以设置测量的角度单位与精度，包括选择角度尺寸的测量单位、设定显示角度尺寸的小数位数等。

> **技巧点拨：**
> 科学记号就是以科学记号来显示测量的值。例如，以【5.02e+004】表示【50200】。

第 9 章　模型检测与质量评估

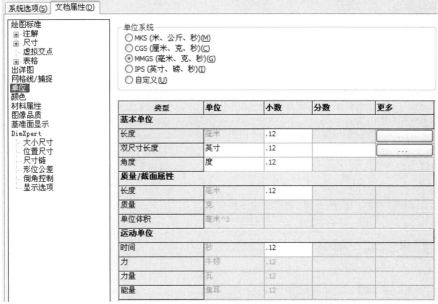

图 9-3　系统选项设置的【文档属性】中的单位设置

9.1.2　圆弧/圆测量

【圆弧/圆测量】类型是测量圆与圆或圆弧与圆弧之间的间距。包括 3 种测量方法：中心到中心、最小距离和最大距离。

1. 中心到中心

【中心到中心】测量方法是选择要测量距离的两个圆弧或圆，程序自动计算并得出测量结果。如果两个圆或圆弧在同一平面内，将只产生中心距离，如图 9-4 所示；若不在同一平面内，将会产生中心距离和垂直距离，如图 9-5 所示。

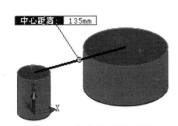

图 9-4　同平面的圆测量

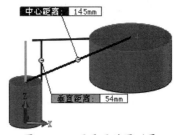

图 9-5　不同平面的圆测量

2. 最小距离

【最小距离】测量方法是测量两个圆或圆弧的最近端。无论是选择圆形实体的边缘或者是圆面，程序都将依据最近端来计算出最小的距离值，如图 9-6 所示。

> 技巧点拨：
> 选择要测量的对象时，程序会自动拾取对象上的面或边进行测量。

3. 最大距离

【最大距离】测量方法是测量两个圆或圆弧的最远端。无论是选择圆形实体的边缘或者是圆面，程序都将依据最远端来计算出最大的距离值，如图 9-7 所示。

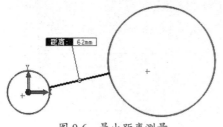

图 9-6 最小距离测量

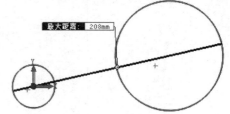

图 9-7 最大距离测量

9.1.3 显示 XYZ 测量

【显示 XYZ 测量】类型是在图形区中所测实体之间显示 dX、dY 或 dZ 的距离。

例如，以【中心到中心】测量方法来测量两圆之间的中心距离并得出测量结果，然后在【测量】工具栏中单击【显示 XYZ 测量】按钮，图形区中将自动显示 dX、dY 和 dZ 的实测距离，如图 9-8 所示。

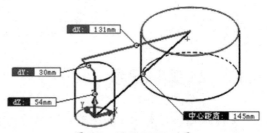

图 9-8 显示 XYZ 测量

> 技巧点拨：
> 当测量的对象在同一平面内时，将只显示 dX 和 dY 的距离；当测量的对象相互垂直时，将只显示 dZ 的距离。

9.1.4 面积与长度测量

在默认情况下，当用户只选择一个圆形面、圆柱面、圆锥面或矩形面时，程序会自动计算出所选面的面积、周长及直径（当选择面为圆柱面时）。

例如，仅选择矩形面、圆形面或圆锥面进行测量时，会得到如图 9-9～图 9-11 所示的面积测量结果。仅选择圆柱面进行测量时，会得到如图 9-12 所示的结果。

图 9-9 测量矩形面

图 9-10 测量圆形面

图 9-11 测量圆锥面

在默认情况下，若用户选择实体的边线（直边或圆边）进行测量，则程序会自动计算出所选边的长度、直径或中心点坐标，如图 9-13、图 9-14 所示。

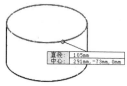

图 9-12　测量圆柱面　　　　　图 9-13　测量直边　　　　　图 9-14　测量圆边

9.1.5　零件原点测量

【零件原点测量】类型主要测量相对于用户坐标系的原点至所选边、面或点之间的间距（包括中心距离、最小距离和最大距离）。

要使用【零件原点测量】类型测量距离，需要创建一个坐标系。使用该测量类型来测量的中心距离、最小距离和最大距离如图 9-15～图 9-17 所示。

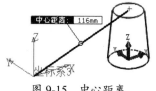
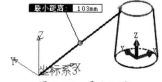
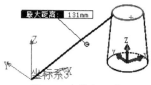

图 9-15　中心距离　　　　　图 9-16　最小距离　　　　　图 9-17　最大距离

9.1.6　投影测量

【投影测量】类型用于测量所选实体之间投影于无、屏幕或选择面/基准面之上的距离。

1. 投影于无

投影于无是指测量的实际距离，不产生距离的投影。这对于不同平面内的对象测量来说，此方法保持其他类型的测量结果。

2. 投影于屏幕

将测量的数据结果投影于屏幕。

3. 投影于选择面/基准面

使用该方法，可以计算出实际距离在投影面上的投影距离和法线距离（在与投影面法向垂直的平面上的投影）。投影距离和法线距离显示在【测量】对话框中，如图 9-18 所示。

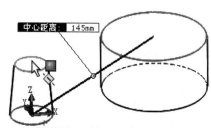

图 9-18　投影于选择面/基准面

> **技巧点拨：**
> 若从当前选择消除项目，再次在图形区中单击项目；若想消除所有选择，单击图形区的空白处；如要暂时关闭测量功能，右击图形区，然后在弹出的快捷菜单中选择【选择】命令；如要再次打开测量功能，在【测量】对话框中单击按钮命令。

9.2 质量属性与剖面属性

使用【质量属性】工具或【剖面属性】工具，可以显示零件或装配体模型的质量属性，或者显示面或草图的剖面属性。

用户也可为质量和引力中心指定数值以覆写所计算的值。

9.2.1 质量属性

用户可以利用【质量属性】工具对模型的质量属性结果进行打印、复制、属性选项设置、重算等操作。

在【评估】选项卡中单击【质量属性】按钮，弹出【质量属性】对话框，如图 9-19 所示。

对话框中各选项的含义如下。

- 打印：选择项目，计算出质量属性后，单击【打印】按钮打开【打印】对话框。通过【打印】对话框可以直接打印结果。
- 复制到剪贴板：单击此按钮，可以将质量属性结果复制到剪贴板。
- 选项：单击此按钮，将弹出【质量/剖面属性选项】对话框，可以对质量属性的单位、材料属性和精度水准等选项进行设置，如图 9-20 所示。

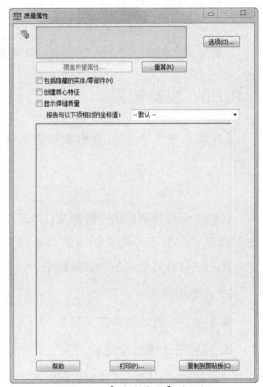

图 9-19 【质量属性】对话框

- 重算：当设置质量属性的选项后，单击【重算】按钮可以重新计算结果。
- 报告与以下项相对的坐标值：为计算质量属性而选择参考坐标系。默认的坐标系为绝对坐标系。如果用户创建了坐标系，该坐标系将自动保存于【输出坐标系】列表中。当选择一个输出坐标系后，程序自动计算其质量属性，并将结果显示在对话框下方，如图 9-21 所示。

第 9 章　模型检测与质量评估

图 9-20　【质量/剖面属性选项】对话框

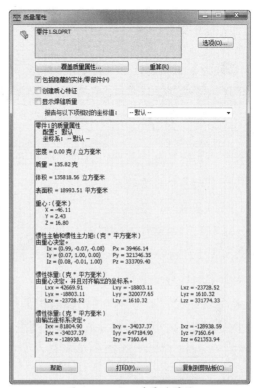

图 9-21　显示质量的属性

> **技巧点拨：**
> 用户不必关闭【质量属性】对话框即可计算其他实体。消除选择，然后选择实体，接着单击【重算】按钮即可。

- 所选项目：选择要计算分析的零件。
- 覆盖质量属性：覆盖质量、质量中心和惯性张量的值。
- 包括隐藏的实体/零部件：勾选此复选框，将会计算显示的或隐藏的所有实体与零部件。
- 创建质心特征：勾选此复选框，将【质量中心】特征添加到模型。
- 显示焊缝质量：勾选此复选框，如果当前的零部件中有焊缝，将会显示焊接件的焊缝质量。

质量属性的计算

通常，质量属性结果显示在【质量属性】对话框中，惯性主轴和质量中心以图形的形式显示在模型中。结果中，惯性动量及惯性项积将进行计算以符合如图 9-22 所示的定义。惯性张量矩阵的计算符合如图 9-23 所示的定义。

$$I_{xx} = \int (y^2+z^2)\mathrm{d}m$$
$$I_{yy} = \int (z^2+x^2)\mathrm{d}m$$
$$I_{zz} = \int (x^2+y^2)\mathrm{d}m$$
$$I_{xy} = \int (xy)\mathrm{d}m$$
$$I_{yz} = \int (yz)\mathrm{d}m$$
$$I_{zx} = \int (zx)\mathrm{d}m$$

$$\begin{bmatrix} I_{xx} & -I_{xy} & -I_{xz} \\ -I_{yx} & I_{yy} & -I_{yz} \\ -I_{zx} & -I_{zy} & I_{zz} \end{bmatrix}$$

图 9-22　惯性动量及惯性项积　　　　图 9-23　惯性张量矩阵

9.2.2 剖面属性

【剖面属性】工具为位于平行基准面的多个面和草图评估剖面属性。

> **技巧点拨：**
> 当计算一个以上实体时，第一个所选面即为计算截面属性的基准面。此外，要计算剖面属性，必须创建一个用户坐标系。

当为多个实体计算剖面属性时，可以选择以下项目：
- 一个或多个平直的模型面；
- 剖面上的面；
- 工程图中剖面视图的剖面；
- 草图（在特征管理器设计树中单击草图，或右击特征，然后在弹出的快捷菜单中选择【编辑草图】命令）。

在【评估】选项卡中单击【剖面属性】按钮，弹出【截面属性】对话框。在对话框的【报告与以下项相对的坐标值】下拉列表中选择用户定义的坐标系，程序自动计算出所选平行面的剖面属性，并将结果显示在对话框下方，且主轴和输出坐标系将显示在模型中，如图 9-24 所示。

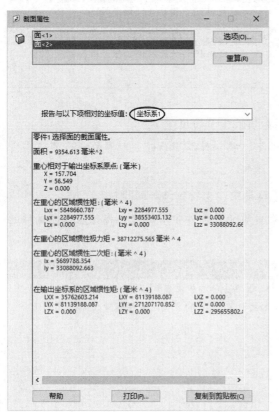
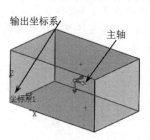

图 9-24　计算剖面属性

第9章 模型检测与质量评估

> **技巧点拨：**
> 【剖面属性】工具只能计算平面不能计算曲面，如圆弧、异形曲面是不能计算的。

9.3 传感器

传感器监视零件和装配体的所选属性，并在数值超出指定阈值时发出警告。传感器包括以下类型。

- 质量属性：监视质量、体积和曲面区域等属性。
- 尺寸：监视所选尺寸。
- 干涉检查：监视装配体中选定的零部件之间的干涉情况（只在装配体中可用）。
- 接近：监视装配体中所定义的直线和选取的零部件之间的干涉（只在装配体中可用）。例如，使用接近传感器来建立激光位置检测器的模型。
- Simulation 数据：监视 Simulation 的数据（在零件和装配体中可用），如模型特定区域的应力、接头力和安全系数；监视 Simulation 瞬态算例（非线性算例、动态算例和掉落测试算例）的结果。

9.3.1 生成传感器

使用【传感器】工具，可以创建传感器以辅助设计。在【评估】选项卡中单击【传感器】按钮，打开【传感器】属性面板，如图9-25所示。

右击特征管理器设计树中的【传感器】文件夹图标，并选择快捷菜单中的【添加传感器】命令，也可以打开【传感器】属性面板，如图9-26所示。

图 9-25 【传感器】属性面板

图 9-26 添加传感器

【传感器】属性面板中各选项区（为【质量属性】类型时的选项）含义如下。

- 【传感器类型】选项区：传感器类型下拉列表中列出了要创建传感器的传感器类型。包括5种类型，【质量属性】类型的属性设置见图9-25。其他4种类型的属性设置见图9-27。

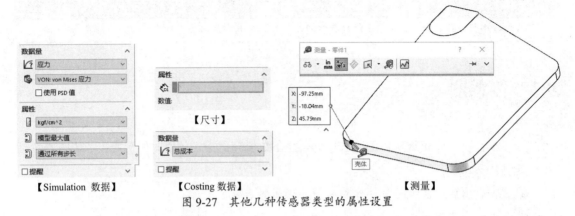

【Simulation 数据】　　　　【Costing 数据】　　　　　　　【测量】

图 9-27　其他几种传感器类型的属性设置

- 【提醒】选项区：勾选【提醒】复选框后，在传感器数值超出指定阈值时立即发出警告，需要指定一个运算符和一到两个数值，如图 9-28 所示。当传感器类型为【Simulation 数据】时，则不设提醒，需要定义安全系数，如图 9-29 所示。

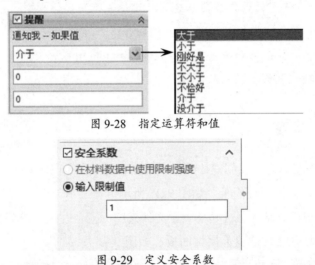

图 9-28　指定运算符和值

图 9-29　定义安全系数

技巧点拨：
　　如果传感器文件夹不可见，右击特征管理器设计树，然后选择快捷菜单中的【隐藏/显示树项目】命令，在弹出的【系统选项】对话框的【FeatureManager】选项中将传感器设为【显示】。

9.3.2　传感器通知

当用户为实体设定了传感器类型并生成传感器后，若检查的结果超出【提醒】值，在特征管理器设计树中【传感器】文件夹名称将灰显，同时会显示预警符号⚠，指针接近图标时会弹出【传感器】通知，如图 9-30 所示。

在特征管理器设计树中，右击【传感器】文件夹图标，选择快捷菜单中的【通知】命令，打开【传感器】属性面板，如图 9-31 所示。

图 9-30　传感器通知

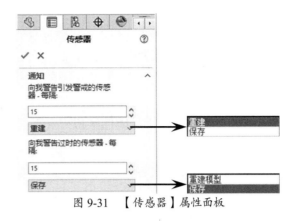

图 9-31　【传感器】属性面板

9.3.3　编辑、压缩或删除传感器

如果需要对传感器进行编辑、压缩或删除操作，在特征管理器设计树中选中【传感器】文件夹并执行右键菜单命令即可。

1. 编辑传感器

在特征管理器设计树中，右击【传感器】文件夹下的传感器子文件，然后选择快捷菜单中的【编辑传感器】命令，打开【传感器】属性面板，如图 9-32 所示。通过【传感器】属性面板，为传感器重新设定类型、属性和警告等。

如果需要了解某个传感器的详细信息，可在特征管理器设计树中双击它进行查看。例如，双击【质量属性】传感器，将打开【质量属性】对话框。

2. 压缩传感器

压缩传感器是对传感器进行压缩，压缩后的传感器以灰色显示，而且模型不会计算它。

在特征管理器设计树中，右击【传感器】文件夹下的传感器子文件，然后在弹出的快捷菜单中选择【压缩传感器】命令，所选的传感器将被压缩，如图 9-33 所示。

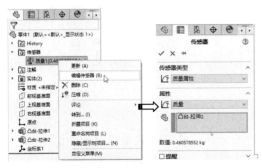

图 9-32　执行【编辑传感器】命令

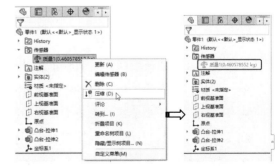

图 9-33　压缩传感器

3. 删除传感器

要删除传感器，在特征管理器设计树中右击【传感器】文件夹下的传感器子文件，然后选择快捷菜单中的【删除】命令即可。

9.4 性能评估、诊断与检查

利用 SolidWorks 提供的基于实体特征的检查工具，可以帮助用户统计特征数量，找出特征错误并纠正。

9.4.1 性能评估

【性能评估】工具为显示重建零件中每个特征所需时间量的工具。使用此工具通过压缩需要很长时间重建的特征，以减少重建时间。此工具在所有零件文件中都可使用。

在【评估】选项卡中单击【性能评估】按钮 ，弹出【性能评估】对话框，如图 9-34 所示。

【性能评估】对话框中各按钮命令的含义如下。

- 打印：单击此按钮，弹出【打印】对话框，如图 9-35 所示。设置该对话框的选项可以打印评估结果。

图 9-34 【性能评估】对话框

图 9-35 【打印】对话框

- 复制：单击此按钮，复制特征统计结果，可将其粘贴到另一文件中。
- 刷新：单击此按钮，刷新特征统计结果。
- 关闭：单击此按钮，关闭【性能评估】对话框。

在【性能评估】对话框的统计列表中，按降序显示所有特征及其重建时间的清单。

- 特征顺序：列出特征管理器设计树中的每个特征、草图及派生的基准面等。
- 时间%：显示重新生成每个项目的总零件重建时间百分比。
- 时间：以秒数显示每个项目重建所需的时间。

9.4.2 检查

【检查】工具可以检查实体几何体并识别出不良几何体。保持零件文档激活，然后在【评估】选项卡中单击【检查】按钮，将弹出【检查实体】对话框，如图 9-36 所示。

【检查实体】对话框中各选项含义如下。

- 【检查】选项区：选择检查的等级和想核实的实体类型。
  - ➢ 严格实体/曲面检查：取消勾选此复选框时进行标准几何体检查，并利用先前几何体检查的结果改进性能。
  - ➢ 所有：检查整个模型。指定实体、曲面，或者两者。
  - ➢ 所选项：检查在图形区中所选择的面或边线。
  - ➢ 特征：检查模型中的所有特征。
- 【查找】选项区：选择想查找的问题类型及用户想决定的数值类型，包括无效的面、无效的边线、短的边线、最小曲率半径、最大边线间隙、最大顶点间隙等。
- 检查：单击此按钮，程序执行检查命令，并将检查结果显示在【结果清单】列表中。在对话框下方信息区中显示检查的信息。
- 关闭：单击此按钮，将关闭【检查实体】对话框。
- 帮助：单击此按钮，可查看【检查实体】工具的帮助文档。

图 9-36 【检查实体】对话框

> **技巧点拨：**
> 在【结果清单】列表中选择一项以在图形区中高亮显示，并在信息区中显示额外信息。

9.4.3 输入诊断

【输入诊断】工具可以修复检查实体后所出现的错误。当导入外部数据文件后（非 SolidWorks 模型），在【评估】选项卡中单击【输入诊断】按钮，打开【输入诊断】属性面板，如图 9-37 所示。

【输入诊断】属性面板中各选项区含义如下。

- 【信息】选项区：该选项区显示有关模型状态和操作结果。
- 【分析问题】选项区：该选项区显示错误面和面之间的缝隙。当面有错误时，图标为 ；当面被修复时，图标则变为 。选择一个错误面，并右击，会弹出快捷菜单,如图9-38所示。根据需要可以选择快捷菜单中的命令进行相应的操作。修复所有错误面后,错误面将依序编号,如图9-39所示。

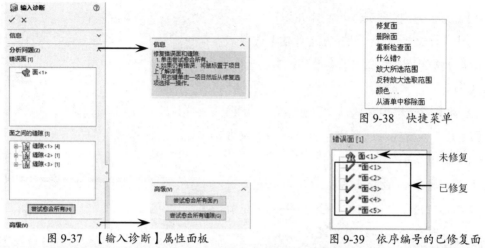

图9-37 【输入诊断】属性面板　　图9-38 快捷菜单　　图9-39 依序编号的已修复面

> **技巧点拨:**
> 此快捷菜单中的命令与图形区中的快捷菜单命令相同。图形区中的快捷菜单如图9-40所示。

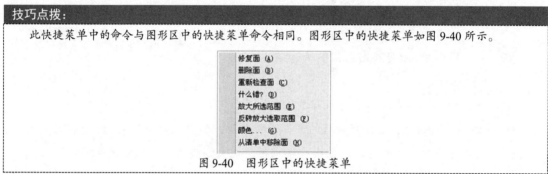

图9-40 图形区中的快捷菜单

- 尝试愈合所有:单击此按钮,程序会尝试着修复错误面和缝隙。
- 【高级】选项区:当出现的错误面和缝隙较多时,可以使用【高级】选项区中的【尝试愈合所有面】和【尝试愈合所有缝隙】功能来修复,修复信息将不再显示在【分析问题】选项区中。

9.5 模型质量分析

SolidWorks提供的面分析与检查功能,可以帮助用户完成曲面的几何体分析、厚度分析、误差分析、曲率分析等操作,对产品设计和模具设计有极大辅助作用。

9.5.1 几何体分析

【几何体分析】工具可以分析零件中无意义的几何、尖角及断续几何体等。在【评估】选项卡中单击【几何体分析】按钮,打开【几何体分析】属性面板,如图9-41所示。

【几何体分析】属性面板中各选项含义如下。
- 无意义几何体：勾选此复选框，可以设置短边线、小面和细薄面等无意义的几何体选项。通常情况下，无法修复的实体就会出现无意义的几何体。
- 尖角：是指几何体中出现的锐角边，包括锐边线和锐顶点。
- 断续几何体：是指几何体中出现的断续的边线和面。
- 全部重设：单击此按钮，将取消设定的分析参数选项。
- 计算：单击此按钮，程序会按设定的分析选项进行分析，分析结束后将结果显示在随后弹出的【分析结果】选项区中。
- 【分析结果】选项区：用于显示几何体分析的结果，如图9-42所示。

图9-41 【几何体分析】属性面板

图9-42 【分析结果】选项区

技巧点拨：
在【分析结果】列表中选择一分析结果，图形区中将显示该结果，如图9-43所示。

- 保存报告：单击此按钮，弹出【几何体分析：保存报告】对话框，如图9-44所示。为报告指定名称及文件夹路径后，单击【保存】按钮将分析结果保存。

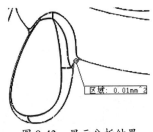

图9-43 显示分析结果

图9-44 【几何体分析：保存报告】对话框

- 重新计算：单击此按钮，将重新计算几何体。

9.5.2 厚度分析

【厚度分析】工具主要用于检查薄壁的壳类产品中的厚度检测与分析。在【评估】选项卡中单击【厚度分析】按钮 ，打开【厚度分析】属性面板，如图9-45所示。

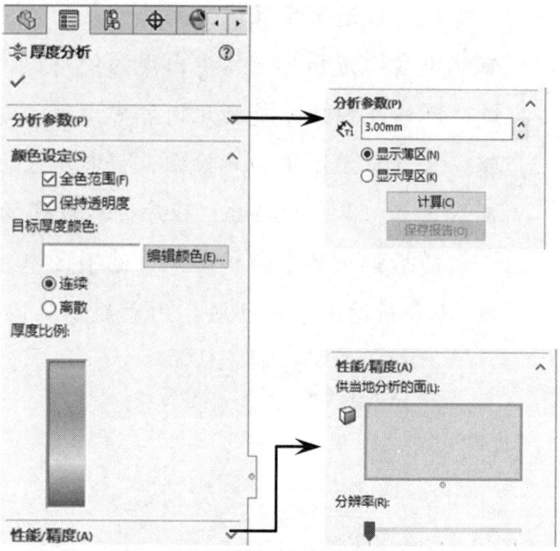

【厚度分析】属性面板中各选项含义如下。

- 目标厚度 ：输入要检查的厚度，检查结果将与此值对比。
- 显示薄区：选择此单选按钮，厚度分析结束后图形区中将高亮显示低于目标厚度的区域。
- 显示厚区：选择此单选按钮，厚度分析结束后图形区中将高亮显示高于目标厚度的区域。

图 9-45 【厚度分析】属性面板

- 计算：单击此按钮，程序将进行厚度分析。
- 保存报告：单击此按钮，可以保存厚度分析的结果数据。
- 全色范围：勾选此复选框，将以单色来显示分析结果。
- 目标厚度颜色：设定目标厚度的颜色。单击【编辑颜色】按钮，可以通过弹出的【颜色】对话框来更改颜色设置。
- 连续：选择此单选按钮，颜色将连续、无层次地显示。
- 离散：选择此单选按钮，颜色将不连续且无层次地显示。通过输入值来确定显示的颜色层次。
- 厚度比例：以色谱的形式显示厚度比例。【连续】和【离散】分析类型的厚度比例色谱是不同的，如图9-46所示。
- 供当地分析的面：仅分析当前选择的面，如图9-47所示。拖动分辨率滑块，可以调节所选面的分辨率显示。

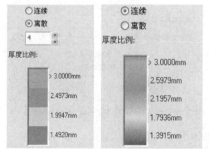

图 9-46 【连续】与【离散】分析类型的厚度比例色谱

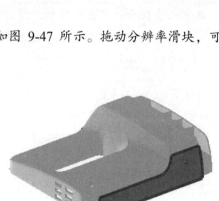

图 9-47 分析当前选择的面

9.5.3 误差分析

【误差分析】工具为计算面之间的角度的诊断工具。用户可选择一单一边线或一系列边线。边线可以在曲面上的两个面之间，或者位于实体的任何边线上。

在【评估】选项卡中单击【误差分析】按钮，打开【误差分析】属性面板，如图 9-48 所示。

【误差分析】属性面板中各选项含义如下：

- 边线：激活列表，在图形区中选择要分析的边线。
- 样本点数：拖动滑块，调整误差分析后在边线上显示的样本点数，如图 9-49 所示。

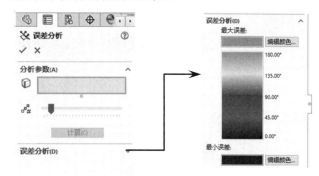

图 9-48 【误差分析】属性面板

> **技巧点拨：**
> 样本点数根据窗口区域的大小而定。若选择一条以上边线，样本点则分布在所选边线上，与边线长度成比例。

- 计算：单击此按钮，程序将自动计算所选边线的误差，并将结果显示在图形区中。
- 最大误差：所选边线的最大误差。单击【编辑颜色】按钮，可以更改最大误差的颜色显示。
- 最小误差：所选边线的最小误差。
- 平均误差：所选边线的误差平均数。

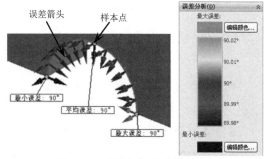

图 9-49 误差分析后的样本点数

> **技巧点拨：**
> 误差分析结果取决于所选的边线。若选择的边线是由平直面构成的，则误差分析结果如图 9-49 所示。若选择由复杂曲面构成的边线，误差分析结果如图 9-50 所示。

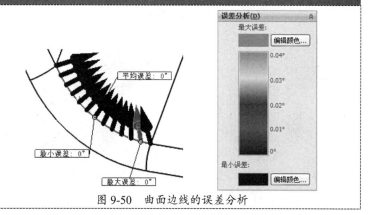

图 9-50 曲面边线的误差分析

9.5.4 斑马条纹

【斑马条纹】工具允许用户查看曲面中标准显示难以分辨的小变化。有了【斑马条纹】工具，用户可方便地查看曲面中小的褶皱或疵点，并且可以检查相邻面是否相连或相切，或者具有连续曲率，如图 9-51 所示。

在【评估】选项卡中单击【斑马条纹】按钮，打开【斑马条纹】属性面板，如图 9-52 所示。

图 9-51　斑马条纹　　　　　　　图 9-52　【斑马条纹】属性面板

【斑马条纹】属性面板中各选项含义如下。

- 条纹数：拖动滑块调整条纹数。条纹数越少，条纹就越大。
- 条纹宽度：拖动滑块调整条纹的宽度。条纹最大宽度如图 9-53 所示，最小宽度如图 9-54 所示。
- 条纹精度：将滑块从低精度（左）拖动到高精度（右）以改进显示品质。
- 条纹颜色：通过单击【编辑颜色】按钮，可以更改条纹的颜色。
- 背景颜色：通过单击【编辑颜色】按钮，可以更改背景的颜色。
- 球形映射：零件似乎位于内部充满光纹的大球形内。斑马条纹总是弯曲的（即使是在平面上），如图 9-55 所示。

图 9-53　最大宽度条纹　　　图 9-54　最小宽度条纹　　　图 9-55　球形映射条纹

- 方形映射：零件似乎处于墙壁上、天花板上及地板上充满光纹的大方形房间内。斑马条纹在平面上为直线，不展现奇异性。

> **技巧点拨：**
> 用户可通过只选择那些用斑马条纹显示的面来提高显示精度。若想以斑马条纹查看面，在图形区中右击，然后在弹出的快捷菜单中选择【斑马条纹】命令即可。

9.5.5 曲率分析

【曲率分析】工具根据模型的曲率半径以不同颜色来显示零件或装配体。显示带有曲面的零件或装配体时，可以根据曲面的曲率半径让曲面呈现不同的颜色。曲率定义为半径的倒数（1/半径），使用当前模型的单位。默认情况下，所显示的最大曲率值为1.000，最小曲率值为0.0010。

随着曲率半径的减小，曲率值增加，相应的颜色从黑色（0.0010）依次变为蓝色、绿色和红色（1.0000）。

在【评估】选项卡中单击【曲率分析】按钮，程序自动计算模型的曲率，并将分析结果显示在模型中。当指针靠近模型并慢慢移动时，指针旁边显示指定位置的曲率及曲率半径，如图9-56所示。

对于规则的模型（长方体）来说，每个面的曲率为0，如图9-57所示。

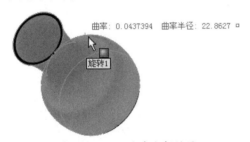

图9-56 显示曲率分析结果

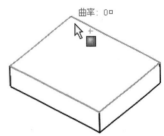

图9-57 规则模型面的曲率

9.6 综合案例

SolidWorks提供的【评估】功能可帮助用户在零件设计、产品造型、模具设计等方面进行优化，并提供数据参考。本节将以几个典型的实例来说明【评估】功能在各个设计领域中的应用。

9.6.1 案例一：测量模型

用户在利用 SolidWorks 进行设计时，通常要使用模型测量工具来测量距离，以达到精确定位的效果。下面以模具设计为例，模具的模架是以坐标系为参考的，那么在模具设计初期就要将产品定位在便于模具分模的位置，也就是将产品的中心定位在坐标系原点。

本例要测量的模型如图9-58所示。

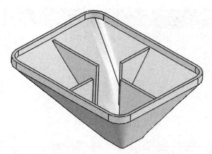 

图 9-58 要测量的模型

操作步骤

① 打开本例的模型文件。

② 从打开的模型文件来看,绝对坐标系的原点不在模型的中心及底面上,而且坐标系 Z 轴没有指向正确的模具开模方向(产品拔模方向),如图 9-59 所示。

> **技巧点拨:**
> 要想知道模型在坐标系中位于何处,需要将原点显示在图形区中。

③ 从上述出现的情况看,需要对模型执行平移和旋转操作。因不清楚平移距离和旋转角度,这就需要使用模型的测量工具来测量。为了便于观察坐标系,使用参考几何体的【坐标系】工具,在原点位置创建一个参考坐标系,如图 9-60 所示。

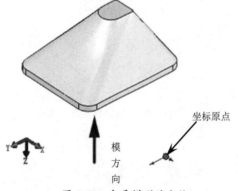 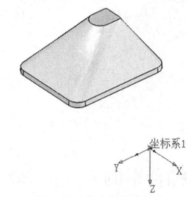

图 9-59 查看模型的方位　　　　图 9-60 创建参考坐标系

④ 接下来,需要在模型底面上创建一个参考点。这个点可作为测量模型至坐标系原点之间距离的参考。在【特征】选项卡的【参考几何体】下拉菜单中选择【点】命令,打开【点】属性面板。

⑤ 在【点】属性面板中单击【面中心】按钮,然后在图形区中选择模型的底面作为点的放置面,随后显示预览点,如图 9-61 所示。

⑥ 单击【点】属性面板中的【确定】按钮,完成参考点的创建。

⑦ 在【评估】选项卡中单击【测量】按钮,弹出【测量】对话框,同时在图形区中显示绝对坐标系,如图 9-62 所示。

第 9 章　模型检测与质量评估

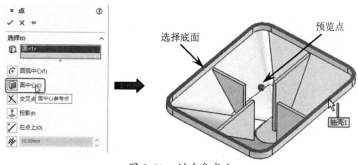

图 9-61　创建参考点

⑧ 在对话框的【圆弧/圆测量】类型列表中选择【中心到中心】类型，然后在图形区中选择参考点与坐标系原点进行测量。

⑨ 在对话框中单击【显示 XYZ 测量】按钮 ，图形区中显示参考点至坐标系原点的 3D 距离，且【测量】对话框中显示测量的数据，如图 9-63 所示。从测量的结果看，要想参考点与坐标系原点重合，需要对模型做 X 方向和 Z 方向上的平移操作。

⑩ 在不关闭【测量】对话框的情况下，进入【数据迁移】选项卡，单击【移动/复制实体】按钮 ，打开【移动/复制实体】属性面板。

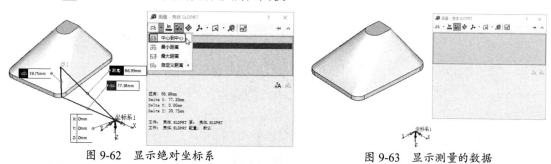

图 9-62　显示绝对坐标系　　　　　　图 9-63　显示测量的数据

技巧点拨：
用户必须先打开【测量】对话框，然后再打开【移动/复制实体】属性面板进行测量操作。

⑪ 此时【测量】对话框灰显，但对话框顶部显示【单击此处来测量】提示，如图 9-64 所示。

⑫ 在图形区中选择模型作为要移动的实体，模型中随后显示三重轴，如图 9-65 所示。

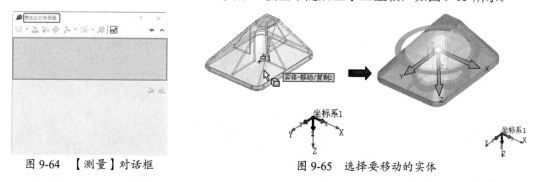

图 9-64　【测量】对话框　　　　　　图 9-65　选择要移动的实体

⑬ 单击【测量】对话框顶部以激活【测量】对话框，先前测量的数据被消除。在图形区中重新选择参考点和坐标系原点进行测量，如图 9-66 所示。

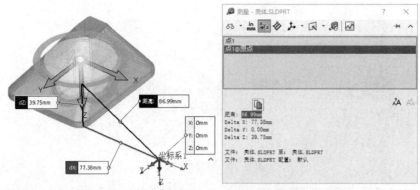

图 9-66 重新测量参考点与坐标系原点之间的 3D 距离

技巧点拨:

在没有选择要移动或旋转的实体之前,不要将【测量】对话框激活。否则,不能选择实体进行移动或旋转。

⑭ 按照测量的数据,在【移动/复制实体】属性面板的【平移】选项区中设置△X 的值为 77.38mm、△Z 的值为 39.75mm,然后单击【确定】按钮✔,完成模型的平移,如图 9-67 所示。

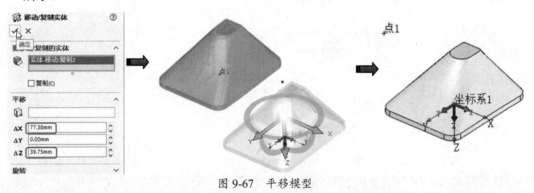

图 9-67 平移模型

⑮ 再次打开【移动/复制实体】属性面板,在【旋转】选项区中设置 X 旋转角度为 180°,并按 Enter 键确认,图形区中显示旋转预览。最后单击【确定】按钮✔,完成模型的旋转,如图 9-68 所示。

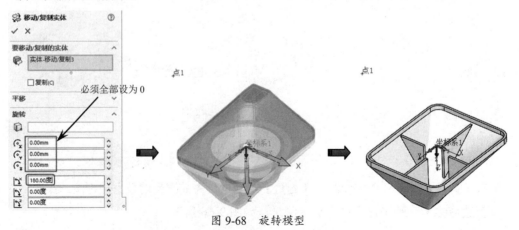

图 9-68 旋转模型

第9章　模型检测与质量评估

> **技巧点拨：**
> 由于模型是绕三重轴的球心来旋转的，当你选择了模型后，面板中的旋转原点参数可能发生了变化，这就需要重新设置为0。

⑯ 至此，本例的模型测量操作全部结束。

9.6.2 案例二：检查与分析模型

与其他 3D 软件一样，SolidWorks 也可以载入由其他 3D 软件生成的数据文件，如 UG、Pro/E、CATIA、Auto CAD 等。但打开的模型有可能因精度（每个 3D 软件设置的精度不一样）问题而导致一些交叉面、重叠面或间隙面产生，这就需要利用 SolidWorks 的修复功能进行模型的修复。

本例将从导入 UG 零件文件开始，依次进行输入诊断、检查实体、几何体分析、厚度分析等操作，并对分析后出现的错误进行修复。本例的练习模型如图 9-69 所示。

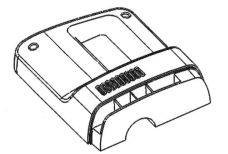
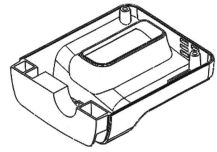

图 9-69　练习模型

操作步骤

1. 输入诊断

① 新建一个零件文件。
② 在零件设计模式下，在【标准】工具栏中单击【打开】按钮，弹出【打开】对话框。在【文件类型】下拉列表中选择【所有文件】，然后将路径下的模型文件打开，如图 9-70 所示。

图 9-70　打开 UG 文件

技巧点拨：

UG 零件文件仅在选择了 UG 文件类型后才显示，或者文件类型选择【所有文件】。若没有安装 UG 软件，此文件将不会显示软件图标。

③ 随后需单击【SOLIDWORKS】对话框中的【是】按钮，如图 9-71 所示。

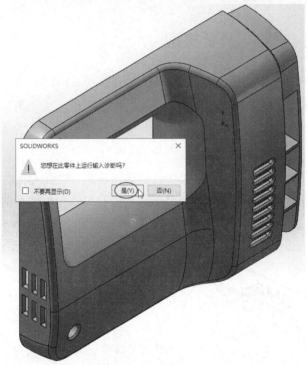

图 9-71 单击【是】按钮

技巧点拨：

如果在【SOLIDWORKS】对话框中单击【否】按钮，那么可以在【评估】选项卡中单击【输入诊断】按钮⦿，然后再进行诊断分析。若勾选【不要再显示】复选框，往后再打开其他格式文件时，此对话框将不再显示。

④ 图形区中显示打开的模型，同时程序自动对模型进行诊断分析，并打开【输入诊断】属性面板。属性面板中列出了关于模型的【错误面】，选择【错误面】，模型中高亮显示错误面。【信息】选项区中显示信息提示："此实体无法修改。必须将自身特征解除链接才可启用愈合操作"，如图 9-72 所示。

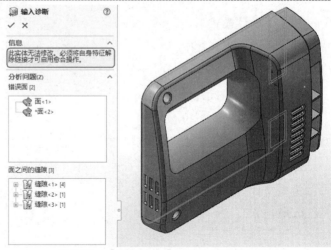

图 9-72 【输入诊断】属性面板中列出错误

⑤ 先关闭【输入诊断】属性面

板。在特征管理器设计树中右击【吸尘器手柄.prt】实体模型，并在弹出的快捷菜单中选择【断开链接】命令，将此实体模型附带的外部参照关系解除，如图 9-73 所示。

图 9-73　断开链接

⑥ 重新打开【输入诊断】属性面板，单击【尝试愈合所有】按钮，程序自动将错误面修复。修复后，错误面的图标由 ⚠ 变为 ✓，【信息】选项区中则显示修复的信息，如图 9-74 所示。

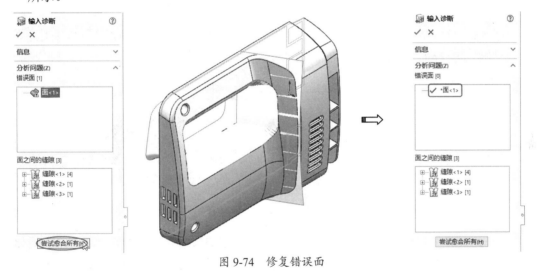

图 9-74　修复错误面

⑦ 最后单击【输入诊断】属性面板中的【确定】按钮 ✓，完成模型的修复操作。

2. 检查实体与几何体分析

为了检验 SolidWorks 对模型是否做出了合理的诊断分析，下面用【检查】工具来复查模型中是否有其他类型的错误。

① 在【评估】选项卡中单击【检查】按钮，弹出【检查实体】对话框。

② 在对话框中勾选【严格实体/曲面检查】复选框，然后单击【检查】按钮进行检查。程序将检查结果显示在信息区中，如图 9-75 所示。信息区中显示【未发现无效的边线/面】，说明模型无错误。

③ 在【评估】选项卡中单击【几何体分析】按钮，打开【几何体分析】属性面板。勾选

所有的参数选项，然后单击【计算】按钮，程序开始计算且将分析结果列于【分析结果】选项区中，如图9-76所示。

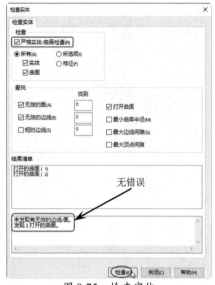

图9-75 检查实体

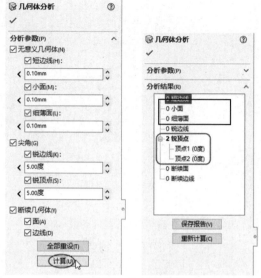

图9-76 几何体分析

④ 从几何体分析结果中看出，模型中出现了两个锐角顶点。选择【顶点1】和【顶点2】，模型中将高亮显示两个锐角顶点，如图9-77所示。

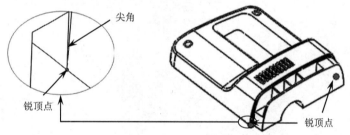

图9-77 几何体分析结果

⑤ 现在对出现的尖角（锐角顶点）进行表述，模型中的尖角并非是模型出现的错误而导致的，而是由于设计造型的需要；并且用来做模具分型设计（模具的分模），由于在拔模方向上，并不影响产品的脱模，只是在数控加工这个区域时需要使用电极，的确增加了制造难度。因此，出现的锐边无须修改。

3. 厚度分析

模型的厚度分析结果主要用于塑料产品的结构设计。最理想的壁厚分布无疑是切面在任何一个地方都是均一的厚度。均匀的壁厚可以避免注塑过程产生翘曲、气穴。过厚的产品不但增加物料成本，而且延长生产周期（冷却时间）。

① 在【评估】选项卡中单击【厚度分析】按钮 ，弹出【厚度分析】属性面板。

② 在【分析参数】选项区中设置目标厚度为3mm，并选择【显示厚区】单选按钮，单击【计算】按钮，程序开始计算模型的厚度，如图9-78所示。

③ 计算完成后，结果以不同颜色显示在模型中，如图 9-79 所示。从分析结果看，模型中有 3 处位置属于【过厚】，因此需要对模型进行修改。修改的方法是，对两侧的过厚区域做【拔模】处理，对中间过厚区域做【拉伸切除】处理。

图 9-78　设置厚度分析参数

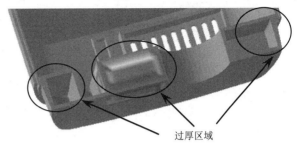

图 9-79　厚度分析结果

④ 单击【厚度分析】属性面板中的【确定】按钮✔，关闭面板。
⑤ 在【特征】选项卡中单击【拔模】按钮，打开【DraftXpert】属性面板。设置拔模角度为 4.5 度，在图形区中选择中性面和拔模面后，再单击【应用】按钮，程序将拔模应用于模型中，如图 9-80 所示。

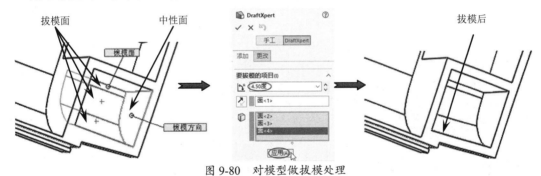

图 9-80　对模型做拔模处理

⑥ 最后单击【DraftXpert】属性面板中的【确定】按钮✔关闭面板。
⑦ 同理，对另一侧的过厚区域也执行相同的拔模操作。
⑧ 在【特征】选项卡中单击【拉伸切除】按钮，打开【切除-拉伸】属性面板。选择模型的底面作为草绘平面并进入草图环境，如图 9-81 所示。
⑨ 使用【边角矩形】工具，在过厚区域绘制一个矩形，如图 9-82 所示。

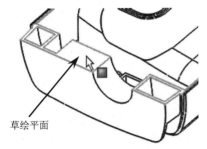

图 9-81　选择草绘平面

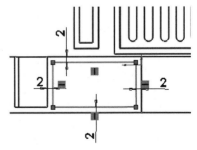

图 9-82　绘制矩形

⑩ 退出草图环境，然后在【切除-拉伸】属性面板的【方向1】选项区中设置深度值为17mm，单击【确定】按钮✔后，完成过厚区域的拉伸切除处理，如图9-83所示。

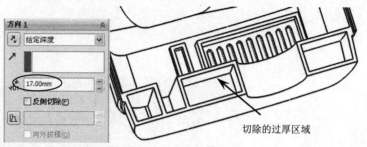

图9-83 切除过厚区域

⑪ 至此，本例的模型检查与诊断操作已全部完成。最后将操作的结果保存。

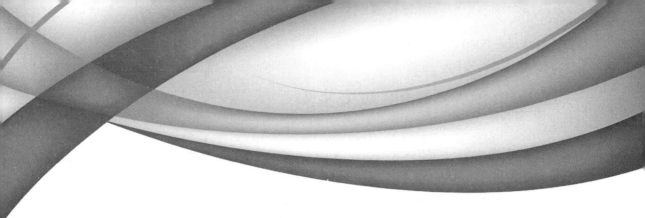

第 10 章
PhotoView 360 照片级真实渲染

本章内容

本章将详细介绍 SolidWorks 2020 的 PhotoView 360 模块（插件）的渲染设计功能。以典型实例来讲解如何渲染，以及渲染的一些基本知识，希望大家能够掌握渲染的步骤与方法，并能做一些简单的渲染。

知识要点

- ☑ PhotoView 360渲染步骤
- ☑ 应用外观
- ☑ 应用布景
- ☑ 光源与相机
- ☑ 贴图和贴图库
- ☑ 渲染

10.1　PhotoView 360 渲染步骤

在使用 PhotoView 360 对模型进行渲染时，渲染步骤基本相同。为了达到理想的渲染效果，可能需要多次重复渲染步骤。

- 放置模型：使用标准视图或通过放大、旋转和移动视图操作，使需要渲染的零件或装配体处于一个理想的视图位置。
- 应用材质：在零件、特征或模型表面上指定材质。
- 设置布景：从 PhotoView 360 预设的布景库中选择一个布景，或者根据要求设置背景和场景。
- 设置光源：从 PhotoView 360 预设的光源库中选择预定义的光源，或者建立所需的光源。
- 渲染模型：在屏幕中渲染模型并观看渲染效果。
- 后处理：PhotoView 360 输出的图像可能不符合最终的要求，用户可以将输出的图像用于其他应用程序，以达到更加理想的效果。

10.2　应用外观

PhotoView 360 外观定义模型的视向属性，包括颜色和纹理。物理属性是由材料所定义的，外观不会对其产生影响。

10.2.1　外观的层次关系

在零件中，用户可以将外观添加到面、特征、实体以及零件本身。在装配体中，可以将外观添加到零部件。根据外观在模型上的指派位置，会对其应用一种层次关系。

例如，在任务窗格的【外观、布景和贴图】标签中，展开【外观】文件夹，将某个外观拖到模型上。释放指针后会出现一个弹出式工具栏，这个工具栏中的按钮命令表达了外观层次关系，如图 10-1 所示。

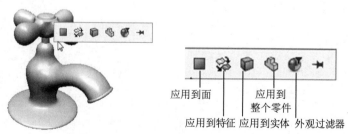

图 10-1　表达外观层次关系的弹出式工具栏

- 应用到面■：单击此按钮，指针选择的面被外观覆盖，其余面不被覆盖，如图10-2所示。
- 应用到特征：单击此按钮，特征会呈现新外观，除非被面指派所覆盖，如图10-3所示。

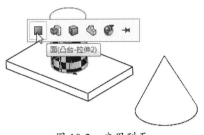

图10-2　应用到面

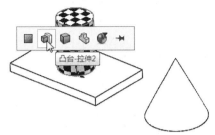

图10-3　应用到特征

- 应用到实体：单击此按钮，实体会呈现新外观，除非被特征或面指派所覆盖，如图10-4所示。
- 应用到整个零件：单击此按钮，整个零件会呈现新外观，除非被实体、特征或面指派所覆盖，如图10-5所示。

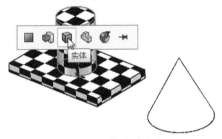

图10-4　应用到实体

图10-5　应用到整个零件

10.2.2　编辑外观

在【渲染工具】选项卡中单击【编辑外观】按钮，或者在前导视图工具栏中单击【编辑外观】按钮，打开【颜色】属性面板，同时在任务窗格中打开【外观、布景和贴图】标签。【颜色】属性面板中包括【基本】和【高级】两个选项设置面板，如图10-6、图10-7所示。

1.【基本】选项设置面板

在【基本】选项设置面板中仅有一个【颜色/图像】选项卡，此选项卡中包括【所选几何体】、【颜色】和【显示状态（链接）】选项区。

- 【所选几何体】选项区：用来选择要编辑外观的零件、面、曲面、实体和特征。例如，单击要编辑外观的【选择特征】按钮后，所选的特征将显示在几何体列表中。通过单击【移除外观】按钮，可以从面、特征、实体或零件中移除外观。

> 技巧点拨：
> 【所选几何体】选项区中包含了表达外观层次关系的命令按钮，包括选择零件、选取面、选择曲面、选择实体和选择特征。

图 10-6 【基本】选项设置面板

图 10-7 【高级】选项设置面板

- 【颜色】选项区：可以将颜色添加至所选对象中，如图 10-8 所示。
  - 主要颜色 ：为当前状态下默认的颜色，要编辑此颜色，需双击颜色区域，然后在弹出的【颜色】对话框中选择新颜色。
  - 生成新样块 ：将用户自定义的颜色保存为 SLDCLR 样块文件，以便于调用。
  - 添加当前颜色到样块 ：在颜色选项列表中选择一种颜色，再单击该按钮，即可将颜色添加到样块列表中，如图 10-9 所示。用户也可以使用样块列表中的颜色样块为模型上色。

图 10-8 【颜色】选项区

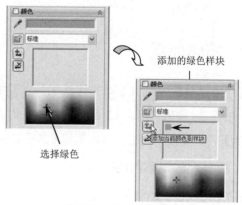

图 10-9 添加颜色样块

  - 移除所选样块颜色 ：在样块列表中选中一个样块，再单击该按钮，即可将其从样块列表中移除。
  - RGB：以红、绿及蓝的数值定义颜色。在如图 10-10 所示的颜色滑杆中拖动滑块或输入数值来设置颜色。
  - HSV：以色调、饱和度和数值条目（包括数值和数值滑块）定义颜色。在如图 10-11 所示的颜色滑杆中拖动滑块或输入数值来设置颜色。

● 【显示状态（链接）】选项区：用来设置显示状态，且列表中的选项反映出显示状态是否链接到配置，如图 10-12 所示。

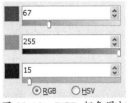 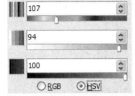 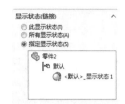

图 10-10　RGB 颜色滑杆　　　图 10-11　HSV 颜色滑杆　　　图 10-12　【显示状态（链接）】选项区

技术要点：

如果没有显示状态链接到该配置，则该零件或装配体中的所有显示状态均可供选择。如果有显示状态链接到该配置，则仅可选择该显示状态。

➢ 此显示状态：所做的更改只反映在当前显示状态中。
➢ 所有显示状态：所做的更改反映在所有显示状态中。
➢ 指定显示状态：所做的更改只反映在所选的显示状态中。

2.【高级】选项设置面板

【高级】选项设置面板主要用于模型的高级渲染设置。在【高级】选项设置面板中，包含 4 个选项卡：【照明度】、【表面粗糙度】、【颜色/图像】和【映射】。其中【颜色/图像】选项卡在【基本】选项设置面板中已介绍过。

● 【照明度】选项卡：用于在零件或装配体中调整光源。在外观类型列表中包含多种照明属性，如图 10-13 所示。
● 【表面粗糙度】选项卡：用于修改外观的表面粗糙度。其中包括多种表面粗糙度类型供选择，如图 10-14 所示。

图 10-13　【照明度】选项卡　　　　　图 10-14　【表面粗糙度】选项卡

- 【映射】选项卡：用于在零件或装配体文档中映射纹理外观。映射可以控制材质的大小、方向和位置，例如织物、粗陶瓷（瓷砖、大理石等）和塑料（仿塑料、合成塑料等）。

10.2.3 【外观、布景和贴图】标签

在任务窗格的【外观、布景和贴图】标签中包含了所有的外观、布景、贴图和光源的数据库，如图 10-15 所示。

图 10-15 【外观、布景和贴图】标签

【外观、布景和贴图】标签有以下几种功能。

- 拖动：当用户从【外观、布景和贴图】标签中拖动外观、布景或贴图到图形区时，可将其直接应用到模型，按住 Alt 键拖动可打开对应的属性面板或对话框。对于光源方案不会显示属性面板。

> **技巧点拨：**
> 将光源方案拖到图形区域不仅添加光源，它还会更改光源方案。

- 双击：当用户在任务窗格的布景文件列表中双击布景文件时，布景会自动附加到当前活动场景中。在贴图文件列表中双击贴图文件时，【贴图】属性面板会打开，但是贴图不会自动插入到图形区中。
- 保存：编辑一个外观、布景、贴图或光源文件后，可通过属性面板、布景编辑器保存。

10.3 应用布景

使用布景功能可生成被高光泽外观反射的环境。用户可以通过 PhotoView 360 的布景编辑器或布景库来添加布景。

在【渲染工具】选项卡中单击【编辑布景】按钮，弹出【编辑布景】属性面板。【编辑布景】属性面板中包含 3 个选项卡：【基本】、【高级】和【Photo View 360 光源】，如图 10-16 所示。

第 10 章　PhotoView 360 照片级真实渲染

图 10-16　【编辑布景】属性面板

10.4　光源与相机

使用光源，可以极大地提高渲染的效果。关于光源的位置，设计者可以将自己想象为一个摄影师，在 PhotoView 360 中设置光源与在实际照相过程中设置灯光效果的原理是相同的。

10.4.1　光源类型

PhotoView 360 光源类型包括环境光源、线光源、聚光源和点光源。

1. 环境光源

环境光源从所有方向均匀照亮模型。白色墙壁房间内的环境光源很强，这是由于墙壁和环境中的物体会反射光线所致。

在 DisplayManager 显示管理器中，单击【查看布景、光源与相机】按钮，打开【布景、光源与相机】面板。在展开的【SOLIDWORKS 光源】文件夹中双击 环境光源，打开【环境光源】属性面板，如图 10-17 所示。

【环境光源】属性面板中各选项、按钮的含义如下。

- 在 SOLIDWORKS 中打开：勾选此复选框，打开或关闭模型中的光源。

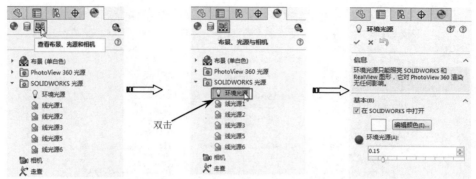

图 10-17　打开【环境光源】属性面板

- 编辑颜色：单击此按钮，打开【颜色】对话框，这样用户即可选择带颜色的光源。
- 环境光源：控制光源的强度。拖动滑块或输入一个介于 0 和 1 之间的数值。数值越大，光源强度就会越强。在模型各个方向上，光源强度均等地改变。

技巧点拨：

　　环境光源依据多种因素，包括光源的颜色、模型的颜色以及环境光源的度数(强度)。例如，更改环境光源的颜色在高环境光源中比在低环境光源中会产生更显著的结果，如图 10-18 所示。

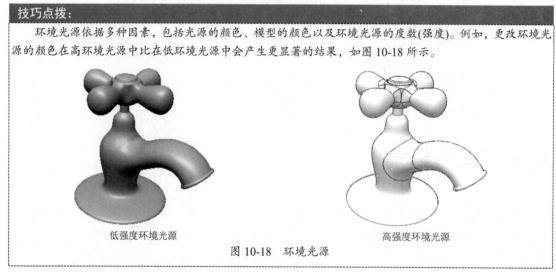

低强度环境光源　　　　　　　　　　　高强度环境光源

图 10-18　环境光源

2. 线光源

　　线光源是从距离模型无限远的位置发射的光线，可以认为是从单一方向发射的、由平行光组成的准直光源。线光源中心照射到模型的中心。

　　在【布景、光源与相机】面板中，展开【SOLIDWORKS 光源】文件夹，用鼠标右键单击 线光源1 并在弹出的快捷菜单中选择【添加线光源】命令，如图 10-19 所示。或者在菜单栏中执行【视图】|【光源与相机】|【添加线光源】命令，打开【线光源】属性面板，如图 10-20 所示。同时图形区中显示线光源预览。

　　【线光源】属性面板中各选项含义如下。

- 明暗度：控制光源的明暗度。移动滑杆或输入一个介于 0 和 1 之间的数值。较大的数值在最靠近光源的模型一侧投射更多的光线。
- 光泽度：控制光泽表面在光线照射处展示强光的能力。移动滑杆或输入一个介于 0 和 1 之间的数值。此数值越大则强光越显著，且外观更为光亮。

第 10 章 PhotoView 360 照片级真实渲染

- 锁定到模型：勾选此复选框，相对于模型的光源位置将保留；取消勾选，光源在模型空间中保持固定。
- 经度与纬度：拖动滑块调节光源在经度和纬度上的位置。

图 10-19 选择右键菜单命令

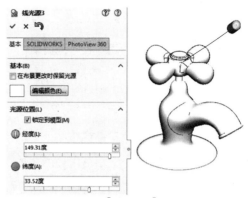

图 10-20 【线光源】属性面板

3. 聚光源

聚光源来自一个限定的聚焦光源，具有锥形光束，其中心位置最为明亮。聚光源可以投射到模型的指定区域。

在菜单栏中执行【视图】|【光源与相机】|【添加聚光源】命令，打开【聚光源】属性面板，如图 10-21 所示。同时图形区中显示聚光源预览。

【聚光源】属性面板中各选项含义如下。

- 球坐标：使用球形坐标系来指定光源的位置。在图形区中拖动操纵杆或者在【光源位置】选项区中输入值或拖动滑块都可以改变光源的位置。
- 笛卡尔式：使用笛卡尔坐标系来指定光源的位置。

在图形区中，当指针由 变为 时，可以拖动操纵杆来旋转聚光源。当指针变为 时，可以平移聚光灯源。将指针移到定义圆锥基体的圆上，可以放大或缩小聚光灯源。

4. 点光源

点光源的光来自位于模型空间特定坐标处一个非常小的光源。此类型的光源向所有方向发射光线。

在菜单栏中执行【视图】|【光源与相机】|【添加点光源】命令，打开【点光源】属性面板，如图 10-22 所示。同时图形区中显示点光源预览。

> **技巧点拨：**
> 将鼠标指针移到点光源上。当指针变成 时，可以平移点光源。当将点光源拖动到模型上时，可以捕捉到各种实体，如顶点和边线。

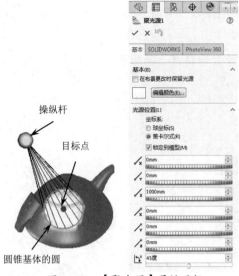

图 10-21 【聚光源】属性面板

图 10-22 【点光源】属性面板

10.4.2 相机

使用【相机】可以创建自定义的视图。也就是说，使用【相机】对渲染的模型进行照相，然后通过【相机】拍摄角度来查看模型，如图 10-23 所示。

在菜单栏中执行【视图】|【光源与相机】|【添加相机】命令，打开【相机】属性面板，同时在图形区中显示相机预览和相机视图，如图 10-24 所示。

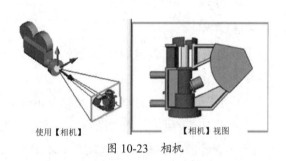

图 10-23 相机

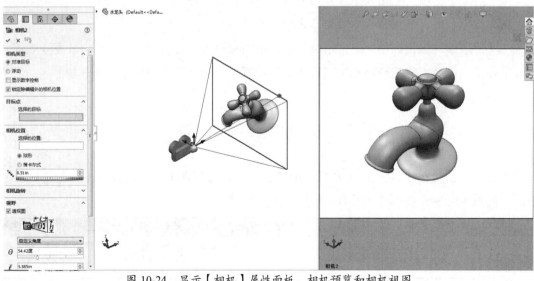

图 10-24 显示【相机】属性面板、相机预览和相机视图

【相机】属性面板中各选项介绍如下。

1. 【相机类型】选项区

该选项区用于设置相机的位置。

- 对准目标：选择此单选按钮，当拖动相机或设置其他属性时，相机保持到目标点的视线。
- 浮动：选择此单选按钮，相机不锁定到任何目标点，可任意移动。
- 显示数字控制：勾选此复选框，为相机和目标位置显示数字栏区。如果取消勾选，则可通过在图形区中单击来选择位置。
- 锁定除编辑外的相机位置：勾选此复选框，在相机视图中禁用视图工具（旋转、平移等）。在编辑相机视图时除外。

2. 【目标点】选项区

当选择了【对准目标】选项后，该选项区才可用，如图 10-25 所示。该选项区用来设置目标点。

图 10-25　【目标点】选项区

- 选择的目标：勾选此复选框，可以在图形区中选取模型上的点、边线或面来指定目标点。

> **技巧点拨：**
> 若想在已选取了一目标点时拖动目标点，按住 Ctrl 键并拖动。

- 沿边线/直线/曲线的百分比距离：如果为目标点选择边线、直线或曲线，则可通过输入值、拖动滑块，或在图形区域中拖动目标点来指定目标点沿实体的距离。

3. 【相机位置】选项区

通过该选项区可以指定相机的位置点，如图 10-26 所示。

- 选择的位置：相机可以在任意空间中，也可以将其连接到零部件上或草图中（包括模型的内部空间）的实体。
- 球形：选择此单选按钮，通过球形坐标的方式来拖动相机位置。
- 笛卡尔式：选择此单选按钮通过笛卡尔坐标的方式来指定相机位置。
- 离目标的距离：如果为相机位置选择边线、直线或曲线，则可通过输入值、拖动滑块，或者在图形区中拖动相机点来指定相机点沿实体的距离。

4. 【相机旋转】选项区

该选项区定义相机的定位与方向。如果在【相机类型】选项区中选择【对准目标】类型，则【相机旋转】选项区如图 10-27（a）所示；如果选择【浮动】类型，则显示如图 10-27（b）所示的选项区。

(a) 【对准目标】类型　　　　　　(b) 【浮动】类型

图 10-26　【相机位置】选项区　　　　图 10-27　【相机旋转】选项区

- 通过选择设定卷数：选择直线、边线、面或基准面来定义相机的朝上方向。如果选择直线或边线，它将定义朝上方向。如果选择面或基准面，由垂直于基准面的直线来定义朝上方向。
- 偏航（边到边）：输入值或拖动滑块来指定边到边的相机角度。
- 俯仰（上下）：输入值或拖动滑块来指定上下方向的相机角度。
- 滚转（扭曲）：输入值或拖动滑块来指定相机的推进角度。

5.【视野】选项区

该选项区用于指定相机视野的尺寸，如图 10-28 所示。

- 透视图：勾选此复选框，可以透视查看模型。
- 标准镜头预设值 50mm标准：从镜头预设值列表中选择 PhotoView 360 提供的标准镜头选项。如果选择"自定义"，将通过设置视图的角度值、高度值和距离值来调整镜头。
- 视图角度 θ：设定此值，矩形的高度将随视图角度的变化而调整。
- 视图矩形的距离 l：设定此值，视图角度将随距离的变化而调整。该值与【视图角度】值都可以通过在图形区中拖动视野来更改，如图 10-29 所示。

图 10-28　【视野】选项区　　　　图 10-29　拖动视野

- 视图矩形的高度 h：设定此值，视图角度将随高度的变化而调整。
- 高宽比例（宽度：高度）：输入数值或从列表中选择数值来设定比例。
- 拖动高宽比例：勾选此复选框，可以通过拖动图形区中的视野矩形来更改高宽比例。

6.【景深】选项区

景深指定物体处在焦点时所在的区域范围。基准面将出现在图形区中，以指明对焦基准面及对焦基准面两侧大致失焦的基准面，与对焦基准面相交的模型部分将锁焦，如图 10-30

所示。

【景深】选项区用于设置相机位置点与目标点之间的距离,以及对焦基准面到失焦基准面的距离,如图10-31所示。

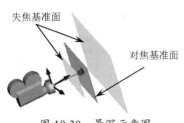

图10-30 景深示意图

图10-31 【景深】选项区

- 选择的锁焦:在图形区域中单击以选择到对焦基准面的距离。
- *d*:如果取消了【选择的锁焦】的选择,则可设置到对焦基准面的距离。
- *f*:设置从对焦基准面到失焦基准面的距离,以指明大致的失焦位置。

技巧点拨:

失焦基准面与对焦基准面不是等距的,因为相对于与相机距离较近的物体而言,距离较远的物体在显示时所需的像素要少。

光学变焦就是通过移动镜头内部的镜片来改变焦点的位置,改变镜头焦距的长短,并改变镜头的视角大小,从而实现影像的放大与缩小。图10-32中,三角形较长的直角边就是相机的焦距。当改变焦点的位置

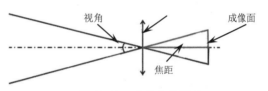

图10-32 光学成像原理

时,焦距也会发生变化。例如将焦点向成像面反方向移动,则焦距会变长,视角也会变小。这样,视角范围内的景物在成像面上会变得更大。这就是光学变焦的成像原理。

10.4.3 拓展训练——渲染篮球

篮球是皮革或塑胶制品,表面具有粗糙的纹理。在其渲染的效果图里,场景、灯光、材质要合理搭配,地板能反射篮球,光源要有阴影效果,使渲染的篮球作品达到以假乱真的地步。

本例渲染的篮球作品如图10-33所示。篮球的渲染过程包括应用外观(材质)、应用布景、应用光源及渲染和输出等步骤。

1. 应用外观

① 打开本例源文件"篮球.SLDPRT",其中包括篮球实体和地板实体。

② 首先对地板实体应用材质。在任务窗格

图10-33 渲染的篮球作品

的【外观、布景和贴图】标签中,依次展开【外观】|【有机】|【木材】|【青龙木】文件夹。单击【青龙木】文件夹,然后在【青龙木】文件列表中选择【抛光青龙木 2】外观,并将其拖动至图形区中,然后将外观图案应用到地板特征中,如图 10-34 所示。

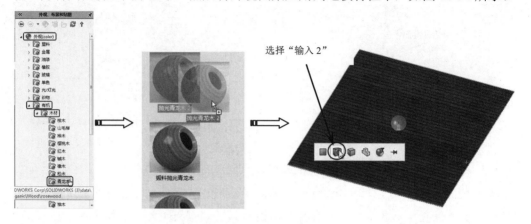

图 10-34 将外观应用到地板特征中

③ 对篮球应用外观。在任务窗格的【外观、布景和贴图】标签中,依次展开【外观】|【有机】|【辅助部件】文件夹。单击【辅助部件】文件夹,然后在【辅助部件】文件列表中选择【皮革】外观,并将其拖动至图形区中,然后将外观图案应用到篮球实体中,如图 10-35 所示。

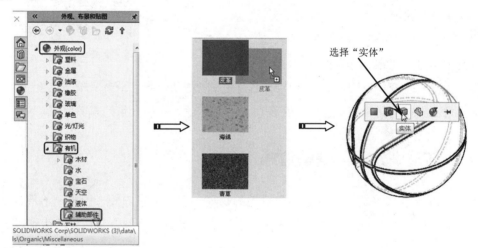

图 10-35 将外观应用到篮球实体中

④ 对篮球中的凹槽应用外观。在任务窗格的【外观、布景和贴图】标签中,依次展开【外观】|【油漆】|【喷射】文件夹。单击【喷射】文件夹,然后在【喷射】文件列表中选择【黑色喷漆】外观,并将其拖动至图形区中,然后将外观图案应用到篮球凹槽面中,如图 10-36 所示。

⑤ 由于凹槽面不是一个整体面,因此需要多次对凹槽面应用【黑色喷漆】外观。

⑥ 在【DisplayManager】显示管理器中,单击【查看外观】按钮 ◉ 展开【外观】面板。然后在【外观】面板中双击【皮革】外观进行编辑。

第 10 章　PhotoView 360 照片级真实渲染

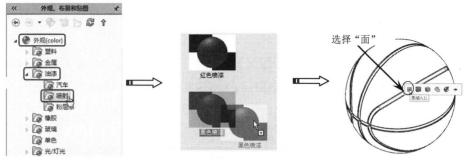

图 10-36　将外观应用到篮球凹槽面中

⑦ 随后显示【皮革】属性面板。在【皮革】属性面板中的【基本】设置类型的【颜色/图像】选项卡下为皮革选择红色；在【高级】设置类型的【照明度】选项卡下，将【漫射量】设为 1，【光泽量】设为 1，【反射量】设为 0.1，其余参数保持默认。在【高级】设置类型的【表面粗糙度】选项卡下，将表面粗糙度的【隆起强度】值设为-8，如图 10-37 所示。

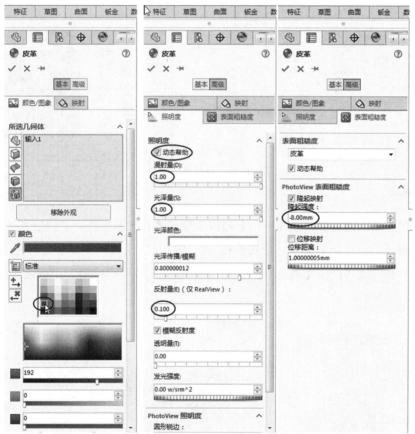

图 10-37　设置皮革的颜色、照明度和表面粗糙度

⑧ 在【DisplayManager】显示管理器的【外观】面板中双击【抛光青龙木 2】外观进行编辑，随后显示【抛光青龙木 2】属性面板。在【高级】设置类型的【照明度】选项卡下，将【漫射量】设为 1，【反射量】设为 0.7。

⑨ 在【高级】设置类型的【颜色/图像】选项卡下的【外观】选项区中单击【浏览】按钮，从用户安装 SolidWorks 的系统路径（如 "E:\Program Files\SOLIDWORKS Corp\

SOLIDWORKS\data\graphics\ Materials\legacy\woods\miscel laneous")中打开外观文件"floor board2.p2m",替换当前的外观文件。

⑩ 接着在【高级】设置类型的【颜色/图像】选项卡下的【图像】选项区中单击【浏览】按钮,从"E:\Program Files\SOLIDWORKS Corp\SOLIDWORKS\data\Images\textures\floor"路径中打开地板图像文件,替换当前地板的图像,如图10-38所示。

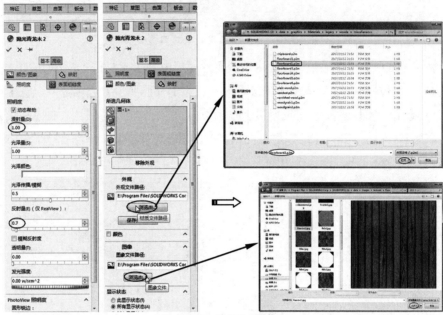

图 10-38　编辑地板外观

2. 应用布景

① 在任务窗格的【外观、布景和贴图】标签中展开【布景】文件夹。然后在【布景】文件夹中选择【基本布景】文件,任务窗格下方的布景文件列表中显示所有的基本布景。

② 在布景文件列表中选中【单白色】布景,将其拖曳到图形区中释放,随即完成布景的应用,如图10-39所示。

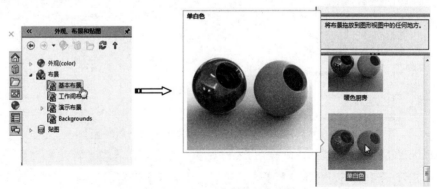

图 10-39　应用【单白色】布景

③ 在【DisplayManager】显示管理器的【布景、光源与相机】面板中展开【布景】文件夹。右击【背景】项目并选择快捷菜单中的【编辑布景】命令,弹出【编辑布景】属性面板。

第 10 章　PhotoView 360 照片级真实渲染

在【基本】选项卡中选择【颜色】选项，再单击【主要颜色】的颜色框，在弹出的【颜色】对话框中选择黑色■作为背景颜色，最后单击【确定】按钮✓，完成背景的编辑，如图 10-40 所示。

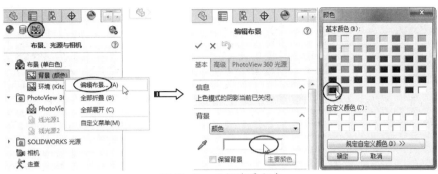

图 10-40　编辑背景颜色

3. 应用光源

① 在【布景、光源与相机】面板中展开【SOLIDWORKS 光源】文件夹。用鼠标右键单击【环境光源】，在弹出的快捷菜单中选择【编辑光源】命令，打开【环境光源】属性面板。设置【环境光源】的值为 0，单击【确定】按钮关闭面板，如图 10-41 所示。

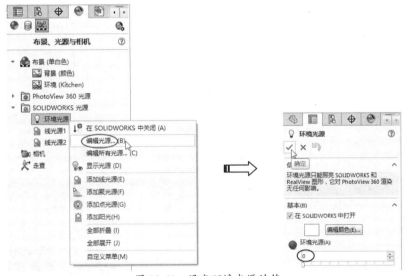

图 10-41　设定环境光源的值

技巧点拨：
将【环境光源】【线光源】的值设为 0，是为了突出聚光光源的照明。

② 同理，在【布景、光源与相机】面板中选择【线光源 1】和【线光源 2】来编辑其光源属性，将线光源的所有参数都设为 0，如图 10-42 所示。

③ 在【布景、光源与相机】面板中，用鼠标右键单击【SOLIDWORKS 光源】文件夹，在弹出的快捷菜单中选择【添加聚光源】命令，打开【聚光源】属性面板。在【基本】选项卡中勾选【锁定到模型】复选框，在【SOLIDWORKS】选项卡中将【光泽度】设为 0，如图 10-43 所示。

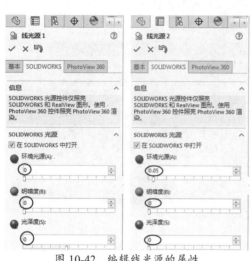

图 10-42 编辑线光源的属性

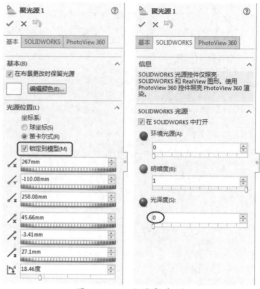

图 10-43 设置聚光源

④ 在图形区将聚光源的目标点放置在球面上,并缩小圆锥基体的圆,如图 10-44 所示。
⑤ 将视图切换为左视图和前视图,然后拖动聚光源的操纵杆至如图 10-45 所示的位置。
⑥ 在【聚光源】属性面板的【PhotoView 360】选项卡中勾选【在 PhotoView360 中打开】复选框。

图 10-44 放置聚光源　　　　　图 10-45 拖动操纵杆至合适位置

技巧点拨:
在确定操纵杆的位置时,可以在面板中输入坐标值。但使用切换视图来拖动操纵杆,更加便于控制。

⑦ 单击【聚光源】属性面板中的【确定】按钮,完成聚光源的编辑。

4. 渲染和输出

① 在【渲染工具】选项卡中单击【最终渲染】按钮,系统开始渲染模型。经过一定时间的渲染进程后,完成了渲染。渲染的篮球如图 10-46 所示。

② 最后单击【保存】按钮,保存本例篮球作品的渲染结果。

图 10-46 篮球的渲染效果

10.5 贴图和贴图库

贴图是应用于模型表面的图像，在某些方面类似于赋予零件表面的纹理图像，并可以按照表面类型进行映射。

贴图与纹理材质又有所不同。贴图不能平铺，但可以覆盖部分区域。通过掩码图像，可将图像的部分区域覆盖，且仅显示特定区域或形状的图像部分。

10.5.1 从任务窗格添加贴图

PhotoView 360 提供了贴图库。在任务窗格的【外观、布景和贴图】标签中单击【贴图】文件夹图标，在任务窗格下方的贴图文件列表中显示所有贴图图像，如图 10-47 所示。

选择一个贴图图像，如果拖动至图形区任意位置，它将应用到整个零件，操纵杆将随着贴图出现，如图 10-48 所示。如果拖动至模型的面、曲面中，被选择的面或曲面则贴上图像，如图 10-49 所示。

> **技巧点拨：**
> 贴图不能在精确的"消除隐藏线"、"隐藏线可见"和"线架图"的显示模式中添加或编辑。

当拖动贴图图像至模型中后，打开【贴图】属性面板。通过该属性面板可以编辑贴图图像。

图 10-47 贴图库

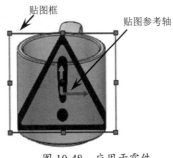

图 10-48 应用于零件

图 10-49 应用于面

10.5.2 从 PhotoView 360 添加贴图

在【渲染工具】选项卡中单击【编辑贴图】按钮，打开【贴图】属性面板。

该属性面板中包含 3 个选项卡：【图像】、【映射】和【照明度】，分别如图 10-50～图 10-52 所示。

图 10-50 【图像】选项卡　　图 10-51 【映射】选项卡　　图 10-52 【照明度】选项卡

1. 【图像】选项卡

该选项卡用于贴图图像的编辑。用户可以在【贴图预览】选项区中单击【浏览】按钮，然后从图像文件保存路径中将其打开，或者从贴图库中将贴图图像拖动到模型中，将显示贴图预览，并显示【掩码图形】选项区，如图 10-53、图 10-54 所示。

图 10-53 贴图预览　　　　　图 10-54 【掩码图形】选项区

- 浏览：单击此按钮，浏览贴图文件的文件路径，并将其打开。
- 保存贴图：单击此按钮，可将当前贴图及其属性保存到文件中。
- 无掩码：没有掩码文件。
- 图形掩码文件：在掩码为白色的位置处显示贴图，而在掩码为黑色的位置处贴图会被遮挡。

由于贴图为矩形，使用掩码可以过滤图像的一部分。掩码文件是黑白图像，也是除贴图外的其他区域，它与贴图配合使用；当贴图为深颜色时，掩码文件为白色，可以反转掩码，如图 10-55 所示。

通常情况下，没有经过掩码处理的图像拖放到模型中时，无掩码图形预览，程序自动选择【无掩码】类型。有掩码图像的贴图拖放到模型中时，程序则自动选择【图形掩码文件】类型。

图 10-55　贴图与掩码

在贴图库的【标志】文件夹中的贴图，是没有掩码图像的。在贴图文件路径中，凡类似于"XXX_mask.bmp"的文件均为掩码文件，"XXX.bmp"为贴图文件。

2.【映射】选项卡

该选项卡控制贴图的位置、大小和方向，并提供渲染功能。将贴图拖动到模型中时，选项卡中将显示【映射】选项区和【大小/方向】选项区，如图 10-56、图 10-57 所示。

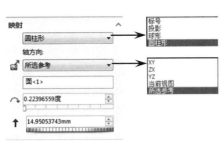 

图 10-56　【映射】选项区　　　　　图 10-57　【大小/方向】选项区

- 映射：【映射】下拉列表中列出了 4 种类型，包括【标号】、【投影】、【球形】和【圆柱形】。各种类型均有不同的选项设置，如图 10-58 所示为【投影】、【球形】和【圆柱形】类型的选项。

【投影】类型　　　　　　　　【球形】类型　　　　　　　　【圆柱形】类型

图 10-58　不同映射类型的选项

  ➢ 标号：也称为 UV，以一种类似于在实际零件上放置黏合剂标签的方式将贴图映射到模型面（包括多个相邻非平面曲面），此方式不会产生伸展或紧缩现象。
  ➢ 投影：将所有点映射到指定的基准面，然后将贴图投影到参考实体上。
  ➢ 球形：将所有点映射到球面。系统会自动识别球形和圆柱形。
  ➢ 圆柱形：将所有点映射到圆柱面。

- 固定高宽比例：勾选此复选框，将同时更改贴图框的高宽比例。在下方的【高度】、【宽度】和【旋转】文本框中输入值或拖动滑块，可以改变贴图框的大小。
- 将宽度套合到选择：勾选此复选框，将固定贴图框的宽度。

- 将高度套合到选择：勾选此复选框，将固定贴图框的高度。
- 水平镜像：水平反转贴图图像。
- 竖直镜像：竖直反转贴图图像。

3. 【照明度】选项卡

该选项卡用于为贴图指定照明属性。不同的贴图类型则有不同的设置选项。

10.5.3 拓展训练——渲染烧水壶

烧水壶的材料主要由不锈钢、铝和塑胶组成。渲染作品中地板能反射，不锈钢具有抛光性且能反射，塑胶手柄和壶盖为黑色但要光亮，另外壶身有贴图。

本例渲染的烧水壶作品，如图10-59所示。

烧水壶作品的渲染过程包括应用外观、应用布景、应用贴图及渲染和输出。由于应用的布景中已经有了很好的光源，因此就不再另外添加光源了。

图 10-59　渲染的烧水壶作品

① 打开烧水壶模型。
② 在任务窗格的【外观、布景和贴图】标签中，依次展开【外观】|【金属】|【钢】文件夹。在该文件夹中选择【抛光刚】外观，并将其拖动至图形区中，将其应用到壶身特征中，如图10-60所示。

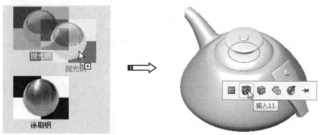

图 10-60　将外观应用到壶身

③ 同理，将【抛光钢】外观应用于壶盖，如图10-61所示。
④ 将【无光铝】外观应用于3个壶钮，如图10-62所示。

第 10 章 PhotoView 360 照片级真实渲染

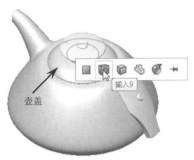

图 10-61 将外观应用到壶盖

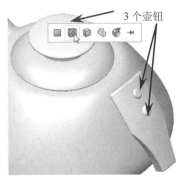

图 10-62 将外观应用到壶钮

⑤ 将塑料库中的【黑色缎料抛光塑料】外观应用于 2 个壶柄，如图 10-63 所示。

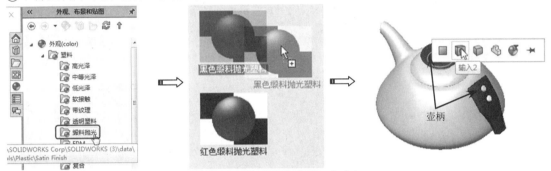

图 10-63 将外观应用于 2 个壶柄

⑥ 在任务窗格的【外观、布景和贴图】标签中展开【布景】|【基本布景】文件夹。
⑦ 在下方展开的布景文件列表中选择【带完整光源的黑色】布景，将其拖移到图形区中释放，完成布景的应用，如图 10-64 所示。

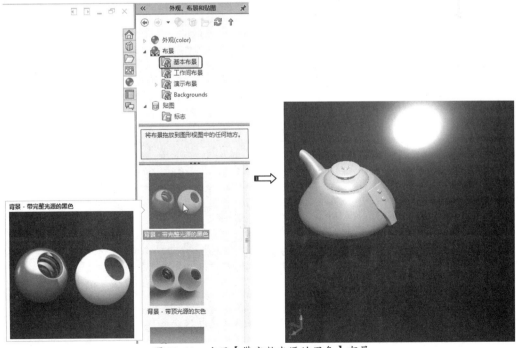

图 10-64 应用【带完整光源的黑色】布景

303

⑧ 在任务窗格的【外观、布景和贴图】标签中,展开【贴图】列表,在贴图文件列表中选择【SolidWorks】贴图,并将其拖动至图形区的壶身上,壶身显示贴图预览,如图 10-65 所示。

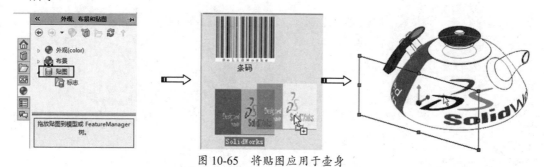

图 10-65 将贴图应用于壶身

⑨ 随后,打开【贴图】属性面板。将贴图控制框调整至合适的大小和位置,如图 10-66 所示。

图 10-66 调整贴图控制框

⑩ 保持【贴图】属性面板中其余参数的默认设置,单击【确定】按钮✔,完成贴图图像的编辑。

⑪ 在【渲染工具】选项卡中单击【最终渲染】按钮,系统开始渲染模型。渲染完成的烧水壶作品如图 10-67 所示。

⑫ 在【渲染工具】选项卡中单击【选项】按钮,在属性面板中输入渲染图像的文件保存路径及设置图像格式后,单击【确定】按钮,将烧水壶的渲染结果保存为 bmp 文件。

⑬ 最后单击【保存】按钮,保存渲染结果。

图 10-67 渲染的烧水壶作品

10.6 渲染

当用户完成了模型的外观（材质）、布景、光源及贴图等操作后，既可使用渲染工具对模型进行渲染。

10.6.1 渲染预览

1. 整合渲染

利用此功能可以实时预览设置渲染条件后的渲染情况，便于用户重新做出渲染设置，如图 10-68 所示。

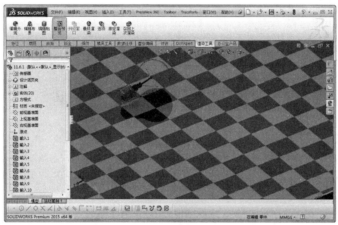

图 10-68　整合渲染

2. 预览窗口

当用户设置完成并想渲染成真实的效果时，可以单击【预览窗口】按钮，在打开的窗口中预览渲染效果，如图 10-69 所示。

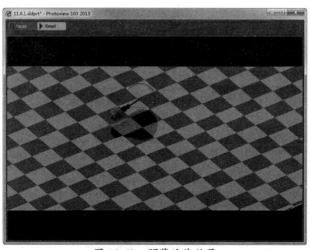

图 10-69　预览渲染效果

10.6.2 PhotoView 360 渲染选项设置

在【渲染工具】选项卡中单击【选项】按钮，打开【PhotoView 360 选项】属性面板，如图 10-70 所示。

图 10-70 【PhotoView 360 选项】属性面板

通过【PhotoView 360 选项】属性面板可以设置输出图像、渲染品质、轮廓/动画渲染、直接焦散线和网格渲染等选项。

10.6.3 排定渲染

在【渲染工具】选项卡中单击【排定渲染】按钮，打开【排定渲染】对话框，如图 10-71 所示。

图 10-71 【排定渲染】对话框

使用【排定渲染】对话框可以在指定时间内进行渲染并保存渲染文件。由于渲染的时间较长，如果渲染的对象又多，那么使用此功能排定要渲染的项目后，就无须再值守在计算机前了。

通过此对话框还可以输出渲染图片。取消勾选【在上一任务后开始】复选框，可以自行设定单个渲染项目的时间段。

10.6.4 最终渲染

将设置的外观、布景、光源及贴图全部渲染到模型中。在【渲染工具】选项卡中单击【最终渲染】按钮，程序开始渲染模型，并打开【最终渲染】窗口，浏览渲染完成的效果，如图 10-72 所示。

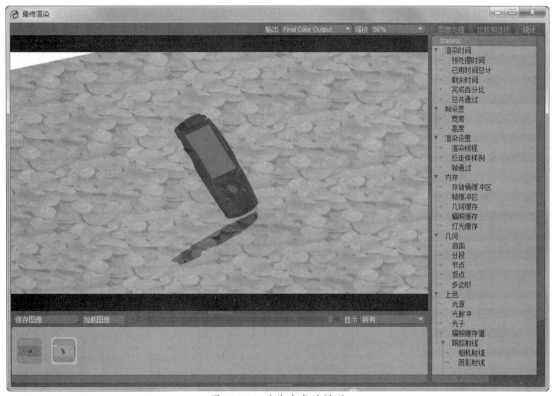

图 10-72　渲染完成的模型

10.6.5 拓展训练——渲染宝石戒指

宝石戒指渲染要想达到逼真的效果，需在材质（外观）和灯光两个方面充分考虑。材质主要有黄金镶边、铂金箍和镶嵌宝石。宝石戒指的渲染效果如图 10-73 所示。

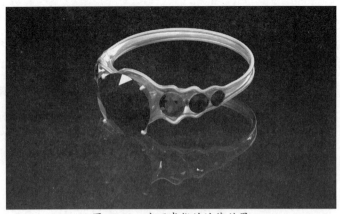

图 10-73 宝石戒指的渲染效果

1. 应用外观

① 打开本例源文件"钻戒.sldprt",打开的宝石戒指模型,如图 10-74 所示。

图 10-74 宝石戒指模型

② 在任务窗格的【外观、布景和贴图】标签中,依次展开【外观】|【金属】|【金】文件夹。在该文件夹中选择【抛光金】外观,并按住左键不放将其拖动至图形区空白位置,松开左键,即可将黄金材质应用到整个宝石戒指实体中,如图 10-75 所示。

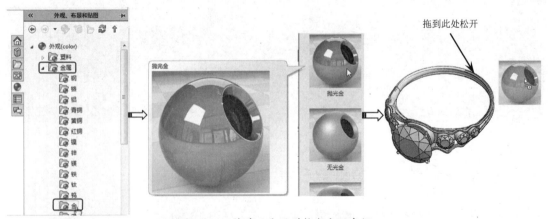

图 10-75 将外观应用到整个宝石戒指

> **技巧点拨:**
> 首先将黄金材质赋予整个宝石戒指,是考虑到要镶边的曲面最多。

③ 首先按住 Ctrl 键依次选取宝石戒指箍的所有曲面,然后在任务窗格的【外观、布景和贴

图】标签中,依次展开【外观】|【金属】|【白金】文件夹。将该文件夹中的【皮抛光白金】外观拖到图形区空白位置,松开鼠标左键,白金材质则自动添加到所选曲面上,如图 10-76 所示。

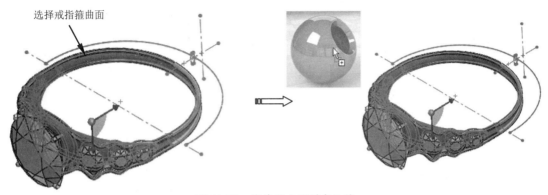

图 10-76 将外观应用到戒指箍

> **技巧点拨:**
> 考虑到要应用外观的戒指箍曲面比较多,若有遗漏的曲面未被选择,可以在【DisplayManager】显示管理器的【外观】面板中右击【抛光白金】项目,在弹出的快捷菜单中选择【编辑外观】命令,通过编辑外观,将遗漏的曲面添加到【所选几何体】的【面】列表中,如图 10-77 所示。

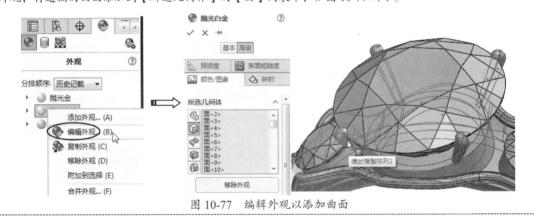

图 10-77 编辑外观以添加曲面

④ 首先选择最大宝石上的所有曲面,然后在任务窗格的【外观、布景和贴图】标签中,依次展开【外观】|【有机】|【宝石】文件夹。在该文件夹中选择【红宝石 01】外观,并将其拖动至图形区中,随后红宝石外观自动应用到最大宝石上,如图 10-78 所示。

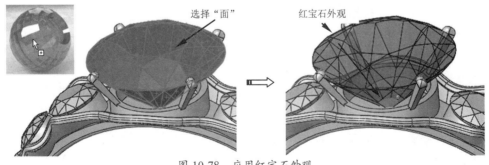

图 10-78 应用红宝石外观

⑤ 同理，将【海蓝宝石01】外观应用到最大宝石旁边的2颗宝石上，如图10-79所示。

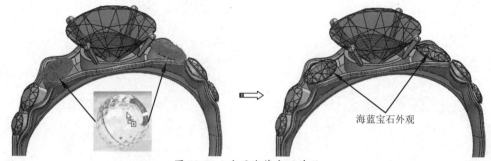

图10-79 应用海蓝宝石外观

⑥ 再将【紫水晶01】外观应用到其余4颗小宝石上，如图10-80所示。

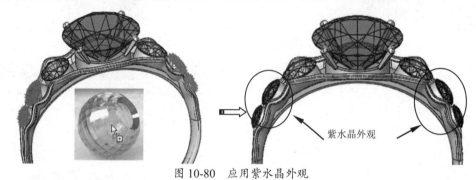

图10-80 应用紫水晶外观

2. 应用布景和光源

① 在任务空格的【外观、布景和贴图】标签中展开【布景】|【工作间布景】文件夹，将该文件夹中的【反射黑地板】布景拖到图形区窗口中，如图10-81所示。

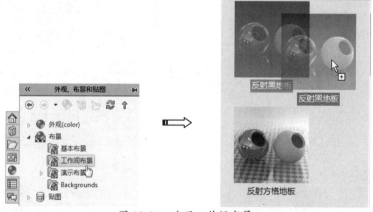

图10-81 应用工作间布景

② 在【DisplayManager】显示管理器中单击【查看布景、光源和相机】按钮，打开【布景、光源与相机】面板。右击【布景】文件夹并在弹出的快捷菜单中选择【编辑布景】命令，随后打开【编辑布景】属性面板。在【编辑布景】属性面板的【PhotoView 360光源】选项卡中设置如图10-82所示的参数。

第 10 章 PhotoView 360 照片级真实渲染

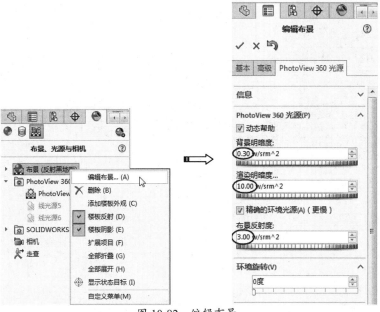

图 10-82 编辑布景

③ 在【布景、光源与相机】面板中展开【PhotoView 360 光源】文件夹,将【线光源 1】、【线光源 2】和【线光源 3】等项目设为【在 PhotoView 360 中打开】,如图 10-83 所示。

> **技巧点拨:**
> 如果不设为【在 PhotoView 360 中打开】,那么光源将不会在 PhotoView 360 渲染时打开,渲染的效果会大打折扣。

④ 在【渲染工具】选项卡中单击【选项】按钮,打开【PhotoView 360 选项】属性面板,设置【最终渲染品质】为【最大】,如图 10-84 所示。

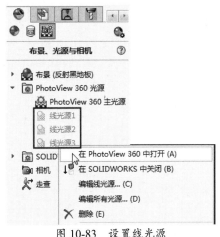

图 10-83 设置线光源

图 10-84 设置渲染选项

⑤ 在【渲染工具】选项卡中单击【最终渲染】按钮,系统开始渲染模型。经过一定时间的渲染进程后,完成了宝石戒指的渲染,如图 10-85 所示。

⑥ 最后单击【保存】按钮,将本例宝石戒指作品的渲染结果保存。

311

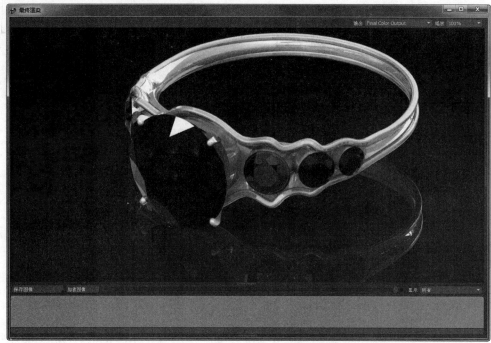

图 10-85 宝石戒指的最终渲染效果

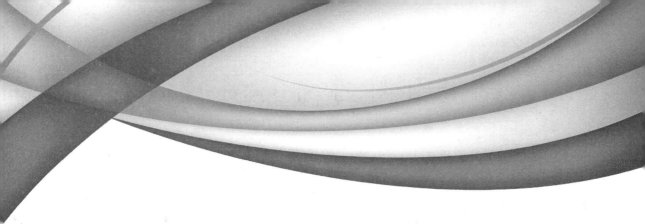

第 11 章
零部件装配设计

本章内容

为了让读者了解 SolidWorks 2020 装配设计流程，本章全面介绍从建立装配体、零部件压缩与轻化、装配体的干涉检测、控制装配体的显示、其他装配体技术到装配体爆炸视图的完整设计。

知识要点

- ☑ 装配概述
- ☑ 开始装配体
- ☑ 控制装配体
- ☑ 布局草图
- ☑ 装配体检测
- ☑ 爆炸视图

11.1 装配概述

装配是根据技术要求将若干零部件接合成部件或将若干个零部件和部件接合成产品的劳动过程。装配是整个产品制造过程中的后期工作，各部件需正确地装配，才能形成最终产品。如何从零部件装配成产品并达到设计所需要的装配精度，这是装配工艺要解决的问题。

11.1.1 计算机辅助装配

计算机辅助装配工艺设计是用计算机模拟装配人员编制装配工艺，自动生成装配工艺文件。因此它可以缩短编制装配工艺的时间，减少劳动量，同时也提高了装配工艺的规范化程度，并能对装配工艺进行评价和优化。

1. 产品装配建模

产品装配建模是一个能完整、正确地传递不同装配体设计参数、装配层次和装配信息的产品模型。它是产品设计过程中数据管理的核心，是产品开发和支持设计灵活变动的强有力工具。

产品装配建模不仅描述了零部件本身的信息，而且还描述产品零部件之间的层次关系、装配关系，以及不同层次的装配体中的装配设计参数的约束和传递关系。

建立产品装配模型的目的在于建立完整的产品装配信息表达，一方面使系统对产品设计进行全面支持；另一方面它可以为 CAD 系统中的装配自动化和装配工艺规划提供信息源，并对设计进行分析和评价。如图 11-1 所示为基于 CAD 系统进行装配的产品零部件。

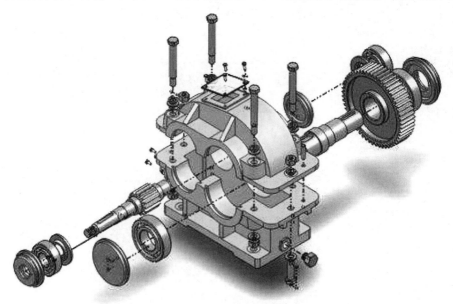

图 11-1　基于 CAD 系统进行装配的产品零部件

2. 装配特征的定义与分类

从不同的应用角度，装配特征有不同的分类。根据产品装配的有关知识，零部件的装配性能不仅取决于零部件本身的几何特性（如轴孔配合有无倒角），还部分取决于零部件的非几何特征（如零部件的重量、精度等）和装配操作的相关特征（如零部件的装配方向、装配方法以及装配力的大小等）。

根据以上所述，装配特征的完整定义即是与零部件装配相关的几何、非几何信息以及装配操作的过程信息。装配特征可分为几何装配特征、物理装配特征和装配操作特征三种类型。

- 几何装配特征：几何装配特征包括配合特征几何元素、配合特征几何元素的位置、配合类型和零部件位置等属性。
- 物理装配特征：与零部件装配有关的物理装配特征属性，包括零部件的体积、重量、配合面粗糙度、刚性以及黏性等。
- 装配操作特征：指装配操作过程中零部件的装配方向，装配过程中的阻力、抓拿性、对称性，有无定向与定位特征，装配轨迹以及装配方法等属性。

3. 了解 SolidWorks 装配术语

在利用 SolidWorks 进行装配建模之前，初学者必须先了解一些装配术语，这有助于后面的课程学习。

（1）零部件。在 SolidWorks 中，零部件就是装配体中的一个组件（组成部件）。零部件可以是单个部件（即零件），也可以是一个子装配体。零部件是由装配体引用而不是复制到装配体中。

（2）子装配体。组成装配体的这些零件称为子装配体。当一个装配体成为另一个装配体的零部件时，这个装配体也可称为子装配体。

（3）装配体。装配体是由多个零部件或其他子装配体所组成的一个组合体。装配体文件的扩展名为".SLDASM"。

装配体文件中保存了两方面的内容：一是进入装配体中各零件的路径，二是各零件之间的配合关系。一个零件放入装配体中时，这个零件文件会与装配体文件产生链接的关系。在打开装配体文件时，SolidWorks 要根据各零件的存放路径找出零件，并将其调入装配体环境。所以装配体文件不能单独存在，要和零件文件一起存在才有意义。

（4）自底向上装配。自底向上装配，是指在设计过程中，先设计单个零部件，在此基础上进行装配生成总体设计。这种装配建模需要设计人员交互给定装配构件之间的配合约束关系，然后由 SolidWorks 系统自动计算构件的转移矩阵，并实现虚拟装配。

（5）自顶向下装配。自顶向下装配，是指在装配环境中创建与其他部件相关的部件模型，是在装配部件的顶级向下产生子装配和部件（即零件）的装配方法。即先由产品的大致形状特征对整体进行设计，然后根据装配情况对零件进行详细的设计。

(6)混合装配。混合装配是将自顶向下装配和自底向上装配结合在一起的装配方法。例如先创建几个主要部件模型,再将其装配在一起,然后在装配中设计其他部件,即为混合装配。在实际设计中,可根据需要在两种模式下切换。

(7)配合。配合是在装配体零部件之间生成几何关系。当零件被调入装配体中时,除第一个调入的之外,其他的都没有添加配合,位置处于任意的"浮动"状态。在装配环境中,处于"浮动"状态的零件可以分别沿 3 个坐标轴移动,也可以分别绕 3 个坐标轴转动,即共有 6 个自由度。

(8)关联特征。关联特征是在当前零件设计环境中通过参考其他零件几何体进行草图绘制、投影、偏移或编辑尺寸等操作来创建几何体。关联特征也是带有外部参考的特征。

11.1.2 进入装配环境

进入装配环境有两种方法:第一种是在新建文件时,在弹出的【新建 SOLIDWORKS 文件】对话框中选择【装配体】模板,单击【确定】按钮即可新建一个装配体文件,并进入装配环境,如图 11-2 所示。第二种则是在零部件环境中,执行菜单栏中的【文件】|【从零部件制作装配体】命令,切换到装配环境。

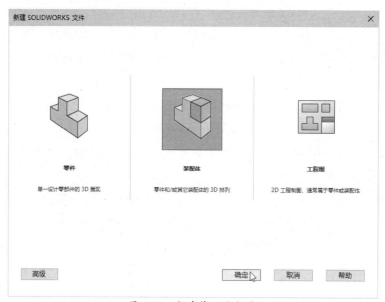

图 11-2 新建装配体文件

当新建一个装配体文件或打开一个装配体文件时,即进入 SolidWorks 装配环境。和零部件模式的界面相似,装配操作界面同样具有菜单栏、选项卡、设计树、控制区和零部件显示区。在左侧的控制区中列出了组成该装配体的所有零部件。在设计树底端还有一个配合的文件夹,包含了所有零部件之间的配合关系,如图 11-3 所示。

SolidWorks 提供了定制界面的功能,用户可根据需要定制装配操作界面。

第 11 章 零部件装配设计

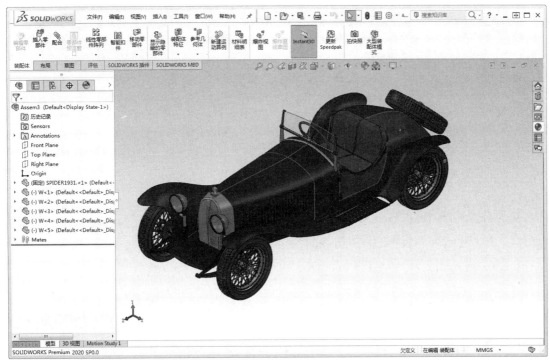

图 11-3 装配操作界面

11.2 开始装配体

当用户新建装配体文件并进入装配环境时,打开【开始装配体】属性面板,如图 11-4 所示。

在该属性面板中,用户可以单击【生成布局】按钮,直接进入布局草图模式,绘制用于定义装配零部件位置的草图。

用户还可以通过单击【浏览】按钮,浏览要打开的零部件文件并将其插入装配环境,然后再进行装配的设计、编辑等操作。

在【选项】选项区中包含 3 个复选选项,其含义如下。

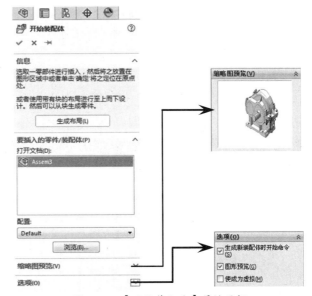

图 11-4 【开始装配体】属性面板

- **生成新装配体时开始命令**:用于控制【开始装配体】属性面板的显示与否。如果用户的第一个装配体任务为插入零部件或生成布局之外的普通事项,可以取消勾选此复选框。

> **技巧点拨：**
> 若要重新打开【开始装配体】属性面板，可以通过执行【插入零部件】命令，勾选【生成新装配体时开始命令】复选框后随即打开该面板。

- 图形预览：用于控制插入的装配模型是否在图形区中预览。
- 使成为虚拟：勾选此复选框，可以使用户插入的零部件成为虚拟零部件。虚拟零部件可断开外部零部件文件的链接并在装配体文件内储存零部件定义。

11.2.1 插入零部件

插入零部件功能可以将零部件添加到新的或现有装配体中。插入零部件包括以下几种插入方式：插入零部件、新零部件、新装配体和随配合复制。

1. 插入零部件

【插入零部件】工具用于将零部件插入现有装配体中。当用户确定采用"自底向上"装配模式后，先在零件设计环境进行零部件设计并保存，使用【插入零部件】工具将保存的零部件插入到装配体环境中，最后使用【配合】工具来定位零部件。

在【装配体】选项卡中单击【插入零部件】按钮，打开【插入零部件】属性面板。【插入零部件】属性面板中的选项设置与【开始装配体】属性面板是相同的，这里就不重复介绍了。

> **技巧点拨：**
> 在自顶向下的装配设计过程中，第一个插入的零部件叫作"主零部件"。因为后插入的零部件将以它作为装配参考。

2. 新零部件

使用【新零部件】工具，可以在关联的装配体中设计新的零部件。在设计新零部件时可以使用其他装配体零部件的几何特征。只有在用户选择了自顶向下的装配方式后，才可使用此工具。

> **技巧点拨：**
> 在生成关联装配体的新零部件之前，可指定默认行为将新零部件保存为单独的外部零部件文件，或者作为装配体文件内的虚拟零部件。

在【装配体】选项卡中执行【新零部件】命令后，特征管理器设计树中显示一个空的【[零部件1^装配体1]】的虚拟装配体文件，且指针变为，如图11-5所示。

当指针移动至基准面位置时，则变为，如图11-6所示。指定一基准面后，就可以在插入的新零部件文件中创建模型了。

对于内部保存的零部件，可不选取基准面，而是单击图形区域的空白区域，此时空白零部件就添加到装配体中了。用户可编辑或打开空白零部件文件并生成几何体。零部件的原点与装配体的原点重合，则零部件的位置是固定的。

> **技巧点拨：**
> 在生成关联装配体的新零部件之前，要想使虚拟的新零部件文件变为单独的外部装配体文件，只需将虚拟的零部件文件另存即可。

图 11-5　虚拟装配体文件　　　　　　　图 11-6　欲选择基准面时的指针

3. 新装配体

当需要在任何一层装配体层次中插入子装配体时，可以使用【新装配体】工具。当创建了子装配体后，可以用多种方式将零部件添加到子装配体中。

插入新的子装配体的装配方法也是自顶向下的设计方法。插入的新子装配体文件也是虚拟的装配体文件。

4. 随配合复制

当使用【随配合复制】工具复制零部件或子装配体时，可以同时复制其关联的配合。例如，在【装配体】选项卡中执行【随配合复制】命令后，在减速器装配体中复制其中一个"被动轴通盖"零部件时，打开【随配合复制】属性面板。该属性面板中显示了该零部件在装配体中的配合关系，如图 11-7 所示。

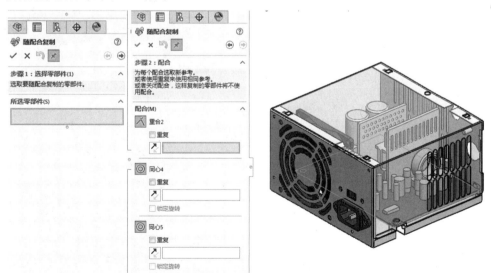

图 11-7　随配合复制减速器装配体的零部件

【随配合复制】属性面板中各选项的含义如下。

- 【所选零部件】选项区：该选项区中的列表用于收集要复制的零部件。
- 【配合】选项区：该选项区中的配合是在选取零部件后系统自动搜索出来的。不同的零部件会有不同的配合。

- 复制该配合◎：此按钮的名称并非是【复制该配合】，而是要求用户单击此配合按钮后，可在复制零部件过程中复制该配合，再单击此按钮，可取消选中。
- 重复：仅当所创建的所有复制件都使用相同的参考时可勾选该复选框。
- 要配合到的新实体　　　　：激活此列表，在图形区域中选择新配合参考。
- 反转配合对齐↗：单击此按钮，改变配合对齐方向。

11.2.2 配合

配合就是在装配体零部件之间生成几何约束关系。

当零部件被调入装配体时，除了第一个调入的零部件或子装配体，其他的都没有添加配合，处于任意的"浮动"状态。在装配环境中，处于"浮动"状态的零部件可以分别沿3个坐标轴移动，也可以分别绕3个坐标轴转动，即共有6个自由度。

当给零部件添加装配关系后，可消除零部件的某些自由度，限制零部件的某些运动，此种情况称为不完全约束。当添加的配合关系将零部件的6个自由度都消除时，称为完全约束，零部件将处于"固定"状态，如同插入的第一个零部件一样（默认情况下为"固定"），无法进行拖动操作。

> **技巧点拨：**
> 一般情况下，第一个插入的零部件的位置是固定的，但也可以执行右键菜单中的【浮动】命令，改变其"固定"状态。

在【装配体】选项卡中单击【配合】按钮◎，打开【配合】属性面板。面板的【配合】选项卡中包括用于添加标准配合、机械配合和高级配合的选项，如图11-8所示。

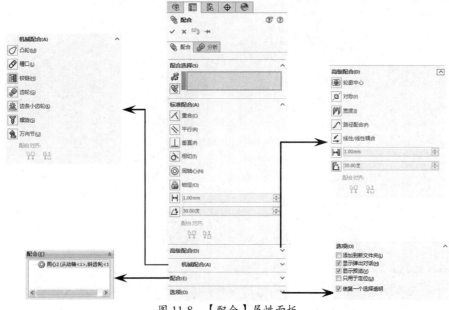

图11-8 【配合】属性面板

1. 【配合选择】选项区

该选项区用于选择要添加配合关系的参考实体。激活【要配合的实体】选项，选择想配合在一起的面、边线、基准面等。这是单一的配合，范例如图 11-9 所示。

【多配合】模式选项是用于多个零部件与同一参考的配合，范例如图 11-10 所示。

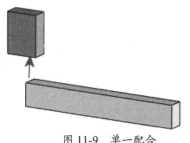

图 11-9　单一配合

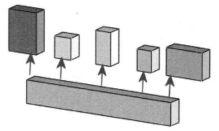

图 11-10　多配合

2. 【标准配合】选项区

该选项区用于选择配合类型。SolidWorks 提供了 9 种标准配合类型，介绍如下。

- 重合：将所选面、边线及基准面定位（相互组合或与单一顶点组合），使其共享同一个无限基准面。定位两个顶点使它们彼此接触。
- 平行：使所选的配合实体相互平行。
- 垂直：使所选配合实体以彼此间成 90°角放置。
- 相切：使所选配合实体以彼此间相切来放置（至少有一个选择项必须为圆柱面、圆锥面或球面）。
- 同轴心：使所选配合实体放置于共享同一中心线处。
- 锁定：保持两个零部件之间的相对位置和方向。
- 距离：使所选配合实体以彼此间指定的距离来放置。
- 角度：使所选配合实体以彼此间指定的角度来放置。
- 配合对齐：设置配合对齐条件，包括【同向对齐】和【反向对齐】。【同向对齐】是指与所选面正交的向量指向同一方向，如图 11-11（a）所示；【反向对齐】是指与所选面正交的向量指向相反方向，如图 11-11（b）所示。

技巧点拨：

对于圆柱特征，轴向量无法看见或确定。可选择【同向对齐】或【反向对齐】来获取对齐方式，如图 11-12 所示。

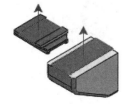 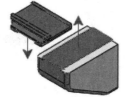  

（a）同向对齐　　　　（b）反向对齐　　　　　同向对齐　　　　　反向对齐

图 11-11　配合对齐　　　　　图 11-12　圆柱特征的配合对齐

3.【高级配合】选项区

【高级配合】选项区提供了相对比较复杂的零部件配合类型。表 11-1 列出了 7 种高级配合类型的说明及图解。

表 11-1 7 种高级配合类型的说明及图解

高级配合	说明	图解
轮廓中心	将矩形和圆形轮廓互相中心对齐,并完全定义组件	
对称配合	对称配合强制使两个相似的实体相对于零部件的基准面、平面或者装配体的基准面对称	
宽度配合	宽度配合使零部件位于凹槽宽度内的中心	
路径配合	路径配合将零部件上所选的点约束到路径	
线性/线性耦合	线性/线性耦合配合在一个零部件的平移和另一个零部件的平移之间建立几何关系	
距离配合	距离配合允许零部件在一定数值范围内移动	
角度配合	角度配合允许零部件在角度配合一定数值范围内移动	

4.【机械配合】选项区

在【机械配合】选项区中提供了 6 种用于机械零部件装配的配合类型,如表 11-2 所示。

第 11 章 零部件装配设计

表 11-2 6 种机械配合类型的说明及图解

机械配合	说　　明	图　　解
齿轮配合	齿轮配合会强迫两个零部件绕所选轴相对旋转。齿轮配合的有效旋转轴包括圆柱面、圆锥面、轴和线性边线	
铰链配合	铰链配合将两个零部件之间的转动限制在一定的范围内。其效果相当于同时添加同心配合和重合配合	
凸轮配合	凸轮配合为一相切或重合配合类型。它允许将圆柱、基准面或点与一系列相切的拉伸曲面相配合	
齿条小齿轮配合	通过齿条和小齿轮配合，某个零部件（齿条）的线性平移会引起另一零部件（小齿轮）做圆周旋转，反之亦然	
螺旋配合	螺旋配合将两个零部件约束为同心，还在一个零部件的旋转和另一个零部件的平移之间添加纵倾几何关系	
万向节配合	在万向节配合中，一个零部件（输出轴）绕自身轴的旋转是由另一个零部件（输入轴）绕其轴的旋转驱动的	

5.【配合】选项区

【配合】选项区包含【配合】属性面板打开时添加的所有配合或正在编辑的所有配合。当【配合】列表中有多个配合时，可以选择其中一个进行编辑。

6.【选项】选项区

【选项】选项区包含用于设置配合的选项。

- 添加到新文件夹：勾选此复选框，新的配合会出现在特征管理器设计树中的【配合】文件夹中。
- 显示弹出对话：勾选此复选框，用户添加标准配合时会弹出配合工具栏。
- 显示预览：勾选此复选框，在为有效配合选择了足够对象后便会出现配合预览。
- 只用于定位：勾选此复选框，零部件会移至配合指定的位置，但不会将配合添加到特征管理器设计树中。配合会出现在【配合】选项区中，以便用户编辑和放置零部件，但当关闭【配合】属性面板时，不会有任何内容出现在特征管理器设计树中。

11.3 控制装配体

在装配过程中，当出现相同的多个零部件装配时使用"阵列"或"镜像"功能，可以避免多次插入零部件的重复操作。使用"移动"或"旋转"功能，可以平移或旋转零部件。

11.3.1 零部件的阵列

在装配环境下，SolidWorks 向用户提供了 3 种常见的零部件阵列类型：圆周零部件阵列、线性零部件阵列和阵列驱动零部件阵列。

1. 圆周零部件阵列

此种阵列类型可以生成零部件的圆周阵列。在【装配体】选项卡中的【线性零部件阵列】下拉菜单中选择【圆周零部件阵列】命令 圆周零部件阵列，打开【圆周阵列】属性面板，如图 11-13 所示。当指定阵列轴、角度和实例数（阵列数）及要阵列的零部件后，就可以生成零部件的圆周阵列，如图 11-14 所示。

图 11-13 【圆周阵列】属性面板

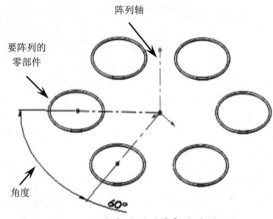

图 11-14 生成的圆周零部件阵列

若要将阵列中的某个零部件跳过，在激活【可跳过的实例】列表框后，再选择要跳过显示的零部件即可。

2. 线性零部件阵列

此种阵列类型可以生成零部件的线性阵列。在【装配体】选项卡中单击【线性零部件阵列】按钮器，打开【线性阵列】属性面板，如图 11-15 所示。当指定了线性阵列的方向 1、方向 2，以及各方向的间距、实例数之后，即可生成零部件的线性阵列，如图 11-16 所示。

图 11-15 【线性阵列】属性面板

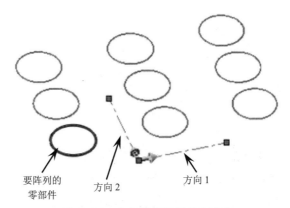

图 11-16 生成的线性零部件阵列

3. 阵列驱动零部件阵列

此种类型是根据参考零部件中的特征来驱动的，在装配 Toolbox 标准件时特别有用。

在【装配体】选项卡中的【线性零部件阵列】下拉菜单中选择【阵列驱动零部件阵列】命令器 阵列驱动零部件阵列，打开【阵列驱动】属性面板，如图 11-17 所示。例如，当指定了要阵列的零部件（螺钉）和驱动特征（孔面）后，系统自动计算出孔盖上有多少个相同尺寸的孔并生成阵列，如图 11-18 所示。

图 11-17 【阵列驱动】属性面板

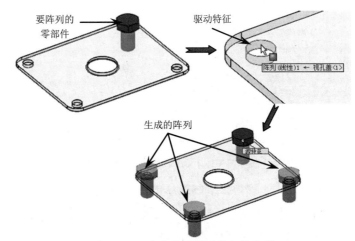

图 11-18 生成阵列驱动零部件阵列

11.3.2 零部件的镜像

当固定的参考零部件为对称结构时,可以使用【镜像零部件】工具来生成新的零部件。新零部件可以是源零部件的复制版本或相反方位版本。

复制版本与相反方位版本之间的区别如下。

- 复制版本:源零部件的新实例将添加到装配体中,不会生成新的文档或配置。复制零部件的几何体与源零部件完全相同,只有零部件方位不同,如图 11-19 所示。
- 相反方位版本:会生成新的文档或配置。新零部件的几何体是镜像所得的,所以与源零部件不同,如图 11-20 所示。

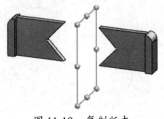 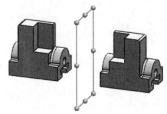

图 11-19　复制版本　　　　　　　　图 11-20　相反方位版本

在【装配体】选项卡中的【线性零部件阵列】下拉菜单中选择【镜像零部件】命令 ,打开【镜像零部件】属性面板,如图 11-21 所示。

当选择了镜像基准面和要镜像的零部件以后(完成第一个步骤),在面板顶部单击【下一步】按钮 进入第二个步骤。在第二个步骤中,用户可以为镜像的零部件选择镜像版本和定向方式,如图 11-22 所示。

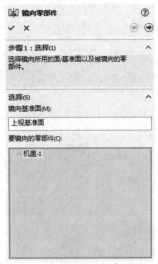 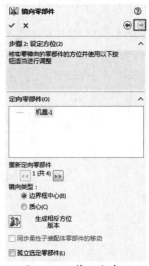

图 11-21　【镜像零部件】属性面板　　　　图 11-22　第二个步骤

在第二个步骤中,复制版本的定向方式有 4 种,如图 11-23 所示。

相反,方位版本的定向方式仅有一种,如图 11-24 所示。生成相反方位版本的零部件后, 图标会显示在该项目旁边,表示已经生成该项目的一个相反方位版本。

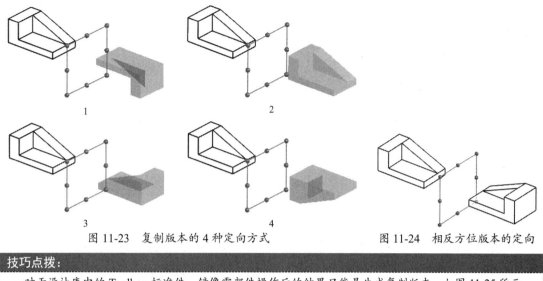

图 11-23 复制版本的 4 种定向方式　　　图 11-24 相反方位版本的定向

> **技巧点拨：**
>
> 对于设计库中的 Toolbox 标准件，镜像零部件操作后的结果只能是生成复制版本，如图 11-25 所示。 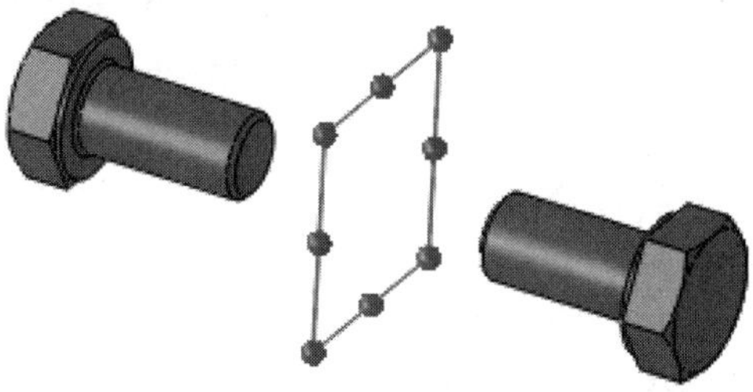
>
> 图 11-25 Toolbox 标准件的镜像

11.3.3 移动或旋转零部件

使用移动零部件和旋转零部件功能，可以任意移动处于浮动状态的零部件。如果该零部件被部分约束，则在被约束的自由度方向上是无法运动的。使用此功能，在装配中可以检查哪些零部件是被完全约束的。

在【装配体】选项卡中单击【移动零部件】按钮，打开【移动零部件】属性面板，如图 11-26 所示。【移动零部件】属性面板和【旋转零部件】属性面板的选项设置是相同的。

图 11-26 【移动零部件】属性面板

11.4 布局草图

布局草图对装配体的设计是一个非常有用的工具，使用装配布局草图可以控制零部件和特征的尺寸和位置。对装配布局草图的修改会引起所有零部件的更新，如果再采用装配设计表还可进一步扩展此功能，自动创建装配体的配置。

11.4.1 布局草图的功能

装配环境的布局草图有如下功能。

1. 确定设计意图

所有的产品设计都有一个设计意图，不管它是创新设计还是改良设计。总设计师最初的想法、草图、计划、规格及说明都可以用来构成产品的设计意图。它可以帮助每个设计者更好地理解产品的规划和零部件的细节设计。

2. 定义初步的产品结构

产品结构包含了一系列的零部件，以及它们所继承的设计意图。产品结构可以这样构成：在它里面的子装配体和零部件都可以只包含一些从顶层继承的基准和骨架，或者复制的几何参考，而不包括任何本身的几何形状或具体的零部件，还可以把子装配体和零部件在没有任何装配约束的情况下加入装配之中。这样做的好处是，这些子装配体和零部件在设计的初期是不确定也不具体的，但是仍然可以在产品规划设计时把它们加入装配中，从而可以为并行设计做准备。

3. 在整个装配骨架中传递设计意图

重要零部件的空间位置和尺寸要求都可以作为基本信息，放在顶层基本骨架中，然后传递给各个子系统，每个子系统就从顶层装配体中获得了所需要的信息，进而它们就可以在获得的骨架中进行细节设计了，因为它们基于同一设计基准。

4. 子装配体和零部件的设计

当代表顶层装配的骨架确定，设计基准传递下去之后，可以进行单个的零部件设计。这里，可以采用两种方法进行零部件的详细设计：一种方法是基于已存在的顶层基准，设计好零部件再进行装配；另一种方法是在装配关系中建立零部件模型。零部件模型建立好后，管理零部件之间的相互关联性。用添加方程式的形式来控制零部件与零部件之间，以及零部件与装配件之间的关联性。

11.4.2 布局草图的建立

由于自顶向下设计是从装配模型的顶层开始，通过在装配环境建立零部件来完成整个装配模型设计的方法，因此，在装配设计的最初阶段，按照装配模型的最基本的功能和要求，在装配体顶层构筑布局草图，用这个布局草图来充当装配模型的顶层骨架。随后的设计过程基本上都是在这个基本骨架的基础上进行复制、修改、细化和完善，最终完成整个设计过程。

要建立一个装配布局草图，可以在【开始装配体】属性面板中单击【生成布局】按钮，随后进入3D草图模式。在特征管理器设计树中将生成一个【布局】文件，如图11-27所示。

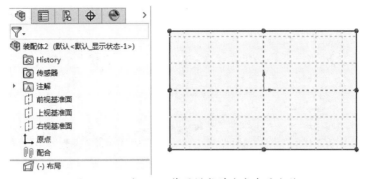

图 11-27　进入 3D 草图模式并生成布局文件

11.4.3　基于布局草图的装配体设计

布局草图能够代表装配模型的主要空间位置和空间形状，能够反映构成装配体模型的各个零部件之间的拓扑关系，它是整个自顶向下装配设计展开过程中的核心，是各个子装配体之间相互联系的中间桥梁和纽带。因此，在建立布局草图时，更注重在最初的装配总体布局中捕获和抽取各子装配体和零部件间的相互关联性和依赖性。

例如，在布局草图中绘制如图 11-28 所示的草图，完成布局草图绘制后单击【布局】按钮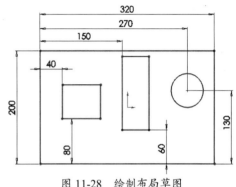，退出 3D 草图模式。

图 11-28　绘制布局草图

从绘制的布局草图中可以看出，整个装配体由 3 个零部件组成。在【装配体】选项卡中使用【新零部件】工具，生成一个新的零部件文件。在特征管理器设计树中选中该零部件文件并选择右键菜单中的【编辑】命令，即可激活新零部件文件，也就是进入零部件设计模式创建新零部件文件的特征。

使用【特征】选项卡中的【拉伸凸台/基体】工具，使利用布局草图的轮廓，重新创建 2D 草图，并创建出拉伸特征，如图 11-29 所示。

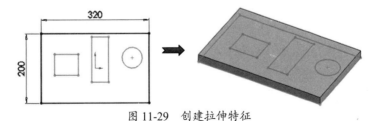

图 11-29　创建拉伸特征

拉伸特征创建后在【草图】选项卡中单击【编辑零部件】按钮，完成装配体第一个零部件的设计。同理，再使用相同操作方法依次创建出其余的零部件，最终设计完成的装配体模型如图 11-30 所示。

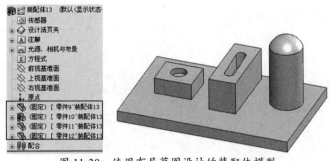

图 11-30　使用布局草图设计的装配体模型

11.5　装配体检测

零部件在装配环境下完成装配以后,为了找出装配过程中产生的问题,需使用 SolidWorks 提供的检测工具检测装配体中各零部件之间存在的间隙、碰撞和干涉,使装配设计得到改善。

11.5.1　间隙验证

【间隙验证】工具用来检查装配体中所选零部件之间的间隙。使用该工具可以检查零部件之间的最小距离,并报告不满足指定的"可接受的最小间隙"的间隙。

在【装配体】选项卡中单击【间隙验证】按钮 ,打开【间隙验证】属性面板,如图 11-31 所示。

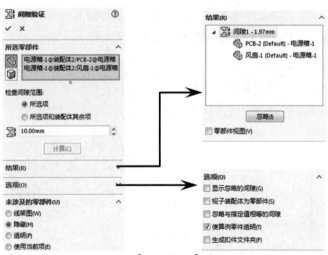

图 11-31　【间隙验证】属性面板

【间隙验证】属性面板中各选项区、选项含义如下。

- 【所选零部件】选项区:该选项区用来选择要检测的零部件,并设定检测的间隙值。

- ➢ 检查间隙范围：指定只检查所选实体之间的间隙，还是检查所选实体和装配体其余实体之间的间隙。
- ➢ 所选项：选择此单选按钮，只检测所选的零部件。
- ➢ 所选项和装配体其余项：选择此单选按钮，将检测所选及未选的零部件。
- ➢ 可接受的最小间隙：设定检测间隙的最小值。小于或等于此值时将在【结果】选项区中列出报告。
- 【结果】选项区：该选项区用来显示间隙检测的结果。
  - ➢ 忽略：单击此按钮，将忽略检测结果。
  - ➢ 零部件视图：勾选此复选框，按零部件名称非间隙编号列出间隙。
- 【选项】选项区：该选项区用来设置间隙检测的选项。
  - ➢ 显示忽略的间隙：勾选此复选框，可在结果清单中以灰色图标显示忽略的间隙。当取消勾选时，忽略的间隙将不会列出。
  - ➢ 视子装配体为零部件：勾选此复选框，将子装配体作为一个零部件，而不会检测子装配体中的零部件间隙。
  - ➢ 忽略与指定值相等的间隙：勾选此复选框，将忽略与设定值相等的间隙。
  - ➢ 使算例零件透明：以透明模式显示正在验证其间隙的零部件。
  - ➢ 生成扣件文件夹：将扣件（如螺母和螺栓）之间的间隙隔离为单独文件夹。
- 【未涉及的零部件】选项区：使用选定模式来显示间隙检查中未涉及的所有零部件。

11.5.2 干涉检查

使用【干涉检查】工具，可以检查装配体中所选零部件之间的干涉。在【装配体】选项卡中单击【干涉检查】按钮，打开【干涉检查】属性面板，如图 11-32 所示。

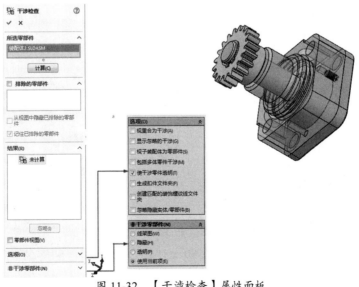

图 11-32 【干涉检查】属性面板

【干涉检查】属性面板中的属性设置与【间隙验证】属性面板中的属性设置基本相同,下面只介绍不同的选项含义。

- 视重合为干涉:勾选此复选框,将零部件重合视为干涉。
- 显示忽略的干涉:勾选此复选框,将在【结果】选项区列表中以灰色图标显示忽略的干涉。反之,则不显示。
- 包括多体零件干涉:勾选此复选框,将报告多体零件中实体之间的干涉。

> **技巧点拨:**
> 默认情况下,除非预选了其他零部件,否则显示顶层装配体。当检查一装配体的干涉情况时,其所有零部件将被检查。如果选取单一零部件,则只报告涉及该零部件的干涉。

11.5.3 孔对齐

在装配过程中,使用【孔对齐】工具可以检查所选零部件之间的孔是否未对齐。在【装配体】选项卡中单击【孔对齐】按钮 ,打开【孔对齐】属性面板。在面板中设定【孔中心误差】后,单击【计算】按钮,系统将自动计算整个装配体中是否存在孔中心误差,计算的结果将列于【结果】选项区中,如图11-33所示。

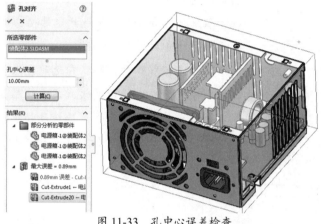

图 11-33 孔中心误差检查

11.6 爆炸视图

装配体爆炸视图是装配模型中组件按装配关系偏离原来的位置的拆分图形。爆炸视图的创建可以方便用户查看装配体中的零部件及其相互之间的装配关系。装配体的爆炸视图如图11-34所示。

11.6.1 生成或编辑爆炸视图

在【装配体】选项卡中单击【爆炸视图】按钮 ,打开【爆炸】属性面板,如图11-35所示。

【爆炸】属性面板中各选项区及选项含义如下。

图 11-34 装配体的爆炸视图

- 【爆炸步骤】选项区：该选项区用于收集爆炸到单一位置的一个或多个所选零部件。要删除爆炸视图，可以删除爆炸步骤中的零部件。
- 【设定】选项区：该选项区用于设置爆炸视图的参数。

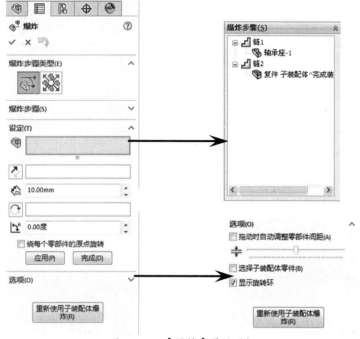

图 11-35 【爆炸】属性面板

- 爆炸步骤的零部件：激活此列表，在图形区中选择要爆炸的零部件，随后图形区中显示三重轴，如图 11-36 所示。

技巧点拨：
只有在改变零部件位置的情况下，所选的零部件才会显示在【爆炸步骤】选项区列表中。

- 爆炸方向：显示当前爆炸步骤所选的方向。可以单击【反向】按钮改变方向。
- 爆炸距离：输入值以设定零部件的移动距离。
- 应用：单击此按钮，可以预览移动后的零部件位置。
- 完成：单击此按钮，保存零部件移动的位置。
- 拖动时自动调整零部件间距：勾选此复选框，将沿轴自动均匀地分布零部件组的间距。
- 调整零部件之间的间距：拖动滑块来调整放置的零部件之间的距离。
- 选择子装配体零件：勾选此复选框，可选择子装配体的单个零部件。反之，则选择整个子装配体。
- 重新使用子装配体爆炸：使用先前在所选子装配体中定义的爆炸步骤。

除了在面板中设定爆炸参数来生成爆炸视图，用户可以自由拖动三重轴的轴来改变零部件在装配体中的位置，如图 11-37 所示。

图 11-36 显示三重轴

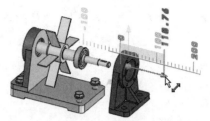
图 11-37 拖动三重轴改变零部件位置

11.6.2 添加爆炸直线

爆炸视图创建以后,可以添加爆炸直线来表达零部件在装配体中所移动的轨迹。在【装配体】选项卡中单击【爆炸直线草图】按钮,打开【步路线】属性面板,并自动进入 3D 草图模式,且系统弹出【爆炸草图】工具栏,如图 11-38 所示。可以通过在【爆炸草图】选项卡中单击【步路线】按钮来打开或关闭【步路线】属性面板。

在 3D 草图模式下使用【直线】工具来绘制爆炸直线,如图 11-39 所示,其将以幻影线显示。

图 11-38 【步路线】属性面板和【爆炸草图】工具栏

图 11-39 绘制爆炸直线

在【爆炸草图】工具栏中单击【转折线】按钮,然后在图形区中选择爆炸直线并拖动草图线条以将转折线添加到该爆炸直线中,如图 11-40 所示。

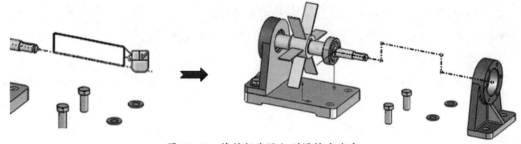
图 11-40 将转折线添加到爆炸直线中

11.7 综合案例

SolidWorks 装配设计分自顶向下设计和自底向上设计。下面以两个典型的装配设计实例来说明自顶向下和自底向上的装配设计方法及操作过程。

11.7.1 案例一——脚轮装配设计

活动脚轮是工业产品，它由固定板、支承架、塑胶轮、轮轴及螺母构成。活动脚轮也就我们所说的万向轮，它的结构允许360°旋转。

活动脚轮的装配设计的方式是自顶向下，即在总装配体结构下，依次构建出各零部件模型。装配设计完成的活动脚轮如图 11-41 所示。

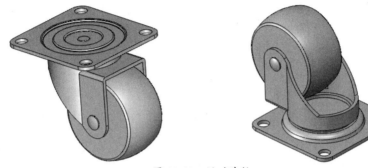

图 11-41　活动脚轮

操作步骤

1. 创建固定板零部件

① 新建装配体文件，进入装配环境，如图 11-42 所示。随后关闭属性管理器中的【开始装配体】属性面板。

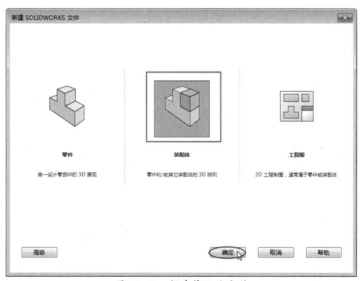

图 11-42　新建装配体文件

② 在【装配体】选项卡中单击【插入零部件】按钮 下方的 按钮，然后选择【新零件】命令 ，随后新建一个零部件文件，然后将该零部件文件重命名为"固定板"，

如图 11-43 所示。

③ 选择该零部件，在【装配体】选项卡中单击【编辑零部件】按钮，进入零部件设计环境。

④ 使用【拉伸凸台/基体】工具，选择前视基准面作为草绘平面，进入草图环境，绘制如图 11-44 所示的草图。

图 11-43　新建零部件文件并重命名

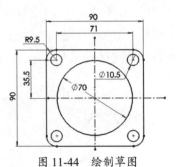

图 11-44　绘制草图

⑤ 在【凸台-拉伸】属性面板中重新选择轮廓草图，设置如图 11-45 所示的拉伸参数后完成圆形实体的创建。

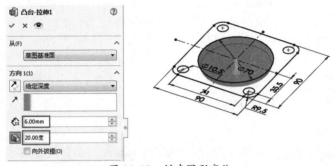

图 11-45　创建圆形实体

⑥ 再使用【拉伸凸台/基体】工具，选择余下的草图曲线来创建实体特征，如图 11-46 所示。

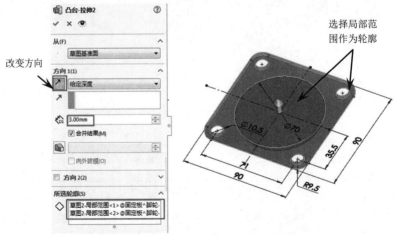

图 11-46　创建由其余草图曲线作为轮廓的实体

> **技巧点拨:**
> 创建拉伸实体后,余下的草图曲线被自动隐藏,此时需要显示草图。

⑦ 使用【旋转切除】工具,选择上视基准面作为草绘平面,然后绘制如图 11-47 所示的草图。

⑧ 退出草图环境后,以默认的旋转切除参数来创建旋转切除特征,如图 11-48 所示。

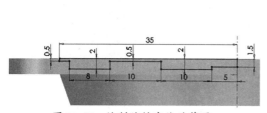

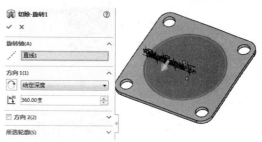

图 11-47 绘制旋转实体的草图   图 11-48 创建旋转切除特征

⑨ 使用【圆角】工具,为实体创建半径分别为 5mm、1mm 和 0.5mm 的圆角特征,如图 11-49 所示。

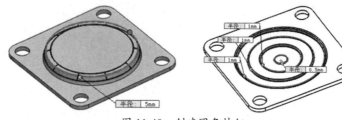

图 11-49 创建圆角特征

⑩ 在【特征】选项卡中单击【编辑零部件】按钮,完成固定板零部件的创建。

2. 创建支承架零部件

① 在装配环境下插入第二个新零部件文件,并重命名为"支承架"。

② 选择支承架零部件,然后单击【编辑零部件】按钮,进入零部件设计环境。

③ 使用【拉伸凸台/基体】工具,选择固定板零部件的圆形表面作为草绘平面,然后绘制如图 11-50 所示的草图。

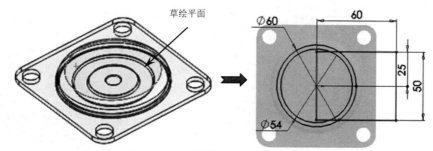

图 11-50 选择草绘平面并绘制草图

④ 退出草图环境后,在【凸台-拉伸】属性面板中重新选择拉伸轮廓(直径为 54mm 的圆),并设置拉伸深度为 3mm,如图 11-51 所示,最后关闭面板完成拉伸实体的创建。

⑤ 再使用【拉伸凸台/基体】工具，选择上一个草图中的圆（直径为60mm）来创建深度为80mm的实体，如图11-52所示。

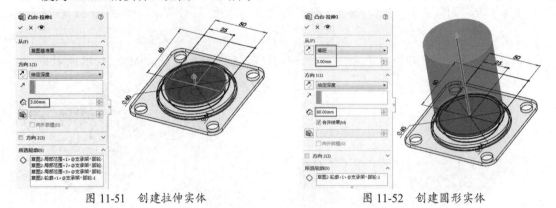

图 11-51 创建拉伸实体　　　　　　图 11-52 创建圆形实体

⑥ 同理，再使用【拉伸凸台/基体】工具选择矩形来创建实体，如图11-53所示。

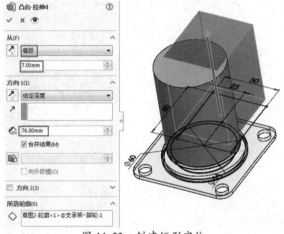

图 11-53 创建矩形实体

⑦ 使用【拉伸切除】工具，选择上视基准面作为草绘平面，绘制轮廓草图后再创建如图11-54所示的拉伸切除特征。

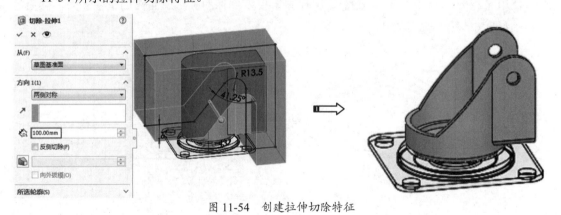

图 11-54 创建拉伸切除特征

⑧ 使用【圆角】工具，在实体中创建半径为3mm的圆角特征，如图11-55所示。
⑨ 使用【抽壳】工具，选择如图11-56所示的面来创建厚度为3mm的抽壳特征。

第 11 章 零部件装配设计

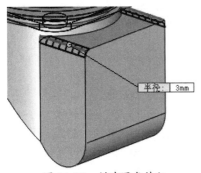 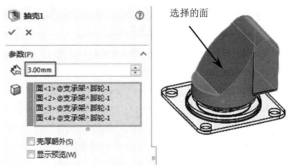

图 11-55 创建圆角特征　　　　　图 11-56 创建抽壳特征

⑩ 创建抽壳特征后，即完成了支承架零部件的创建，如图 11-57 所示。
⑪ 使用【拉伸切除】工具 ，在上视基准面上创建支承架上的孔，如图 11-58 所示。

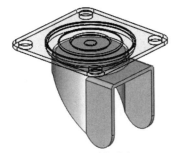 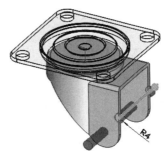

图 11-57 支承架　　　　　　　图 11-58 创建支承架上的孔

⑫ 完成支承架零部件的创建后，单击【编辑零部件】按钮 ，退出零部件设计环境。

3. 创建塑胶轮、轮轴及螺母零部件

① 在装配环境下插入新零部件并重命名为"塑胶轮"。
② 编辑"塑胶轮"零部件进入装配设计环境。使用【点】工具 ，在支承架的孔中心创建一个点，如图 11-59 所示。
③ 使用【基准面】工具 ，选择右视基准面作为第一参考，选择点作为第二参考，然后创建新基准面，如图 11-60 所示。

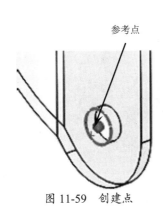 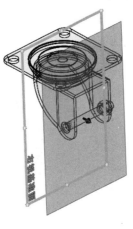

图 11-59 创建点　　　　　　　图 11-60 创建新基准面

339

> **技巧点拨:**
> 在选择第二参考时,参考点是看不见的。这需要展开图形区中的特征管理器设计树,然后再选择参考点。

④ 使用【旋转凸台/基体】工具 ⑤,选择参考基准面作为草绘平面,绘制如图 11-61 所示的草图后,完成旋转实体的创建。

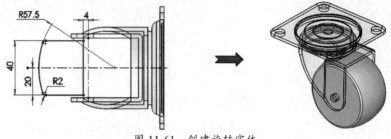

图 11-61 创建旋转实体

⑤ 此旋转实体即为塑胶轮零部件。单击【编辑零部件】按钮 ⑥,退出零部件设计环境。
⑥ 在装配环境下插入新零部件并重命名为"轮轴"。
⑦ 编辑"轮轴"零部件并进入零部件设计环境。使用【旋转凸台/基体】工具,选择"塑胶轮"零部件中的参考基准面作为草绘平面,然后创建如图 11-62 所示的旋转实体。此旋转实体即为轮轴零部件。

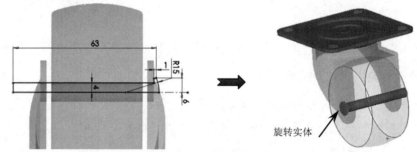

图 11-62 创建旋转实体

⑧ 单击【编辑零部件】按钮 ⑥,退出零部件设计环境。
⑨ 在装配环境下插入新零部件并重命名为"螺母"。
⑩ 使用【拉伸凸台/基体】工具 ⑥,选择支承架侧面作为草绘平面,然后绘制如图 11-63 所示的草图。

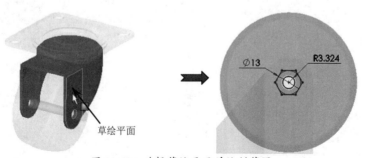

图 11-63 选择草绘平面并绘制草图

⑪ 退出草图环境后,创建深度为 7.9mm 的拉伸实体,如图 11-64 所示。

第 11 章 零部件装配设计

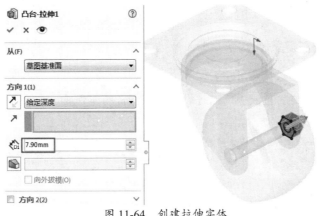

图 11-64 创建拉伸实体

⑫ 使用【旋转切除】工具,选择"塑胶轮"零部件中的参考基准面作为草绘平面,进入草图环境后绘制草图,退出草图环境后创建旋转切除特征,如图 11-65 所示。

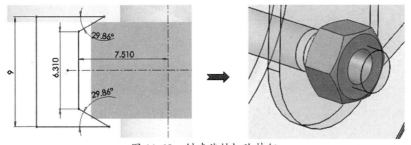

图 11-65 创建旋转切除特征

⑬ 单击【编辑零部件】按钮,退出零部件设计环境。

⑭ 至此,活动脚轮装配体中的所有零部件已全部设计完成。最后将装配体文件保存,并重命名为"脚轮"。

11.7.2 案例二——台虎钳装配设计

台虎钳是安装在工作台上用以夹稳加工工件的工具。

台虎钳主要由两大部分构成:固定钳座和活动钳座。本例中将使用装配体的自底向上的设计方法来装配台虎钳。台虎钳装配体如图 11-66 所示。

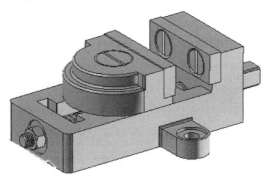

图 11-66 台虎钳装配体

操作步骤

1. 装配活动钳座子装配体

① 新建装配体文件，进入装配环境。

② 在【开始装配体】属性面板中单击【浏览】按钮，将本例源文件中的"活动钳口.sldprt"零部件文件插入装配环境，如图 11-67 所示。

图 11-67　将零部件插入装配环境

③ 在【装配体】选项卡中单击【插入零部件】按钮，打开【插入零部件】属性面板。在该属性面板中单击【浏览】按钮，将本例源文件中的"钳口板.sldprt"零部件文件插入装配环境并任意放置，如图 11-68 所示。

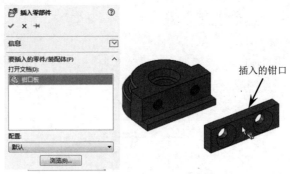

图 11-68　插入钳口板

④ 同理，依次将"开槽沉头螺钉.sldprt"和"开槽圆柱头螺钉.sldprt"零部件插入装配环境，如图 11-69 所示。

⑤ 在【装配体】选项卡中单击【配合】按钮，打开【配合】属性面板。在图形区中选择钳口板的孔边线和活动钳口中的孔边线作为要配合的实体，如图 11-70 所示。

第 11 章 零部件装配设计

图 11-69 插入零部件

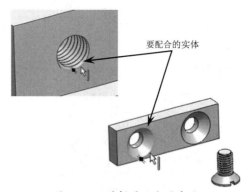

图 11-70 选择要配合的实体

⑥ 随后钳口板自动与活动钳口孔对齐,并弹出标准配合工具栏。在该工具栏中单击【添加/完成配合】按钮✓,完成【同轴心】配合,如图 11-71 所示。

⑦ 接着在钳口板和活动钳口零部件上各选择一个面作为要配合的实体,随后钳口板自动与活动钳口完成【重合】配合,在标准配合工具栏中单击【添加/完成配合】按钮✓完成配合,如图 11-72 所示。

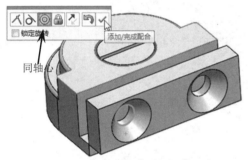

图 11-71 零部件的【同轴心】配合

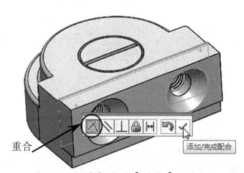

图 11-72 零部件的【重合】配合

⑧ 选择活动钳口顶部的孔边线与开槽圆柱头螺钉的边线作为要配合的实体,并完成【同轴心】配合,如图 11-73 所示。

> **技巧点拨:**
> 一般情况下,有孔的零部件使用【同轴心】配合与【重合】配合或【对齐】配合。无孔的零部件可用除【同轴心】外的配合来配合。

⑨ 选择活动钳口顶部的孔台阶面与开槽沉头螺钉的台阶面作为要配合的实体,并完成【重合】配合,如图 11-74 所示。

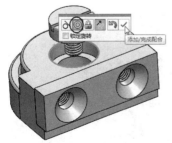

图 11-73 零部件的【同轴心】配合

图 11-74 零部件的【重合】配合

⑩ 同理，对开槽沉头螺钉与活动钳口使用【同轴心】配合和【重合】配合，结果如图 11-75 所示。

⑪ 在【装配体】选项卡中单击【线性零部件阵列】按钮 ，打开【线性阵列】属性面板。在钳口板上选择一边线作为阵列参考方向，如图 11-76 所示。

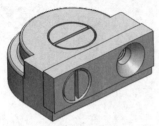
图 11-75 装配开槽沉头螺钉

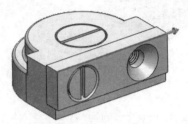
图 11-76 选择阵列参考方向

⑫ 选择开槽沉头螺钉作为要阵列的零部件，在输入阵列距离及阵列数量后，单击【确定】按钮 ，完成零部件的阵列，如图 11-77 所示。

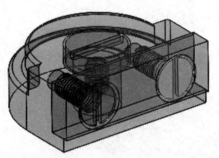
图 11-77 线性阵列开槽沉头螺钉

⑬ 至此，活动钳座装配体设计完成，最后将装配体文件另存为"活动钳座.SLDASM"，然后关闭窗口。

2. 装配固定钳座

① 新建装配体文件，进入装配环境。

② 在【开始装配体】属性面板中单击【浏览】按钮，将本例源文件中的"钳座.sldprt"零部件文件插入装配环境，以此作为固定零部件，如图 11-78 所示。

③ 同理，使用【装配体】选项卡中的【插入零部件】工具，执行相同操作依次将丝杠、钳口板、螺母、方块螺母和开槽沉头螺钉等零部件插入装配环境，如图 11-79 所示。

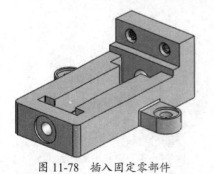
图 11-78 插入固定零部件

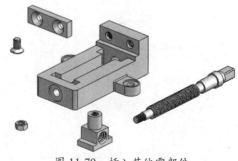
图 11-79 插入其他零部件

④ 使用【配合】工具⊘，选择丝杠圆形部分的边线与钳座孔边线作为要配合的实体，使用【同轴心】配合。然后再选择丝杠圆形台阶面和钳座孔台阶面作为要配合的实体，并使用【重合】配合，配合的结果如图 11-80 所示。

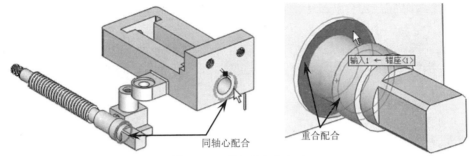

图 11-80　装配丝杠与钳座

⑤ 螺母与丝杠的装配也使用【同轴心】配合和【重合】配合，如图 11-81 所示。

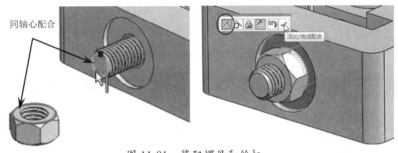

图 11-81　装配螺母和丝杠

⑥ 装配钳口板与钳座时使用【同轴心】配合和【重合】配合，如图 11-82 所示。

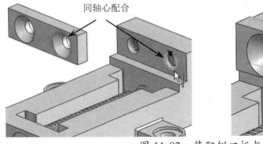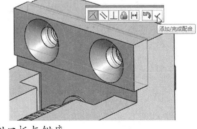

图 11-82　装配钳口板与钳座

⑦ 装配开槽沉头螺钉与钳口板时使用【同轴心】配合和【重合】配合，如图 11-83 所示。

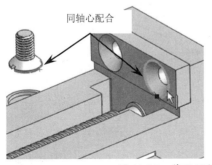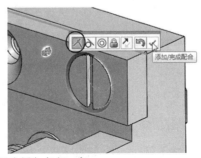

图 11-83　装配开槽沉头螺钉与钳口板

⑧ 装配方块螺母到丝杠。装配时方块螺母使用【距离】配合和【同轴心】配合。选择方块螺母上的面与钳座面作为要配合的实体后,方块螺母自动与钳座的侧面对齐,如图 11-84 所示。此时,在标准配合工具栏中单击【距离】按钮,在距离文本框中输入 70.00mm,再单击【添加/完成配合】按钮,完成【距离】配合,如图 11-85 所示。

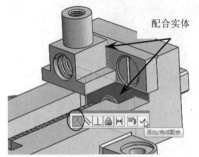 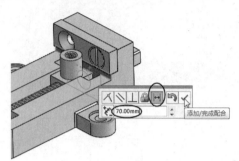

图 11-84　对齐方块螺母与钳座　　　　图 11-85　完成【距离】配合

⑨ 接着对方块螺母和丝杠再使用【同轴心】配合,配合完成的结果如图 11-86 所示。配合完成后,关闭【配合】属性面板。

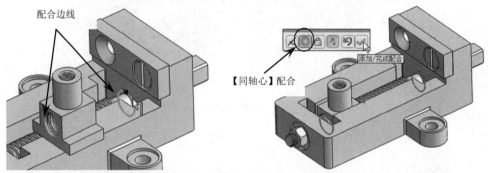

图 11-86　装配方块螺母与丝杠

⑩ 使用【线性阵列】工具,阵列开槽沉头螺钉,如图 11-87 所示。

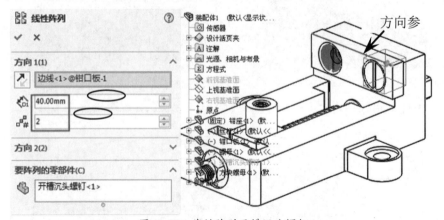

图 11-87　线性阵列开槽沉头螺钉

3. 插入子装配体

① 在【装配体】选项卡中单击【插入零部件】按钮,打开【插入零部件】属性面板。

② 在面板中单击【浏览】按钮，然后在【打开】对话框中将先前另存为"活动钳座"的装配体文件打开，如图 11-88 所示。

图 11-88 打开"活动钳座"装配体文件

③ 打开装配体文件后，将其插入装配环境并任意放置。

④ 添加配合关系，将活动钳座装配到方块螺母上。装配活动钳座时先使用【重合】配合和【角度】配合将活动钳座的方位调整好，如图 11-89 所示。

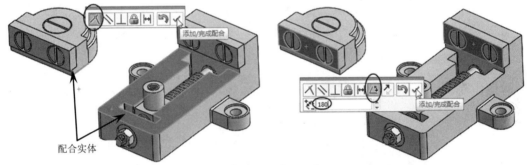

图 11-89 使用【重合】配合和【角度】配合定位活动钳座

⑤ 再使用【同轴心】配合，使活动钳座与方块螺母完全地同轴配合在一起，如图 11-90 所示。完成配合后关闭【配合】属性面板。

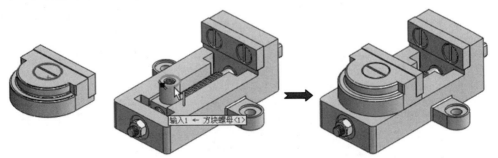

图 11-90 使用【同轴心】配合完成活动钳座的装配

⑥ 至此台虎钳的装配设计工作已全部完成。最后将结果另存为"台虎钳.SLDASM"装配体文件。

11.7.3 案例三——切割机工作部装配设计

本例要进行装配设计的切割机工作部装配体,如图11-91所示。

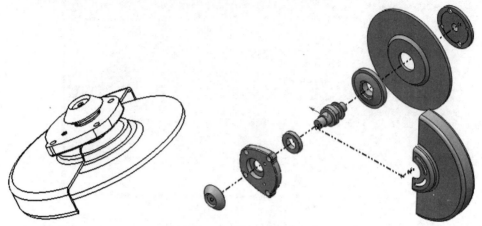

图11-91 切割机工作部装配体

针对切割机工作部装配体的装配设计做出如下分析。
- 切割机工作部的装配将采用自底向上的装配设计方式。
- 对于盘类、轴类的零部件装配,其配合关系大多为【同轴心】与【重合】。
- 个别零部件需要【距离】和【角度】配合来调整零部件在装配体中的位置与角度。
- 装配完成后,使用【爆炸视图】工具创建爆炸视图。

操作步骤

① 新建装配体文件,进入装配环境。
② 在【开始装配体】属性面板中单击【浏览】按钮,将本例源文件中的"轴.sldprt"零部件文件打开,如图11-92所示。

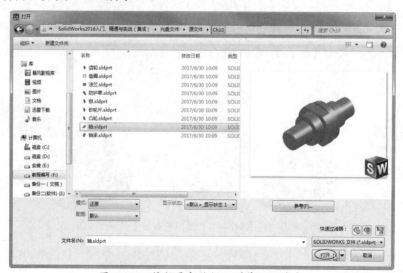

图11-92 将轴零部件插入到装配环境中

> **技巧点拨：**
> 要想插入的零部件与原点位置重合，请直接在【开始装配】属性面板中单击【确定】按钮✔。

③ 在【装配体】选项卡中单击【插入零部件】按钮，打开【插入零部件】属性面板。在该面板中单击【浏览】按钮，然后将本例源文件中的"轴.sldprt"零部件文件插入装配工具中并任意放置，如图 11-93 所示。

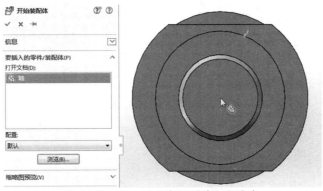

图 11-93　插入轴零部件到装配环境中

④ 下面对轴零部件进行旋转操作，这是为了便于装配后续插入的零部件。在特征管理器设计树中选中轴零部件并在弹出的右键菜单中选择【浮动】命令，将默认的【固定】配合改为为【浮动】配合。

> **技巧点拨：**
> 只有当零部件的位置状态为浮动时，才能移动或旋转该零部件。

⑤ 在【装配体】选项卡中单击【移动零部件】按钮，打开【移动零部件】属性面板。在图形区选择轴零部件作为旋转对象，在【旋转】选项区中选择【由 Delta XYZ】选项，设置△X 的值为 180，再单击【应用】按钮，完成旋转操作，如图 11-94 所示。完成旋转操作后关闭面板。

⑥ 完成旋转操作后，重新将轴零部件的位置状态设为固定。

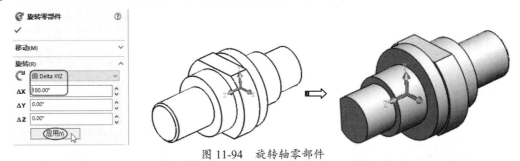

图 11-94　旋转轴零部件

> **技巧点拨：**
> 当在【移动零部件】属性面板中展开【旋转】选项区时，面板的属性发生变化。即由【移动零部件】属性面板变为【旋转零部件】属性面板。

⑦ 使用【插入零部件】工具，依次将本例源文件中的法兰、砂轮片、垫圈和钳零部件插入装配体中，并任意放置，如图 11-95 所示。

⑧ 首先装配法兰。使用【配合】工具，选择轴的边线和法兰孔边线作为要配合的实体，法兰与轴自动完成【同轴心】配合。单击标准配合工具栏中的【添加/完成配合】按钮，完成【同轴心】配合，如图11-96所示。

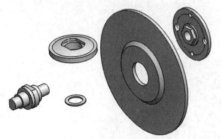
图11-95 依次插入的零部件

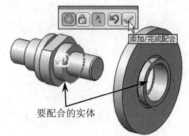
图11-96 轴与法兰的【同轴心】配合

⑨ 选择轴肩侧面与法兰端面作为要配合的实体，然后使用【重合】配合来装配轴零部件与法兰零部件，如图11-97所示。

图11-97 轴与法兰的【重合】配合

⑩ 装配砂轮片时，对砂轮片和法兰使用【同轴心】配合和【重合】配合，如图11-98所示。

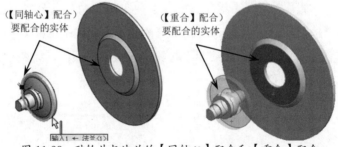
图11-98 砂轮片与法兰的【同轴心】配合和【重合】配合

⑪ 装配垫圈时，对垫圈和法兰使用【同轴心】配合和【重合】配合，如图11-99所示。
⑫ 装配钳零部件时，首先对其进行【同轴心】配合，如图11-100所示。

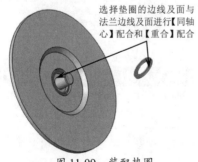
图11-99 装配垫圈

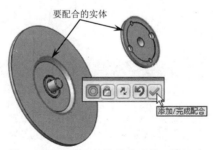
图11-100 钳零部件的【同轴心】配合

⑬ 再选择钳零部件的面和砂轮片的面使用【重合】配合,然后在标准配合工具栏中单击【反转配合对齐】按钮,完成钳零部件的装配,如图 11-101 所示。

⑭ 使用【插入零部件】工具,依次将本例源文件中的其余零部件(包括轴承、凸轮、防护罩和齿轮)插入装配体中,如图 11-102 所示。

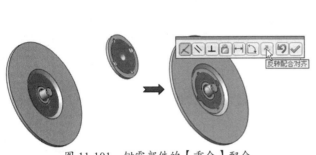

图 11-101　钳零部件的【重合】配合

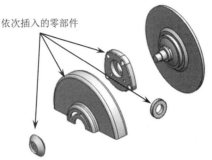

图 11-102　依次插入其余零部件

⑮ 装配轴承将使用【同轴心】配合和【重合】配合,如图 11-103 所示。

图 11-103　装配轴承

⑯ 装配凸轮。选择凸轮的面及孔边线分别与轴承的面及边线应用【重合】配合和【同轴心】配合,如图 11-104 所示。

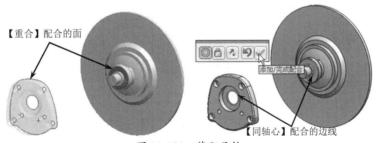

图 11-104　装配凸轮

⑰ 装配防护罩。首先对防护罩和凸轮使用【同轴心】配合,然后使用【重合】配合,如图 11-105 所示。

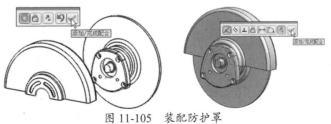

图 11-105　装配防护罩

⑱ 选择轴上一侧面和防护罩上一截面作为要配合的实体，然后使用【角度】配合，如图 11-106 所示。

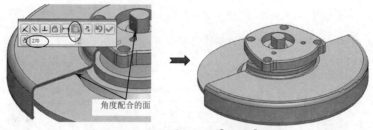

图 11-106　防护罩与轴的【角度】配合

⑲ 最后对齿轮和凸轮使用【同轴心】配合和【重合】配合，结果如图 11-107 所示。完成所有配合后关闭【配合】属性面板。

⑳ 使用【爆炸视图】工具和【爆炸直线草图】工具，创建切割机的爆炸视图，如图 11-108 所示。

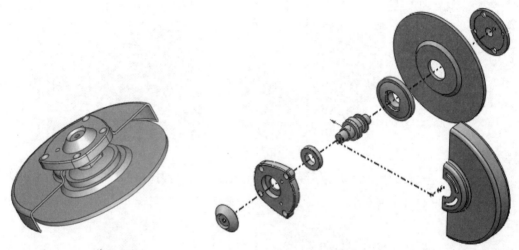

图 11-107　装配凸轮　　　　　　图 11-108　创建切割机装配体爆炸视图

㉑ 至此，切割机装配体设计完成。将装配体文件另存为"切割机.SLDASM"，关闭窗口。

第 12 章
SolidWorks 应用于机构仿真

本章内容

SolidWorks 利用自带插件 Motion 可以制作产品的动画演示,并可做运动分析。动画用连续的图片来表述物体的运动,给人的感觉更直观和清晰。本章主要介绍 SOLIDWORKS Motion、创建动画、创建基本运动及 Motion 运动分析等内容。

知识要点

- ☑ SOLIDWORKS Motion 概述
- ☑ 拓展训练——创建动画
- ☑ 拓展训练——创建基本运动
- ☑ 拓展训练——Motion 运动分析

12.1 SOLIDWORKS Motion 概述

SolidWorks 将动态装配体运动、物理模拟、动画和 COSMOSMotion 整合到了一个易于使用的用户界面。运动算例是对装配体模型运动的动画模拟。可以将诸如光源和相机透视图之类的视觉属性融合到运动算例中。运动算例与配置类似,并不更改装配体模型或其属性。

SolidWorks 运动算例可以生成的动画种类如下。

- 旋转零件或装配体模型动画。
- 爆炸装配体动画。
- 解除爆炸动画。
- 视向属性动画:装配体零部件的视向属性包括隐藏和显示、透明度、外观(颜色、纹理)等。
- "视向及相机视图"动画。
- 应用模拟单元实现动画。

12.1.1 运动算例

要从模型生成或编辑运动算例,可单击图形区左下方的【运动算例】选项卡。图形区被水平分割,模型窗口和动画【运动算例】特征管理器将同时在图形区中显示,顶部区域显示模型,底部区域被分割成三部分,如图 12-1 所示。

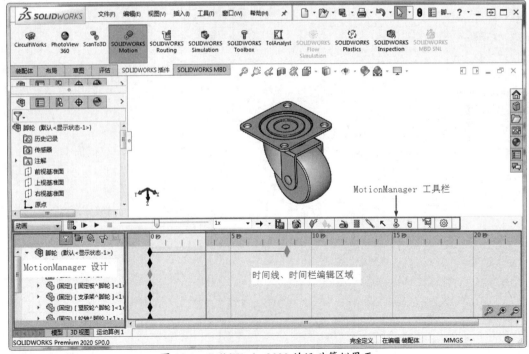

图 12-1 SolidWorks 2020 的运动算例界面

> **技巧点拨：**
> 只有在软件窗口底部单击【运动算例1】选项卡，才会在模型窗口下面显示运动算例界面。

1. MotionManager 工具栏

MotionManager 工具栏中各按钮的功能如下。

- 计算🔢：计算当前模拟。如果模拟被更改，则再次播放之前必须重新计算。
- 从头播放▶：重设定部件并播放模拟，在计算模拟后使用。
- 播放▶：从当前时间栏位置播放模拟。
- 停止■：停止播放。
- 播放模式：正常➡：一次性从头到尾播放。
- 播放模式：循环🔁：多次从头到尾连续播放。
- 播放模式：往复↔：从头到尾播放，然后从尾到头回放，往复播放。
- 保存动画📷：将动画保存为 AVI 格式或其他格式类型。
- 动画向导🧙：利用此向导可帮助用户自动生成简单动画。
- 自动键码🔑：单击此按钮，会自动为拖动的部件在当前时间栏生成键码。再次单击可关闭该选项。
- 添加/更新键码➕：单击此按钮可以添加新键码或更新现有键码的属性。
- 结果和图解📊：计算结果并生成图表。
- 运动算例属性⚙：设置运动算例的属性。

在运动算例中使用模拟单元可以接近实际地模拟装配体中零部件的运动。模拟单元种类有：【马达】🔧、【弹簧】🌀、【阻尼】🔨、【力】↖、【接触】🎱 和【引力】🌍。

2. MotionManager 设计树

在设计树的上端有 5 个过滤按钮。

- 无过滤▽：显示所有项。
- 过滤动画🎬：只显示在动画制作过程中移动或更改的项目。
- 过滤驱动⚙：只显示引发运动或其他更改的项目。
- 过滤选定🔍：只显示选中项。
- 过滤结果📋：只显示模拟结果项目。

MotionManager 设计树包括：

- 视向及相机视图🎥。
- 光源、相机与布景💡。
- 出现在特征管理器设计树中的零部件实体。
- 所添加的马达、力或弹簧之类的任何模拟单元。

选择零件时，可以从装配体的设计树、运动算例设计树中选择，或者在图形区中直接选择。

12.1.2 时间线与时间栏

1. 时间线

时间线是动画的时间界面，位于 MotionManager 设计树的右方。时间线显示运动算例中动画事件的时间和类型。时间线被竖直网格线均分，这些网格线对应于表示时间的数字标记。数字标记从 00:00:00 开始，其间距取决于窗口大小和缩放等级。例如，沿时间线可能每隔一秒、两秒或五秒就会有一个标记。其间隔大小可以通过时间线编辑区域右下角的 🔍、🔍 按钮来调整。

2. 时间栏

时间线上的纯黑灰色竖直线即为时间栏，它表示动画当前的时间。沿时间线拖动时间栏到任意位置或单击时间线上的任意位置（关键点除外），都可以移动时间栏。移动时间栏会更改动画的当前时间并更新模型。时间线和时间栏如图 12-2 所示。

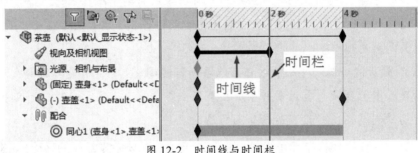

图 12-2 时间线与时间栏

12.1.3 键码点、关键帧、更改栏、选项

SolidWorks 运动算例是基于键码画面(关键点)的动画，先设定装配体在各个时间点的外观，然后 SolidWorks 运动算例的应用程序会计算从一个位置移动到下一个位置中间所需的过程。它使用的基本用户界面元素有：键码点、时间线、时间栏和更改栏。

1. 键码点与键码属性

时间线上的 ♦ 符号，被称为"键码点"。可使用键码点设定动画位置更改的开始、结束或某特定时间的其他特性。无论何时定位一个新的键码点，它都会对应于运动或视向特性的更改。

键码属性：当在任一键码点上移动指针时，零件序号将会显示此键码点时间的键码属性。如果零部件的所有项目在 MotionManager 设计树中被折叠，则所有的键码属性都会包含在零件序号中。键码属性中各项的含义如表 12-1 所示。

可在动画中键码点处定义相机和光源属性。通过在键码点处定义相机位置，生成完整动画。

表 12-1　键码属性中各项的含义

键码属性		说　　明
钳口板<1> 4.600 秒	零部件	MotionManager 设计树中时间线内某点处的零部件"钳口板<1>"
	移动零部件	是否移动零部件
	分解(X)	爆炸表示某种类型的重新定位
	外观	指定应用到零部件的颜色
	零部件显示	线架图或上色

要在键码点处设定相机或光源属性请执行下列操作。
- 在 MotionManager 设计树中右击 光源、相机与布景。
- 在弹出的快捷菜单中选择如图 12-3 所示的框选选项。
- 在 DisplayManager 中设定以下属性（如图 12-4 所示）：
  - ➢ 目标点
  - ➢ 相机位置
  - ➢ 相机类型
  - ➢ 视野
  - ➢ 相机旋转
  - ➢ 视野
  - ➢ 光源属性（位置、明暗度、圆锥角等）

图 12-3　选择快捷菜单选项

图 12-4　设置光源或相机

2. 关键帧

关键帧是两个键码点之间可以为任何时间长度的区域。此定义表示装配体零部件运动或视觉属性更改所发生的时间，如图 12-5 所示。

3. 更改栏

更改栏是连接键码点的水平栏,它们表示键码点之间的更改。可以更改的内容包括:动画时间长度、零部件运动、模拟单元属性、视图定向(如旋转)、视向属性(如颜色或视图隐藏、显示等)。

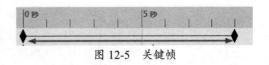

图 12-5 关键帧

对于不同的实体,更改栏使用不同的颜色来直观地识别零部件和类型的更改,如表 12-2 所示。除颜色外还可以通过运动算例设计树中的图标来识别实体。当生成动画时,键码点在时间线上随动画进程增加。水平更改栏以不同颜色显示,以识别动画关键帧制作过程中变更的每个零部件或视觉属性所发生的活动类型。例如,可以使用默认颜色。

- 绿色:驱动运动。
- 黄色:从动运动。
- 橙色:爆炸运动。

表 12-2 更改栏及功能

图标和更改栏	功能	注释
	总动画持续时间	
	视向及相机视图	视图定向的时间长度
	选取了禁用观阅键码播放	
	模拟单元	
	外观	■包括所有的视向属性(颜色和透明度等) ■可能存在独立的零部件运动
	驱动运动	驱动运动和从动运动更改栏可在相同键码点之间包括外观更改栏
	从动运动	从动运动零部件可以是运动的,也可以是固定的 ■运动 ■无运动
	分解(X)	使用【动画向导】生成
	零部件或特征属性更改,如配合尺寸	键码点
	特征键码	

续表

图标和更改栏	功　　能	注　　释
🔄 ◆	任何压缩的键码	
🔄 ◆	位置还未解出	键码点
🔄 ◆	位置不能到达	
◆━━━━━━━━◆	Motion 解算器故障	
📁 ◆━━━━━━━━◆	隐藏的子关系	在特征管理器设计树中生成的文件夹折叠项目
◆━━━━━━━━◆	活动特征	示例：配合压缩一段时间

12.1.4　算例类型

SolidWorks 提供了 3 种装配体运动模拟。

- 动画：是一种简单的运动模拟，它忽略了零部件的惯性、接触位置、力及类似的特性。这种模拟很适合用来验证正确的配件。
- 基本运动：会将零部件惯性之类的属性考虑在内，能够在一定程度上反映真实情况。但这种模拟不会识别外部施加的力。
- Motion 运动分析：是最高级的运动分析工具，它反映了所有必需的分析特性，例如，惯性、外力、接触位置、配件摩擦力等。

12.2　拓展训练——创建动画

用动画来生成使用插值以在装配体中指定零件点到点运动的简单动画，也可使用动画将基于马达的动画应用到装配体零部件中。

12.2.1　训练一：创建关键帧动画

关键帧动画是最基本的动画。创建方法：沿时间线拖动时间栏到某一时间关键点，然后移动零部件到目标位置。MotionManager 将零部件从其初始位置移动到以特定时间指定的位置。

① 新建装配体文件。然后开始装配第一个组件"支架底座.SLDPRT"，如图 12-6 所示。
② 继续插入零部件"轮子.SLDPRT"，插入时任意放置，如图 12-7 所示。

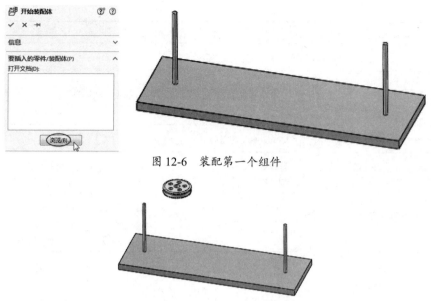

图 12-6　装配第一个组件

图 12-7　插入轮子组件

③　为轮子组件和上视基准面添加重合配合，如图 12-8 所示。

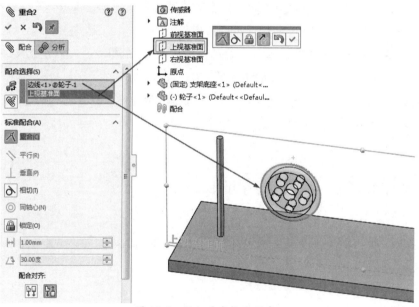

图 12-8　添加重合配合约束

④　在特征管理器中将支架底座零部件内部的"曲面-拉伸 1"特征显示。接着为轮子组件和"曲面-拉伸 1"特征添加相切约束，如图 12-9 所示。

⑤　切换到下视图，通过在【装配体】选项卡中单击【移动零部件】按钮，将轮子组件向上拖动到合适位置，如图 12-10 所示。

⑥　接下来在轮子和支架底座之间插入新建的零件：绳子（作为轮子运动的轨迹）。在【装配体】选项卡中单击【新零件】按钮（随后进入绳子的建模环境），再选择支架底座组件的上视基准面作为草图平面，绘制如图 12-11 所示的草图。

第 12 章　SolidWorks 应用于机构仿真

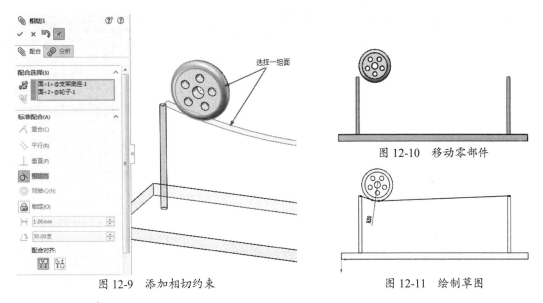

图 12-9　添加相切约束　　　　　图 12-10　移动零部件

图 12-11　绘制草图

⑦ 退出草图模式。接着再创建如图 12-12 所示的基准面。

⑧ 在新基准面上绘制圆，如图 12-13 所示。

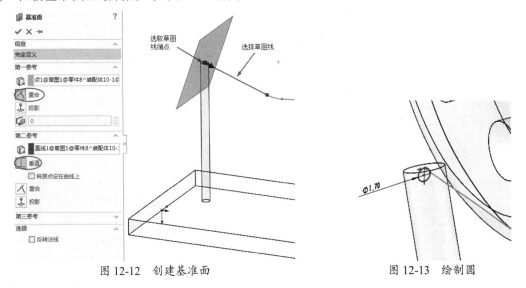

图 12-12　创建基准面　　　　　图 12-13　绘制圆

⑨ 退出草图模式，创建扫描特征，如图 12-14 所示。单击【特征】选项卡最左边的【编辑零部件】按钮，完成绳子组件的创建。

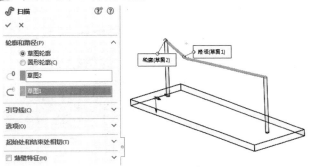

图 12-14　创建扫描特征

> **技巧点拨：**
> 创建绳子组件后，在【配合】节点下会发现绳子组件自动生成了【在位】约束。这个约束主要用在后面做动画，可以保证在运动过程中轮子始终与绳子保持相同位置状态。

⑩ 在软件窗口底部单击【运动算例 1】选项卡，随后进入运动算例界面。在 MotionManager 设计树中选中"轮子"组件，然后按 Ctrl 键（等同于复制键码）拖动键码到 1 秒的关键时间点上，如图 12-15 所示。

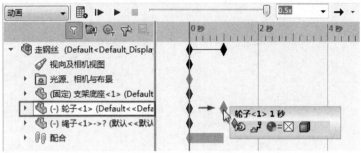

图 12-15 复制"轮子"的键码到新位置

⑪ 然后再将时间线从 0 秒位置拖动到 1 秒位置上，如图 12-16 所示。这样做的目的就是自动创建 1 秒的算例。后面的动作也按此方法进行。

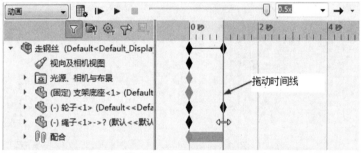

图 12-16 拖动时间线

⑫ 再次选中"轮子"组件，在【装配体】选项卡中单击【移动部件】按钮，打开【移动零部件】属性面板。首先选择移动类型为【由 Delta XYZ】，并输入 ΔX 相对坐标值，按 Enter 键确定，如图 12-17 所示。

 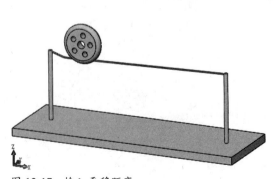

图 12-17 输入平移距离

⑬ 在【旋转】选项区中设置旋转类型为【对于实体】,然后拾取轮子组件内部的临时轴作为参考,如图 12-18 所示。

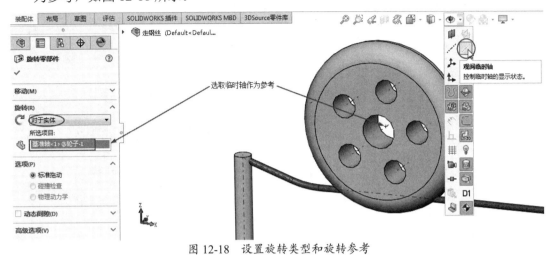

图 12-18 设置旋转类型和旋转参考

⑭ 然后旋转轮子到一定角度,最好是以一个孔位置到另一个孔的位置进行旋转参考,大约 72°,如图 12-19 所示。

⑮ 单击【确定】按钮,完成 1 秒时间内的滚动运动设置。然后右击 1 秒处的键码点,在弹出的快捷菜单中选择【替换键码】命令,更新时间线。以此类推,依次完成第 2~6 秒的运动设置,如图 12-20 所示。

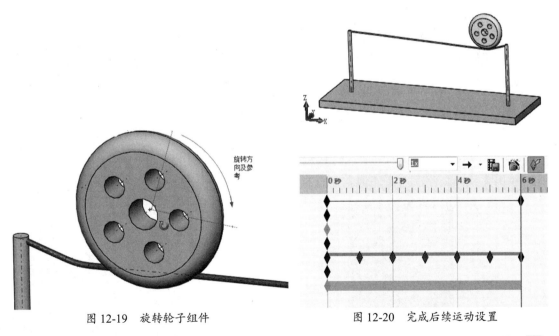

图 12-19 旋转轮子组件　　　　　　图 12-20 完成后续运动设置

⑯ 单击【计算】按钮,生成轮子在绳子上的滚动动画。最后单击【保存动画】按钮,保存动画文件,如图 12-21 所示。

图 12-21　创建动画文件

12.2.2　训练二：创建基于相机的动画

可通过更改相机视图或其他属性而在运动算例中生成基于相机的动画。可以使用以下两种方法来生成基于相机的动画。

- 键码点：使用键码点动画相机属性，如位置、景深及光源。
- 相机橇：附加一草图实体到相机，并为相机橇定义运动路径。

使用或不使用相机的动画比较。

- 当动画使用相机时，可设定通过相机的视图，并生成绕模型移动相机的键码点。设定视图通过相机与移动相机相组合产生一个相机绕模型移动的动画。
- 当动画未使用相机时，必须为模型在每个视图方向点处定义键码点。当添加键码点而将视图设定到不同位置时，可生成视图方向绕模型移动的动画。

① 首先要创建出相机橇，新建零件文件。
② 选择上视基准面为草图平面，绘制如图 12-22 所示的草图。
③ 使用【拉伸凸台/基体】工具，创建拉伸深度为 15mm 的拉伸凸台，如图 12-23 所示。

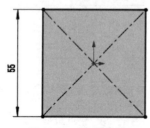
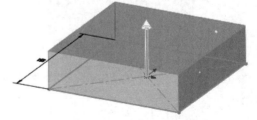

图 12-22　绘制草图　　　　　　　图 12-23　创建拉伸凸台

④ 创建凸台后将零件另存并命名为"相机橇"。
⑤ 打开本例源文件"轴承装配体.SLDASM"，如图 12-24 所示。

第 12 章 SolidWorks 应用于机构仿真

图 12-24 打开装配体文件

⑥ 在【装配体】选项卡中单击【插入零部件】按钮,然后通过单击【浏览】按钮将前面保存的"相机撬"零件插入到当前轴承装配体环境中,如图 12-25 所示。

⑦ 使用【配合】工具,将轴承端面与相机撬模型表面进行距离约束,约束的距离为 300mm,如图 12-26 所示。

⑧ 切换到右视图,然后利用【移动零部件】工具,调整相机撬零件的位置,如图 12-27 所示。

⑨ 保存新的装配体文件为"相机撬-轴承装配体"。

⑩ 在软件窗口底部单击【运动算例 1】选项卡,进入运动算例界面。然后在 MotionManager 设计树中右击 光源、相机与布景,在弹出的快捷菜单中选择【添加相机】命令,如图 12-28 所示。

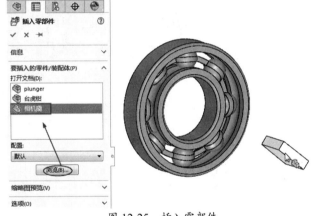

图 12-25 插入零部件

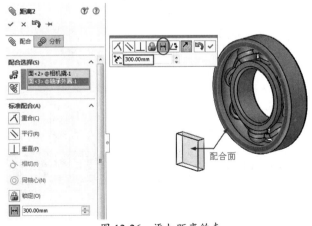

图 12-26 添加距离约束

365

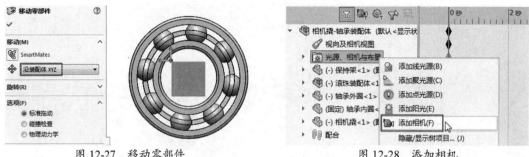

图 12-27 移动零部件　　　　　图 12-28 添加相机

⑪ 随后软件窗口中显示模型轴测视图视口和相机 1 视口，属性管理器中显示【相机 1】属性面板，如图 12-29 所示。

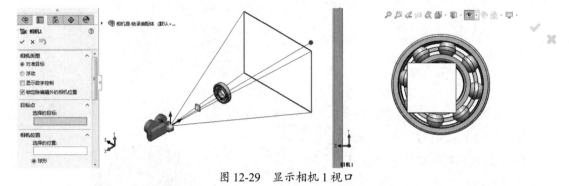

图 12-29 显示相机 1 视口

⑫ 通过【相机 1】属性面板，选择相机撬顶面前边线的中点作为目标点，如图 12-30 所示。

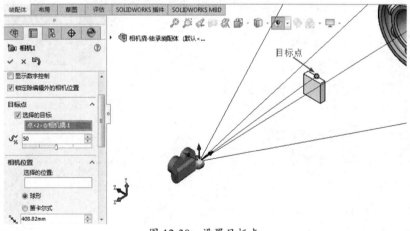

图 12-30 设置目标点

⑬ 接着再选择相机撬顶面后边线的中点作为相机位置，如图 12-31 所示。

技术要点：
在【相机 1】属性面板中必须勾选【选择的目标】和【选择的位置】复选框，不然在移动相机视野时相机的位置会产生变动。

⑭ 拖动视野至合适位置改变相机视口大小，便于相机拍照，如图 12-32 所示。单击【相机 1】属性面板中的【确定】按钮，完成相机的添加。

第 12 章　SolidWorks 应用于机构仿真

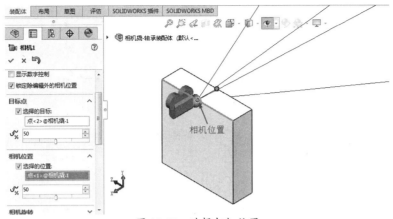

图 12-31　选择相机位置

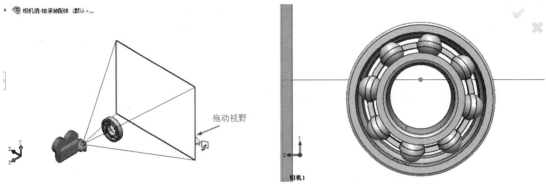

图 12-32　拖动视野改变相机视口大小

⑮ 设置视图为上视图，如图 12-33 所示。

⑯ 在时间线区域中，在 ✏ 视向及相机视图 的 8 秒位置放置键码，如图 12-34 所示。

图 12-33　上视图　　　　　　　　　图 12-34　放置键码

技术要点：

放置键码后，视图会发生变化，须再次设置视图为上视图。

⑰ 在 MotionManager 设计树中删除相机撬与轴承之间的距离约束，如图 12-35 所示。

⑱ 将时间栏移动到 8 秒处，如图 12-36 所示。

⑲ 拖动相机撬 0 秒处的键码点到 8 秒处，再通过【移动零部件】工具 🔧 将相机撬模型平移至如图 12-37 所示位置。

图 12-35　删除距离约束

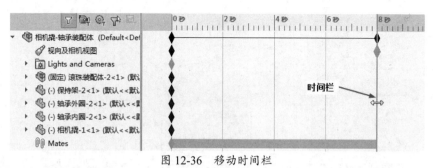

图 12-36 移动时间栏

图 12-37 移动相机撬

⑳ 分别在 视向及相机视图 的 0 秒位置及 8 秒位置右击键码点，在弹出的快捷菜单中选择【相机视图】命令，如图 12-38 所示。

图 12-38 在键码点添加相机视图

㉑ 单击 MotionManager 工具栏中的【从头播放】按钮，开始播放创建的相机动画，如图 12-39 所示。最后保存动画文件。

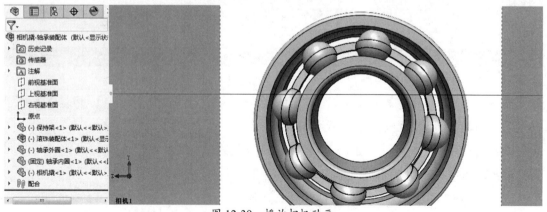

图 12-39 播放相机动画

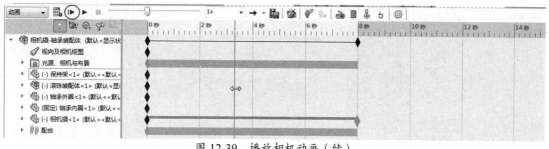

图 12-39 播放相机动画（续）

12.2.3 训练三：创建旋转动画

借助于 MotionManager 工具栏中的【动画向导】工具，可以创建以下动画。

- 旋转零件或装配体。
- 爆炸或解除爆炸装配体。
- 为动画设定持续时间和开始时间。
- 将动画添加到现有运动序列中。
- 将计算过的基本运动或运动分析结果输入动画中。

旋转动画可以从不同的方位显示模型，是最常用、最简单的动画。下面做一个摩托车的展示动画。

① 打开本例源文件"小乌龟.SLDPRT"，如图 12-40 所示。

② 在软件窗口底部单击【运动算例 1】选项卡，进入运动算例界面，如图 12-41 所示。

图 12-40 小乌龟模型

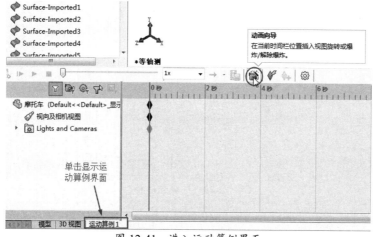

图 12-41 进入运动算例界面

③ 在 MotionManager 工具栏中单击【动画向导】按钮 ，打开【选择动画类型】对话框。在【选择动画类型】对话框中保留默认的【旋转模型】动画类型，单击【下一步】按钮，如图 12-42 所示。

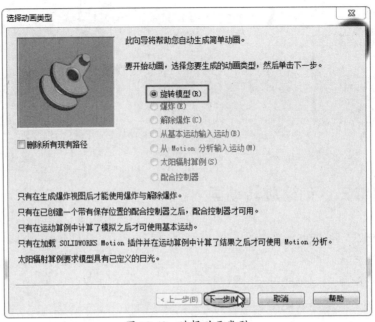

图 12-42 选择动画类型

④ 在【选择-旋转轴】页面中选择【Y-轴】作为旋转轴，设置【旋转次数】为 10，其他参数保持默认，并单击【下一步】按钮，如图 12-43 所示。

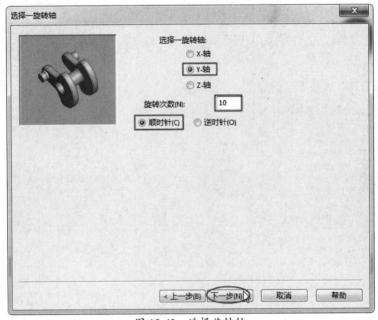

图 12-43 选择旋转轴

⑤ 在【动画控制选项】页面中设置时间长度为 60 秒，再单击【完成】按钮，完成整个旋转动画的创建，如图 12-44 所示。

⑥ 在 MotionManager 工具栏中单击【从头播放】按钮 ▶，播放旋转动画展示效果，如图 12-45 所示。

第 12 章　SolidWorks 应用于机构仿真

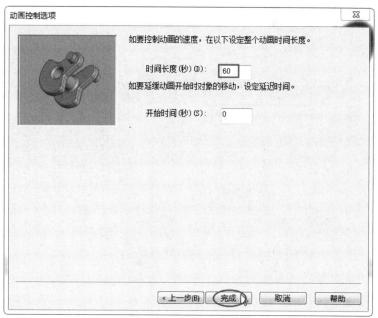

图 12-44　设置动画时间

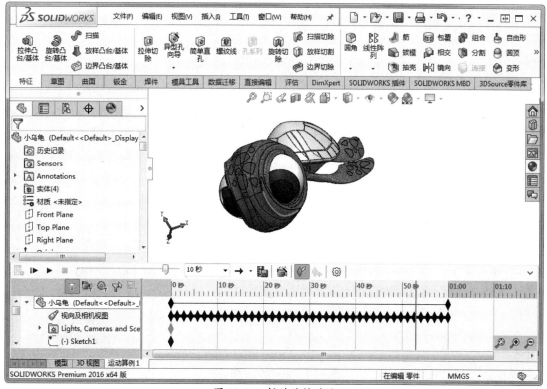

图 12-45　播放旋转动画

⑦　将动画输出进行保存，如图 12-46 所示。

图 12-46 保存动画

12.2.4 训练四：创建爆炸动画

要想创建装配体的爆炸动画，必须先在装配体环境中制作出装配体爆炸视图。

① 打开本例源文件"bouque.SLDASM"，如图 12-47 所示。

图 12-47 打开插花装配体

② 在【装配体】选项卡中单击【爆炸视图】按钮，然后通过【爆炸】属性面板选择插花装配体中各个零部件在装配体的 XYZ 方向上平移，完成爆炸视图的创建，如图 12-48 所示。

③ 进入动画仿真界面。在 MotionManager 工具栏中单击【动画向导】按钮，打开【选择动画类型】对话框。

第 12 章 SolidWorks 应用于机构仿真

图 12-48 创建爆炸视图

④ 在【选择动画类型】对话框中选择【爆炸】动画类型,单击【下一步】按钮,如图 12-49 所示。

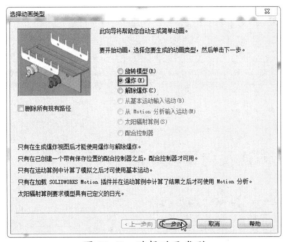

图 12-49 选择动画类型

⑤ 在【动画控制选项】对话框中设置时间长度为 30 秒,再单击【完成】按钮,完成整个爆炸动画的创建,如图 12-50 所示。

图 12-50 设置动画时间长度

⑥ 在 MotionManager 工具栏中单击【从头播放】按钮▶，播放爆炸动画，如图 12-51 所示。

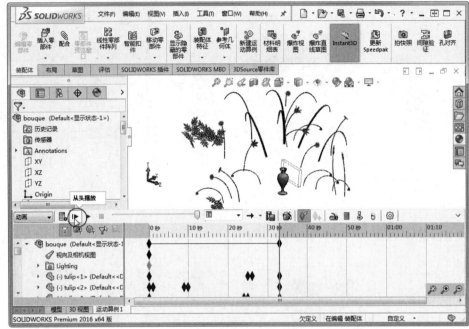

图 12-51 播放爆炸动画

⑦ 将动画输出进行保存。

12.2.5 训练五：创建视向属性动画

在 SolidWorks 2020 中，可以在动画的任意点把视向的属性用动画显示。可以控制动画中单个或多个零部件的显示，并在相同或不同的装配体零部件中组合不同的显示选项。

创建动画视向属性动画的步骤如下。

① 打开本例源文件"减速器 1\装配体 1.SLDASM"，如图 12-52 所示。

② 沿时间线选择一个关键点，在此点开始更改相对应的零部件的"视向属性"，拖动时间栏来设定终点，如图 12-53 所示。

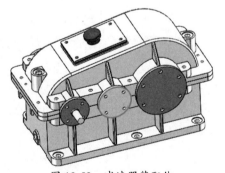

图 12-52 减速器装配体

图 12-53 插入键码点并设置时间终点

③ 在时间终点位置的键码点上右击并选择快捷菜单中的【视图定向】|【等轴测】命令，添加视图定向动作，如图 12-54 所示。

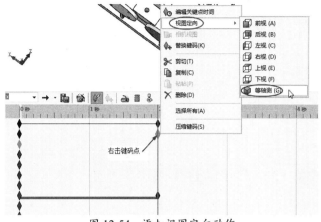

图 12-54 添加视图定向动作

④ 在 MotionManager 设计树中右击要隐藏的零部件（包括"上箱盖"、"检查孔垫片"、"检查孔盖"和"通气塞"组件），然后在快捷菜单中选择【隐藏】视向属性选项，如图 12-55 所示。当然，还可以设置材料、外观和孤立等属性选项。

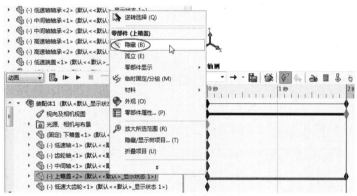

图 12-55 更改零部件属性

⑤ 单击 MotionManager 工具栏中的【从头播放】按钮▶或【播放】按钮▶，该零部件的视向属性将会随着动画的进程而变化，如图 12-56 所示。

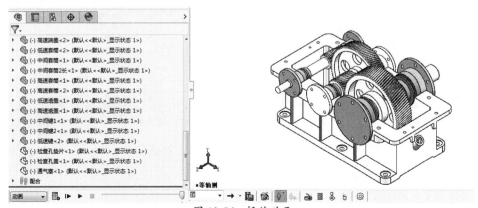

图 12-56 播放动画

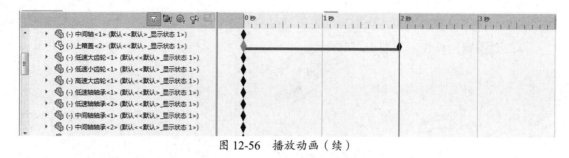

图 12-56 播放动画（续）

⑥ 保存动画文件。

12.3 拓展训练——创建基本运动

使用【基本运动】工具可以生成考虑质量、碰撞或引力的运动的近似模拟。所生成的动画更接近真实的情形，但求得的结果仍然是演示性的，并不能得到详细的数据和图解。在【基本运动】界面可以为模型添加马达、弹簧、接触和引力等，以模拟物理环境。

12.3.1 训练一：连杆机构运动仿真

连杆机构常根据其所含构件数目的多少而命名，如四杆机构、五杆机构等。其中平面四杆机构不仅应用特别广泛，而且常是多杆机构的基础，所以本节将重点讨论平面四杆机构的有关基本知识，并对其进行运动仿真研究。

本例的四连杆机构的建模与装配工作已经完成，下面仅介绍其运动仿真过程。

① 打开本例源文件"四连杆机构\四连杆.SLDASM"，如图 12-57 所示。
② 在软件窗口底部单击【运动算例 1】选项卡，进入运动算例界面。
③ 在 MotionManager 工具栏的运动算例类型列表中选择【基本运动】算例，如图 12-58 所示。

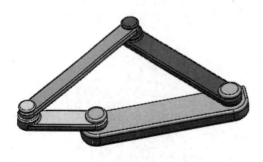

图 12-57 四连杆机构

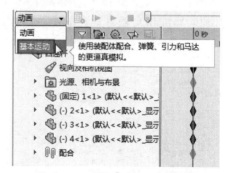

图 12-58 选择【基本运动】算例

④ 拖动键码点到 8 秒位置，如图 12-59 所示。

图 12-59 设置键码点

⑤ 在 MotionManager 工具栏中单击【马达】按钮,打开【马达】属性面板。选择【旋转马达】马达类型,首先选择马达位置,如图 12-60 所示。

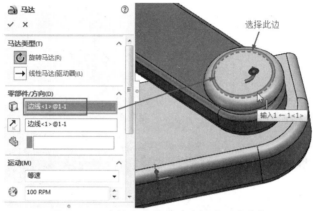

图 12-60 选择马达位置(选择圆形边线)

技术要点:
选择参考可以是边线,也可以是面。放置马达后,注意马达运动的方向箭头,后面的几个马达运动方向必须与此方向一致。

⑥ 接着再选择要运动的对象,选择编号为 3 的连杆部件(紫色),如图 12-61 所示。再单击属性面板中的【确定】按钮,完成马达的添加。

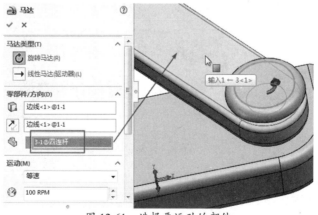

图 12-61 选择要运动的部件

⑦ 同理,创建第 2 个马达(在连杆 3 和连杆 4 之间),如图 12-62 所示。

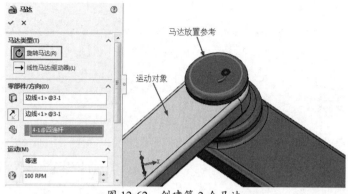

图 12-62　创建第 2 个马达

⑧ 在连杆 1 和连杆 2 之间创建第 3 个马达，如图 12-63 所示。

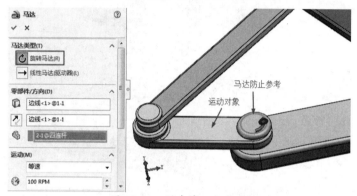

图 12-63　创建第 3 个马达

⑨ 在连杆 2 和连杆 4 之间创建第 4 个马达，如图 12-64 所示。

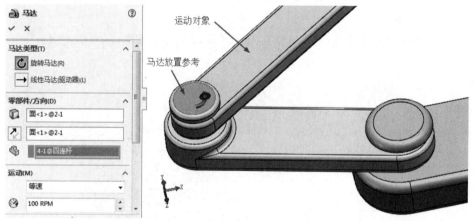

图 12-64　创建第 4 个马达

⑩ 单击【计算】按钮，计算运动算例，完成马达运动动画的创建。单击【从头播放】按钮，播放马达运动仿真动画，如图 12-65 所示。

技术要点：

如果添加马达后，发现时间轴上有部分时间以红色显示，表示该段时间并没有运动，可以先关闭旋转马达，然后拖动旋转马达的键码点回黄色区域，重新计算后，再播放试试。最后将键码点移动到原时间栏上，再播放就能解决问题了。

第 12 章　SolidWorks 应用于机构仿真

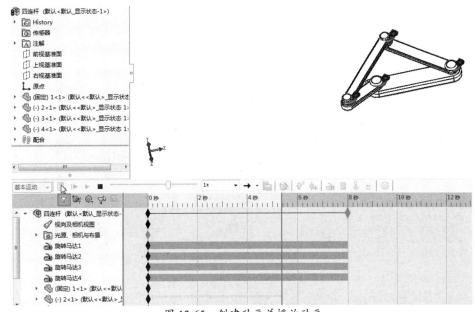

图 12-65　创建动画并播放动画

12.3.2　训练二：齿轮机构仿真

齿轮是用于机器中传递动力、改变旋向和改变转速的传动件。本例的齿轮减速箱的装配工作已经完成，如图 12-66 所示。

下面进行仿真操作。

① 打开本例源文件"减速器\装配体 1.SLDASM"。

② 单击软件窗口底部的【运动算例 1】选项卡，进入运动算例界面。

③ 在 MotionManager 工具栏的运动算例类型列表中选择【基本运动】算例。

④ 为齿轮机构添加动力马达。在 MotionManager 工具栏中单击【马达】按钮，打开【马达】属性面板。本例的齿轮减速箱如果是减速制动，那么马达就要安装在小齿轮上；如果是提速，马达则要安装在大齿轮上。

⑤ 首先创建加速运动动画，创建的马达如图 12-67 所示。

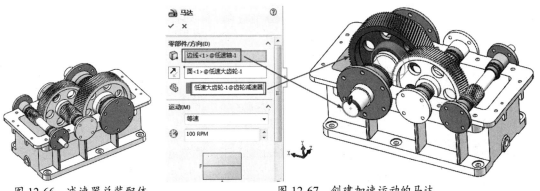

图 12-66　减速器总装配体　　　　图 12-67　创建加速运动的马达

⑥ 单击【计算】按钮🖩，计算运动算例，完成马达加速运动动画的创建。单击【从头播放】按钮▶，播放加速运动的仿真动画，如图 12-68 所示。

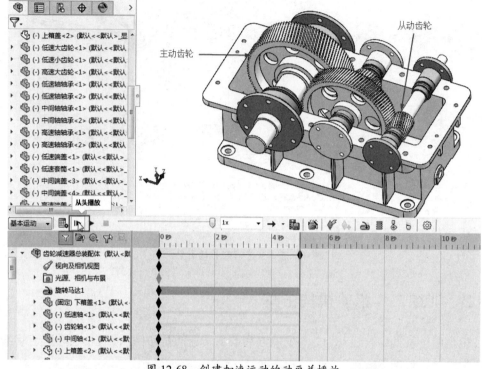

图 12-68　创建加速运动的动画并播放

技巧点拨：
如果没有设置动画时间，默认的运动时间为 5s。

⑦ 单击【保存动画】按钮，保存加速运动的动画仿真视频文件。

⑧ 接下来创建减速运动动画。在软件窗口底部【运动算例 1】位置右击，选择快捷菜单中的【生成新运动算例】命令，如图 12-69 所示。

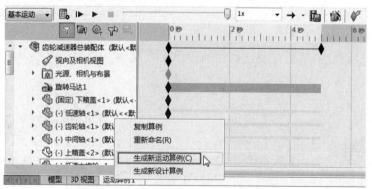

图 12-69　创建新的运动算例

⑨ 打开【运动算例 2】窗口。单击 MotionManager 工具栏中【马达】按钮，将马达添加到小齿轮上（将小齿轮作为主动齿轮、大齿轮作为从动齿轮），设置运动转速为 3000rpm，如图 12-70 所示。

第 12 章　SolidWorks 应用于机构仿真

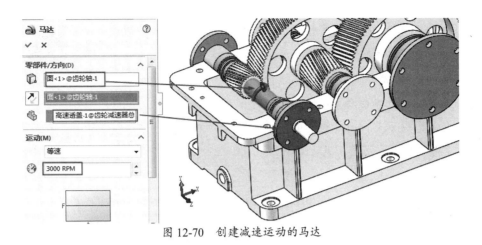

图 12-70　创建减速运动的马达

⑩ 单击【计算】按钮,计算运动算例,完成马达减速运动动画。单击【从头播放】按钮,播放减速运动的仿真动画,如图 12-71 所示。

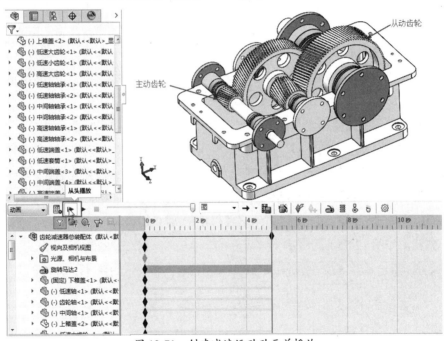

图 12-71　创建减速运动动画并播放

⑪ 单击【保存动画】按钮,保存减速运动的动画仿真视频文件。

12.4　拓展训练——Motion 运动分析

前门我们已经学习了基本动画和基本运动的单项操作,本节来学习 Motion 插件的运动分析。那么到底动画、基本运动和 Motion 分析三者之间有什么区别及联系呢?

- 【动画】是基于 SolidWorks 的一般动画操作,对象可以是零件,也可以是装配体,是仿真运动分析的最基本的操作,考虑的因素较少。

- 【基本运动】也是基于 SolidWorks 来使用的，单个零件不能使用此动画功能。主要是在装配体上模仿马达、弹簧、碰撞和引力。【基本运动】在计算运动时会考虑质量。【基本运动】计算相当快，所以可将其用来生成使用基于物理模拟的演示性动画。

- 【Motion 分析】是作为 SOLIDWORKS Motion 插件的功能在使用，也就是必须加载 SOLIDWORKS Motion 插件，此功能才可用，如图 12-72 所示。利用【Motion 分析】功能可以对装配体进行精确模拟和运动单元的分析（包括力、弹簧、阻尼和摩擦）。【Motion 分析】使用计算能力强大的动力学求解器，在计算中考虑到了材料属性、质量及惯性。还可使用【Motion 分析】来标绘模拟结果供进一步分析。

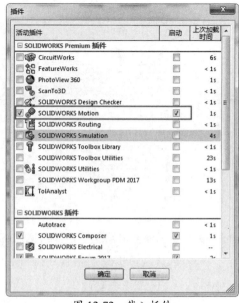

图 12-72 载入插件

用户可根据自己的需要决定使用三种算例类型中的哪一种。【动画】：可生成不考虑质量或引力的演示性动画。【基本运动】：可以生成考虑质量、碰撞或引力且近似实际的演示性模拟动画。【Motion 分析】：考虑到装配体物理特性，该算例是以上三种类型中计算能力最强的。用户对所需运动的物理特性理解得越深，则计算结果越佳。

在【SOLIDWORKS 插件】选项卡中单击【SOLIDWORKS Motion】按钮，启用 Motion 运动分析算例，如图 12-73 所示。

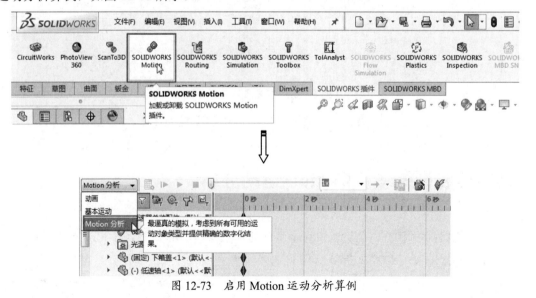

图 12-73 启用 Motion 运动分析算例

12.4.1 Motion 分析的基本概念

- 质量与惯性：惯性定律是经典物理学的基本定律之一。在动力学和运动学系统的仿真过程中，质量和惯性有着非常重要的作用，几乎所有的仿真过程都需要真实的质量和惯性数据。
- 自由度：一个不被约束的刚性物体在空间坐标系中具有沿三个坐标轴的移动和绕三个坐标轴转动共六个独立运动的可能。
- 约束自由度：减少自由度将限制构件的独立运动，这种限制称为约束。配合连接两个构件，并限制两个构件之间的相对运动。
- 刚体：在 Motion 中，所有构件被看作理想刚体。在仿真的过程中，机构内部和构件之间都不会出现变形。
- 固定零件：一个刚性物体可以是固定零件或浮动零件。固定零件是绝对静止的，每个固定的刚体自由度为零。在其他刚体运动时，固定零件作为这些刚体的参考坐标系统。当创建一个新的机构并映射装配体约束时，SolidWorks 中固定的部件会自动转换为固定零件。
- 浮动零件：浮动零件被定义为机构中的运动部件，每个运动部件有 6 个自由度。当创建一个新的机构并映射装配体约束时，SolidWorks 装配体中浮动部件会自动转换为运动零件。
- 配合：SolidWorks 配合定义了刚性物体是如何连接和如何彼此相对运动的。配合移除所连接构件的自由度。
- 马达：马达可以控制一个构件在一段时间内的运动状况，它规定了构件的位移、速度和加速度为时间函数。
- 引力：当一个物体的重量对仿真运动有影响时，引力是一个很重要的量，例如一个自由落体。
- 引力矢量方向：引力加速度的大小。在【引力属性】对话框中可以设定引力矢量的大小和方向。在对话框中输入 x、y 和 z 的值可以指定引力矢量。引力矢量的长度对引力的大小没有影响。引力矢量的默认值为（0,-1,0），大小为 385.22$inch/s^2$，即 9.81m/s^2（或者为当前激活单位的当量值）。
- 约束映射概念：约束映射就是 SolidWorks 中零件之间的配合（约束）会自动映射为 Motion 中的配合。
- 力：当在 Motion 中定义不同的约束和力后，相应的位置和方向将被指定。这些位置和方向源自所选择的 SolidWorks 实体。这些实体包括草图点、顶点、边或面。

12.4.2 凸轮机构 Motion 运动仿真

凸轮传动通过凸轮与从动件之间的接触来传递运动和动力，是一种常见的高副机构，结构简单，只要设计出适当的凸轮轮廓曲线，就可以使从动件实现任何预定的复杂运动规律。阀门凸轮机构的装配工作已经完成，下面进行仿真操作。

① 打开本例源文件"阀门凸轮机构.SLDASM"，如图 12-74 所示。
② 在软件界面底部（状态栏之上）单击【运动算例 1】选项卡，打开运动算例界面。在 MotionManager 工具栏的【算例类型】列表中选择【Motion 分析】算例，如图 12-75 所示。

图 12-74 阀门凸轮机构

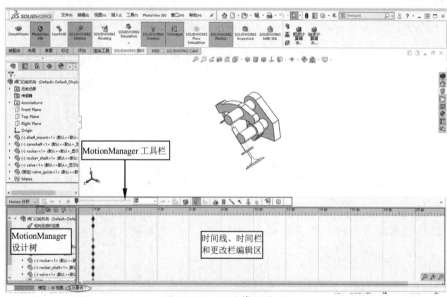

图 12-75 运动算例界面

③ 首先为阀门凸轮机构添加动力马达。在时间线、时间栏和更改栏编辑区中拖动键码点到 1 秒处以设置动画时间。然后单击 MotionManager 工具栏中的【马达】按钮，为凸轮添加旋转马达，如图 12-76 所示。

图 12-76 设置动画时间

④ 在弹出的【马达】属性面板中设置马达选项及参数，如图 12-77 所示。

第 12 章 SolidWorks 应用于机构仿真

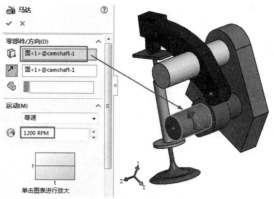

图 12-77 添加凸轮的旋转马达

⑤ 在凸轮接触的另一机构中需要添加压缩弹簧，以保证凸轮运动过程中时时接触。单击 MotionManager 工具栏中的【弹簧】按钮 ，弹出【弹簧】属性面板，设置弹簧参数，如图 12-78 所示。

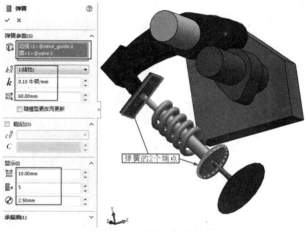

图 12-78 添加线性弹簧

⑥ 接下来再设置两个实体接触：一是凸轮接触，二是打杆与弹簧位置接触。单击 MotionManager 工具栏中的【接触】按钮 ，在凸轮位置添加第一个实体接触，如图 12-79 所示。

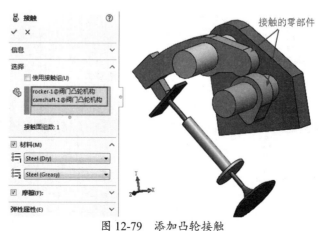

图 12-79 添加凸轮接触

⑦ 同理，再添加弹簧端的实体接触，如图 12-80 所示。

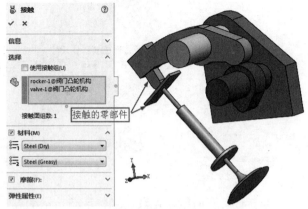

图 12-80　添加弹簧端的实体接触

⑧ 在 MotionManager 工具栏中单击【计算】按钮，计算运动算例，完成马达减速运动动画。单击【从头播放】按钮，播放减速运动的仿真动画，如图 12-81 所示。

⑨ 在 MotionManager 工具栏中单击【保存动画】按钮，保存减速运动的动画仿真视频文件。

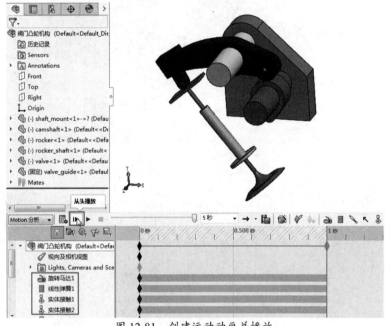

图 12-81　创建运动动画并播放

⑩ 当完成模型动力学的参数设置后，就可以进行仿真分析了。单击 MotionManager 工具栏中的【运动算例属性】按钮，打开【运动算例属性】属性面板设置参数，如图 12-82 所示。

⑪ 将时间栏拖到 0.1 秒位置，并单击右下角的【放大】按钮，如图 12-83 所示，然后从头播放动画。

⑫ 修改播放时间为 5 秒，并重新单击【计算】按钮，生成新的动画，如图 12-84 所示。

第12章 SolidWorks 应用于机构仿真

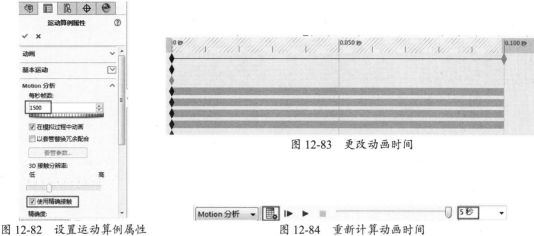

图 12-82 设置运动算例属性　　图 12-83 更改动画时间

图 12-84 重新计算动画时间

⑬ 在 MotionManager 工具栏中单击【结果和图解】按钮，打开【结果】属性面板。在【选取类型】列表中选择【力】类型，选择子类型为【接触力】，选择结果分量为【幅值】，然后选择凸轮接触部位的两个面作为接触面，如图 12-85 所示。

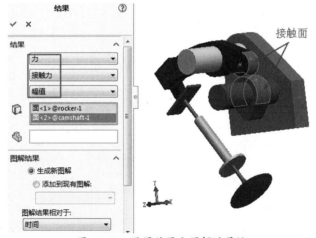

图 12-85 设置结果和图解的属性

⑭ 单击【结果】属性面板中的【确定】按钮，生成运动算例图解，如图 12-86 所示。

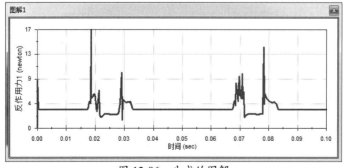

图 12-86 生成的图解

⑮ 通过图解表，可以看出 0.02 秒、0.08 秒位置的曲线振荡幅度较大，如果不调整，会对凸轮机构的使用寿命造成破坏。需要对运动仿真的参数进行修改。

⑯ 在图形区底部的【运动算例1】选项卡中右击，选择快捷菜单中的【复制算例】命令，复制运动算例，如图12-87所示。

⑰ 在复制的运动算例中，编辑【旋转马达2】，如图12-88所示。

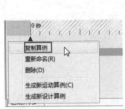

图12-87　复制算例

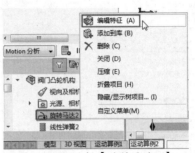

图12-88　编辑【旋转马达2】

⑱ 更改马达的转速，如图12-89所示。

⑲ 鉴于弹簧的强度不够会导致运动过程中接触力不足，所以按照修改马达参数的方法更改弹簧常数，如图12-90所示。

⑳ 单击【计算】按钮重新仿真分析计算。

图12-89　更改马达转速

图12-90　更改弹簧常数

㉑ 在MotionManager设计树的【结果】项目下右击【图解2<反作用力2>】，再选择快捷菜单中的【显示图解】命令，查看新的运动仿真图解，如图12-91所示。

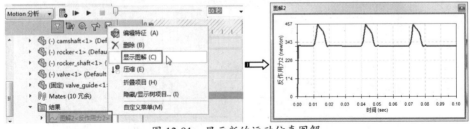

图12-91　显示新的运动仿真图解

㉒ 从新的图解表中可以看到，运动曲线的振动幅度不再那么大，显示较为平缓了，说明运动过程中的力度比较稳定。

㉓ 最后保存动画，并保存结果文件。

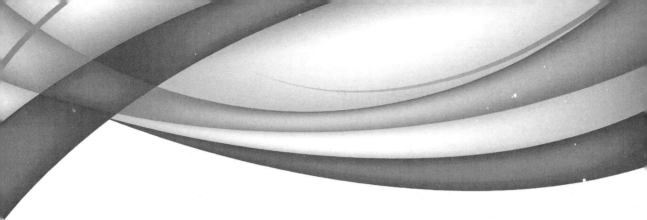

第 13 章
SolidWorks 应用于有限元分析

本章内容

在 CAE 技术中，有限元分析（Finite Element Analysis，FEA）是应用最广泛、最成功的一种数值分析方法。SolidWorks Simulation 即是一款基于有限元（即 FEA 数值）技术的分析软件，通过与 SolidWorks 的无缝集成，在工程实践中发挥了愈来愈大的作用。

知识要点

- ☑ 有限元分析基础知识
- ☑ Simulation 分析工具介绍

13.1 有限元分析基础知识

有限元分析的基本概念是用较简单的问题代替复杂问题后再求解。有限元法的基本思路可以归结为："化整为零,积零为整"。它将求解域看成是由有限个称为单元的互连子域组成,对每一个单元假定一个合适的近似解,然后推导出求解这个总域的满足条件(如结构的平衡条件),从而得到问题的解。这个解不是准确解而是近似解,因为实际问题被较简单的问题所代替。由于大多数实际问题难以得到准确解,而有限元不仅计算精度高,而且能够适应各种复杂形状,因而成为行之有效的工程分析手段,甚至成为 CAE 的代名词。

13.1.1 有限元法概述

有限元法(Finite Element Method,FEM)是随着计算机的发展而迅速发展起来的一种现代计算方法,是一种求解关于场问题的一系列偏微分方程的数值方法。

在机械工程中,有限元法已经作为一种常用的方法被广泛使用。凡是计算零部件的应力、变形和进行动态响应计算及稳定性分析等都可用有限元法。如进行齿轮、轴、滚动轴承及箱体的应力、变形计算和动态响应计算,分析滑动轴承中的润滑问题,焊接中残余应力及金属成型中的变形分析等。

1. 有限元法的计算步骤

(1)网格划分。

有限元法的基本做法是用有限个单元体的集合来代替原有的连续体。因此首先要对弹性体进行必要的简化,再将弹性体划分为有限个单元组成的离散体。单元之间通过节点相连接。由节点、节点连线和单元构成的集合称为网格。

通常把三维实体划分成四面体(4 节点)或六面体单元(8 节点)的实体网格,如图 13-1 所示。把平面划分成三角形或四边形单元的面网格,如图 13-2 所示。

(2)单元分析。

对于弹性力学问题,单元分析就是建立各个单元的节点位移和节点力之间的关系式。

由于将单元的节点位移作为基本变量,进行单元分析首先要为单元内部的位移确定一个近似表达式,然后计算单元的应变、应力,再建立单元中节点力与节点位移的关系式。

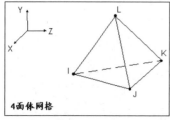

四面体 4 节点单元

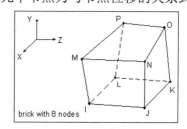

六面体 8 节点单元

图 13-1 实体网格与单元

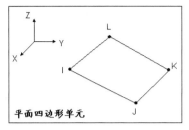 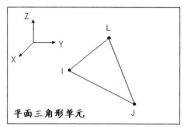

图 13-2　平面网格单元

以平面三角形 3 节点单元为例，如图 13-3 所示，单元有三个节点 I、J、M，每个节点有两个位移 u、v 和两个节点力 U、V。

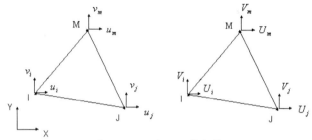

图 13-3　三角形 3 节点单元

单元的所有节点位移、节点力，可以表示为节点位移向量（vector）：

$$\{\delta\}^e = \begin{Bmatrix} u_i \\ v_i \\ u_j \\ v_j \\ u_m \\ v_m \end{Bmatrix} \qquad \{F\}^e = \begin{Bmatrix} U_i \\ V_i \\ U_j \\ V_j \\ U_m \\ V_m \end{Bmatrix}$$

节点位移　　　　　　　　　节点力

单元的节点位移和节点力之间的关系用张量（tensor）来表示：

$$\{F\}^e = [K]^e \{\delta\}^e$$

（3）整体分析。

对由各个单元组成的整体进行分析，建立节点外载荷与节点位移的关系，以解出节点位移，这个过程称为整体分析。同样以弹性力学的平面问题为例，如图 13-4 所示，在边界节点 i 上受到集中力 P_x^i, P_y^i 作用。节点 i 是三个单元的结合点，因此要把这三个单元在同一节点上的节点力汇集在一起建立平衡方程。

i 节点的节点力：

$$U_i^{(1)} + U_i^{(2)} + U_i^{(3)} = \sum_e U_i^{(e)}$$

$$V_i^{(1)} + V_i^{(2)} + V_i^{(3)} = \sum_e V_i^{(e)}$$

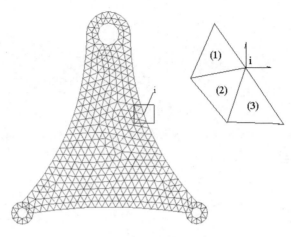

图 13-4 整体分析

i 节点的平衡方程：

$$\left.\begin{array}{l}\sum_e U_i^{(e)} = P_x^i \\ \sum_e V_i^{(e)} = P_y^i\end{array}\right\}$$

2. 等效应力（也称为 von Mises 应力）

由材料力学可知，反映应力状态的微元体上剪应力等于零的平面，定义为主平面。主平面的正应力定义为主应力。受力构件内任一点，均存在三个互相垂直的主平面。三个主应力用 σ_1、σ_2 和 σ_3 表示，且按代数值排列即 $\sigma_1 > \sigma_2 > \sigma_3$。von Mises 应力可以表示为：

$$\sigma = \sqrt{0.5\left[(\sigma_1-\sigma_2)^2+(\sigma_2-\sigma_3)^2+(\sigma_3-\sigma_1)^2\right]}$$

在 Simulation 中，主应力被记为 $P1$、$P2$ 和 $P3$，如图 13-5 所示。在大多数情况下，使用 von Mises 应力作为应力度量。因为 von Mises 应力可以很好地描述许多工程材料的结构安全弹塑性性质。$P1$ 应力通常是拉应力，用来评估脆性材料零件的应力结果。对于脆性材料，$P1$ 应力较 Von Mises 应力更恰当地评估其安全性。$P3$ 应力通常用来评估压应力或接触压力。

Simulation 程序使用 von Mises 屈服准则计算不同点处的安全系数，该标准规定当等效应力达到材料的屈服力时，材料开始屈服。程序通过在任意点处将屈服力除以 von Mises 应力而计算该处的安全系数。

安全系数值的解释：

- 某位置的安全系数小于 1.0 表示此位置的材料已屈服，设计不安全。

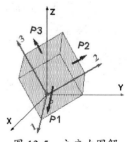

图 13-5 主应力图解

- 某位置的安全系数等于 1.0 表示此位置的材料刚开始屈服。
- 某位置的安全系数大于 1.0 表示此位置的材料没有屈服。

3. 在机械工程领域内可用有限元法解决的问题

- 包括杆、梁、板、壳、三维块体、二维平面、管道等各种单元的各种复杂结构的静力分析。
- 各种复杂结构的动力分析，包括频率、振型和动力响应计算。
- 整机（如水压机、汽车、发电机、泵、机床）的静、动力分析。
- 工程结构和机械零部件的弹塑性应力分析及大变形分析。
- 工程结构和机械零件的热弹性蠕变、黏弹性、黏塑性分析。
- 大型工程机械轴承油膜计算等。

13.1.2 SolidWorks Simulation 有限元简介

Simulation 是 SolidWorks 公司的黄金合作伙伴之一 SRAC（Structural Research & Analysis Corporation）公司推出的一套功能强大的有限元分析软件。SRAC 成立于 1982 年，是将有限元分析带入微型计算机的典范。1995 年，SRAC 公司与 SolidWorks 公司合作开发了 COSMOSWorks 软件，从而进入工程界主流有限元分析软件的市场，并成为 SolidWorks 公司的金牌产品之一。它作为嵌入式分析软件与 SolidWorks 无缝集成，成为顶级销量产品。2001 年，整合了 SolidWorks CAD 软件的 COSMOSWorks 软件在商业上所取得的成功使其获得了 Dassault Systems（达索公司，SolidWorks 的母公司）的认可。2003 年，SRAC 与 SolidWorks 公司合并。COSMOSWorks 的 2009 版更名为 SolidWorks Simulation。

Simulation 与 SolidWorks 全面集成，从一开始，就是专为 Windows 操作系统开发的，因而具有许多与 SolidWorks 一样的优点，如功能强大，易学易用。运用 Simulation，普通的工程师就可以进行工程分析，并可以迅速得到分析结果，从而最大限度地缩短产品设计周期，降低测试成本，提高产品质量，加大利润空间。其基本模块能够提供广泛的分析工具来检验和分析复杂零件和装配体，它能够进行应力分析、应变分析、热分析、设计优化、线性和非线性分析等。

Simulation 有不同的软件包以适应不同用户的需求。除了 SolidWorks SimulationXpress 程序包是 SolidWorks 的集成部分，其他所有的 Simulation 软件程序包都是插件形式的。不同程序包的主要功能如下。

1. SolidWorks SimulationXpress

能对带有简单载荷和支撑的零件进行静态分析，只有在 Simulation 插件未启动时才能使用。

2. SolidWorks Simulation

能对零件和装配体进行静力分析。Simulation 是专门为那些非设计验证领域专业人士的设计师和工程师量身定做的，该软件可以在 SolidWorks 模型制造之前指明其运行特性，从而保证产品质量。

Simulation 完全嵌入在 SolidWorks 界面中，因此任何能够运用 SolidWorks 设计零件的人都可以对零件进行分析。使用 Simulation 可以实现以下功能。

- 轻松、快速地比较备选设计方案，从而选择最佳方案。
- 研究不同装配体零件之间的交互作用。
- 模拟真实运行条件，以查看模型如何处理应力、应变和位移。
- 使用简化验证过程的自动化工具，节省在细节方面所花费的时间。
- 使用功能强大且直观的可视化工具来解释结果。
- 与参与产品开发过程的所有人员协作并分享结果。

3. SolidWorks Simulation Professional

能进行零件和装配体的静态、热力、扭曲、频率、掉落测试、优化和疲劳分析。使用 Simulation Professional 可以实现以下功能。

- 分析运动零件和接触零件在装配体内的行为。
- 执行掉落测试分析。
- 优化模型以满足预先指定的设计指标。
- 确定设计是否会因扭曲或振动而出现故障。
- 减少因制造物理原型而造成的成本和时间延误。
- 找出潜在的设计缺陷，并在设计过程中尽早纠正。
- 解决复杂的热力模拟问题。
- 分析设计中因循环载荷产生的疲劳而导致的故障。

4. SolidWorks Simulation Premium

除包含 Simulation Professional 的全部功能外，还能进行非线性和动力学分析。它为经验丰富的分析员提供了多种设计验证功能，以应对棘手的工程问题，例如非线性分析等。使用 Simulation Premium 可以实现如下功能。

- 对塑料、橡胶、聚合物和泡沫执行非线性分析。
- 对非线性材料间的接触进行分析。
- 研究设计在动态载荷下的性能。
- 了解复合材料的特性。

13.1.3 SolidWorks Simulation 分析类型

1. 线性静态分析

当载荷作用于物体表面上时，物体发生变形，载荷的作用将传到整个物体。外部载荷会引起内力和反作用力，使物体进入平衡状态。图 13-6 所示为某托架零件的静态应力分析效果。

线性静态分析有两个假设。

- 静态假设：所有载荷被缓慢且逐渐应用，直到它们达到其完全量值。在达到完全量值后，载荷保持不变（不随时间变化）。
- 线性假设：载荷和所引起的反应力之间的关系是线性的。例如，如果将载荷加倍，模型的反应（位移、应变及应力）也将加倍。

2. 频率分析

每个结构都有以特定频率振动的趋势，这一频率也称作自然频率或共振频率。每个自然频率都与模型以该频率振动时趋向于呈现的特定形状相关，称为模式形状。

当结构被频率与其自然频率一致的动态载荷正常刺激时，会承受较大的位移和应力。这种现象就称为共振。对于无阻尼的系统，共振在理论上会导致无穷的运动。但阻尼会限制结构因共振载荷而产生的反应。如图 13-7 为某轴装配体的频率分析。

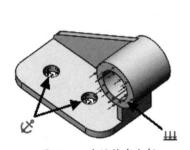

图 13-6　线性静态分析　　　　　图 13-7　频率分析

3. 线性动力分析

静态算例假设载荷是常量或者在达到其全值之前按非常慢的速度应用。由于这一假设，模型中每个微粒的速度和加速度均假设为零。其结果是，静态算例将忽略惯性力和阻尼力。

但在很多实际情形中载荷并不会缓慢应用，而且可能会随时间或频率而变化。在这样的情况下，可使用动态算例。一般而言，如果载荷频率比最低（基本）频率高 1/3，就应使用动态算例。

线性动态算例以频率算例为基础。本软件将通过累积每种模式对负载环境的贡献来计算模型的作用。在大多数情况下，只有较低的模式会对模型的响应发挥主要作用。模式的作用取决于载荷的频率、量、方向、持续时间和位置。

动态分析的目标包括：
- 设计要在动态环境中始终正常工作的结构体系和机械体系。
- 修改系统的特性（几何体、阻尼装置、材料属性等），以削弱振动效应。

图 13-8 所示为篮圈对灌篮动作产生的冲击载荷的响应波谱分析。响应图表清晰地描述了篮圈在灌篮过程中的振动情况。

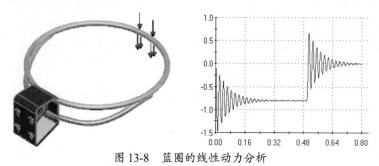

图 13-8 篮圈的线性动力分析

4. 热分析

热传递包括传导、对流和辐射三种传热方式。热分析计算物体中由于以上部分或全部机制所引起的温度分布。在所有三种机制中，热能从具有较高温度的介质流向具有较低温度的介质。传导和对流传热需要有中间介质，而辐射传热则不需要。

传热分析根据与时间的相关程度分为两种类型。

- 稳态热力分析：在这种分析中，只关心物体达到热平衡状态时的热力条件，而不关心达到这种状态所用的时间。达到热平衡时，进入模型中每个点的热能与离开该点的热能相等。一般来说，稳态分析所需的唯一材料属性是热导率。图 13-9 所示为某零件的稳态热力分析结果图解。

- 瞬态热力分析：在这种分析中，只关心模型的热力状态与时间的函数关系。例如，热水瓶设计师知道里面的流体温度最终将与室温相等（稳态），但设计师感兴趣的是找出流体的温度与时间的函数关系。在指定瞬态热分析的材料属性时，需要指定热导率、密度和比热。此外，还需要指定初始温度、求解时间和时间增量。图 13-10 所示为某零件的瞬态热力分析结果图解。

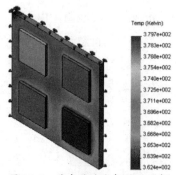

图 13-9 稳态热力分析结果图解

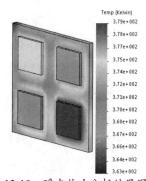

图 13-10 瞬态热力分析结果图解

5. 线性扭曲分析

细长模型在轴载荷下趋向于扭曲。扭曲是指当存储的膜片（轴）能量转换为折弯能量而外部应用的载荷没有变化时，所发生的突然变形。从数学上讲，发生扭曲时，刚度矩阵变成奇异矩阵。此处使用的线性化扭曲方法可解决特征值问题，以估计关键性扭曲因子和相关的扭曲模式形状。

模型在不同级别的载荷下可扭曲为不同的形状。模型扭曲的形状称为扭曲模式形状，载荷则称为临界或扭曲载荷。扭曲分析会计算【扭曲】对话框中所要求的模式数。设计师通常对最低模式（模式1）感兴趣，因为它与最低的临界载荷相关。当扭曲是临界设计因子时，计算多个扭曲模式有助于找到模型的脆弱区域。模式形状可帮助用户修改模型或支持系统，以防止特定模式下的扭曲。

图13-11所示为三块尺寸均为10×2（英寸）的矩形板按图中方式连接。中间的板厚度为0.4英寸，其他两块板厚度为0.2英寸。

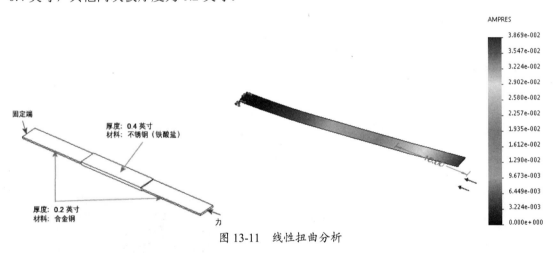

图13-11　线性扭曲分析

6. 非线性静态分析

线性静态分析假设载荷和所引发的反应之间的关系是线性的。例如，如果将载荷量加倍，反应（位移、应变、应力及反作用力等）也将加倍。

图13-12所示为线性静态分析和非线性静态分析的反应图解。

所有实际结构在某个水平的载荷作用下都会以某种方式发生非线性变化。在某些情况下，线性分析可能已经足够。在其他许多情况下，由于违背了所依据的假设条件，因此线性求解会产生错误结果。造成非线性的原因有材料行为、大型位移和接触条件。

如图13-13所示为平板的几何体非线性分析结果图解。

7. 疲劳分析

我们注意到，即使引发的应力比所允许的应力极限要小很多，反复加载和卸载在过一段时间后也会削弱物体。这种现象称为疲劳。每个应力波动周期都会在一定程度上削弱物体。在数个周期之后，物体会因为太疲劳而失效。疲劳是许多物体失效的主要原因，特别是那些金属物体。因疲劳而失效的典型示例包括，旋转机械、螺栓、机翼、消费产品、海上平台、船舶、车轴、桥梁和骨架。

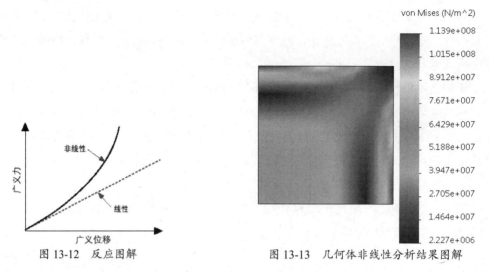

图 13-12　反应图解　　　　　图 13-13　几何体非线性分析结果图解

图 13-14 所示为小型飞机的起落架疲劳分析结果图解。

8. 跌落测试分析

跌落测试算例会评估对具有硬或软平面的零件或装配体的冲击效应。跌落物体到地板上是一种典型的应用，该算例也由此而得名。程序会自动计算冲击和引力载荷，不允许其他载荷或约束。图 13-15 所示为硬盘跌落测试结果图解。

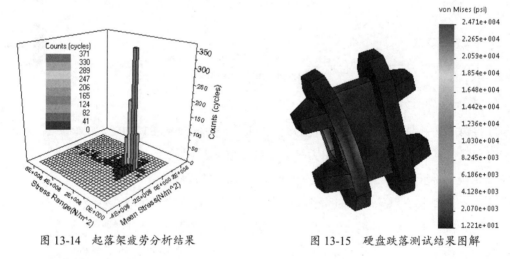

图 13-14　起落架疲劳分析结果　　　图 13-15　硬盘跌落测试结果图解

9. 压力容器设计

在压力容器设计算例中，将静态算例的结果与所需因素组合。每个静态算例都具有不同的一组可以创建相应结果的载荷。这些载荷可以是恒载、动载（接近于静态载荷）、热载、震载等。压力容器设计算例会使用线性组合或平方和平方根法（SRSS），以代数方法合并静态算例的结果。图 13-16 所示为压力容器设计算例分析案例。

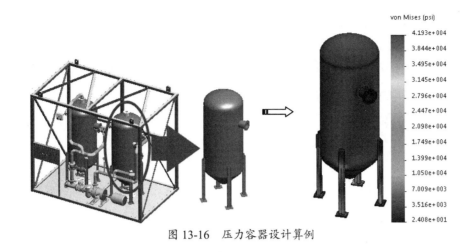

图 13-16　压力容器设计算例

13.1.4　Simulation 有限元分析的一般步骤

不管项目多复杂或应用领域多广，无论是结构、热传导还是声学分析，对于不同物理性质和数学模型的问题，有限元求解法的基本步骤是相同的，只是具体公式推导和运算求解不同。

1. 有限元求解问题的基本思想

（1）建立数学模型。

Simulation 对来自 SolidWorks 的零件或装配体的几何模型进行分析。该几何模型必须能够用正确的、适度小的有限单元进行网格划分。对于小的概念，并不是指它的单元尺寸，而是表示网格中单元的数量。对网格的这种要求，有着极其重要的含义。必须保证 CAD 几何模型的网格划分，并且通过所产生的网格能得到正确的数据，如位移、应力、温度分布等。

通常情况下，需要修改 CAD 几何模型以满足网格划分的要求。这种修改可以采取特征消隐、理想化或清除等方法。

- 特征消隐：特征消隐指合并或消除分析中认为不重要的几何特征，如外倒角、圆边、标志等。
- 理想化：理想化是更具有积极意义的工作，它也许偏离了 CAD 几何模型的原貌，如将一个薄壁模型用一个面来代替。
- 清除：清除有时是必需的，因为可划分网格的几何模型必须满足比实体建模更高的要求。可以使用 CAD 质量控制工具来检查问题所在。例如，CAD 模型中的细长面（即长比宽大得很多的面，好像是一条线的面）或多重实体（即多个实体），会造成网格划分困难甚至无法划分网格。通常情况下，对能够进行正确网格划分的模型采取简化，是为了避免由于网格过多而导致分析过程太慢。修改几何模型是为了简化网格从而缩短计算时间。成功的网格划分不仅依赖于几何模型的质量，而且还依赖于用户对 FEA 软件网格划分技术的熟练使用。

（2）建立有限元模型。

通过离散化过程，将数学模型剖分成有限单元，这一过程称为网格划分。离散化在视觉上是将几何模型划分为网格。然而，载荷和支撑在网格完成后也需要离散化，离散化的载荷和支撑将施加到有限元网格的节点上。

（3）求解有限元模型。

创建了有限元模型后，使用 Simulation 的求解器来得出一些感兴趣的数据。

（4）结果分析。

总的来说，结果分析是最困难的一步。有限元分析提供了非常详细的数据，这些数据可以用各种格式表达。对结果的正确解释需要熟悉和理解各种假设、简化约定，以及在前面三步中产生的误差。

创建数学模型和离散化成有限元模型会产生不可避免的误差：形成数学模型会导致建模误差，即理想化误差；离散数学模型会带来离散误差；求解过程会产生数值误差。在这三种误差中，建模误差是在 FEA 之前引入的，只能通过正确的建模技术来控制；求解误差是在计算过程中积累的，难以控制，所幸的是它们通常都很小；只有离散化误差是 FEA 特有的，也就是说，只有离散化误差能够在使用 FEA 时被控制。

简言之，有限元分析可分为三个阶段：前处理、求解和后处理。前处理是建立有限元模型、完成单元网格划分；求解是计算基本未知量；后处理则是采集处理分析结果，方便用户提取信息，了解计算结果。

2. Simulation 分析步骤

以上介绍了 Simulation 有限元分析的基本思想，在实际应用 Simulation 进行分析时，一般遵循以下步骤。

- 创建算例：对模型的每次分析都是一个算例，一个模型可以有多个算例。
- 应用材料：向模型添加包含物理信息（如屈服强度）的材料。
- 添加约束：模拟真实的模型装夹方式，对模型添加夹具（约束）。
- 施加载荷：载荷反映了作用在模型上的力。
- 划分网格：模型被细分为有限个单元。
- 运行分析：求解计算模型中的位移、应变和应力。
- 分析结果：分析解释计算所得数据。

13.1.5　Simulation 使用指导

1. 启动 Simulation 插件

如果已正确安装 Simulation，但在 SolidWorks 的菜单栏中没有 Simulation 菜单，可选择菜单栏中的【工具】|【插件】命令或单击【选项】按钮右边的倒三角并选择【插件】命令，弹出【插件】对话框。在对话框中勾选【SOLIDWORKS Simulation】选项即可启用

Simulation 插件,如图 13-17 所示。

进入建模环境、装配体环境以后,在功能区【SOLIDWORKS 插件】选项卡中单击【SOLIDWORKS Simulation】按钮,也可启用 Simulation 有限元分析插件,如图 13-18 所示。

功能区中新增【Simulation】选项卡,如图 13-19 所示。

2. Simulation 选项设置

选择菜单栏中的【Simulation】|【选项】命令,弹出【系统选项】对话框。用户可以在此定义分析中使用的标准。该对话框中有两个选项卡,即【系统选项】和【默认选项】,如图 13-20 所示。

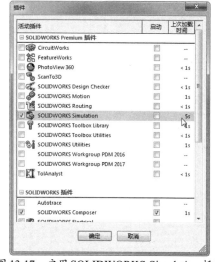

图 13-17 启用 SOLIDWORKS Simulation 插件

图 13-18 在功能区选项卡启动 Simulation 有限元分析插件

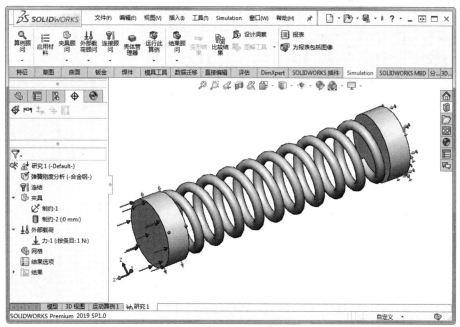

图 13-19 【Simulation】选项卡

(1)【系统选项】选项卡。

系统选项面向所有算例,包含出错信息、夹具符号、网格颜色、结果图解、字体设置和默认数据库的存放位置等。

(2)【默认选项】选项卡。

图 13-20 【系统选项】对话框

默认选项只针对当前建立的算例。在此，可以设置单位、载荷/夹具、网格、结果、图解和报告等。以【图解】设置为例，静态分析之后，Simulation 会自动生成三个结果图解：应力 1、位移 1 和应变 1。用户可以通过【图解】设置自动生成哪些结果图解及显示格式，并且可以通过右击算例结果项添加新图解，如图 13-21 所示。

图 13-21 默认选项

13.2　Simulation 分析工具介绍

本节中按照 Simulation 分析步骤对涉及的分析工具进行简要介绍。

13.2.1　分析算例

算例是由一系列参数定义的,这些参数完整地表述了物理问题的有限元分析。当对一个零件或装配体进行分析时,想得到它在不同工作条件下的反应就要求运行不同类型的分析。一个算例的完整定义包括以下几方面：分析类型、材料、负荷、约束、网格。

要创建一个新算例,需要先载入要进行有限元分析的模型。

1. 算例顾问

算例顾问可以帮助新用户来建立一个适当的算例。对于零件和装配体的基本静态算例,算例顾问可提供信息并驱动界面引导用户完成模拟过程。

单击【算例顾问】按钮 ,图形区右侧的任务窗格增加【Simulation 顾问】任务窗格,如图 13-22 所示。

单击【下一项】按钮 ,算例顾问可以帮助用户选择适当的算例,如图 13-23 所示。

图 13-22　【Simulation 算例】任务窗格

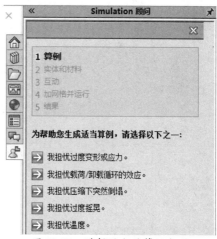
图 13-23　选择适当的算例类型

例如,需要对某个零件进行应力分析,可以选择 我担忧过度变形或应力。,接着再选择所担忧的问题,如图 13-24 所示。随后将在属性管理器中显示【传感器】属性面板,如图 13-25 所示。

设置传感器相关参数后,返回到【Simulation 顾问】任务窗格中单击 生成静态算例 选项,随即创建线性静态应力分析算例。

2. 新建算例

如果用户能熟练第操作 Simulation,可以直接单击 新算例 按钮,弹出【算例】属性面板,如图 13-26 所示。选择对应的算例类型,单击【确定】按钮 完成算例的创建。

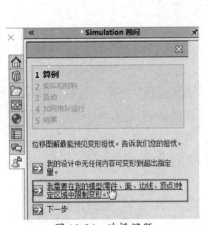

图 13-24　选择问题　　　图 13-25　【传感器】属性面板　　图 13-26　【算例】属性面板

3. 复制已有算例

右击想要复制的算例标签，在快捷菜单中选择【复制】命令。此时，弹出【定义算例名称】对话框，将算例重命名并选择所需的配置，如图 13-27 所示，单击【确定】按钮完成新算例的创建。这种方法在本质上是复制一个完全相同的算例并粘贴到一个空白算例中。

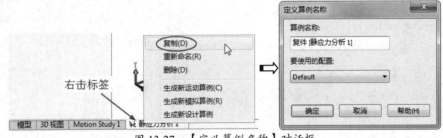

图 13-27　【定义算例名称】对话框

当在【算例 1】及其下的几个文件夹图标上右击时，均有【复制】命令，这说明不仅可以复制算例，而且可以从已有的算例中复制材料、夹具、外部载荷等。这要比在新算例中重新定义方便得多，也可以直接将欲复制的参数用鼠标拖动到新算例的标签页中。

13.2.2　应用材料

在运行算例之前，必须定义相关分析类型和指定的材料模型所要求的所有材料属性。材料模型描述了材料的行为并确定所需的材料属性。线性各向同性和正交各向异性材料模型可用于所有结构算例和热力算例。其他材料模型可用于非线性应力算例。材料属性可以指定为温度的函数。

在 Simulation 中，可将材料应用于零件、多体零件中的一个或多个实体，或者装配体中的一个或多个零件零部件中。定义材料不会更新已在 SolidWorks 中为 CAD 模型分配的材料。在装配体中，每一个零件可以指定不同的材料。

单击【应用材料】按钮，打开【材料】对话框，如图 13-28 所示。

图 13-28 【材料】对话框

有三种方法选择材料来源。

- 使用 SolidWorks 材质：Simulation 将使用在 SolidWorks 中分配给零件的材料。
- 自定义：允许手动输入材料属性。
- 自库文件：库文件可以来自 Simulation materials 或自定义的材料库。

库文件中包含了非常丰富的材料，一般情况下，可以在库文件中找到所需的材质。但如果材质库中没有所需的材料，用户可以自定义材质。

上机实践——创建自定义的新材料

① 在【材料】对话框左侧材料库列表中，右击【自定义材料】节点选项，在弹出的菜单中选择【新类别】命令，创建一个命名为"钢"的材料类别，如图 13-29 所示。

② 在新建的【钢】类别位置右击，并选择快捷菜单中的【新材料】命令，新建命名为"45 钢"的材料，如图 13-30 所示。

③ 接着在【属性】选项卡下显示新材料的属性选项设置。输入所需的材料属性值，或者先选中一种库文件中的材料，然后编辑材料属性值。

技巧点拨：

值得注意的是，我国的 GB45 钢在德国 DIN 标准中称为 C45 钢；在日本 JIS 标准中称为 S45C 钢；在美国 AISI 标准中称为 1045 钢、ASTM 标准中称为 1045 钢或者 080M46 钢。表 13-1 做出材料参数对比。从表中可以看出，在不同标准中 45 钢的叫法不一样，材料性能参数也是有细微差别的。

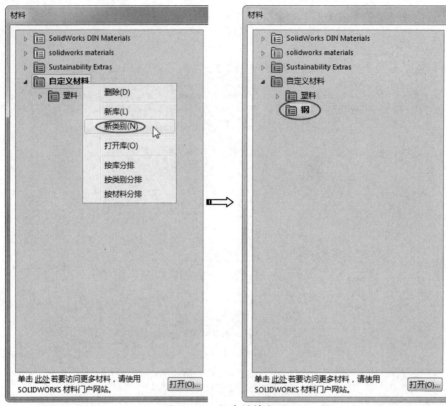

图 13-29 新建材料类别

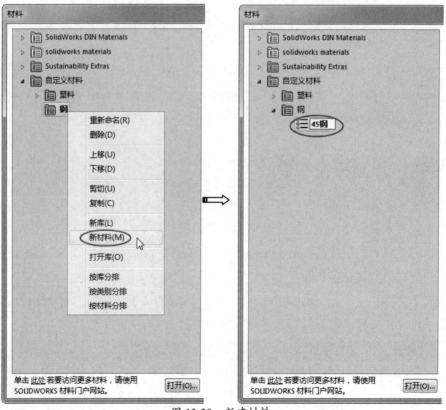

图 13-30 新建材料

表 13-1　材料参数对比

	中国 GB 45 钢	美国 AISI 1045 钢	德国 DIN C45 钢
弹性模量/（公斤力/cm^2）	2131193.9	2090405.5	2141391.032
中泊松比	0.269	0.29	0.28
中抗剪模量/（公斤力/cm^2）	839221.33	815768	805570.9
质量密度（kg/cm^3）	0.00789	0.00785	0.0078
张力强度（公斤力/cm^2）	6118.26	6373.1875	7647.825
屈服强度（公斤力/cm^2）	3619.9705	5404.463	5914.318
热膨胀系数（/℃）	1.17e-0.05	1.15e-005	1.1e-005
热导率[cal/(cm·sec·℃)]	0.114723	0.119025	0.0334608
比热[cal/(kg·℃)]	107.553	116.157	105.163

④ 单击【选择】按钮，在【匹配 Sustainability 信息】对话框的【SolidWorks DIN Materials】德国金属材料库中选择【DIN 钢（非合金）】下的【1.0503（C45）】材料，此材料性能参数与 GB45 钢接近，如图 13-31 所示。

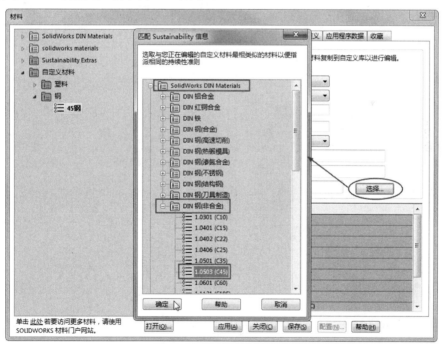

图 13-31　添加永续性数据

⑤ 输入完成以后，单击【保存】按钮即可。

⑥ 为此，本例源文件夹中提供专属 GB 的【SolidWorks GB materials.sldmat】材料库文件。将【SolidWorks GB materials.sldmat】文件放置于计算机 "C:\ProgramData\SOLIDWORKS\SOLIDWORKS 2020\自定义材料" 路径下。

⑦ 然后在【材料】对话框底部单击【打开】按钮，找到存放 GB 材料库文件的路径，选择

【solidworks GB materials.sldmat】文件打开即可，如图 13-32 所示。

图 13-32　打开 GB 材料库文件

⑧ 打开后，可以在【材料】对话框左侧的材料库列表中找到【solidworks GB materials】材料库，如图 13-33 所示。

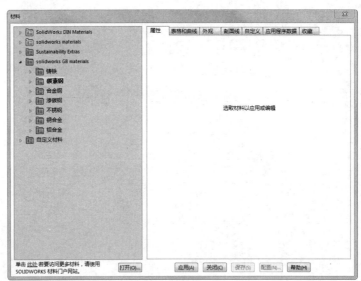

图 13-33　材料库列表中显示的【solidworks GB materials】材料库

13.2.3　设定边界条件

为分析模型添加约束、连接状态（装配关系）和外部载荷，称为"设定边界条件"。Simulation 中的边界条件类型包括连接和夹具。

1. 连接约束

单个零件模型是不需要连接的，"连接"是针对装配体的各零部件之间的连接状态。连接类型又细分为接触约束和刚性连接约束。

> **技巧点拨：**
> 连接约束是针对要模拟的对象状态而言的，也就是说，当分析对象是单个实体模型时，我们不需要为其假定一个连接状态。若是装配体，那么肯定是存在连接约束的。

（1）接触状态。

接触是描述最初接触或在装载过程中接触的零件边界之间的交互作用。可以在装配体和多实体零件文件中使用接触功能。接触分【相触面组】和【零部件相触】两种。

- 相触面组：是针对面与面之间的接触关系。可以定义实体算例、壳体算例及混合网格中的横梁之间的迭代。为接触组件自动完成横梁到壳体或实体面的黏合。单击【相触面组】按钮 相触面组，打开如图 13-34 所示的【相触面组】属性面板。
- 零部件相触：是针对装配体中组件与组件之间的接触关系。单击 零部件接触 按钮，将打开【零部件相触】属性面板，如图 13-35 所示。

图 13-34　【相触面组】属性面板

图 13-35　【零部件相触】属性面板

（2）刚性连接约束。

刚性连接是一种用来定义某个实体（顶点、边线、面）与另一个实体的连接装置。使用刚性连接可简化建模，因为在许多情况下，可以直接模拟所需的行为，而不必创建详细的几何体或定义接触条件。刚性连接包括表 13-2 所示的类型。

表 13-2　刚性连接类型

图标	类型	说明
	刚性	定义两个截然不同的实体中面之间的刚性连接
	弹簧	定义只抗张力（电缆）、只抗压缩或者同时抗张力和压缩的弹簧
	销钉	连接两个零部件的圆柱面
	螺栓	在两个零部件之间或零部件与地之间定义一个螺栓接头
	连杆	通过一个在两端铰接的刚性杆将模型上的任意两个位置捆扎在一起
	边焊缝	估计焊接两个金属零部件所需的适当焊缝大小
	点焊	不使用任何填充材料而在小块区域（点）上连接两个或更多薄壁重叠钣金件
	轴承	在杆和外壳零部件之间应用轴承接头

2. 夹具

夹具约束就是限制物体自由度的工具，包括【固定几何体】、【滚柱/滑杆】和【固定铰链】3 种标准模式。

（1）【固定几何体】约束。

完全限制物体 6 个自由度的约束工具。也就是 3 个平面的平移自由度和 3 个绕轴旋转自由度，如图 13-36 所示。

（2）【滚柱/滑杆】约束。

控制物体（针对装配体）在指定平面上滚动（圆柱形物体）和滑动，但不能在垂直于指定平面的垂直方向上运动。

（3）【固定铰链】约束。

控制物体（存在圆柱面或圆柱体）绕自身的轴进行旋转。在载荷下，圆柱面的半径和长度保持恒定。

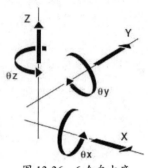

图 13-36　6 个自由度

当然，除了上述 3 种标准约束工具，还可以使用【高级夹具】工具针对复杂对象的约束设定。

3. 外部载荷

载荷和约束在定义模型的服务环境时是不可或缺的。分析结果直接取决于指定的载荷和约束。载荷和约束作为特征被应用到几何实体中，它们与几何体完全关联，并可自动调整以适应几何体的变化。

在 Simulation 中，不同分析类型环境下，可施加的外部载荷也会有所不同。Simulation 的载荷主要是结构载荷和热载荷。

结构载荷如图 13-37 所示，热载荷如图 13-38 所示。

图 13-37　结构载荷

图 13-38　热载荷

13.2.4　网格单元

网格是构成有限元分析模型的重要组成元素，也是有限元分析计算的基础。网格的划分是将理想化模型拆分成有限数量的区域，这些区域被称为"单元"，单元之间由节点连接在一起。

1. 网格类型

按网格单元的测量方法进行划分，Simulation 可以创建的网格类型包括：
- 3D 四面实体单元，如图 13-39 所示。
- 2D 三角形壳体单元，如图 13-40 所示。
- 1D 横梁单元，如图 13-41 所示。

图 13-39　CAD 钣金模型和 3D 四面实体单元

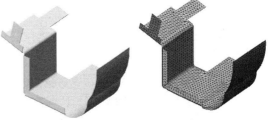
图 13-40　CAD 钣金模型和 2D 三角形壳体单元

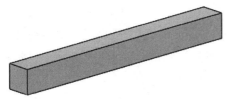

图 13-41　横梁 CAD 和 1D 横梁单元

按网格单元形状进行划分，Simulation 中有四种单元类型：一阶实体四面体单元、二阶实体四面体单元、一阶三角形壳单元和二阶三角形壳单元。在 Simulation 中，称一阶单元为【草稿品质】单元，二阶单元为【高品质】单元。

> 技巧点拨：
> 线性单元也称作一阶或低阶单元，抛物线单元也称作二阶或高阶单元。

由于二阶单元具有较好的绘图能力和模拟能力，推荐用户对最终结果和具有曲面几何体的模型使用高品质选项，并且 Simulation 默认选择即为高品质。在进行快速评估时可以使用草稿品质网格化，以缩短运算时间。

线性四面单元由四个通过六条直边线连接的边角节来定义。抛物线四面单元由四个边角节、六个中侧节和六条边线来定义。图 13-42 所示为一阶、二阶的线性和抛物线四面实体单元的示意图。图 13-43 所示为一阶、二阶的线性和抛物线三角形壳体单元的示意图。

线性实体单元

抛物线实体单元

线性三角形单元

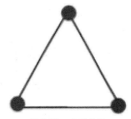
抛物线三角形单元

图 13-42　一阶与二阶的实体单元　　　图 13-43　一阶与二阶的壳体单元

2. 网格划分要注意的问题

我们在划分网格时，需要注意以下几个方面的问题。

（1）网格密度。

有限元方法是数值近似算法，一般情况下，网格密度越大，其计算结果与精确解的近似程度越高。但是，在已经获得比较精确计算结果的情况下，再加大网格密度也就没有任何意义了。

一般而言，网格密度（单元数）相同时，抛物线单元产生的结果的精度高于线性单元，原因是：

- 它们能更精确地表现曲线边界；
- 它们可以创建更精确的数学近似结果。不过，与线性单元相比，抛物线单元需要占用更多的计算资源。

对不同的研究对象，其单元格长度的取值是不同的。确定单元格长度可采用 3 种方法。

- 数据实验法，即分别输入不同的单元格相比较，选取计算精度可以达到要求，且计算时间较短、效率较高，是收敛半径的单元格长度最小值。这种方法较复杂，往往用于无同类数据可参考的情况。
- 同类项比较法，即借鉴同类产品的分析数据。比如，在对摩托车铝车轮进行网格划分时，可以适当借鉴汽车铝车轮有限元分析时的单元格长度。
- 根据研究对象的特点，结合国家标准规定的要求，与实验数据相结合。比如，对于车轮有限元分析模型，有许多边界参数可参考 QC/T212—1996 标准的要求，同时结合铝车轮制造有限公司的实验数据取得。

（2）网格形状。

对于平面网格而言，有三角形网格和抛物线网格可以选择。对于三维网格，可以选择的网格形状有四面体与混合网格。选择网格形状，很大程度上取决于计算所使用的分析类型。例如线性分析和非线性分析对网格形状要求不一样，模态分析和应力分析对网格形状的要求也不同。

（3）网格维数。

在网格维数方面，一般有三种方案可供选择。一是线性单元，有时也称为低阶单元。其形函数是线性形式，表现在单元结构上，可以用是否具有中间节点来判断是否是线性单元。无中间节点的单元即线性单元。在实际应用中，线性单元的求解精度一般来说不如阶次高的单元，尤其是要求峰值应力结果时，低阶单元往往不能得到比较精确的结果。第二种是二次单元，有时也称为高阶单元。其形函数是线性形式，表现在单元结构上，带有中间节点的单元即二次单元。如果要求得到精确的峰值应力结果，高阶单元往往更能够满足要求。而且，一般来说，二次单元对于非线性特性的支持比低阶单元要好，如果求解涉及较复杂的非线性状态，则选择二次单元可以得到更好的收敛特性。第三种是选择所谓的 p 单元，其形函数一般是大于 2 阶的，但阶次一般不会大于 8 阶。这种单元应用局限性较大，这里就不详细讲述了。

3. 网格划分工具

要创建网格，可以在菜单栏中执行【Simulation】|【网格】|【生成】命令，或者在 Simulation 算例树中，右击【网格】选项并选择快捷菜单中的【生成网格】命令，即可打开【网格】属性面板，如图 13-44 所示。

如果需要在模型中创建不同单元大小的网格，可以使用【应用网格控制】工具，打开如图 13-45 所示的【网格控制】属性面板。可以选择模型上的面、边线、顶点或装配体中的某个零部件，分别设置不同的网格密度。

下面以上机实践操作来演示如何创建 1D 横梁单元和 2D 壳体单元。源模型均采用相同的模型。

图 13-44 【网格】属性面板　　图 13-45 【网格控制】属性面板

上机实践——创建 1D 横梁单元

① 打开本例源文件"13-1.SLDPRT"，如图 13-46 所示。
② 单击【新算例】按钮，创建一个分析类型为【静应力分析】的算例，如图 13-47 所示。

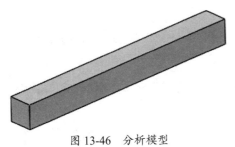

图 13-46 分析模型

图 13-47 新建算例

③ 要创建 1D 梁单元，必须将模型设为横梁。右击 Simulation 设计树中的 13-1，选择快捷菜单中的【视为横梁】命令，将 3D 实体设为 1D 线性几何，如图 13-48 所示。

图 13-48 视为横梁

④ 1D 线性横梁单元需要建立接点（接榫点）。在【结点组】项目位置右击并选择快捷菜单中的【编辑】命令，然后在打开的【编辑接点】属性面板中单击【计算】按钮，计算模型中是否存在接点，如果存在将显示在接榫上，如图 13-49 所示。

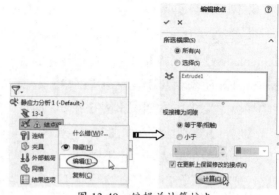

图 13-49　编辑并计算接点

⑤ 稍后会把计算结果显示在【结果】列表中，同时在模型上也显示接点，如图 13-50 所示。单击【确定】按钮✓结束操作。

⑥ 执行【生成网格】命令，Simulation 自动生成 1D 横梁单元，如图 13-51 所示。

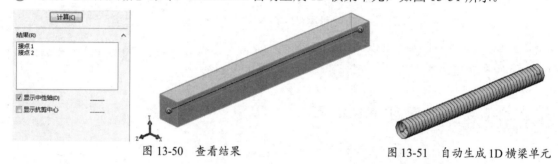

图 13-50　查看结果　　　　　　图 13-51　自动生成 1D 横梁单元

上机实践——创建 2D 壳体单元

有些机构比较简单的零件，完全可以建立 2D 壳体单元来替代 3D 实体单元，以此减少分析计算的时间。

① 继续前面的案例。右击零件项目并选择快捷菜单中的【视为实体】命令，将横梁线性几何转换成实体几何，如图 13-52 所示。

② 转换成实体几何后，原先的 1D 网格也不复存在。接下来需要创建中性层面。在【曲面】选项卡中单击【中面】按钮 中面，选择两个面创建中面，如图 13-53 所示。

 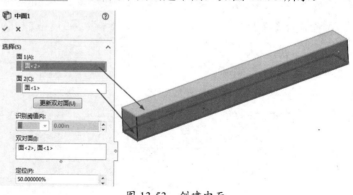

图 13-52　转为实体　　　　　　图 13-53　创建中面

③ 创建中面特征后，在 Simulation 设计树中可以找到此特征，如图 13-54 所示。
④ 右击创建的中面，再选择快捷菜单中的【按所选面定义壳体】命令。在打开的【壳体定义】属性面板中，选择中面，设置壳体厚度为 0.05mm，单击【确定】按钮☑完成壳体定义，如图 13-55 所示。

图 13-54　查看生成的中面

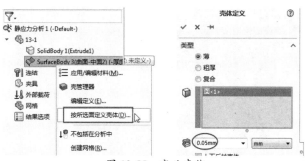

图 13-55　定义壳体

⑤ 选中壳体曲面，再执行【生成网格】命令。在【网格】属性面板中设置网格密度为 3mm，单击【确定】按钮☑完成平面网格的创建，如图 13-56 所示。
⑥ 事实上，由于源模型与中面曲面属于两个实体特征，那么建立的网格也是两种：实体网格和壳体网格，合称为"混合网格"，如图 13-57 所示。

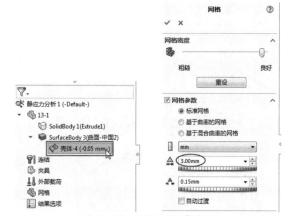

图 13-56　设置网格密度图

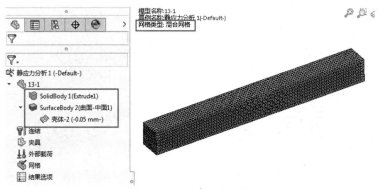

图 13-57　创建混合网格

⑦ 此时，我们需要对实体网格和壳体网格进行取舍。如果要用实体网格，请在 Simulation 设计树中，右击壳体网格并选择快捷菜单中的【不包括在分析中】命令，那么壳体网格就被压缩，不再用于有限元分析，而只保留实体网格数据，如图 13-58 所示。
⑧ 反之，如果要用壳体网格，请将实体网格设置成【不包括在分析中】，如图 13-59 所示。

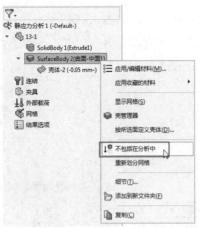
图 13-58　压缩壳体网格数据

图 13-59　压缩实体网格数据

13.3　综合案例——夹钳装配体静应力分析

本节将通过一个夹钳装配体的静态分析，帮助用户熟悉装配体静态分析的一般步骤和方法。

夹钳装配体模型由四部分组成：两只相同的钳臂、一个销钉和夹钳夹住的螺钉，如图 13-60 所示。

本例的目的是计算当一个 300N 的压力作用在夹钳臂末端时钳臂上的应力分布。分析时，将螺钉压缩，钳口处用【平行】配合并添加【固定几何体】的夹具约束，来模拟平板被夹住时的情形，如图 13-61 所示。本例中夹钳材料为 45 钢，屈服强度 355MPa，设计强度 150MPa，大约为材料屈服强度的 42%。

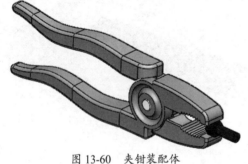
图 13-60　夹钳装配体

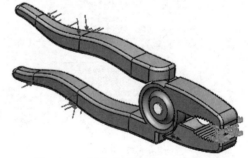
图 13-61　添加载荷与约束后的夹钳

1. 建立算例

① 打开"pliers.SLDASM"夹钳装配体文件，然后将零部件"bolt.SLDPRT"压缩，如图 13-62 所示。

② 单击【新算例】按钮 ，创建名为【静应力分析 1】的静态算例，如图 13-63 所示。

第 13 章 SolidWorks 应用于有限元分析

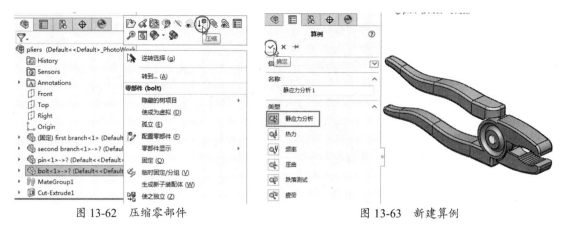

图 13-62 压缩零部件　　　　　　　图 13-63 新建算例

2. 应用材料

本例给夹钳的所有零件指定相同的材料。

① 在 Simulation 设计树中右击【零件】图标 零件，在弹出的快捷菜单中选择【应用材料到所有】命令，弹出【材料】对话框。

② 在【SolidWorks GB materials】材料库中选择【碳素钢】的【45】碳钢材料，如图 13-64 所示（前面已经介绍过如何使用自定义的材料库）。

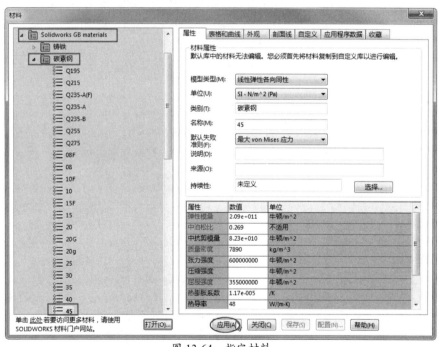

图 13-64 指定材料

③ 单击【应用】按钮将材料应用到整个装配体零部件。

3. 添加约束和接触

① 在夹钳的两个钳口表面上添加【固定几何体】的约束条件，该约束条件能模拟出平板零件的作用，假定夹钳夹紧时平板无滑移，如图 13-65 所示。

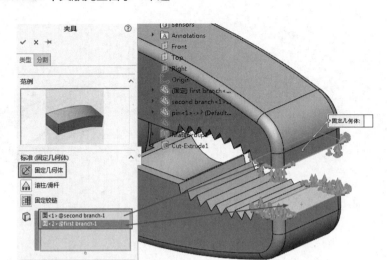

图 13-65 为钳口添加【固定几何体】约束

> **技巧点拨:**
> 如果新建算例时,在 Simulation 设计树的【连结】项目下自动生成了零部件接触,请把它删除。重新创建零部件接触。如果不删除,会影响到分析的成功。

② 为了允许模型因加载而产生变形时钳臂有相对的移动,应该设定全局接触条件为【无穿透】。右击【连结】图标,在弹出的快捷菜单中选择【零部件相触】命令,弹出【零部件相触】属性面板。选择装配体模型作为接触对象,在【零部件相触】属性面板中设置如图 13-66 所示的参数。

4. 添加载荷

① 右击 Simulation 设计树中的【外部载荷】图标 ↓↓ 外部载荷,在弹出的快捷菜单中选择【力】命令,弹出【力/扭矩】属性面板。选择法向,力的大小为 300N,如图 13-67 所示。

图 13-66 设置全局接触

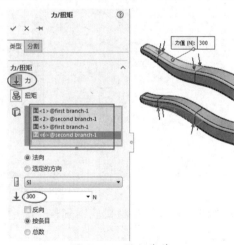

图 13-67 添加载荷

5. 划分网格

由于装配体中零件几何尺寸差别很大,因此装配体分析时需要对个别零部件使用网格控制。本例中需要对销进行网格控制。

① 在 Simulation 设计树中右击【网格】图标 网格，在弹出的快捷菜单中选择【生成网格】命令，弹出【网格】属性面板。

② 设置网格大小为 2.5mm，单击【确定】按钮完成网格划分，如图 13-68 所示。

③ 从生成的网格看，网格划分不均匀，如图 13-69 所示。需要对模型进行简化，再重新生成网格。

图 13-68　设置网格参数

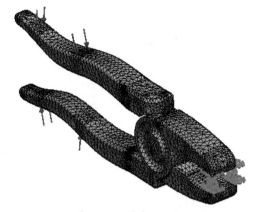

图 13-69　生成的网格

④ 在 Simulation 设计树中右击【网格】图标 网格，在弹出的快捷菜单中选择【为网格化简化模型】命令，任务窗格中弹出【简化】窗格，如图 13-70 所示。

⑤ 在【特征】列表中选择【圆角，倒角】选项，输入【简化因子】值，单击【现在查找】按钮，查找装配体中所有的圆角和倒角特征，并将结果列出，如图 13-71 所示。

图 13-70　【简化】窗格

图 13-71　查找装配体中的圆角和倒角

⑥ 勾选【所有】复选框选择所有列出的结果，单击【压缩】按钮，将这些圆角和倒角特征压缩，得到如图 13-72 所示的新装配体。

⑦ 编辑外部载荷的"力"，重新选择受力面，但是受力面太大了，会影响到分析效果，因为不可能在钳子前端施加作用力，因此需要对面重新进行分割，如图 13-73 所示。

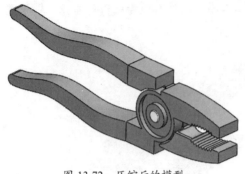

图 13-72 压缩后的模型

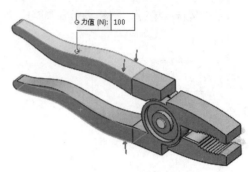

图 13-73 需要分割的面

⑧ 在特征管理器设计树中，依次对第一个零部件和第二个零部件分别进行编辑：绘制草图曲线，创建 分割线，得到如图 13-74 所示的分割线。

⑨ 编辑外部载荷，重新选择受力面，如图 13-75 所示。

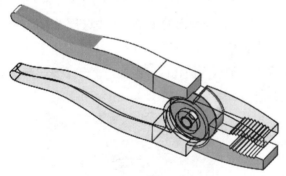

图 13-74 创建分割线

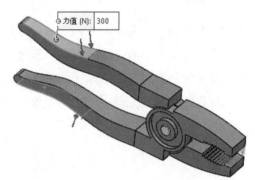

图 13-75 重新编辑外部载荷

⑩ 最后重新生成网格，得到比较理想的网格密度，如图 13-76 所示。

6. 运行分析与结果查看

① 右击 Simulation 设计树中的【静应力分析 1】图标，在弹出的快捷菜单中选择【运行】命令，运行算例，如图 13-77 所示。

② 经过一段时间的分析后，在 Simulation 设计树的【结果】节点项目下列出了应力、位移和应变分析结果。双击 应力1 (-vonMises-)，绘图区会显示 von Mises 应力图解，如图 13-78 所示。

图 13-76 重新生成网格

第 13 章　SolidWorks 应用于有限元分析

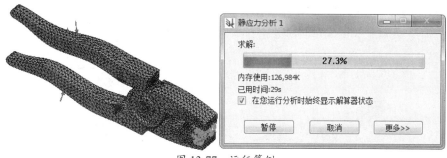

图 13-77　运行算例

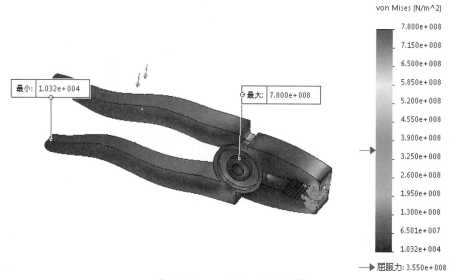

图 13-78　von Mises 应力图解

③ 更改图解。右击【应力1】图标，在弹出的快捷菜单中选择【图表选项】命令，弹出【应力图解】属性面板。在【图表选项】选项卡中勾选部分复选框，单击【确定】按钮 ✓ 完成操作，如图 13-79 所示。

④ 随后在图解中可以清楚地看到变形比例及变形效果，如图 13-80 所示。施加了 300N 的力，变形还是比较小的，说明钳子本身的强度及刚度还是符合设计要求的。

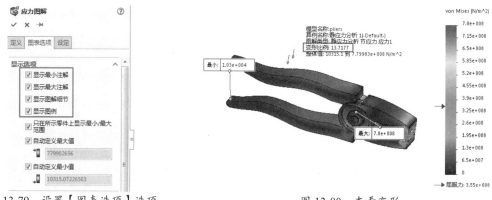

图 13-79　设置【图表选项】选项　　　　图 13-80　查看变形

⑤ 从【位移1】图解中我们可以看出，钳子手柄末端的位移量最大，为 1.133mm，如图 13-81 所示。

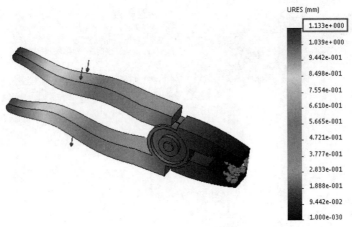

图 13-81 位移图解

⑥ 最后保存分析结果。

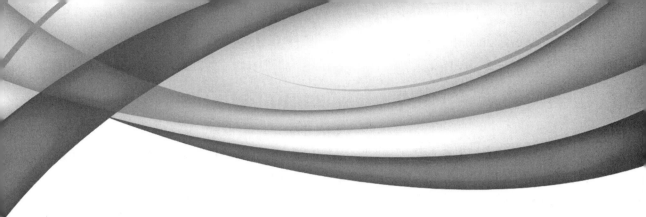

第 14 章
SolidWorks 应用于钣金设计

本章内容

SolidWorks 具有强大的钣金设计功能，其操作性强、工具简化等特点给用户带来设计上的便捷。本章将详细介绍 SolidWorks 应用于钣金设计的相关功能命令及其具体设计过程。

知识要点

- ☑ 钣金概述
- ☑ 钣金设计工具
- ☑ 钣金法兰设计
- ☑ 创建折弯钣金体
- ☑ 钣金成型工具
- ☑ 编辑钣金特征

14.1 钣金设计概述

钣金产品在日常生活中随处可见，从日用家电到汽车、飞机、轮船等。随着科技的发展和生活水平的提高，对产品外观、质量的要求也越来越高。SolidWorks 2020 中的钣金设计模块提供了强大的钣金设计功能，可以使用户轻松、快捷地完成设计工作。

14.1.1 钣金零件分类

根据成型的类型不同钣金零件大致可分为三类：平板类钣金件零件、板弯类钣金零件(不包括蒙皮、壁板类零件）和型材类钣金零件。

（1）平板类钣金零件包括：剪切成型钣金零件、铣切成型钣金零件和冲裁成型钣金零件。

- 剪切成型钣金零件：是通过剪切加工得到的钣金零件。
- 铣切成型钣金零件：是通过铣切加工得到的钣金零件。
- 冲裁成型钣金零件：是通过冲裁加工得到的钣金零件。

（2）板弯类钣金零件包括：闸压钣金零件、滚压钣金零件、液压钣金零件和拉伸钣金零件。

- 闸压钣金零件：是利用闸压模逐边、逐次将板材折弯成所需形状的成型零件。
- 滚压钣金零件：是板料从 2~4 根同步旋转的辊轴间通过，并连续地产生塑性弯曲的成型零件。
- 液压钣金零件：是利用橡皮垫或橡皮囊液压成型的零件。液压橡皮囊作为凹模（或凸模），将金属板材按刚性凸模（或凹模）加压成型的方法称为橡皮成型。
- 拉伸钣金零件：是通过拉形模对板料施加拉力所得到的钣金零件。成型时使板料产生不均匀拉应力和拉伸应变，随之板料与拉形模贴合面逐渐扩展，直至与拉形模型面完全贴合。

（3）型材类钣金零件包括：拉弯钣金零件、压弯钣金零件和直型材钣金零件。

- 拉弯钣金零件：是指通过将毛料在弯曲模具中进行弯曲而得到的钣金零件。毛料在弯曲的同时加以切向拉力，将毛料截面内的应力分布都变为拉应力，以减少回弹，提高成型准确度。
- 压弯钣金零件：是通过在冲床、液压机上，利用弯曲模对型材进行弯曲成型的钣金零件。

> **技巧点拨：**
> 压弯适用于曲率半径小、壁厚大于 2mm 及长度较小的型材零件的成型。

- 直型材钣金零件：是通过挤压成型设备将金属材料挤出成型的零件。

14.1.2 钣金加工工艺流程

随着当今社会的发展，钣金业也随之迅速发展，现在钣金涉及各行各业，对于任何一个钣金件来说，它都有一定的加工过程，也就是所谓的工艺流程。钣金加工工艺流程大致如下。

（1）材料的选用：钣金加工一般用到的材料有冷轧板（SPCC）、热轧板（SHCC）、镀锌板（SECC、SGCC），铜（CU）黄铜、紫铜、铍铜，铝板（6061、6063、硬铝等），铝型材，不锈钢（镜面、拉丝面、雾面），根据产品作用不同，选用材料不同，一般需从产品用途及成本上来考虑。

（2）图面审核：要编写零件的工艺流程，首先要知道零件图的各种技术要求；则图面审核是对零件工艺流程编写的最重要环节。

（3）展开零件图：是依据零件图（3D）展开的平面图（2D）。

（4）根据钣金件结构的差异，钣金加工的工艺流程各不相同，但总的不超过以下几点。

- 下料：下料的方式有很多，有剪床下料、冲床下料、NC 数控下料、镭射下料及锯床下料等。剪床下料——利用剪床剪切条料简单料件，主要是为模具落料成型准备加工，成本低，精度低于 0.2，但只能加工无孔无切角的条料或块料。冲床下料——利用冲床分一步或多步在板材上将零件展开后的平板件冲裁成各种形状料件，其优点是耗费工时短，效率高，精度高，成本低，适用于大批量生产，但要设计模具。NC 数控下料——下料时首先要编写数控加工程式，让 NC 机床根据这些程式一步一刀在板材上冲裁出不同形状的钣金构件，但其结构受刀具结构限制，成本低，精度高于 0.15。镭射下料——利用激光切割方式，在大平板上将其平板的结构形状切割出来，同 NC 下料一样需编写镭射程式，它可下各种复杂形状的平板件，成本高，精度为 0.1。锯床下料——适用于铝型材、方管、图管、圆棒料之类，成本低，精度低。

- 钳工加工：包括钻削沉孔、攻丝和扩孔。沉孔的钻削角度为 118 度，用于拉铆钉。沉头螺钉的钻削角度为 90 度。

- 冲床加工：是利用模具成型的加工工序，一般有冲孔、切角、落料、冲凸包（凸点）、冲撕裂、抽孔、成型等加工方式，需要有相应的模具来完成操作，如冲孔落料模、凸包模、撕裂模、抽孔模、成型模等，操作时要注意位置和方向性。

- 折弯加工：折弯就是将 2D 的平板件折成 3D 的零件。需要有折床及相应折弯模具完成加工。它也有一定的折弯顺序，其原则是对下一刀不产生干涉的先折，会产生干涉的后折。

- 焊接：也称作熔接、镕接，是一种以加热、高温或者高压的方式接合金属或其他热塑性材料如塑料的制造工艺及技术。焊接工艺有电焊、点焊、氩氟焊、二氧化碳保护焊等。

（5）表面处理：钣金零件的表面处理方式有很多，根据钣金零件的用途和颜色来确定表面处理方式。钣金零件的表面处理方式包括：喷塑、电镀、电解、阳极氧化等。

14.1.3 钣金结构设计注意事项

钣金设计的最终结果是以一定的结构形式表现出来的，按照所设计的结构进行加工、组装，制造成最终的钣金成品。所以，钣金结构设计应满足产品的多方面要求，包括功能性、可靠性、工艺性、经济性和外观造型等。此外，还应该改善钣金零件的受力，提高强度、精度，延长使用寿命。因此，钣金结构设计是一项综合性的技术工作。

钣金结构设计过程中应注意以下事项：
- 是否能实现预期功能。
- 是否满足强度功能要求。
- 是否满足刚度结构要求。
- 是否影响加工工艺。
- 是否影响组装。
- 是否影响外观造型。

14.2 钣金设计工具

在功能区中将【钣金】选项卡调出来，SolidWorks 2020 的钣金设计工具如图 14-1 所示。

图 14-1 钣金设计工具

- 基体工具：设定钣金件基本参数和钣金基体。
- 折弯工具：可以生成钣金折弯造型。
- 边角工具：可以闭合边角、焊接边角、断开边角和剪裁边角。
- 成型工具：可以快速创建钣金复杂成型特征。
- 孔工具：可以生成孔及通风孔造型。
- 展开工具：可以将钣金折弯特征进行展平。
- 实体工具：使实体生成钣金件的工具。

> 提示：
> 本书配图中的"成形"应为"成型"。

14.3 钣金法兰设计

SolidWorks 钣金设计环境中有 4 种工具来生成钣金法兰，创建法兰特征可以按预定的厚度增加材料。这 4 种法兰特征依次是：基体法兰、薄片（凸起法兰）、边线法兰和斜接法兰，具体见表 14-1。

表 14-1 法兰特征列表

法兰特征	定义解释	图例
基体法兰	基体法兰可为钣金零件生成基体特征。它与基体拉伸特征相类似，只不过用指定的折弯半径增加了折弯	
薄片（凸起法兰）	薄片特征为钣金零件添加相同厚度的薄片，薄片特征的草图必须产生在已存在的表面上	
边线法兰	边线法兰特征可将法兰添加到钣金零件上的所选边线上，它的弯曲角度和草图轮廓都可以修改	
斜接法兰	斜接法兰特征可将一系列法兰添加到钣金零件的一条或多条边线上，可以在需要的地方加上相切选项生成斜接特征	

14.3.1 基体法兰

基体法兰是钣金零件的第一个特征，也称"钣金第一壁"。基体法兰被添加到零件后，就会将该零件标记为钣金零件。折弯添加到适当位置，并且特定的钣金特征被添加到特征管理器设计树中。

基体法兰特征是由草图生成的。生成基体法兰特征的草图可以是单一开环轮廓、单一闭环轮廓或多重封闭轮廓。表 14-2 中列出三种草图类型来创建基体法兰。

表 14-2 三种不同草图来建立的基体法兰

草图	说明	图解
单一开环轮廓	单一开环的草图轮廓可以用于拉伸、旋转、剖面、路径、引线以及钣金	

续表

草 图	说 明	图 解
单一闭环轮廓	单一闭环的草图轮廓可以用于拉伸、旋转、剖面、路径、引线以及钣金	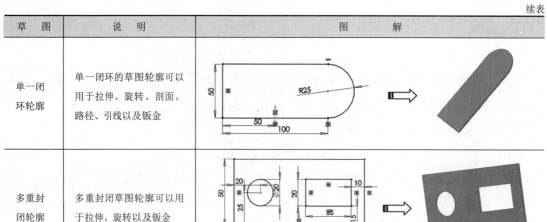
多重封闭轮廓	多重封闭草图轮廓可以用于拉伸、旋转以及钣金	

上机实践——创建基体法兰

在 SolidWorks 中用多重封闭轮廓创一个料厚为 2.0 的薄壁零件,如图 14-2 所示。

① 按快捷键 Ctrl+N,弹出【SOLIDWORKS 文件】对话框,新建一个零件文件。

② 在【钣金】选项卡中单击【基体法兰/薄片】按钮,选择前视基准面为草图平面,然后进入草图环境绘制草图,如图 14-3 所示。

③ 退出草图环境后在随后自动弹出的【基体法兰】属性面板中,修改【方向 1 厚度】栏中的值为 2;其他选项及参数保持默认,最后单击【确定】按钮,生成基体法兰特征,如图 14-4 所示。

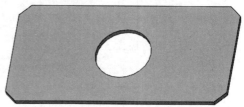

图 14-2 薄壁零件

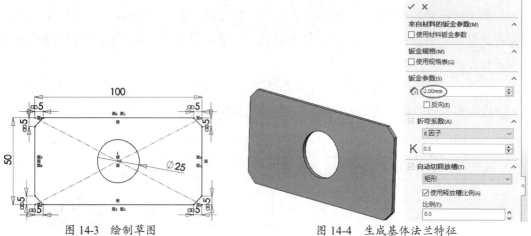

图 14-3 绘制草图　　　　图 14-4 生成基体法兰特征

14.3.2 薄片

利用【基体法兰/薄片】命令还可以为钣金基体法兰零件添加薄片。系统会自动将薄片特征的深度设置为钣金零件的厚度。至于深度的方向，系统会自动将其设置为与钣金零件重合，从而避免事态脱节。

💻 上机实践——创建薄片特征

在基体法兰上创建一个薄片特征，如图 14-5 所示。

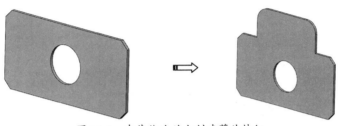

图 14-5　在基体法兰上创建薄片特征

① 打开本例源文件"基体法兰.SLDPRT"。
② 在【钣金】选项卡中单击【基体法兰/薄片】按钮 ，选择前视基准面为草图平面，绘制图 14-6 所示的薄片草图。
③ 在【基体法兰】属性面板中单击【确定】按钮 ，生成薄片特征，如图 14-7 所示。

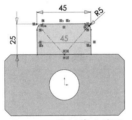

图 14-6　绘制薄片草图

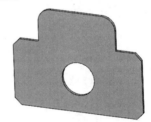

图 14-7　生成薄片特征

技巧点拨：

在【基体法兰】属性面板中，若勾选【合并结果】复选框，生成的薄片特征将与基体法兰特征合并。若取消勾选，将生成独立的特征，且在特征管理器设计树中出现"钣金 2"特征，如图 14-8 所示。从图形区的钣金结果看，基体法兰特征与薄片特征将各自独立，如图 14-9 所示。

图 14-8　"钣金 2"特征

图 14-9　基体法兰特征与薄片特征各自独立

14.3.3 边线法兰

使用【边线法兰】工具可以将法兰添加到一条或多条边线上。添加边线法兰时,所选边线必须为线性边线。边线系统自动将褶边厚度链接到钣金零件的厚度上。轮廓的一条草图直线必须位于所选边线上。

上机实践——创建边线法兰

① 打开本例源文件"薄片特征.SLDPRT"。
② 在【钣金】选项卡中单击【边线法兰】按钮,在钣金零件上选择一条边线,然后拖动鼠标确定法兰生长方向,在【边线-法兰】属性面板的【边线】栏中将显示所选中的边线,如图 14-10 所示。
③ 同理,选取另一侧边线创建法兰。

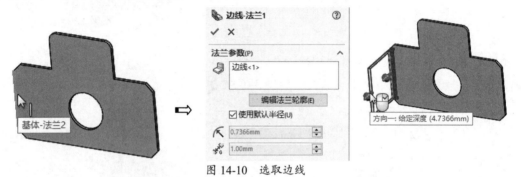

图 14-10 选取边线

④ 在【边线-法兰】属性面板的【法兰长度】选项区中,设置法兰拉长的深度值为 25mm,单击【折弯在外】按钮,其余选项及参数保持默认,最后单击【确定】按钮生成边线法兰特征,如图 14-11 所示。

 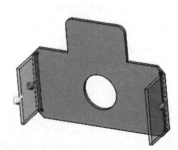 

图 14-11 生成边线法兰特征

14.3.4 斜接法兰

使用【斜接法兰】工具可将一系列法兰添加到钣金零件的一条或多条边线上。在生成【斜接法兰】特征的时候首先要绘制一个草图，斜接法兰的草图可以使用直线或圆弧。使用圆弧草图生成斜接法兰的时候，圆弧不能与钣金件厚度边线相切，但可以与长边线相切，或在圆弧和厚度边线之间有一条直线相连。

上机实践——创建斜接法兰

在钣金零件上创建斜接法兰特征，如图 14-12 所示。

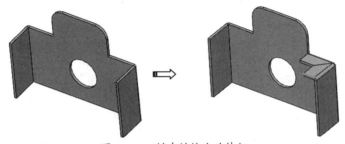

图 14-12 创建斜接法兰特征

① 打开本例源文件"边线法兰.SLDPRT"。
② 在【钣金】选项卡中单击【斜接法兰】按钮，在钣金零件上选择一个面作为草图平面，随后进入草图环境绘制草图，如图 14-13 所示。
③ 在钣金零件上选择边线，如图 14-14 所示。

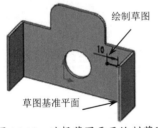

图 14-13 选择草图平面绘制草图

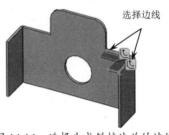

图 14-14 选择生成斜接法兰的边线

④ 退出草图环境后在【斜接法兰】属性面板中设定【缝隙距离】为 0.1mm，单击【材料在外】按钮，最后单击【确定】按钮生成斜接法兰特征，如图 14-15 所示。

图 14-15 生成斜接法兰特征

14.4 创建折弯钣金体

SolidWorks 2020 的钣金模块中有 6 种不同的折弯特征工具来设计钣金的折弯，这 6 种折弯特征工具分别是：【绘制的折弯】、【褶边】、【转折】、【展开】、【折叠】和【放样折弯】。

14.4.1 绘制的折弯

【绘制的折弯】命令可以在钣金零件处于折叠状态时绘制草图将折弯线添加到零件上。草图中只允许使用直线，可为每个草图添加多条直线。折弯线的长度不一定要与被折弯的面的长度相等。

上机实践——创建绘制的折弯特征

在钣金零件上创建绘制的折弯特征，如图 14-16 所示。

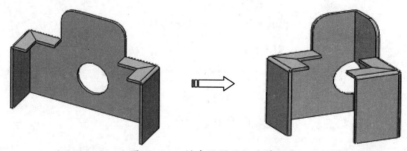

图 14-16 创建绘制的折弯特征

① 打开本例源文件"钣金法兰.SLDPRT"。
② 在【钣金】选项卡中单击【绘制的折弯】按钮 ，在钣金零件上选择一个面作为草图平面，进入草图环境绘制草图，如图 14-17 所示。
③ 退出草图环境后在钣金零件上选择固定面，如图 14-18 所示。

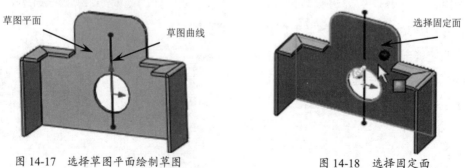

图 14-17 选择草图平面绘制草图　　　图 14-18 选择固定面

④ 接着在【绘制的折弯】属性面板中单击【折弯中心线】按钮 ；设置折弯角度为 45 度，

单击【确定】按钮，生成绘制的折弯特征，如图 14-19 所示。

14.4.2 褶边

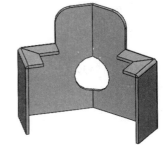

图 14-19 生成绘制的折弯特征

【褶边】命令可将褶边添加到钣金零件的所选边线上。生成褶边特征时所选边线必须为直线。斜接边角被自动添加至交叉褶边上。

> **技巧点拨:**
> 如果选择多个要添加褶边的边线，则这些边线必须在同一个面上。

上机实践——创建褶边特征

在钣金零件上创建褶边特征，如图 14-20 所示。

① 打开本例源文件"钣金法兰.SLDPRT"。
② 在【钣金】选项卡中单击【褶边】按钮，弹出【褶边】属性面板。在钣金零件上选择一条边线，如图 14-21 所示。

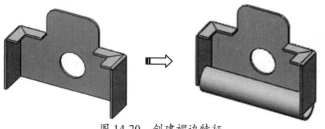
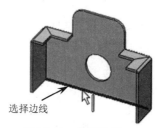

图 14-20 创建褶边特征　　　　　　图 14-21 选择边线

③ 在【褶边】属性面板的【边线】选项区中单击【折弯在外】按钮，在【类型和大小】选项区中单击【滚轧】按钮，设置输入角度值和半径值，如图 14-22 所示。
④ 单击【确定】按钮，生成褶边特征，如图 14-23 所示。

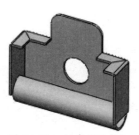

图 14-22 设置【褶边】属性面板　　　　图 14-23 创建褶边特征

14.4.3 转折

使用【转折】特征工具可以在钣金零件上通过草图直线生成两个折弯。生成转折特征的草图只能包含一条直线。直线可以不是水平和垂直的直线，折弯线的长度不一定要与被折弯面的长度相等。

💻 上机实践——创建转折特征

在钣金零件上创建转折特征，如图 14-24 所示。

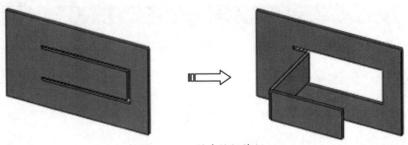

图 14-24　创建转折特征

① 打开本例源文件"钣金零件.SLDPRT"。
② 在【钣金】选项卡中单击【转折】按钮🗲，在钣金零件上选择一个面作为草图平面，进入草图环境绘制草图，如图 14-25 所示。
③ 退出草图环境后在钣金零件上选择一个固定面，如图 14-26 所示。
④ 在【转折】属性面板的【等距距离】选项区中设置距离值为 50mm，单击【外部等距】按钮和【折弯中心线】按钮，如图 14-27 所示。

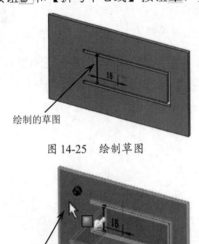

图 14-25　绘制草图

图 14-26　选择固定面

图 14-27　设置【转折】属性面板

⑤ 其余选项保持默认设置,单击【确定】按钮✔生成转折特征,如图 14-28 所示。

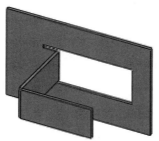

图 14-28 创建转折特征

14.4.4 展开

使用【展开】特征工具可以在钣金零件中展开一个、多个或所有折弯。

📖 上机实践——创建展开特征

在钣金零件上创建展开特征,如图 14-29 所示。

① 打开本例源文件"褶边特征.SLDPRT"。
② 在【钣金】选项卡中单击【展开】按钮,弹出【展开】属性面板。在钣金零件上选择固定面和要展开的折弯,如图 14-30 所示。

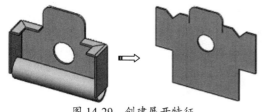

图 14-29 创建展开特征

图 14-30 选择折弯和固定面

③ 可手动选择折弯特征,也可以在【展开】属性面板中单击【收集所有折弯】按钮自动收集,如图 14-31 所示。
④ 在【展开】属性面板中单击【确定】按钮✔,生成展开特征,如图 14-32 所示。

图 14-31 【展开】属性面板

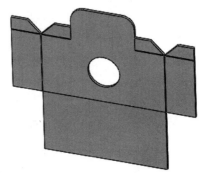

图 14-32 创建展开特征

14.4.5 折叠

使用折叠特征工具可以在钣金零件中折叠一个、多个或所有折弯特征。

上机实践——创建折叠特征

在钣金零件上创建折叠特征,如图 14-33 所示。

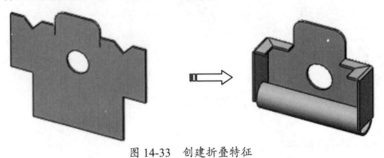

图 14-33 创建折叠特征

操作步骤

① 打开本例源文件"展开折弯特征.SLDPRT"。
② 在【钣金】选项卡中单击【折叠】按钮,弹出【折叠】属性面板。在钣金零件上选择一个固定面,如图 14-34 所示。
③ 在【折叠】属性面板中单击【收集所有折弯】按钮自动收集要折叠的折弯,如图 14-35 所示。单击【确定】按钮,生成折叠特征如图 14-36 所示。

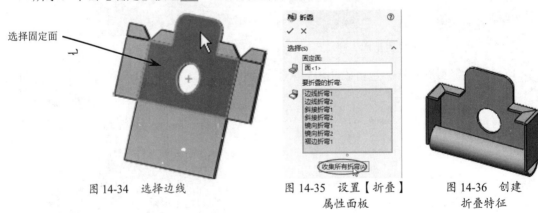

图 14-34 选择边线 　　图 14-35 设置【折叠】属性面板 　　图 14-36 创建折叠特征

14.4.6 放样折弯

使用放样折弯特征工具可以在钣金零件中生成放样的折弯。放样的折弯和零件实体中的放样特征类似,需要有两个草图才可以进行放样操作。

上机实践——创建放样折弯特征

用两个草图轮廓创建一个料厚为 2mm 的放样钣金零件，如图 14-37 所示。

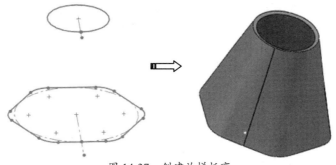

图 14-37　创建放样折弯

① 单击【标准】工具栏中的【新建】按钮，创建一个新的零件文件。
② 在【草图】选项卡中单击【草图绘制】按钮，选择前视基准面为草图平面，绘制如图 14-38 所示的草图。
③ 在距离前视基准面 50mm 处，创建一个基准面面，然后在该基准面上绘制草图，如图 14-39 所示。

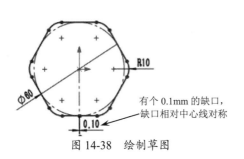

图 14-38　绘制草图

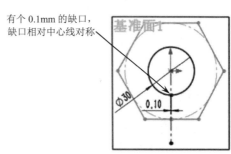

图 14-39　绘制草图

④ 在【钣金】选项卡中单击【放样折弯】按钮，弹出【放样折弯】属性面板。选择两个草图为轮廓，在【放样折弯】属性面板的【厚度】栏中输入厚度值为 2mm，如图 14-40 所示。
⑤ 单击【确定】按钮，生成放样折弯特征如图 14-41 所示。

图 14-40　设置【放样折弯】属性面板

图 14-41　生成放样折弯特征

14.5 钣金成型工具

利用钣金成型工具可以生成各种钣金成型特征，如 embosses（凸包）、extruded flanges（冲孔）、louvers（百叶窗）、ribs（筋）和 lances（切口）成型特征等。

14.5.1 使用成型工具

成型工具是一个集合多种特征的工具集，可以在钣金零件上生成特殊的形状特征。下面介绍如何在钣金零件上创建一个百叶窗特征。

上机实践——利用成型工具创建百叶窗

使用成型工具在一个长 200mm、宽 100mm、厚 2mm 的钣金上创建百叶窗，如图 14-42 所示。

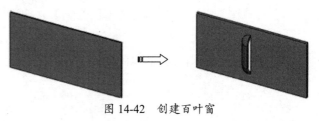

图 14-42 创建百叶窗

① 新建零件文件。利用【钣金】选项卡中的【基体法兰/薄片】工具，创建一个长 200mm、宽 100mm 及厚 2mm 的钣金基体法兰。

② 在图形区右侧的任务窗格中单击【设计库】标签按钮，展开【设计库】标签。在【设计库】标签中按照路径【Design Library】|【forming tools】|【motion】可以找到五种钣金标准成型工具的文件夹，在每一个文件夹中都有许多种成型工具。

③ 在【louvers】文件夹中将 louver（百叶窗）成型工具拖到窗口的钣金表面上放置，然后设置成型参数，如图 14-43 所示。

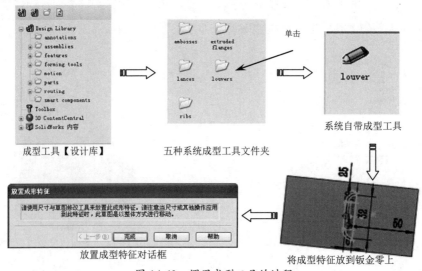

图 14-43 调用成型工具的过程

④ 单击【放置成型特征】对话框中的【完成】按钮,完成成型特征的创建,如图 14-44 所示。

图 14-44 创建成型特征

技巧点拨:

使用成型特征工具时,默认情况下成型工具向下进行,即成型的特征方向是向下凹的,如果要使【成型】特征的方向向上凸,需要在拖入【成型】特征的同时按下 Tab 键。

14.5.2 编辑成型工具

在【设计库】中标准成型工具的形状或大小与实际需要的形状或大小有差异的时候,需要对成型工具进行编辑,使其达到实际所需要的形状或大小。

上机实践——编辑成型工具

① 新建文件。
② 单击【任务窗格】中的【设计库】按钮,在【设计库】面板中按照路径【Design Library】|【forming tools】找到需要修改的成型工具,双击成型工具图标。例如:双击【embosses】文件夹中的【counter sink emboss】特征工具图标,如图 14-45 所示,系统将进入【counter sink emboss】特征工具的设计界面。

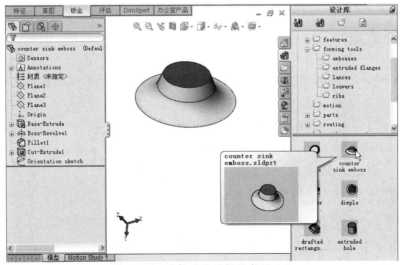

图 14-45 选择需要编辑的成型工具

③ 在操作界面左侧的特征管理器设计树中右击【Boss-Revolve1】，在弹出的快捷菜单中单击【编辑草图】按钮，进入草图界面，修改草图，如图 14-46 所示。

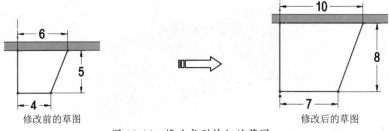

图 14-46 修改成型特征的草图

④ 在操作界面左侧的特征管理器设计树中右击【Fillet1】，在弹出的快捷菜单中单击【编辑特征】按钮，弹出【Fillet】属性面板，如图 14-47 所示。

⑤ 在【Fillet】属性面板中将【半径】值改为 3mm，在【边线、面、特征和环】中添加【边线 2】，如图 14-48 所示。单击【确定】按钮，完成倒角的修改。

⑥ 完成成型工具的编辑，结果如图 14-49 所示。

⑦ 执行【文件】|【保存】或【另存为】菜单命令，将编辑后的成型工具保存。

图 14-47 【Fillet】属性面板

图 14-48 添加【边线 2】

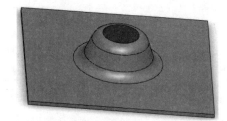

图 14-49 编辑好的成型工具

14.5.3 创建成型工具

在 SolidWorks 中可以根据实际设计需要创建新的成型工具，然后把新的成型工具添加到【设计库】中，以备运用，创建新的成型工具和创建其他的实体零件的方法一样。

① 单击【标准】工具栏中的【新建】按钮，创建一个新的文件，在操作界面左侧的特征管理器设计树中选择前视基准面作为草图平面，接着单击【草图】选项卡中的【矩形】按钮，绘制一个矩形。

② 执行【插入】|【凸台/基体】|【拉伸】菜单命令，或者单击【特征】选项卡中的【拉伸凸台/基体】按钮，在弹出的【拉伸】属性面板中设置深度值为 10mm，单击【确定】按钮，生成【拉伸】特征，如图 14-50 所示。

③ 执行【插入】|【凸台/基体】|【旋转】菜单命令，或者单击【特征】选项卡中的【旋转】按钮 。选择如图 14-51 所示的表面为基准面，在基准面上绘制【旋转】特征的草图，如图 14-52 所示。

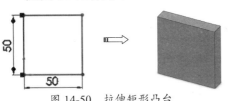  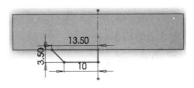

图 14-50 拉伸矩形凸台　　图 14-51 选择【旋转】的基准面　　图 14-52 生成【旋转】特征的草图

④ 退出草图后，将进入【旋转】属性面板，单击左上角的【确定】按钮 ，生成【旋转】特征，如图 14-53 所示。

⑤ 单击【特征】选项卡中的【圆角】按钮 ，在弹出的【圆角】属性面板中设置【半径】值为 2mm，选择旋转凸台的顶圆线和底圆线为【边线 1】和【边线 2】。最后单击【确定】按钮 ，生成【圆角】特征，如图 14-54 所示。

图 14-53 生成【旋转】特征　　图 14-54 生成【圆角】特征

⑥ 选择旋转凸台顶面为草图平面，绘制草图，如图 14-55 所示。

⑦ 在【模具】选项卡中单击【分割线】按钮 ，弹出【分割线】属性面板。首先选择【投影】分割类型，接着选择绘制的草图作为要投影的草图，再选择旋转凸台的顶面作为要分割的面。单击【确定】按钮 ，完成旋转凸台顶面的分割，如图 14-56 所示。

⑧ 右击旋转凸台顶面中被分割出来的异形面，然后在弹出的快捷菜单中选择【外观】|【面】命令，再在弹出的【颜色】属性面板中为异形面设置红色，如图 14-57 所示。

图 14-55 绘制草图　　图 14-56 旋转凸台顶面被分成两个面　　图 14-57 将异形面改为红色

技巧点拨：
在改变颜色后生成此成型工具时，在钣金零件上才会有相应的异形孔生成，反之则不会有相同的异形孔生成。

⑨ 在指定面上绘制草图，如图 14-58 所示。
⑩ 单击【特征】选项卡中的【拉伸切除】按钮⑩，弹出【拉伸切除】属性面板。
⑪ 在【方向 1】选项区中选择终止条件后【完全贯穿】，单击【确定】按钮✓，将凸台底部的矩形体切除，如图 14-59 所示。
⑫ 如图 14-60 所示，选择凸台底面作为草图平面，在草图平面上绘制一个与凸台底面圆直径一样大的圆，如图 14-61 所示。

   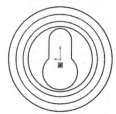

图 14-58　绘制【拉伸切除】草图　　图 14-59　生成【拉伸切除】特征　　图 14-60　选择草图平面　　图 14-61　绘制草图

> 技巧点拨：
> 最后绘制的草图是【成型】工具的定位草图，是必须要绘制的，否则【成型】工具将不能放置到钣金零件上。

⑬ 将零件文件保存，然后在特征管理器设计树中右击零件名称，在弹出的快捷菜单中选择【添加到库】命令，系统弹出【另存为】对话框。在对话框中选择保存路径为：Design Library|forming tools|embosses，单击【保存】按钮，把新创建的成型工具保存在设计库中。

> 技巧点拨：
> 在创建孔的成型工具时，拉伸凸台的高度一定要与钣金零件的材料厚度相等。如果拉伸凸台的高度大于钣金零件的材料厚度，钣金零件的背面将多出一部分，如图 14-62 所示；如果拉伸凸台的高度小于钣金零件的材料厚度，成型工具将不能在钣金零件上彻底创建孔，如图 14-63 所示。

图 14-62　大于钣金零件厚度的孔成型工具　　图 14-63　小于钣金零件厚度的孔成型工具

14.6　编辑钣金特征

SolidWorks 钣金环境中有 6 种不同的编辑钣金特征工具，分别是【拉伸切除】、【边角剪裁】、【闭合角】、【断裂边角/边角剪裁】、【转换到钣金】和【镜像】。使用这些编辑钣金特征工具可以对钣金零件进行编辑。

14.6.1 拉伸切除

【钣金】选项卡中的【拉伸切除】工具与【特征】选项卡中的【拉伸切除】工具完全相同，需要一个草图才可以创建拉伸切除特征。

上机实践——创建拉伸切除特征

使用【拉伸切除】工具在钣金零件上切一个圆孔，如图 14-64 所示。

① 创建一个长 100mm、宽 50mm、两侧高 50mm、厚 2mm 的钣金法兰，如图 14-65 所示。
② 在【钣金】选项卡中单击【拉伸切除】按钮 ⬚，选择钣金零件的左端面为草绘平面，绘制草图，如图 14-66 所示。

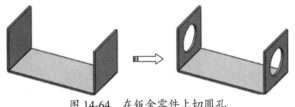
图 14-64 在钣金零件上切圆孔

图 14-65 创建钣金法兰零件

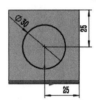
图 14-66 绘制草图

③ 在【切除-拉伸】属性面板的【终止条件】下拉列表中选择【完全贯穿】选项，如图 14-67 所示。然后单击【确定】按钮 ✓，生成拉伸切除特征，如图 14-68 所示。

图 14-67 设置【拉伸-切除】面板

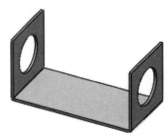
图 14-68 创建拉伸切除特征

14.6.2 边角剪裁

使用【边角剪裁】工具可以把材料从展开的钣金零件的边线或面上切除。【边角剪裁】工具需要用户通过自定义命令将其调出来。

技巧点拨：

【边角剪裁】工具只能在展平（并非展开）的钣金零件上用，当钣金零件被折叠后，所生成的【边角剪裁】特征将自动隐藏。

💻 上机实践——创建边角剪裁特征

在钣金零件上创建边角剪裁特征，如图14-69所示。

① 打开本例源文件"切除拉伸.SLDPRT"。

② 在【钣金】选项卡中单击【展平】按钮，将钣金零件整体展平，如图14-70所示。

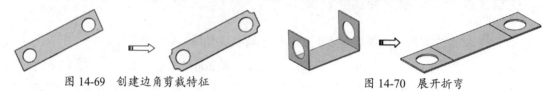

图14-69 创建边角剪裁特征　　　　图14-70 展开折弯

③ 在【钣金】选项卡中单击【边角剪裁】按钮，弹出【边角-剪裁】属性面板。在展平的钣金零件中选取四条棱边作为要剪裁的边角，如图14-71所示。

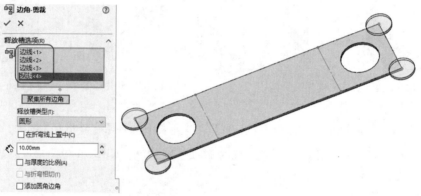

图14-71 选择要剪裁的边角

④ 在【释放槽类型】下拉列表中选择【圆形】选项，设置半径值为10mm，最后单击【确定】按钮，生成边角剪裁特征，如图14-72所示。

图14-72 创建边角剪裁特征

14.6.3 闭合角

使用【闭合角】特征工具可以使两个相交的钣金法兰之间添加闭合角，即在两个相交钣金法兰之间添加材料。

💻 上机实践——创建闭合角特征

在钣金零件上创建闭合角特征，如图14-73所示。

① 创建一个厚度为 2mm 的钣金件，如图 14-74 所示。

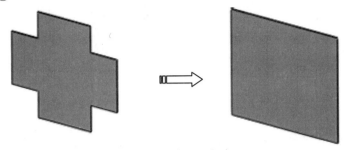
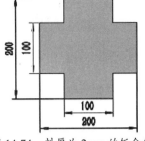

图 14-73 创建闭合角特征　　　　　　图 14-74 料厚为 2mm 的钣金件

② 在【钣金】选项卡中单击【闭合角】按钮，按信息提示在钣金零件上依次选择要延伸的面和要匹配的面。

③ 选择好面后在弹出的【闭合角】属性面板中单击【对接】按钮，在【缝隙距离】文本框中输入距离值 0.1mm，如图 14-75 所示。

④ 最后单击【确定】按钮 ✓，生成闭合角特征，如图 14-76 所示。

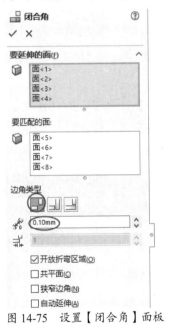

图 14-75 设置【闭合角】面板　　　　图 14-76 创建闭合角特征

14.6.4 断裂边角/边角剪裁

使用【断裂边角/边角剪裁】特征工具可以把材料从折叠的钣金零件的边线或面上切除。

📖 上机实践——创建断裂边角特征

在钣金零件上创建断裂边角特征，如图 14-77 所示。

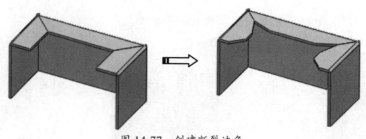

图 14-77 创建断裂边角

① 首先创建一个钣金基体法兰，如图 14-78 所示。然后在基体法兰上创建法兰长度为 20mm 的边线法兰，如图 14-79 所示。

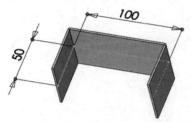

图 14-78 创建钣金基体法兰

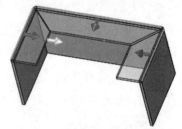

图 14-79 创建边线法兰

② 在【钣金】选项卡中单击【断裂边角/边角剪裁】按钮，弹出【断开-边角】属性面板。
③ 在钣金零件上依次选择要断开的边角，如图 14-80 所示。
④ 选择好边角后在【断开-边角】属性面板中单击【倒角】按钮，在【距离】文本框中输入距离值为 10mm，最后单击【确定】按钮，生成断开边角特征，如图 14-81 所示。

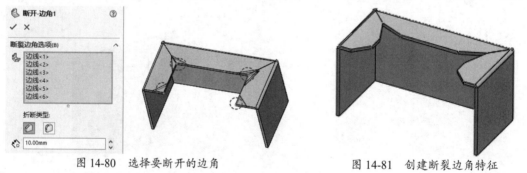

图 14-80 选择要断开的边角　　　图 14-81 创建断裂边角特征

14.6.5　将实体零件转换成钣金件

先以实体的形式将钣金零件的最终形状大概画出来，然后将实体零件转换成钣金零件，这样就方便很多。实现这个操作的工具叫作"转换到钣金"。

上机实践——将实体零件转换成钣金零件

将实体零件转换成钣金零件，如图 14-82 所示。

① 新建一个零件文件，用【拉伸凸台/基体】工具创建一个实体，如图 14-83 所示。

第 14 章　SolidWorks 应用于钣金设计

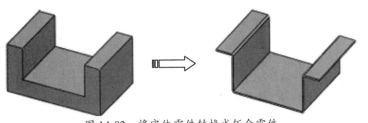 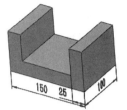

图 14-82　将实体零件转换成钣金零件　　　　图 14-83　创建拉伸凸台/基体

② 在【钣金】选项卡中单击【转换到钣金】按钮，弹出【转换到钣金】属性面板。在实体零件上选择一个固定面作为固定实体，如图 14-84 所示。再在实体零件上选取 4 条代表折弯的边线，如图 14-85 所示。

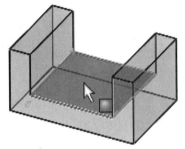 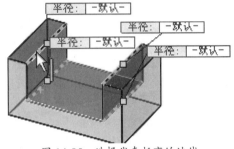

图 14-84　选择固定实体　　　　图 14-85　选择代表折弯的边线

③ 在【转换到钣金】属性面板的【钣金厚度】选项栏中设定厚度值为 2mm，在【折弯的默认半径】选项栏中设定半径值为 0.2mm，如图 14-86 所示。最后单击【确定】按钮，生成钣金零件，如图 14-87 所示。

 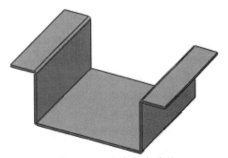

图 14-86　设置【转换到钣金】属性面板　　　　图 14-87　生成钣金零件

/技巧点拨：
在为【选取代表折弯的边线/面】选取边线或面时，所选取的边线或面与固定面一定要处于同一边，否则将无法选取。

14.6.6　钣金设计中的镜像特征

在【钣金】选项卡中没有【镜像】工具，但在钣金设计中却时常需要【镜像】特征来进行设计，这样可以节约大量的设计时间。钣金设计中的镜像操作是通过【特征】选项卡中的【镜像】工具来实现的。

上机实践——创建镜像特征

在钣金零件上创建镜像特征，如图 14-88 所示。

① 创建一个厚度为 2mm 的钣金基体法兰，如图 14-89 所示。

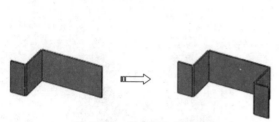

图 14-88 创建闭合角特征

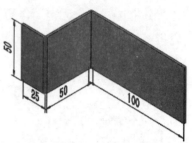

图 14-89 厚度为 2mm 的钣金基体法兰

② 在【特征】选项卡中单击【镜像】按钮📐，弹出【镜像】属性面板。在钣金零件上依次选择要镜像的法兰特征，如图 14-90 所示。选择右视基准面为镜像面，如图 14-91 所示。

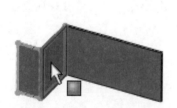

图 14-90 选择要镜像的特征

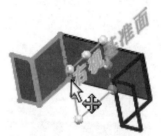

图 14-91 选择镜像面

③ 最后单击【确定】按钮✔，生成镜像特征，如图 14-92 所示。

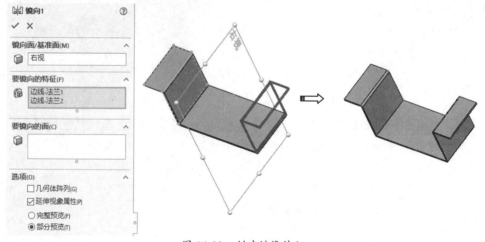

图 14-92 创建镜像特征

14.7 综合案例——ODF 单元箱主体设计

ODF 单元箱是一种光纤配线设备，主要用来装一体化熔配模块，然后再将其固定到配线架上，起个中转作用。ODF 单元箱主体的模型如图 14-93 所示。

操作步骤

① 新建一个零件文件。
② 绘制基体法兰草图。选择前视基准面作为绘制草图的基准面，在图形区域内绘制草图，如图 14-94 所示。

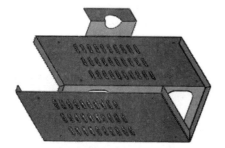

图 14-93 ODF 单元箱主体模型

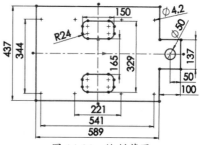

图 14-94 绘制草图

③ 创建基体法兰。单击【钣金】选项卡中的【基体法兰/薄片】按钮，在弹出的【基体法兰】属性面板中设置材料厚度为 1.5mm，然后单击【确定】按钮，生成基体法兰，如图 14-95 所示。

图 14-95 生成基体法兰

④ 折弯基体法兰。单击【钣金】选项卡中的【绘制的折弯】按钮，选择基体法兰表面作为草图平面，然后绘制两条直线。退出草图环境后在【绘制的折弯】属性面板中设置各项参数，然后单击【确定】按钮，将基体法兰进行折弯，如图 14-96 所示。

图 14-96 折弯基体法兰

⑤ 二次折弯。单击【钣金】选项卡中的【转折】按钮，在钣金零件的表面上绘制一条直线，退出草图环境后将弹出【转折】属性面板。在【转折】属性面板设置各项参数，然后单击【确定】按钮，将生成转折特征，如图14-97所示。

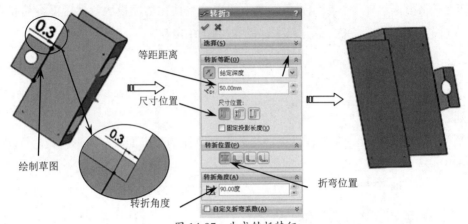

图14-97 生成转折特征

⑥ 添加边沿（斜接法兰）。单击【钣金】选项卡中的【斜接法兰】按钮，然后在钣金零件上绘制一条直线。

⑦ 退出草图环境后弹出【斜接法兰】属性面板。在钣金零件上选择三条边作为斜接边线，再设置各项参数，单击【确定】按钮，完成斜接法兰的创建，如图14-98所示。

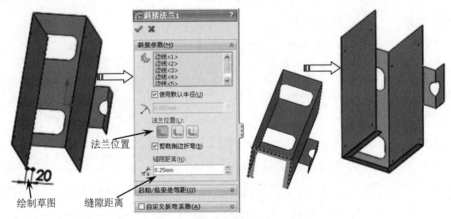

图14-98 创建斜接法兰

⑧ 镜像边沿。单击【特征】选项卡中的【镜像】按钮，弹出【镜像】属性面板。选择上视基准面为镜像平面，选择上一步骤创建的斜接法兰作为要镜像的特征，然后单击【确定】按钮，将边沿进行镜像，如图14-99所示。

⑨ 利用成型工具生成百叶窗。单击【任务窗格】中的【设计库】标签按钮，展开【设计库】标签。在【设计库】标签中将【Design Library】|【forming tools】|【louvers】库路径文件夹中的【louvers（百叶窗）】零件拖曳动到钣金零件上放置，如图14-100所示。

第 14 章 SolidWorks 应用于钣金设计

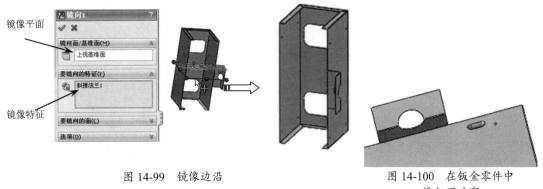

图 14-99 镜像边沿　　　　　　图 14-100 在钣金零件中添加百叶窗

⑩ 确定百叶窗的位置。右击百叶窗草图，在弹出的快捷菜单中单击【编辑草图】按钮 进入草图环境。在菜单栏中执行【工具】|【草图工具】|【修改】命令，弹出【修改草图】对话框。在对话框的【旋转】文本框中输入值 270，单击的【关闭】按钮完成百叶窗草图的旋转。再在【草图】选项卡中单击【智能尺寸】按钮 ，添加尺寸约束确定百叶窗的位置，如图 14-101 所示。

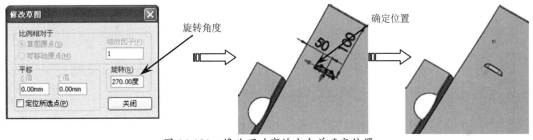

图 14-101 修改百叶窗的方向并确定位置

⑪ 阵列百叶窗。单击【特征】选项卡中的【线性阵列】按钮 ，弹出【阵列】属性面板。在钣金零件上选择两条边作为方向 1 和方向 2 的阵列参考，然后设置各项参数，最后单击【确定】按钮 ，将百叶窗进行阵列，如图 14-102 所示。

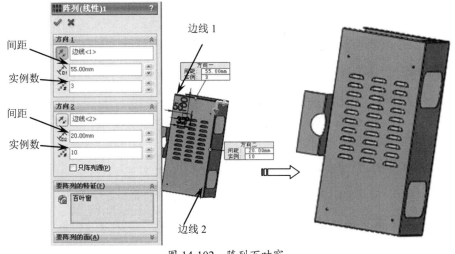

图 14-102 阵列百叶窗

⑫ 镜像百叶窗。单击【特征】选项卡中的【镜像】按钮,弹出【镜像】属性面板。选择右视基准面作为镜像平面,再选择阵列的百叶窗作为要镜像的特征,最后单击【确定】按钮✓,将百叶窗进行镜像,如图14-103所示。

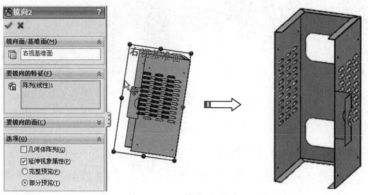

图 14-103　镜像百叶窗

⑬ 至此,完成了 ODF 单元箱的钣金设计。最后单击【保存】按钮,将其保存。

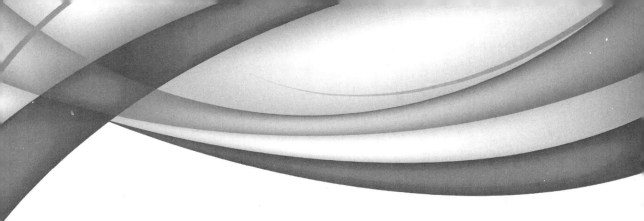

第 15 章
SolidWorks 应用于模具设计

本章内容

众所周知,模具行业为专业性和经验性极强的行业,往往会因设计不良、尺寸错误造成加工延误、成本增加等不良后果。

对于模具初学者,要利用 SolidWorks 合理地设计模具必须了解与掌握模具设计与制造相关的基本知识。

知识要点

- ☑ 模具设计基础
- ☑ 分模产品分析
- ☑ Plastics 模流分析
- ☑ 成型零件设计

15.1 模具设计基础

对于模具初学者,要合理地设计模具必须事先全面了解模具设计与制造相关的基本知识,这些知识包括模具的种类与组成结构等,以及在注塑模具设计中存在的一些问题等。

15.1.1 模具种类

在现代工业生产中,各行各业里模具的种类很多,有的领域还有创新的模具诞生。模具分类方法很多,常使用的分类方法如下。

- 按模具结构形式分类,如单工序模、复式冲模等。
- 按使用对象分类,如汽车覆盖件模具、电机模具等。
- 按加工材料性质分类,如金属制品用模具、非金属制品用模具等。
- 按模具制造材料分类,如硬质合金模具等。
- 按工艺性质分类,如拉深模、粉末冶金模、锻模等。

15.1.2 模具的组成结构

在上述的分类方法中,有些不能全面地反映各种模具的结构和成型加工工艺的特点及它们的使用功能,因此,采用以使用模具进行成型加工的工艺性质和使用对象为主,以及根据各自的产值比重的综合分类方法,主要将模具分为以下五大类。

1. **塑料模**

塑料模用于塑料制件成型,当颗粒状或片状塑料原材料经过一定的高温加热成黏流态熔融体后,由注射设备将熔融体经过喷嘴射入型腔内成型,待成型件冷却固定后再开模,最后由模具顶出装置将成型件顶出。塑料模在模具行业所占比重较大,约为50%。

通常塑料模具根据生产工艺和生产产品的不同又可分为注射成型模、吹塑模、压缩成型模、转移成型模、挤压成型模、热成型模和旋转成型模等。

塑料注射成型是塑料加工中最普遍采用的方法。该方法适用于全部热塑性塑料和部分热固性塑料,制得的塑料制品数量之大是其他成型方法望尘莫及的,作为注射成型加工的主要工具之一的注塑模具,在质量精度、制造周期以及注射成型过程中的生产效率等方面的水平高低,直接影响产品的质量、产量、成本及产品的更新,同时也决定着企业在市场竞争中的反应能力和速度。常见的注射成型模具典型结构如图15-1所示。

第 15 章　SolidWorks 应用于模具设计

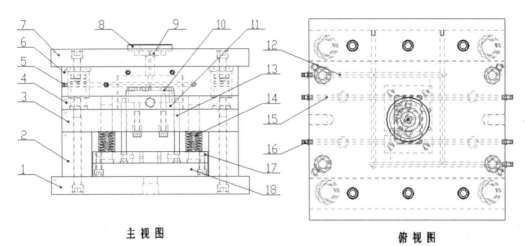

主视图　　　　　　　　　　　　　　俯视图

图 15-1　注射成型模具典型结构

1-动模座板　2-支撑板　3-动模垫板　4-动模板　5-管塞　6-定模板
7-定模座板　8-定位环　9-浇口衬套　10-型腔组件　11-推板　12-围绕水道
13-顶杆　14-复位弹簧　15-直水道　16-水管接头　17-顶杆固定板　18-推杆固定板

注射成型模具主要由以下几部分构成。

- 成型零件：直接与塑料接触构成塑件形状的零件称为成型零件，它包括型芯、型腔、螺纹型芯、螺纹型环、镶件等。其中构成塑件外形的成型零件称为型腔，构成塑件内部形状的成型零件称为型芯，如图 15-2 所示。

- 浇注系统：它是将熔融塑料由注射机喷嘴引向型腔的通道。通常，浇注系统由主流道、分流道、浇口和冷料穴四部分组成，如图 15-3 所示。

图 15-2　成型零件　　　　　　　图 15-3　浇注系统

- 分型与抽芯机构：当塑料制品上有侧孔或侧凹时，开模推出塑料制品之前，必须先进行侧向分型，将侧型芯从塑料制品中抽出，塑料制品才能顺利脱模，如斜导柱、滑块、锲紧块等，如图 15-4 所示。

- 导向零件：引导动模和推杆固定板运动，保证各运动零件之间相互位置的准确度的零件为导向零件，如导柱、导套等，如图 15-5 所示。

- 推出机构：在开模过程中将塑料制品及浇注系统凝料推出或拉出的装置，如推杆、推管、推杆固定板、推板等，如图 15-6 所示。

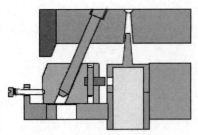

图 15-4　分型与抽芯机构

图 15-5　导向零件

- 加热和冷却装置：为满足注射成型工艺对模具温度的要求，模具上需设有加热和冷却装置。加热时在模具内部或周围安装加热元件，冷却时在模具内部开设冷却通道，如图 15-7 所示。

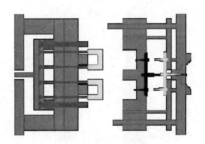

图 15-6　推出机构

图 15-7　模具冷却通道

- 排气系统：在注射过程中，为将型腔内的空气及塑料制品在受热和冷凝过程中产生的气体排除而开设的气流通道。排气系统通常是在分型面处开设排气槽，有的也可利用活动零件的配合间隙排气，如图 15-8 所示的排气系统部件。
- 模架：主要起装配、定位和连接的作用。它们是定模板、动模板、垫块、支承板、定位环、销钉、螺钉等，如图 15-9 所示。

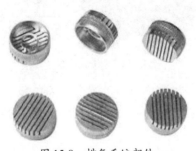

图 15-8　排气系统部件

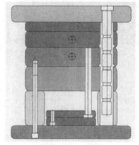

图 15-9　模架

2. 冲压模

冲压模是利用金属的塑性变形，由冲床等冲压设备将金属板料加工成型。其所占行业产值比重为 40% 左右。如图 15-10 所示为典型的单冲压模具。

第 15 章　SolidWorks 应用于模具设计

3. 压铸模

压铸模具被用于熔融轻金属，如铝、锌、镁、铜等合金成型。其加工成型过程和原理与塑料模具差不多，只是两者的材料和后续加工所用的器具不同而已。塑料模具其实就是由压铸模具演变而来的。带有侧向分型的压铸模具如图 15-11 所示。

4. 锻模

锻造就是将金属成型加工，将金属胚料置于锻模内，运用锻压或锤击方式，使金属胚料按设计的形状来成型。如图 15-12 所示为汽车件锻造模具。

图 15-10　单冲压模具

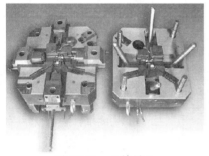

图 15-11　压铸模具

图 15-12　汽车件锻造模具

5. 其他模具

除以上介绍的几种模具外，还包括如玻璃模、抽线模、金属粉末成型模等其他类型的模具。如图 15-13 所示为常见的玻璃模具、抽线模具和金属粉末成型模具。

玻璃模具

抽线模具

金属粉末成型模具

图 15-13　其他类型模具

15.2　分模产品分析

SolidWorks 提供的面分析与检查功能，可以帮助用户完成几何体分析、拔模分析、厚度分析、底切分析、分型线分析等操作。这些分析和检查功能对产品设计和模具设计有极大辅助作用。

15.2.1 几何体分析

【几何体分析】工具可以分析零件中无意义的几何、尖角及断续几何等。在【评估】选项卡中单击【几何体分析】按钮 ⓘ，打开【几何体分析】属性面板，如图 15-14 所示。

【几何体分析】属性面板中各选项含义如下。

- 无意义几何体：勾选此复选框，可以设置短边线、小面和细薄面等无意义的几何体选项。通常情况下，无法修复的实体就会出现无意义的几何体。
- 尖角：尖角就是几何体中出现的锐角，包括锐边线和锐顶点。
- 断续几何体：是指几何体中出现的断续的边线和面。
- 全部重设：单击此按钮，将取消设定的分析参数选项。
- 计算：单击此按钮，程序会按设定的分析选项进行分析，分析结束后将结果显示在随后弹出的【分析结果】选项区中。
- 【分析结果】选项区：用于显示几何体分析的结果，如图 15-15 所示。

> **技巧点拨：**
> 在【分析结果】选项区中选择任一分析结果，图形区中将显示该结果，如图 15-16 所示。

- 保存报告：单击此按钮，弹出【几何体分析：保存报告】对话框，如图 15-17 所示。为报告指定文件夹名称及路径后，单击【保存】按钮将分析结果保存。
- 重新计算：单击此按钮，将重新计算几何体。

图 15-14 【几何体分析】属性面板

图 15-15 【分析结果】选项区

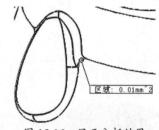

图 15-16 显示分析结果

图 15-17 【几何体分析：保存报告】对话框

15.2.2 拔模分析

【拔模分析】工具用来设置分析参数和设定颜色以识别并直观地显示铸模零件上拔模不

第 15 章 SolidWorks 应用于模具设计

足的区域。

在【评估】选项卡中单击【拔模分析】按钮，打开【拔模分析】属性面板，如图 15-18 所示。

【拔模分析】属性面板中各选项含义如下。

- 拔模方向：选择一平面、线性边线或轴来定义拔模方向。单击【反向】按钮，可以更改拔模方向。
- 拔模角度：输入参考拔模角度，用于与模型中现有的角度进行对比。
- 调整三重轴：勾选此复选框，当用户在图形区拖动三重轴环时，拔模角度将更改，面的颜色也随之动态更新，而【分析参数】选项区中也出现只读的三重轴旋转角度值，如图 15-19 所示。
- 面分类：勾选此复选框，将每个面归入颜色设定下的类别之一，然后对每个面应用相应的颜色，并提供每种类型的面的计数，如图 15-20 所示。

图 15-18 【拔模分析】面板

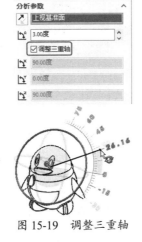
图 15-19 调整三重轴

图 15-20 应用【面分类】

> **技巧点拨：**
> 如果取消勾选【面分类】复选框，拔模分析将生成面角度的轮廓映射。例如，在放样面上，随着面角度的更改，面的不同区域将呈现出不同的颜色。

- 查找陡面：该选项仅在勾选了【面分类】复选框时才可用。勾选此复选框，分析应用于曲面的拔模，以识别陡面。
- 逐渐过渡：勾选此复选框，以色谱形式显示角度范围（从正拔模到负拔模），如图 15-21 所示。逐渐过渡对于在拔模角度中具有无数变化的复杂模型很有帮助。
- 正拔模：面的角度相对于拔模方向大于设定的参考角度。单击【编辑颜色】按钮，在弹出的【颜色】对话框中更改拔模面的颜色，如图 15-22 所示。
- 需要拔模：面的角度大于负参考角度或小于正参考角度。
- 负拔模：面的角度相对于拔模方向小于设定的负参考角度。
- 跨立面：显示同时包含正拔模和负拔模的面。通常，通过生成分割线便可以消除跨立面，这对于模具设计很有用。

- 正陡面：显示带有正拔模的陡面。
- 负陡面：显示带有负拔模的陡面。

15.2.3 厚度分析

【厚度分析】工具主要用于检查薄壁的壳类产品中的厚度检测与分析。在【评估】选项卡中单击【厚度分析】按钮，打开【厚度分析】属性面板，如图 15-23 所示。

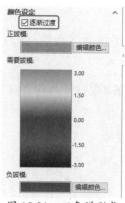
图 15-21 以色谱形式显示角度范围

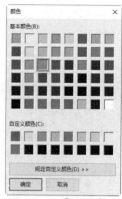
图 15-22 【颜色】对话框

【厚度分析】属性面板中各选项含义如下。

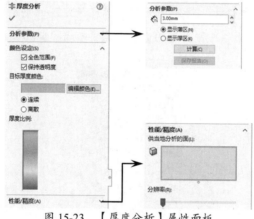
图 15-23 【厚度分析】属性面板

- 目标厚度：输入要检查的厚度值，检查结果将与此值对比。
- 显示薄区：单击此单选按钮，厚度分析结束后图形区中将高亮显示低于目标厚度的区域。
- 显示厚区：单击此单选按钮，厚度分析结束后图形区中将高亮显示高于目标厚度的区域。
- 计算：单击此按钮，程序进行厚度分析。
- 保存报告：单击此按钮，可以保存厚度分析的结果数据。
- 全色范围：勾选此复选框，将以单色来显示分析结果。
- 目标厚度颜色：设定目标厚度的分析颜色。单击【编辑颜色】按钮，可以通过弹出的【颜色】对话框来更改颜色设置。
- 连续：单击此单选按钮，颜色将连续、无层次地显示。
- 离散：单击此单选按钮，颜色将不连续且无层次地显示。通过输入值来确定显示的颜色层次。
- 厚度比例：以色谱的形式显示厚度比例。【连续】和【离散】分析类型的厚度比例色谱是不同的，如图 15-24 所示。

● 供当地分析的面：仅分析当前选择的面，如图15-25所示。拖动分辨率滑块，可以调节所选面的分辨率显示效果。

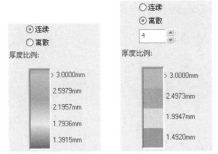

图15-24 【连续】与【离散】的厚度比例色谱　　　　图15-25 分析当前选择的面

15.2.4 底切分析

【底切分析】工具在设置分析参数和颜色后，以识别并直观地显示铸模零件上可能会阻止零件从模具弹出的围困区域。该区域通常要做侧抽芯机构。

在【评估】选项卡中单击【底切分析】按钮，打开【底切分析】属性面板，如图15-26所示。

【底切分析】属性面板中各选项、按钮含义如下。

- 坐标输入：勾选此复选框，程序自动参考坐标系的Z轴来分析模型。
- 拔模方向：为拔模方向选择参考边、平面。单击【反向】按钮，可更改拔模方向。

图15-26 【底切分析】属性面板

> **技巧点拨：**
> 不要选择非线性边线和非平面作为拔模参考。若拔模方向与Z轴方向一致，可勾选【坐标输入】复选框。

- 分型线：若已创建了分型线，程序自动将分型线收集到该列表中，并自动完成底切分析。分型线以上或以下将显示底切颜色的面，如图15-27所示。

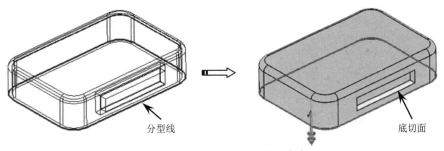

图15-27 以分型线作为拔模参考

- 调整三重轴：勾选此复选框，当用户在图形区拖动三重轴环时，拔模角度将更改，面的颜色也随之动态更新。

- 高亮显示封闭区域：勾选此复选框，图形区中将高亮显示封闭区域（模型面）。
- 方向 1 底切：从分型线以上底切的面。单击【显示/隐藏】按钮 💡，可以控制底切面的显示；单击【编辑颜色】按钮，可以改变底切颜色。
- 方向 2 底切：从分型线以下底切的面。
- 封闭底切：从分型线以上或以下底切的面。
- 跨立底切：双向底切的面。
- 无底切：没有底切的面。

15.2.5 分型线分析

【分型线分析】工具用来分析正拔模和负拔模之间的过渡情况，从而直观地显示并优化铸模零件上的分型线。

在【评估】选项卡中单击【分型线分析】按钮 ⚙，打开【分型线分析】属性面板，如图 15-28 所示。

在图形区的模型中选择垂直于拔模方向的平面或平行于拔模方向的边线，将显示拔模方向箭头，如图 15-29 所示。单击【分型线分析】属性面板中的【确定】按钮 ✓，图形区中将显示模型中的所有分型线，如图 15-30 所示。通过显示的边线，找出模型在拔模方向上的最大外环边线，即可作为模具分型线。

图 15-28 【分型线分析】属性面板

图 15-29 选择拔模方向

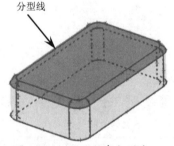
图 15-30 显示所有分型线

15.2.6 拓展训练——产品分析与修改

在产品结构设计阶段，产品设计师必须为后续的模具设计、数控加工等工作流程深思熟虑。毕竟，产品的结构直接影响了模具结构和数控加工方法。最直接的因素就是产品的脱模问题。

下面以一个产品的模具分析实例来说明拔模分析、底切分析及分型线分析的分析过程，以及对分析的结果做判断和修改。分析模型为摩托车前大灯灯罩，如图 15-31 所示。

1. 拔模分析

① 在【评估】选项卡中单击【拔模分析】按钮 ⚙，打开【拔模分析】属性面板。

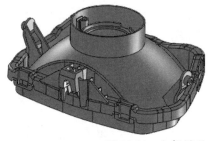
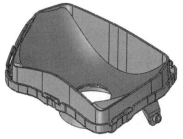

图 15-31 分析模型——摩托车前大灯灯罩

② 在该属性面板中设置拔模角度为 0 度，然后再按照信息提示在图形区选择模型表面作为拔模方向参考，随后进行拔模分析，如图 15-32 所示。

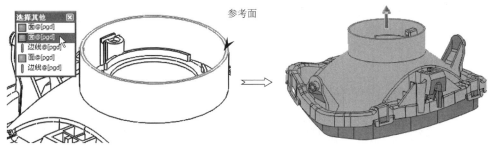

图 15-32 选择拔模方向参考并进行拔模分析

③ 从拔模分析结果看，模型中显示正拔模（绿色显示）和负拔模（红色显示）两种面。以产品最大截面的外环边线（也是模具分型线）为界，分为产品外侧区域和产品内侧区域。外侧是型腔区域，内侧是型芯区域。如果型芯区域中出现负拔模角的面，是不影响脱模的。但型腔区域中出现负拔模角面，会有两种情况：一种是侧抽芯区域，它可以通过设计侧向分型机构帮助脱模；另一种则是产品出现倒扣，在不便于使用侧抽芯帮助脱模的情况下，必须修改其拔模角度。如图 15-33 所示，进行产品拔模分析后，型腔区域有多处显示红色（负拔模），这里就出现了前面所述的两种情况。

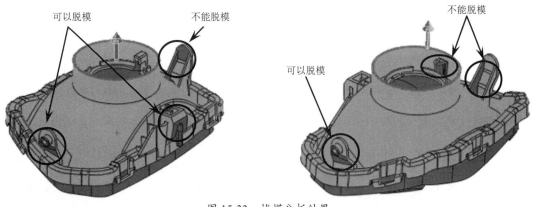

图 15-33 拔模分析结果

④ 接下来对不能脱模的红色区域（含 4 个面）进行修改，也就是做拔模处理。在【特征】选项卡中单击【拔模】按钮，打开【DraftXpert】属性面板。在该属性面板中设置拔

模角度为 6 度，在图形区选择中性面和拔模面后，再单击【应用】按钮，程序将拔模应用于模型中。经拔模处理后，该面由红色变为绿色，如图 15-34 所示。

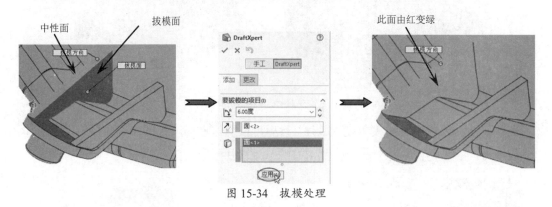

图 15-34 拔模处理

⑤ 在【DraftXpert】属性面板没有关闭的情况下，在型腔区域的其余红色面上依次做拔模处理，直至型腔区域中的红色全部变为绿色。完成拔模处理后关闭该属性面板。拔模处理完成的结果如图 15-35 所示。

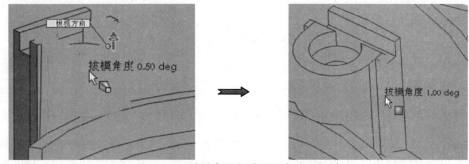

图 15-35 模型中间大圆形孔内的面拔模

2. 底切分析

通过底切分析，可以从模型中知道哪些区域有底切面，或者没有底切面。对于底切分析来说，封闭底切和跨立底切是我们重点关切的区域。

① 在【评估】选项卡中单击【底切分析】按钮，打开【底切分析】属性面板。
② 按照信息提示，在模型中选择拔模方向的参考面（与拔模分析中的参考面相同）。
③ 随后程序自动进行底切分析，并将分析结果显示在【底切面】选项区中，如图 15-36 所示。
④ 从分析结果看，【方向 1 底切】是型芯区域面，没有问题；【方向 2 底切】是型腔区域面，也没有问题；而【封闭底切】正是可以做成侧向分型机构的区域，因此也没有问题；【跨立底切】则是既包含于型腔又包含于型芯，该区域面是需要进行剪裁的；【无底切】区域为竖直面（即零拔模角的面），不存在脱模困难问题。因此，此产品模型对于模具设计来说，【无底切】区域的面是需要进行修改的。

第 15 章 SolidWorks 应用于模具设计

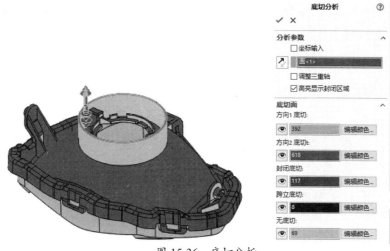

图 15-36 底切分析

3. 分型线分析

① 在【评估】选项卡中单击【分型线分析】按钮，打开【分型线分析】属性面板。
② 按信息提示在图形区中选择拔模方向参考面，然后程序自动计算出模型的分型线，并直观地显示在模型中，最后单击【确定】按钮，关闭【分型线分析】属性面板，如图 15-37 所示。

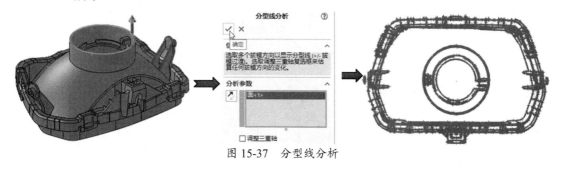

图 15-37 分型线分析

③ 至此，本实例的拔模分析、底切分析和分型线分析操作全部完成。最后将结果保存。

15.3 Plastics 模流分析

SolidWorks Plastics 插件是用于模具模流分析的专业工具。在分模及设计模具结构之前，进行这样的模流分析，可以提高产品的质量，简化与缩短模具制造周期。

15.3.1 SolidWorks Plastics 分析界面

在 SolidWorks 2020 功能区的【SOLIDWORKS 插件】选项卡中单击【SOLIDWORKS Plastics】插件图标，加载 SOLIDWORKS Plastics 插件，其启动界面如图 15-38 所示。

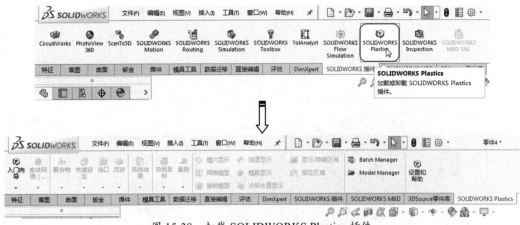

图 15-38 加载 SOLIDWORKS Plastics 插件

没有导入分析模型之前，SOLIDWORKS Plastics 插件中的相关功能命令是不能使用的。如图 15-39 所示为创建新算例并导入模型后的分析界面。

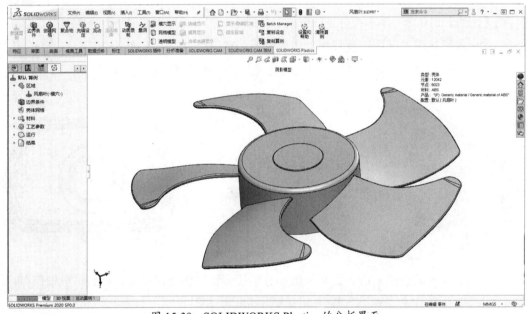

图 15-39 SOLIDWORKS Plastics 的分析界面

15.3.2 新建算例

SOLIDWORKS Plastics 中的算例指的就是对注塑材料进行分析计算并模拟流动状态的分析程序。每一种产品材料的分析都需要创建新的算例。创建算例是进行 Plastics 模流分析的第一步。

在【SOLIDWORKS Plastics】选项卡中单击【新建算例】按钮，弹出【算例】属性面板，如图 15-40 所示。选择注塑成型类型和网格类型后，单击【确定】按钮进入 SOLIDWORKS Plastics 分析环境。

【算例】属性面板中各选项含义如下。

第 15 章 SolidWorks 应用于模具设计

图 15-40 【算例】属性面板

- 名称：可以为新算例命名，也可以采用默认名称。
- 注塑过程：在【注塑过程】列表中列出了几种常见的注塑成型分析类型，包括【单种材料】（热塑性注塑成型）、【双料注射】（双色注塑或重叠注塑）、【复合注塑】（共注射成型或包胶注塑成型）、【气辅注塑】和【水辅助】（中空注塑）。
- 分析程序：指的是网格类型。Plastics 模流分析的对象仅针对实体网格和壳体网格。实体网格所消耗的分析时间较长。

> 技术要点：
> 如果需要重新创建新算例，可在 SOLIDWORKS Plastics 属性管理器中右击【默认算例】算例，在弹出的右键菜单中选择【编辑算例】或【删除算例】选项即可。

15.3.3 建立网格模型

在创建了分析算例后，分析流程的第二步就是为模型划分网格。

在【SOLIDWORKS Plastics】选项卡中单击【创建网格】按钮 ，弹出【壳体网格】属性面板，如图 15-41 所示。

> 提示：
> 如果在新建算例时选择了【实体】分析程序，此处弹出的应是【实体网格】属性面板。

【壳体网格】属性面板中各选项含义如下。

- 【曲面网格】选项区：用于设定网格指令和网格计算方法。
    - 网格质量滑块 ：调节滑块的位置，设定网格的数量及网格分析质量。往左拖动滑块，网格质量粗糙，往右会越来越好。网格单元数量越大，分析质量就越好。系统会根据滑块所在位置，估测网格单元的数量值。
    - 精制方法：网格分析的精确计算方法。包括"均匀"和"基于曲率"两种方法。"均匀"方法：针对模型使用统一的网格划分尺寸，不受模型结构的影响。"基于曲率"方法：是当模型中存在较小工程特征（如圆角、倒角、筋、BOSS 柱等）时，对这些小特征应用基于曲率的网格划分方法，可以改善它们的网格质量。

- 【高级网格控制】选项区：此选项区用于控制模型网格的细分。通过对局部区域的网格细分，达到局部区域的网格质量优化。
  - 网格控制面、边、顶点和组件：指定模型中需要进行网格细分的面、边线、顶点或部分实体等。图15-42所示为在模型中选择单个曲面、封闭边线和选取顶点进行网格细分的范例。

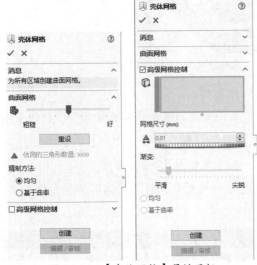

图15-41 【壳体网格】属性面板　　图15-42 自定义局部网格细分

  - 网格尺寸：设定网格细分的网格单元尺寸。
  - 渐变：此选项仅对所选实体（不能改变面、边线或顶点）有用。控制网格尺寸从局部尺寸更改为默认网格尺寸的速度。"均匀"和"基于曲率"两种方法同上。
  - 创建：单击此按钮，按照设定的网格选项和参数来创建网格。

在【壳体网格】属性面板中单击【创建】按钮，系统开始划分网格，如图15-43所示。

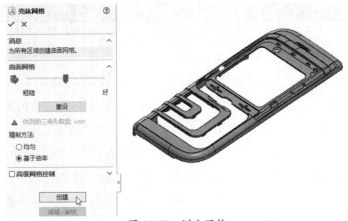

图15-43 划分网格

网格化模型后，图形区右上角会显示网格化后的一些基本信息。在Plastics Manager属性管理器中，可以双击并打开摘要和报表，供分析者参阅，如图15-44所示。

第 15 章 SolidWorks 应用于模具设计

图 15-44 网格信息

当然，也可在【SOLIDWORKS Plastics】选项卡的【创建网格】下拉菜单中单击【详细信息】按钮，或者在属性管理器中右击【壳体网格】，弹出【网格详细信息】对话框，如图 15-45 所示。分析者参阅这些信息后，可根据实际情况对问题网格进行修复。

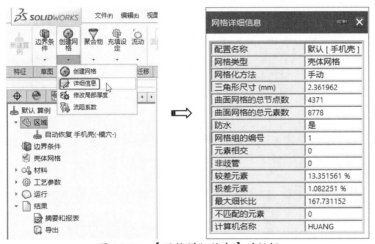

图 15-45 【网格详细信息】对话框

创建网格模型后，可以在【SOLIDWORKS Plastics】选项卡中单击【模穴显示】、【网格模型】或【透明模型】等按钮，控制分析对象的显示状态，如图 15-46 所示。

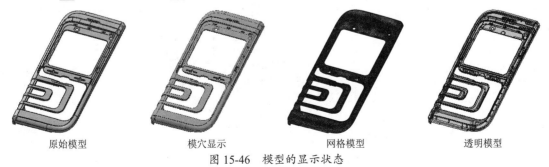

原始模型　　　　　模穴显示　　　　　网格模型　　　　　透明模型

图 15-46 模型的显示状态

469

如果需要重新划分网格,可重新打开【壳体网格】属性面板并设置网格选项,即可重新划分网格。

15.3.4 确定浇口位置

网格划分及网格问题修复以后,可以设定注塑成型的浇口位置,以便进行塑料熔融体在模具中的流动模拟分析。

在【边界条件】下拉菜单中单击【浇口】按钮，弹出【浇口】属性面板,如图15-47所示。

【浇口】属性面板中各选项含义如下。

- 浇口位置的草图点或顶点：可以指定草图点或模型顶点来定义进胶点（创建浇口位置），如图15-48所示。

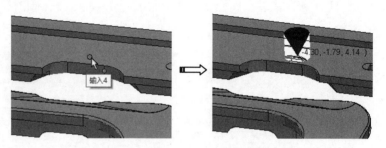

图15-47 【浇口】属性面板　　图15-48 选择草图点设置进胶点

- 预测流动形态：单击此按钮,可以预览塑胶熔融体填充型腔时的流动状态,如图15-49所示。

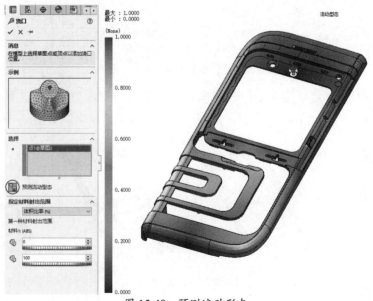

图15-49 预测流动形态

> 提示：
> 本书配图中的"型态"应为"形态"。

- 【指定材料射出范围】下拉列表：包括体积比率和时间比两种方式。
  - 体积比率（%）：按整个浇道、型腔内的体积的比例来设定材料注射的范围，如图 15-50 所示。
  - 时间比（%）：以充填熔融体时间和完成整个型腔的充填时间的比值来确定材料注射范围，如图 15-51 所示。

图 15-50　体积比率

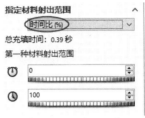

图 15-51　时间比率

15.3.5　设置注塑产品的材料（聚合物）

聚合物指的就是常用产品材料——塑料。在【材料属性】下拉菜单中单击【聚合物】按钮，弹出【聚合物】对话框，如图 15-52 所示。

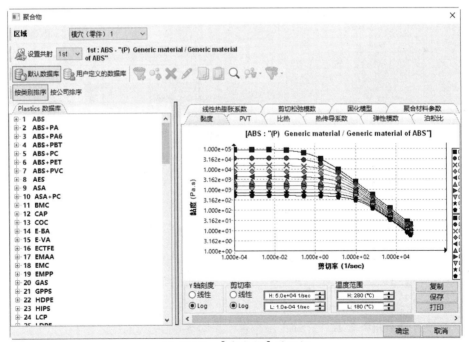

图 15-52　【聚合物】对话框

【聚合物】对话框中部分选项含义如下。

- 区域：选择塑料只是为了分析模型，因此在【聚合物】对话框的【区域】列表中仅显示【模穴（塑件）1】。当然，假如我们的分析对象为两个或多个产品，那么列表中将显示多个模穴。选择不同的模穴，可以为其添加不同的塑性材料。

- 设置共射：如果当前分析的对象为一种塑料注射，那么列表中仅显示一个选项【1st】，如果是双色注射或是多色注射，那么单击【设置共射】选项，其列表中将显示另一个注射 2nd，如图 15-53 所示。

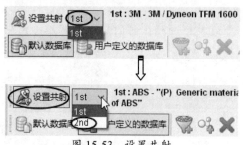

图 15-53 设置共射

- 默认数据库：SolidWorks Plastics 提供了默认的材料库，可以在此数据库中选取塑性材料，选取材料时可以按"依类别排序"或"依公司排序"进行查找，如图 15-54 所示。

图 15-54 在默认数据库中查找材料

- 用户定义的数据库：用户定义的数据库中通常列出了分析人员曾经使用过的所有材料，如图 15-55 所示。

- 增加产品：单击此按钮，可以为自己新增一新品种材料，并添加名称、温度、模温及其他参数等，如图 15-56 所示。

- 增加材料：单击此按钮，可以新建一种材料，并赋予这种材料新特性。新增的材料将自动保存在【用户定义的数据库】中，如图 15-57 所示。

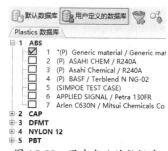

图 15-55 用户定义的数据库

第 15 章 SolidWorks 应用于模具设计

图 15-56 增加产品

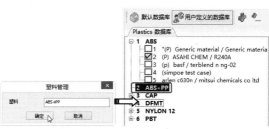

图 15-57 增加材料

- 删除 ✖：单击此按钮，删除用户自定义数据库中的材料。
- 编辑 ✎：单击此按钮，编辑【用户定义的数据库】中的所选材料，如图 15-58 所示。

图 15-58 编辑材料

- 复制 ▦：单击此按钮，复制一种材料到粘贴板。
- 粘贴 ▦：单击此按钮，粘贴复制的材料到【用户定义的数据库】中。
- 寻找 ◉：单击此按钮，通过输入材料名称查找所需的材料，如图 15-59 所示。

图 15-59　寻找材料

在【聚合物】对话框的右侧，显示了当前塑料材料的一些特性选项和图例，通常我们会设置材料的熔胶温度和模具温度。除了在此处设置材料温度，我们也可以在数据库列表中双击某种材料，然后在打开的【塑料产品管理】对话框中进行设置，如图 15-60 所示。

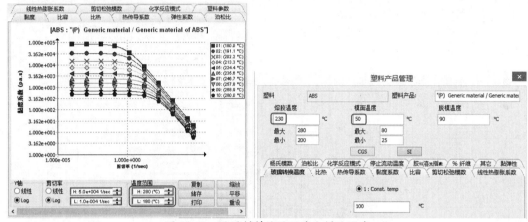

图 15-60　设置材料熔胶温度和模具温度

15.3.6　设置工艺参数

SOLIDWORKS Plastics 是一个简易的模流分析插件，只能做流动分析、保压分析和翘曲分析，下面简单介绍下 3 种工艺参数的设置，如图 15-61 所示。

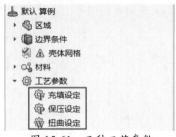

图 15-61　三种工艺参数

1. 充填设定

充填设定是设置熔融料在模具型腔里面的流动参数，包括充填时间、熔胶温度、模具温度（可在材料里面设置）、射出压力、模具温度曲线等。双击【充填设定】选项，弹出【充填设定】属性面板，如图 15-62 所示。

第 15 章 SolidWorks 应用于模具设计

图 15-62 【充填设定】属性面板

1)【工艺参数】选项区

- 充填时间：熔融料从注射机喷嘴直到完全充填完模具型腔所花费的时间。如果勾选【自动】复选框，将计算出基于零件平均厚度和材料性能的注射时间。取消勾选，可以根据材料的不同手动输入充填时间。
- 熔胶温度：熔融料从注射机喷嘴射出来的实际最高温度。
- 模具温度：熔融料流经模具型腔后的型腔表面温度。
- 射压限制：此选项控制注塑机射出压力。射压越大，充填速度越快，充填时间也就越短。
- 重设：单击此按钮，可以重新设定操作条件参数。

2)【高级】选项区

- 充填/保压切换点（已充填体积百分比）：设置填充熔融料开始时的模腔体积的百分比。

技术要点：

虽然此百分比的默认值为 100，在某些情况下，压力控制之前，型腔完全填充的容积百分比通常为 99%。

- 短射温度标准：设定一个值，模流分析时将参考此值进行短射分析。小于此温度将造成短射。
- 多重一般进浇口流率/压力控制：用来控制浇口位置的入口流量。【自动分配】是分布在每个浇口考虑阻力的入口流量。【等流量/压力分配】是平均分配浇口之间的总流量。
- 流率曲线图设定：可以设置计量控制/机台设定模式的流率控制和对充模时间所占百分比。单击【显示曲线图】按钮，弹出【流体曲线图】对话框，如图 15-63 所示。

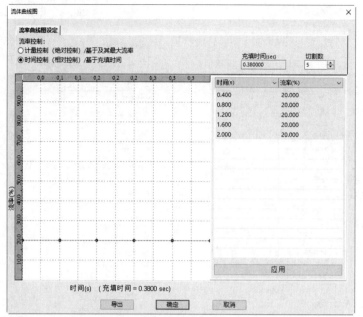

图 15-63 【流动曲线图】对话框

- 机器数据库：单击【机器数据库】按钮，打开注射机的数据库。数据库仅供大家参考，任何选择都不能对分析结果产生影响。
- 全部重设：单击此按钮，恢复系统默认设置。

3)【求解器设置】选项区

- 选项：单击此按钮，打开【修改 FLOW/PACK 的计算参数】对话框。可以设置充填的高级选项，如图 15-64 所示。

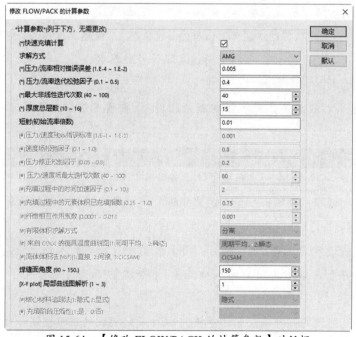

图 15-64 【修改 FLOW/PACK 的计算参数】对话框

4)【共射】选项区

该选项区用来设置双色注塑的第二色熔料温度，如图 15-65 所示。第一色是在【工艺参数】选项区中设置【熔胶温度】选项。

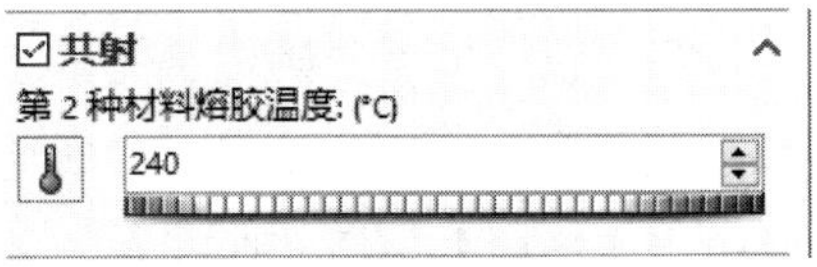

图 15-65　【共射】选项区

5)【模温曲线图】选项区

该选项区用来设置注射过程中的模具温度曲线。在此选项区中单击【显示曲线图】按钮，弹出【模温曲线图】对话框，可以手动设置曲线图，如图 15-66 所示。

2. 保压设定

保压设定是设置从充填结束到开模顶出制品的型腔内侧压力保持时间和冷却时间。

双击【保压设定】选项，弹出【保压设定】属性面板，如图 15-67 所示。一般情况下，压力维持时间和冷却时间大都采用默认值，也就是自动设定。

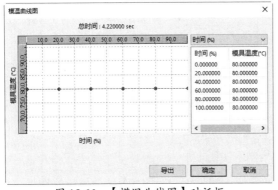

图 15-66　【模温曲线图】对话框

图 15-67　【保压设定】属性面板

单击【显示曲线图】按钮，弹出【保压曲线图】对话框，如图 15-68 所示。通过该对话框设置压力曲线及保压时间。

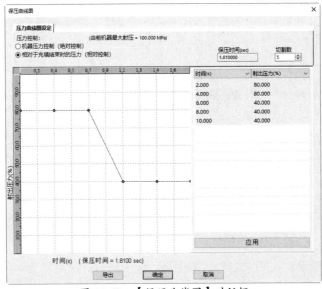

图 15-68　【保压曲线图】对话框

3. 扭曲设定

扭曲就是模流分析中常见的"翘曲"现象。【扭曲设定】属性面板用来设置制件在出模后常温条件下的扭曲设定，包括环境温度（常温）和重力方向设置，如图15-69所示。也可以单击【选项】按钮，在打开的【修改 WARP 的计算参数】对话框中进行高级选项设置，如图15-70所示。

图 15-69 【扭曲设定】属性面板

图 15-70 高级选项设置

15.3.7 分析类型

当模流分析前期完成后，就可以做相应的分析了，分析的类型包括"流动"分析、"流动+保压"分析、"流动+保压+翘曲"分析。

1. "流动"分析

"流动"分析用来分析塑料在模具中的流动，并且优化模腔的布局、材料的选择、填充和保压的工艺参数。

双击【流动】选项，Plastics 开始执行流动分析，如图15-71所示。

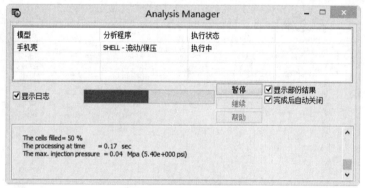

图 15-71 执行流动分析

分析过程完成后，将分析结果显示在【结果】属性面板中，如图15-72所示。然后针对分析结果进行判断、分析和优化操作。

优化操作就是重新设定相关参数，如模温、保压压力、注射压力、熔料温度、浇口位置选择等。

第 15 章 SolidWorks 应用于模具设计

图 15-72 流动分析结果

> **技巧点拨：**
> 如果要重新打开【结果】属性面板，或者删除分析结果，请在 Plastics Manager 管理器的【分析结果】选项下双击【流动结果】选项，或者双击【删除所有结果】选项。

在【结果】属性面板中，可以选择【流动】结果列表中的【充填时间】，然后单击面板下方的【播放】按钮，演示整个充填过程，如图 15-73 所示。

通过模拟，可以判断出充填过程是否顺利，是否出现短射现象，再参考右侧的【结果建议】，重新优化整个分析。

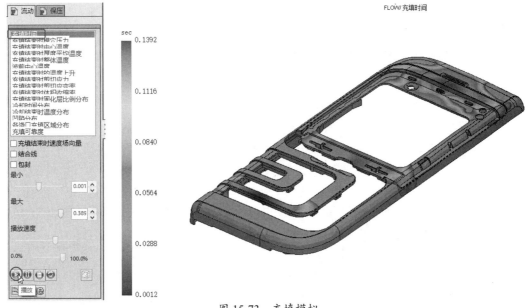

图 15-73 充填模拟

2. "流动+保压"分析

"流动+保压"分析类型除了分析流动情况,还要分析注塑完成后保持注射压力的情况。双击【流动+保压】分析选项,开始对模型执行流动分析和保压分析,如图15-74所示。

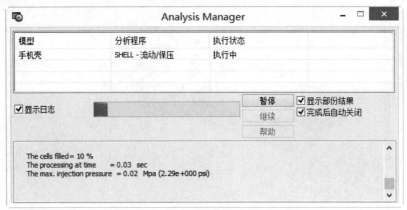

图 15-74 执行流动分析和保压分析

分析结束后,"流动+保压"分析比"流动"分析多了一个"保压结果",如图 15-75 所示。

图 15-75 "流动"分析结果与"流动+保压"分析结果对比

3. "流动+保压+翘曲"分析

翘曲分析是指分析整个塑件的翘曲变形情况,同时指出产生翘曲的主要原因以及相应的改进措施。

当执行了流动分析及保压分析后,可以单独执行【翘曲】分析,当然也可以双击【流动+保压+翘曲】选项,执行"流动+保压+翘曲"分析,如图15-76所示。

完成分析后,在分析结果中可以看出多了"翘曲结果",如图15-77所示。

图 15-76 "流动+保压+翘曲"分析

图 15-77 翘曲结果

双击【翘曲结果】选项,在【结果】属性面板中即可查看翘曲分析、流动分析和保压分析结果,如图15-78所示。

第 15 章　SolidWorks 应用于模具设计

图 15-78　"流动+保压+翘曲"分析结果

15.3.8　拓展训练——风扇叶模流分析

本例对风扇叶模型进行模流分析，并确定浇口位置。风扇叶模型如图 15-79 所示。

1. 分析前期准备工作

① 打开本例源文件"风扇叶.sldprt"。

图 15-79　风扇叶模型

② 在【SOLIDWORKS Plastics】选项卡中单击【新建算例】按钮，弹出【算例】属性面板。选择注塑过程（注塑成型分析类型）和分析程序（网格类型）后，单击【确定】按钮 进入 SOLIDWORKS Plastics 分析环境，如图 15-80 所示。

图 15-80　新建算例

③ 在 Plastics Manager 管理器中右击【壳体网格】特征并选择快捷菜单中的【创建网格】命令，弹出【壳体网格】属性面板。设置曲面网格质量和计算方法后，单击【确定】按钮，完成壳体网格的划分，如图 15-81 所示。

图 15-81　创建网格

④ 查看详细信息，从弹出的【网格详细信息】对话框中，可以看出较差元素与极差元素所占比重仅为 0.182%，说明网格的质量非常好，完全满足模型分析要求，如图 15-82 所示。

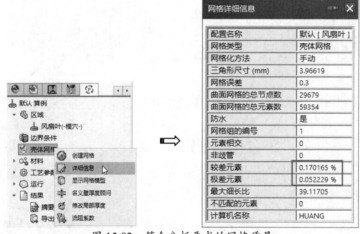

图 15-82　符合分析要求的网格质量

⑤ 在 Plastics Manager 管理器中右击【边界条件】特征并选择快捷菜单中的【浇口】选项，弹出【浇口】属性面板。选取风扇叶中间的一个草图点作为浇口位置，如图 15-83 所示。定义浇口位置后需要重建网格。

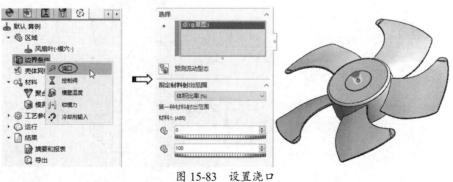

图 15-83　设置浇口

⑥ 在 Plastics Manager 管理器中右击【区域】特征，在弹出的快捷菜单中选择【虚拟模具】选项，弹出【虚拟模具】属性面板。设置成型零件的尺寸后，单击【确定】按钮✓完成虚拟模具的创建，如图 15-84 所示。

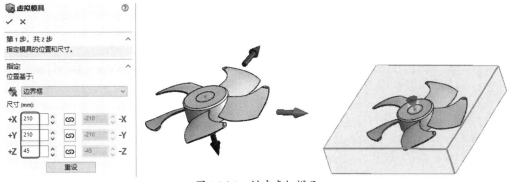

图 15-84　创建虚拟模具

⑦ 在 Plastics Manager 管理器中双击【材料】节点下的【聚合物】特征▽，打开【聚合物】对话框，选择【默认数据库】列表中的第一种 ABS 材料，其余选项保持默认设置，然后单击【确定】按钮，完成材料的选择，如图 15-85 所示。

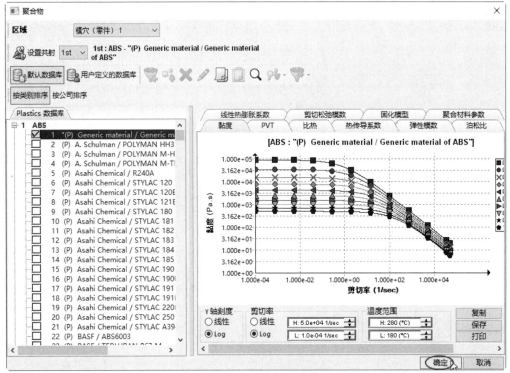

图 15-85　选择产品材料

⑧ 在 Plastics Manager 属性管理器中双击【模具】选项，打开【模具】对话框，选择【用户定义的数据库】列表中的第一种模具材料，其余模具参数保持默认设置，最后单击【确定】按钮，如图 15-86 所示。

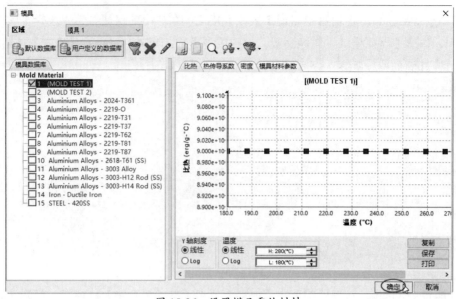

图 15-86　设置模具零件材料

2. 流动分析与结果剖析

1）流动分析

① 在 Plastics Manager 管理器的【运行】节点下双击【流动】分析类型，开始运行流动分析，如图 15-87 所示。

图 15-87　运行流动分析

② 分析完成的结果，如图 15-88 所示。

2）结果剖析

下面我们剖析一下结果，选择一些重要的结果进行讲解。

● 充填时间：首先在【结果】属性面板中选择【充填时间】，从注射到冷凝结束共用时 2.5895 秒，如图 15-89 所示。单击【播放】按钮，演示了整个注射过程，没有发现欠注（短射）现象，基本上各扇叶的充填同时完成了。

第 15 章 SolidWorks 应用于模具设计

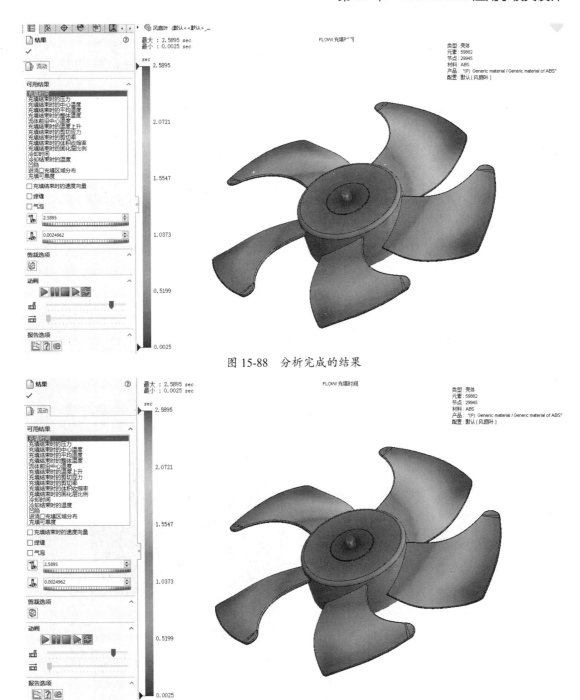

图 15-88 分析完成的结果

图 15-89 充填时间

- 流体前沿中心温度：在【结果】属性面板中选择【流体前沿中心温度】，查看流体前沿温度，从图中可以看到，整个充填过程温度变化范围在 5~10℃，属于保压范围内的正常值，如图 15-90 所示。
- 冷却时间：在【结果】属性面板中选择【冷却时间】，可以看出整个产品的冷却时间需要 35 秒左右，超出了默认设定的范围 20.83 秒，说明冷却需要改善，如图 15-91 所示。

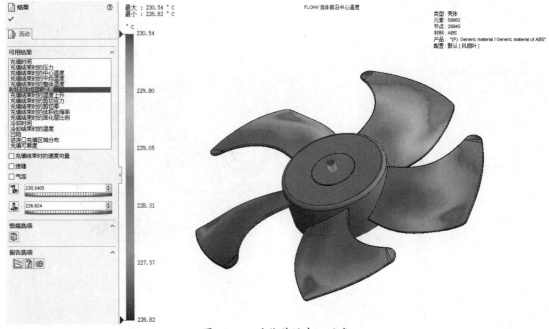

图 15-90　流体前沿中心温度

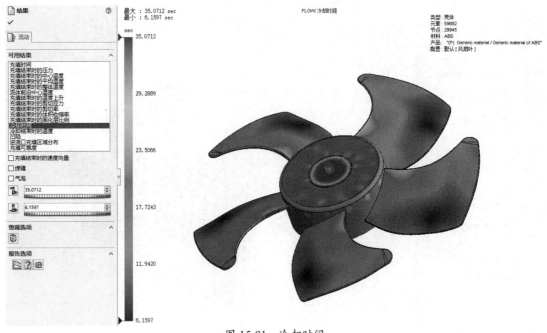

图 15-91　冷却时间

3. 优化分析

由于冷却效果不好（初步分析时没有设定冷却系统），所以我们就从设计冷却系统和修改产品厚度着手。

1）冷却水路设计和修改产品厚度

① 在【特征】选项卡中单击【基准面】按钮，选择前视基准面作为参考，然后创建基准面 1，如图 15-92 所示。

第 15 章　SolidWorks 应用于模具设计

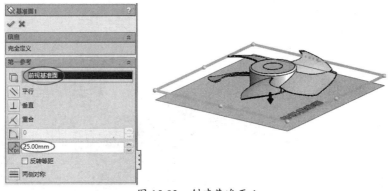

图 15-92　创建基准面 1

② 接下来再以前视基准面为参考，创建基准面 2，如图 15-93 所示。

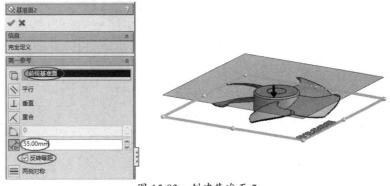

图 15-93　创建基准面 2

③ 在基准面 1 和基准面 2 上绘制相同的草图，如图 15-94 所示。

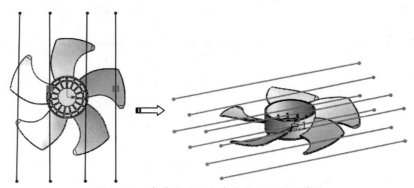

图 15-94　在基准面 1 和基准面 2 上绘制草图

④ 重新进入 Plastics Manager 管理器，右击【壳体网格】特征，在弹出的快捷菜单中选择【修补局部厚度】命令，打开【修改局部厚度】属性面板。框选整个模型，设置均匀厚度为 5mm，单击【应用】按钮，完成产品厚度的修改，如图 15-95 所示。

⑤ 在 Plastics Manager 管理器中右击【区域】特征，在弹出的快捷菜单中选择【冷却水路】命令，弹出【冷却水路】属性面板。按 Ctrl 键选取所有草图曲线，设置水路的直径后，单击【指定】按钮，应用水路设定尺寸，最后单击【确定】按钮✓完成冷却水路的创建，如图 15-96 所示。

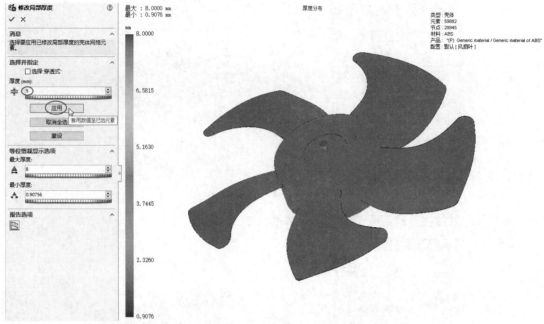

图 15-95　修改均匀厚度

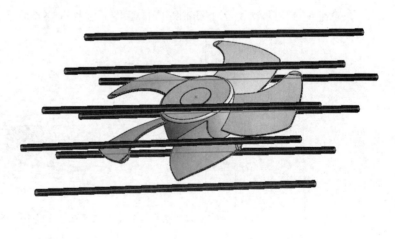

图 15-96　创建冷却水路

⑥ 需要重新创建网格，待冷却水路模型转换为网格后，才能应用修改。

2）重新执行分析

① 【运行】节点中多了几种分析模式，如图 15-97 所示。双击【冷却+流动+保压+扭曲】分析类型，重新执行分析。

② 完成后的分析结果如图 15-98 所示。

图 15-97 执行分析　　　　　　　　　图 15-98 完成后的分析结果

③ 其他指标暂且不看，仅查看【流动】结果中的【冷却时间】，如图 15-99 所示。

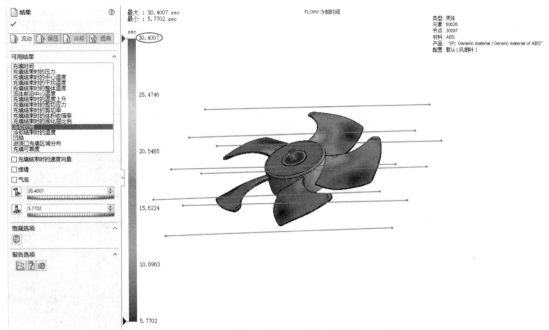

图 15-99 查看【流动】结果中的【冷却时间】

④ 从结果可以看出，经过对冷却水路的设计与产品壁厚的修改，冷却时间明显缩短了，而且效果很不错。

15.4　成型零件设计

成型零件设计（模具设计工作中称为"分模"）是模具设计流程中最为复杂也最为关键的技术，因为它直接影响到模具使用的成败或者产品质量的好坏。对于利用软件进行成型零件设计来说，关键在于合理应用软件的相关功能指令，再结合实际的模具分型技术，高效设计出完整、合格的分型面和成型零件。

模具工具主要用来进行模具的分模设计，即设计分型面来分割工件得到型芯、型腔和其他小成型镶件的设计过程。【模具工具】选项卡如图 15-100 所示。

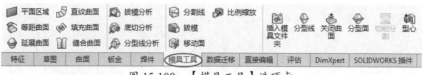

图 15-100 【模具工具】选项卡

15.4.1 分型线设计

仅当确定好模具分型线后,才可以设计出合理的分型面。分型线就是产品中型芯区域和型腔区域的分界线。

对于大多数形状较规则、简单点的产品,我们均可以使用【分型线】工具来分析出产品中的分型线。其基本原理就是:通过在某一方向上进行投影,得到产品最大的投影边界,此边界就是分型线。

> 技巧点拨:
> 对于具有侧孔、侧凹、倒扣等复杂结构的产品,最大投影边界不一定就全是产品上的分型线。

在【模具工具】选项卡中单击【分型线】按钮 ⊕,打开【分型线】属性面板,如图 15-101 所示。

【分型线】属性面板中各选项含义如下。

- 实体：选择要设计分型线的壳体产品。
- 拔模方向：激活此收集器,为拔模方向（投影方向）选择参考平面。参考平面与拔模方向始终垂直,如图 15-102 所示。
- 反向：单击此按钮,改变投影方向。
- 拔模角度：设置拔模分析的角度。此值必须大于 0 且小于等于 90。
- 拔模分析：单击此按钮,将执行拔模分析命令,得到拔模分析结果,同时也得到产品最大投影方向上的截面边界。
- 用于型芯/型腔分割：勾选此复选框,可直接得到产品分型线,如图 15-103 所示。

图 15-101 【分型线】属性面板

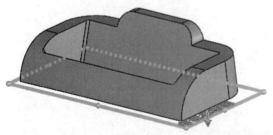

图 15-102 拔模方向

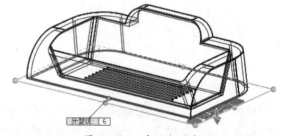

图 15-103 产品分型线

> 技巧点拨:
> 本书配图中的"型心"系人为翻译错误,应为"型芯"。

- 分割面：勾选此复选框，可以得到投影曲线，再利用此曲线来分割产品，使产品中的某些混合区域得以分割，从而使其分别从属于型芯区域和型腔区域，如图15-104所示。

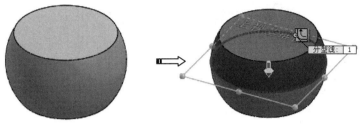

图 15-104 分割面

- 于+/-拔模过渡：仅当在0度拔模位置分割曲面。
- 于指定的角度：在指定的拔模角度位置分割曲面，如图15-105所示。

图 15-105 于指定的角度

15.4.2 分型面设计

分型面包括产品区域面（型芯区域或型腔区域）、分型线延展曲面和破孔修补曲面。

1. 用于创建区域面的工具

使用【模具工具】选项卡中用于设计区域面的工具，如【等距曲面】工具，选取产品的外表面（通常为型腔区域面）或者产品内表面（型芯区域面）进行等距复制，从而得到区域面，如图15-106所示。

【移动面】工具也可以用于区域面的创建，单击【模具工具】选项卡中的【移动面】按钮，打开【移动面】属性面板，如图15-107所示。此面板中包括3个移动复制类型：【等距】、【移动】和【旋转】。

【等距】类型与【等距曲面】工具的功能是相同的。【移动】、【旋转】类型与【移动/复制】工具的功能也是相同的。

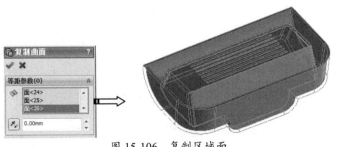

图 15-106 复制区域面

图 15-107 【移动面】属性面板

2. 用于创建延展面的工具

1) 手动分型面设计工具

设计了分型线,须利用【延展曲面】工具创建水平延展的曲面,这种分型面称为平面分型面,如图 15-108 所示。

当产品底部为弧形曲面时,是不能直接创建水平延展曲面的,需要利用【曲面】选项卡中的【延伸曲面】工具来创建延伸曲面。延伸一定距离后,再创建出水平延展曲面,这种分型面称为斜面分型面,如图 15-109 所示。

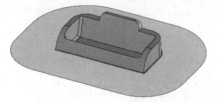

图 15-108　平面分型面　　　　　　图 15-109　斜面分型面

当选用的分模面具有单一曲面(如柱面)特性时,要求按图 15-110 (b) 的形式即按曲面的曲率方向伸展一定距离构建分型面,这种分型面称为"曲面分型面"。否则会形成如图 15-110 (a) 所示的不合理结构,产生尖钢及尖角形的封胶面,尖形封胶位不易封胶且易于损坏。曲面分型面除了利用【延展曲面】工具,还会利用到【放样曲面】或【扫描曲面】工具。

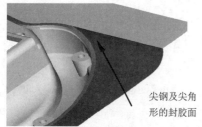
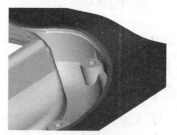

(a) 不合理结构　　　　　　　　　　(b) 合理结构

图 15-110　曲面分型面

上述介绍的是手动操作的分型面设计工具。下面介绍【分型面】工具,此工具可以创建水平延展、斜面延伸、曲面曲率连续的分型面。

2) 自动分型面工具

单击【模具工具】选项卡中的【分型面】按钮 ，打开【分型面】属性面板,如图 15-111 所示。

【分型面】属性面板中各选项含义如下。

① 【模具参数】选项区。

- 拔模方向 ：即选择与拔模方向垂直的参考平面。
- 相切于曲面:单击此单选按钮,将创建出相

图 15-111　【分型面】属性面板

切于产品底部曲面的分型面。
- 正交于曲面：单击此单选按钮，将创建出正交于产品底部曲面的分型面。
- 垂直于拔模：单击此单选按钮，将创建出垂直于拔模方向的分型面。

② 【分型线】选项区。
- 边线：为创建分型面而选择分型线作为分型面的边界。
- 添加所选边线：单击此按钮，将自动添加分型线。
- 选择下一边线：单击此按钮，改变自动搜索的路径，使自动添加得以正确完成。
- 放大所选边线：单击此按钮，将放大显示所选的分型线。
- 撤销：单击此按钮，撤销选择的分型线。
- 恢复：单击此按钮，恢复选择的分型线。

③ 【分型面】选项区。
- 距离：在【距离】文本框中输入分型面的延伸距离。
- 反转等距方向：单击此按钮，更改方向。
- 角度：在【模具参数】选项区中选择【相切于曲面】类型后，可以输入拔模角度，使分型面与底部曲面成一定角度。
- 平滑：转角处分型面的平滑过渡形式，包括【尖锐】和【平滑】两种。
- 距离：设定相邻曲面之间的距离。

④ 【选项】选项区。
- 缝合所有曲面：勾选此复选框，将自动缝合所有边线产生的分型面。
- 显示预览：勾选此复选框，将显示分型面的预览，保证分型面的设计正确。

3. 修补孔的工具

若产品中存在破孔，是需要进行修补的。在一个平面或曲面上的孔（如图 15-112 所示），可以使用【关闭曲面】工具来自动修补。如果破孔由多个面（不在同平面）组合而成（如图 15-113 所示），将使用一般的曲面工具进行修补，如【平面区域】、【直纹】、【填充】等。

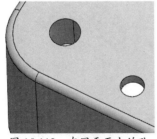
图 15-112　在同平面上的孔

图 15-113　由多个面组合而成的孔

这里主要介绍【关闭曲面】工具的应用。单击【模具工具】选项卡中的【关闭曲面】按钮，打开【关闭曲面】属性面板，如图 15-114 所示。

【关闭曲面】属性面板中各选项含义如下。

- 边线：此列表用于收集要修补的孔边界。默认情况下 SolidWorks 会自动收集同平面或同曲面上的简单孔边界。

> **技巧点拨：**
> 对于斜面上的孔，需要用户手动选择边线，如图 15-115 所示。

图 15-114 【关闭曲面】属性面板

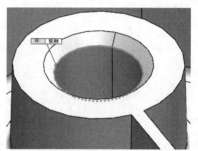

图 15-115 斜面上的孔

- 缝合：勾选此复选框，将自动缝合封闭曲面与产品区域面。
- 过滤环：勾选此复选框，将自动过滤符合修补要求的孔边线。即孔边线必须形成封闭的环，否则不能创建曲面。
- 显示预览：勾选此复选框将显示修补曲面，如图 15-116 所示。
- 显示标注：勾选此复选框将显示孔边线的说明文字，如图 15-117 所示。

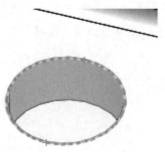

图 15-116 显示预览

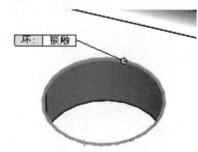

图 15-117 显示标注

- 重设所有修补类型：包括 3 种修补类型，【全部不填充】◯表示将不创建封闭曲面；【全部相触】◯表示封闭曲面与孔所在曲面仅仅接触，为 G0 连续，如图 15-118 所示；【全部相切】◯表示封闭曲面与孔所在曲面全部相切，为 G1 连续，如图 15-119 所示。

第 15 章 SolidWorks 应用于模具设计

图 15-118 全部相触

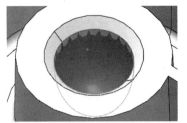

图 15-119 全部相切

💻 上机实践——设计平面分型面

① 打开本例的产品模型，如图 15-120 所示。
② 单击【模具工具】选项卡中的【分型线】按钮，打开【分型线】属性面板。选择前视基准面作为拔模方向参考，再单击【拔模分析】按钮，产品中显示分型线，如图 15-121 所示。
③ 单击【确定】按钮，创建分型线。
④ 利用【关闭曲面】工具，自动修补产品中的破孔，如图 15-122 所示。

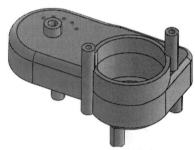

图 15-120 产品模型

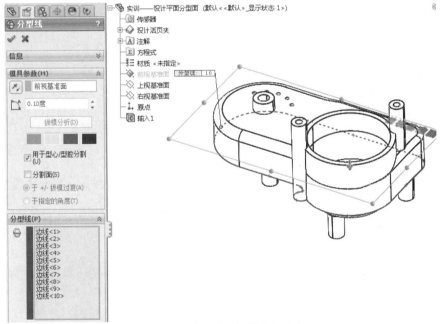

图 15-121 拔模分析得出分型线

⑤ 以分型线和封闭曲面为界，产品外侧所有曲面为型腔面，而产品内部所有曲面则为型芯面。利用【等距曲面】工具，等距复制出产品外侧的所有曲面，如图 15-123 所示。

技巧点拨：
本例中我们仅以创建型腔区域面为例，详细讲解操作方法。型芯区域面的创建方法是相同的，所以不重复介绍。

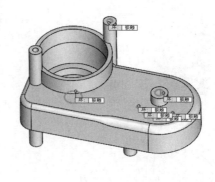

图 15-122 修补破孔

⑥ 单击【模具工具】选项卡中的【分型面】按钮，打开【分型面】属性面板。程序已自动拾取前视基准面作为拔模参考，如图 15-124 所示。

⑦ 选择【垂直于拔模】类型，设置距离为 60mm，并单击【尖锐】按钮，预览分型面，如图 15-125 所示。

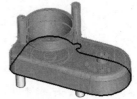

图 15-123 等距复制出产品外侧曲面

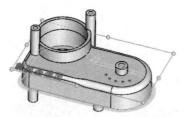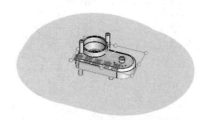

图 15-124 自动选择的拔模参考   图 15-125 预览分型面

⑧ 勾选【缝合所有曲面】复选框，并单击【确定】按钮 ✓ 完成平面分型面的创建，如图 15-126 所示。

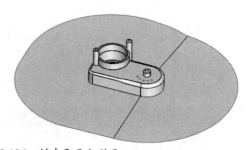

图 15-126 创建平面分型面

15.4.3 分割型芯和型腔

【切削分割】操作就是进入草图平面绘制工件轮廓，然后以分型面作为分割工具对具有一定厚度的工件进行分割而得到的型芯、型腔零件的操作。

下面我们以实例操作来说明【切削分割】工具的应用，就以上图所创建的分型面来分割型芯和型腔。

上机实践——分割型芯与型腔

① 打开创建完成的分型面。
② 单击【模具工具】选项卡中的【切削分割】按钮，然后选择分型面上的平面作为草图平面，然后绘制如图 15-127 所示的工件轮廓。

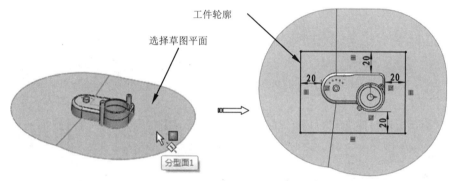

图 15-127　绘制工件轮廓

③ 退出草图环境，然后在【切削分割】属性面板中设置方向 1 的深度为 20mm，方向 2 的深度为 40mm，最后单击【确定】按钮完成工件的分割，并得到型芯和型腔零件，如图 15-128 所示。

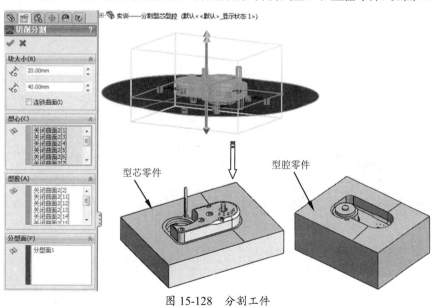

图 15-128　分割工件

④ 最后将结果保存。

15.4.4 拆分成型镶件

分割型芯和型腔零件后，有些时候为了便于零件的加工，同时也为了节约加工成本，需要使用【型芯】工具将型芯零件或型腔零件上的某些特征分割出来，形成小的成型镶件。

下面我们以分割型芯零件中的某镶件为例，具体说明此工具的应用方法。

上机实践——分割型芯镶件

① 打开上一实例操作后的型芯零件。除型芯零件外，隐藏其余特征，如图 15-129 所示。
② 下面需要将型芯零件中最长的一个立柱进行分割。单击【模具工具】选项卡中的【型芯】按钮，然后选择型芯零件上的平面（即分型面）作为草图平面，如图 15-130 所示。

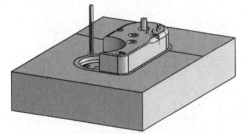

图 15-129　型芯零件

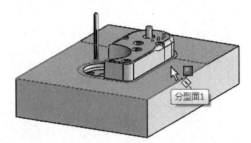

图 15-130　选择草图平面

③ 绘制如图 15-131 所示的草图，然后退出草图环境。
④ 在随后打开的【型芯】属性面板中设置深度值，如图 15-132 所示。

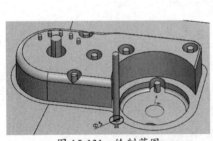

图 15-131　绘制草图

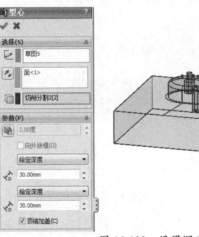

图 15-132　设置深度值

⑤ 再单击【确定】按钮完成镶件的分割，结果如图 15-133 所示。
⑥ 最后保存结果。

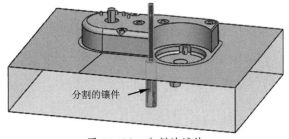

图 15-133　分割的镶件

15.4.5　拓展训练——风扇叶分模

风扇叶片的分模具有分型线不明显、分模困难等特点。风扇叶片模型如图 15-134 所示。

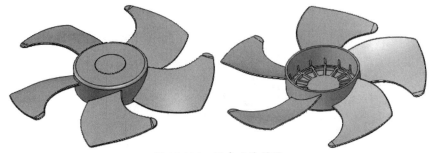

图 15-134　风扇叶片模型

针对风扇叶产品的分模设计做出如下分析。

- 分型线不明显，位于中间圆形壳体、叶片与叶片之间，在这里需要手动创建分型线来连接产品边线。
- 由于风扇叶模型的深度较大，因此作分型线时要考虑到作插破分型面，便于产品脱模。
- 整个产品的分模将在零件设计环境中进行，并使用【模具工具】选项卡中的命令，而不是应用 IMOLD。
- 整个分模过程包括分型线设计、分型面设计和分割型腔与型芯。

1. 分型线设计

① 打开本例源文件"风扇叶.SLDPRT"。
② 选择右视基准面作为草绘平面，进入草图环境绘制如图 15-135 所示的草图。
③ 在菜单栏中执行【插入】|【曲线】|【投影曲线】命令，打开【投影曲线】属性面板。
④ 在图形区选择草图作为要投影的草图，选择产品圆柱表面作为投影面，程序自动将草图投影到圆柱面上，如图 15-136 所示。完成投影后关闭该面板。

技巧点拨：
选择投影面后，可以查看投影预览。如果草图没有投影到预定面上，可勾选【反转投影】复选框来调整。

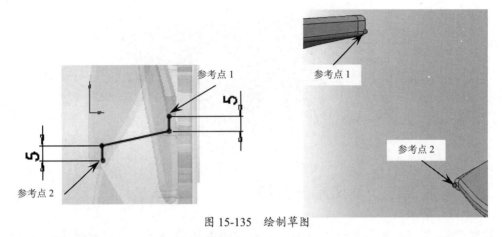

图 15-135　绘制草图

⑤ 使用【基准轴】工具，以上视基准面和右视基准面为参考创建如图 15-137 所示的基准轴。

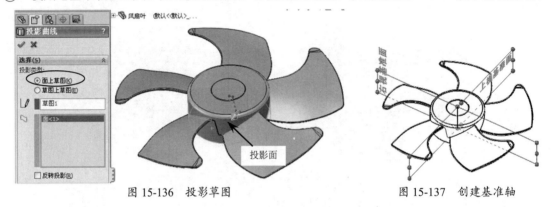

图 15-136　投影草图　　　　　图 15-137　创建基准轴

⑥ 使用【基准面】工具，选择右视基准面作为第一参考，基准轴作为第二参考，然后创建出两面夹角为 72 度、基准面数为 4 的 4 个新基准面，如图 15-138 所示。

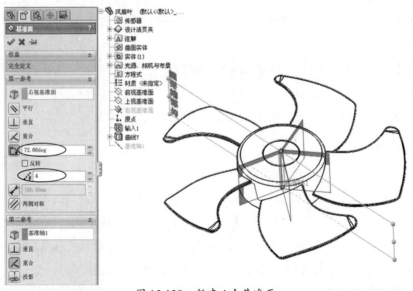

图 15-138　新建 4 个基准面

⑦ 按步骤②的操作方法，分别在 4 个基准面上绘制同样参数的草图。绘制后使用【投影曲线】

工具分别将绘制的 4 个草图投影到产品圆柱面上，如图 15-139 所示。

⑧ 投影的 5 个草图曲线为分型线中的一部分，也是作插破分型面的基础。其余分型线即为叶片外沿边线，无须再创建出来。

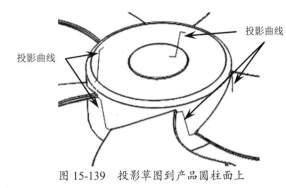

图 15-139　投影草图到产品圆柱面上

2. 分型面设计

① 使用【曲线】工具栏中的【组合曲线】工具，依次选择投影曲线和叶片与圆柱面的交线作为要连接的实体，然后创建出组合曲线，如图 15-140 所示。

图 15-140　创建组合曲线

② 使用【等距曲面】工具，选择圆柱面作为要等距的面，然后创建出等距距离为 0 的曲面，如图 15-141 所示。

③ 使用【剪裁曲面】工具，选择组合曲线作为剪裁工具，然后再选择如图 15-142 所示的区域作为要保留的曲面，以此剪裁圆柱面。

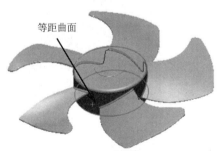

图 15-141　创建等距曲面

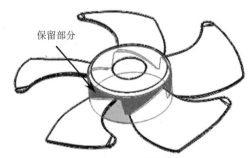

图 15-142　剪裁曲面

④ 使用【等距曲面】工具，以组合曲线为界，选择产品其中一个叶片的外部面进行复制，结果如图 15-143 所示。

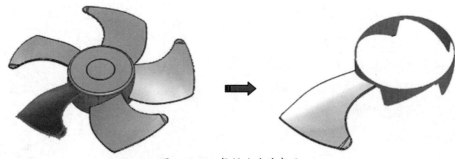

图 15-143　复制叶片外表面

⑤ 暂时隐藏产品模型。使用【直纹曲面】工具，以【正交于曲面】类型，选择叶片曲面边线来创建距离为 5mm 的直纹曲面，如图 15-144 所示。

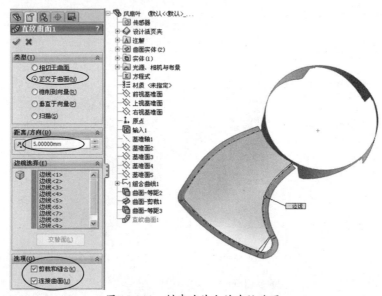

图 15-144　创建叶片上的直纹曲面

⑥ 使用【通过参考点的曲线】工具，创建如图 15-145 所示的曲线。
⑦ 使用【填充曲面】工具，创建如图 15-146 所示的填充曲面。

图 15-145　创建曲线

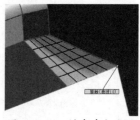

图 15-146　创建填充曲面

⑧ 同理，在叶片的另一侧也创建曲线和填充曲面。
⑨ 使用【直纹曲面】工具，选择直纹曲面的边线和参考矢量来创建具有锥度（锥度为 10.65 度）的新直纹曲面，如图 15-147 所示。
⑩ 使用【延伸曲面】工具，选择锥度直纹曲面的两端边线来创建距离为 5mm 的延伸曲面，如图 15-148 所示。

第 15 章 SolidWorks 应用于模具设计

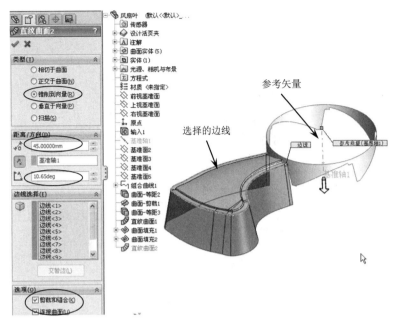

图 15-147 创建具有锥度的直纹曲面

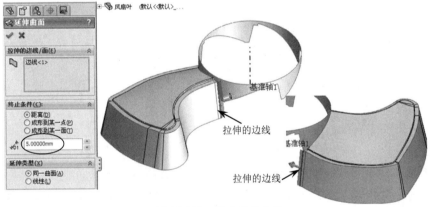

图 15-148 创建延伸曲面

⑪ 使用【特征】选项卡中的【圆周阵列】工具，将叶片表面、直纹曲面和延伸曲面作圆周阵列，结果如图 15-149 所示。

⑫ 使用【延展曲面】工具，选择产品模型底部外边线作为要延伸的边线，然后创建出如图 15-150 所示的延展曲面。

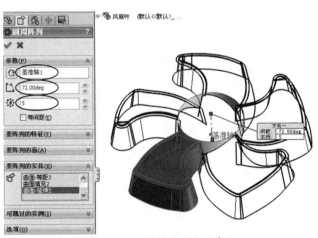

图 15-149 圆周阵列曲面实体

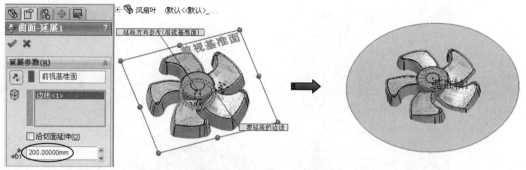

图 15-150　创建延展曲面

> **技巧点拨:**
> 在创建延展曲面时,要尽量将延展曲面做得足够大,以将毛坯完全分割。

⑬ 使用【剪裁曲面】工具,选择延展曲面作为剪裁工具,将圆周阵列的曲面剪裁,如图 15-151 所示。

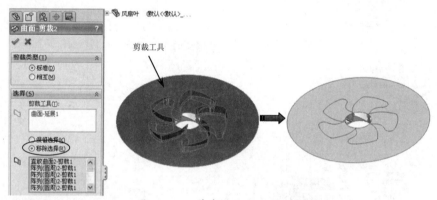

图 15-151　剪裁圆周阵列的曲面

⑭ 使用【通过参考点的曲线】工具,创建如图 15-152 所示的 5 条曲线。

⑮ 暂时隐藏延展曲面。使用【剪裁曲面】工具,选择一条曲线来剪裁叶片中的延伸曲面,如图 15-153 所示。

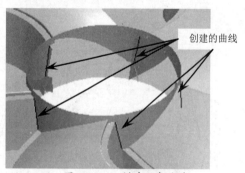

图 15-152　创建 5 条曲线

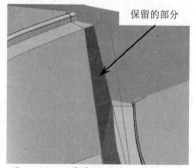

图 15-153　剪裁叶片中的延伸曲面

⑯ 同理,按此方法选择其余 4 条曲线将其余叶片中的延伸曲面剪裁。

⑰ 再使用【剪裁曲面】工具,以两个叶片相邻的延伸曲面进行两两相互剪裁,最终完成的结果如图 15-154 所示。

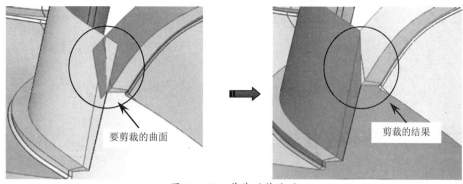

图 15-154 剪裁延伸曲面

⑱ 隐藏剪裁的圆柱面、叶片外表面,图形区中仅显示剪裁的直纹曲面和延伸曲面,以及延展曲面。在延展曲面中绘制如图 15-155 所示的"等距实体"草图。

⑲ 使用【拉伸曲面】工具,选择上一步骤绘制的草图来创建"两侧对称"的曲面,如图 15-156 所示。

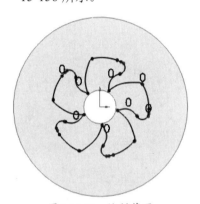

图 15-155 绘制草图

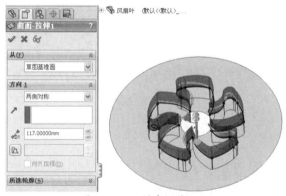

图 15-156 创建拉伸曲面

技巧点拨:
这里创建拉伸曲面,用来剪裁沿展曲面。草图是不能剪裁出要求的形状的。

⑳ 使用【剪裁曲面】工具,选择其中一个叶片位置的拉伸曲面作为剪裁工具,然后剪裁延展曲面,如图 15-157 所示。

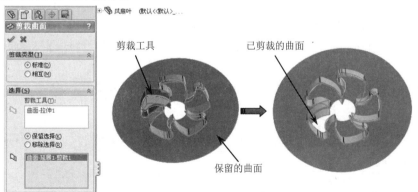

图 15-157 剪裁延展曲面

㉑ 同理,按此方法依次剪裁延展曲面,最终剪裁的结果如图 15-158 所示。

㉒ 将拉伸曲面隐藏。使用【缝合曲面】工具,缝合如图 15-159 所示的曲面。

图 15-158　最终剪裁延展曲面的结果　　　　图 15-159　缝合曲面

㉓ 使用【等距曲面】工具,复制上一步骤缝合的曲面。复制的曲面将作为型芯分型面的一部分(复制后暂时隐藏),原曲面则作为型腔分型面的一部分。

㉔ 使用【等距曲面】工具,复制产品顶部的面,如图 15-160 所示。最后将属于型腔区域的所有面缝合成整体,即完成了型腔分型面的设计,如图 15-161 所示。

图 15-160　复制产品顶部的面　　　　图 15-161　型腔分型面

㉕ 将最后一个缝合的曲面重命名为"型腔分型面"。

> **技巧点拨:**
> 在缝合曲面的过程中,不要选择全部的面进行缝合,这可能会因其精度太大而不能缝合。这时需要一个一个曲面地进行缝合。

㉖ 使用【等距曲面】工具,复制产品圆柱面,然后使用【剪裁曲面】工具,以组合曲线作为剪裁工具,来剪裁复制的圆柱面,如图 15-162 所示。

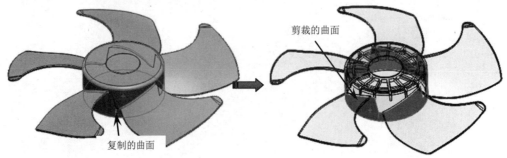

图 15-162　复制圆柱面并剪裁

㉗ 使用【等距曲面】工具依次选择组合曲线以下的叶片表面进行复制,如图 15-163 所示。

㉘ 使用【等距曲面】工具，依次对产品内部的曲面进行复制，如图 15-164 所示。

图 15-163 复制叶片表面　　　图 15-164 复制产品内部面

㉙ 将先前隐藏的、作为型芯分型面一部分的曲面显示，然后使用【缝合曲面】工具，将所有属于型芯区域的曲面进行缝合，结果如图 15-165 所示。

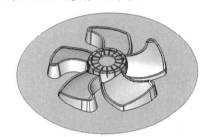

图 15-165 缝合的型芯分型面

> **技巧点拨：**
> 在缝合曲面不成功的情况下，除了前面所介绍的方法，最好的方法是将一步一步缝合的曲面统一设定缝合公差为 0.1。这样就可以将不能缝合的曲面成功地缝合在一起。

3. 创建型腔和型芯

① 使用【拉伸曲面】工具，选择如图 15-166 所示的型芯分型面作为草绘平面，并绘制【等距实体】草图。

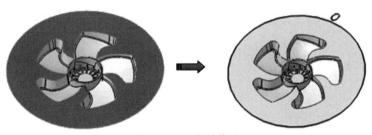

图 15-166 绘制草图

② 退出草图环境后，创建拉伸距离为 50mm 的曲面，如图 15-167 所示。

③ 使用【平面区域】工具，创建如图 15-168 所示的曲面。

④ 使用【缝合曲面】工具，将型芯分型面、拉伸曲面和平面区域曲面缝合成实体，如图 15-169 所示。缝合后生成的实体就是型芯。

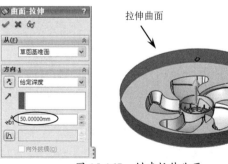

图 15-167 创建拉伸曲面

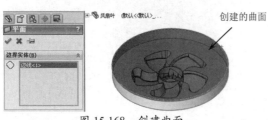
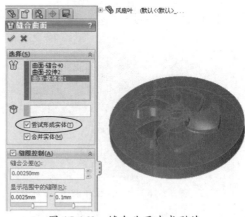

图 15-168　创建曲面　　　　　　　图 15-169　缝合曲面生成型芯

⑤ 将缝合后的曲面实体的名称更改为"型芯"。创建的型芯如图 15-170 所示。

⑥ 显示型腔分型面。同理，按创建型芯的方法来创建型腔（拉伸曲面的距离为 90mm），创建的型腔如图 15-171 所示。

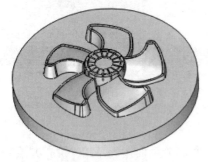
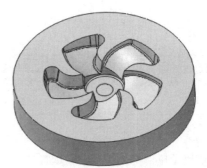

图 15-170　型芯　　　　　　　　　图 15-171　型腔

⑦ 最后将风扇叶的分模设计的结果保存。

第 16 章
SolidWorks 应用于数控加工

本章内容

基于高效的全自动零件切削加工方式，SolidWorks 向用户提供了优秀的 SolidWorks CAM 数控加工模块。SolidWorks CAM 模块的学习和应用操作都十分简便，无须用户进行繁复的机床定义、刀具定义及切削参数设置等。本章将重点介绍 SolidWorks CAM 数控加工模块的基本参数设置及其在数控加工中的实战应用。

知识要点

- ☑ SolidWorks CAM 数控加工基本知识
- ☑ 通用参数设置

16.1 SolidWorks CAM 数控加工基本知识

在机械制造过程中，数控加工的应用可提高生产效率、稳定加工质量、缩短加工周期、增加生产柔性、实现对各种复杂精密零件的自动化加工，如图 16-1 所示的数控加工中心。

数控加工中心易于在工厂或车间实行计算机管理，还使车间设备总数减少、节省人力、改善劳动条件，有利于加快产品的开发和更新换代，提高企业对市场的适应能力并提高企业综合经济效益。

图 16-1　数控加工中心

16.1.1　数控机床的组成与结构

采用数控技术进行控制的机床，称为数控机床（NC 机床）。

数控机床是一种高效的自动化数字加工设备，它严格按照加工程序，自动地对被加工工件进行加工。数控系统外部输入（手动输入、网络传输、DNC 传输）的直接用于加工的程序称为数控程序。执行数控程序的是数控系统内部的数控系统软件，数控系统是数控机床的核心部分。

数控机床主要由机床本体、数控系统、驱动装置、辅助装置等几个部分组成。

- 机床本体：是数控机床用于完成各种切割加工的机械部分，主要包括支承部件（床身、立柱等）、主运动部分（主轴箱）、进给运动部件（工作台滑板、刀架）等。
- 数控系统：（CNC 装置）是数控机床的控制核心，一般是一台专用的计算机。
- 驱动装置：是数控机床执行机构的驱动部分，包括主轴电动机、进给伺服电动机等。
- 辅助装置：指数控机床的一些配套部件，包括刀库、液压装置、启动装置、冷却系统、排屑装置、夹具、换刀机械手等。

图 16-2 所示为常见的立式数控铣床。

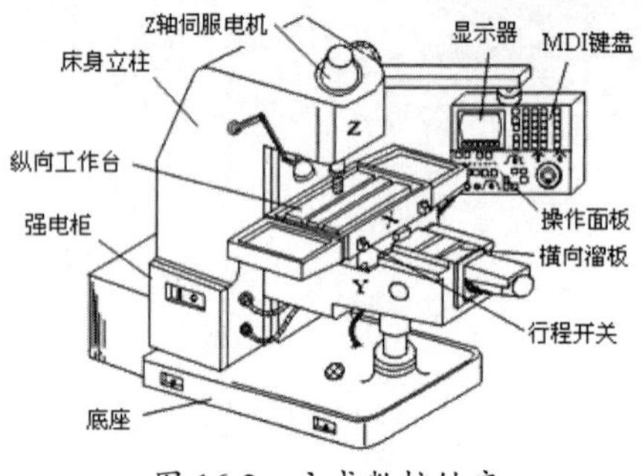

图 16-2　立式数控铣床

16.1.2　数控加工原理

当使用机床加工零件时，通常都需要对机床的各种动作进行控制，一是控制动作的先后次序，二是控制机床各运动部件的位移量。采用普通机床加工时，这种开车、停车、走刀、换向、主轴变速和开关切削液等操作都是由人工直接控制的。

1. 数控加工的一般工作原理

采用自动机床和仿形机床加工时，上述操作和运动参数则是通过设计好的凸轮、靠模和挡块等装置以模拟量的形式来控制的，它们虽能加工比较复杂的零件，且有一定的灵活性和通用性，但是零件的加工精度受凸轮、靠模制造精度的影响，且工序准备时间也很长。数控加工的一般工作原理如图 16-3 所示。

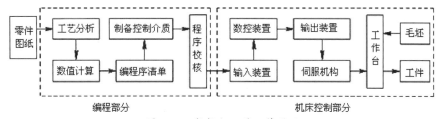

图 16-3　数控加工的工作原理

机床上的刀具和工件间的相对运动，称为表面成型运动，简称成型运动或切削运动。数控加工是指数控机床按照数控程序所确定的轨迹（称为数控刀轨）进行表面成型运动，从而加工出产品的表面形状。图 16-4 所示为平面轮廓加工示意图，图 16-5 所示为曲面加工的切削示意图。

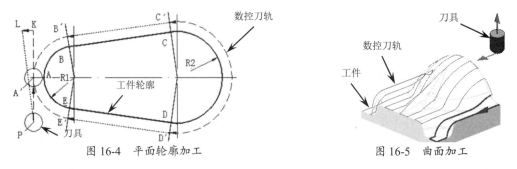

图 16-4　平面轮廓加工　　　　图 16-5　曲面加工

2. 数控刀轨

数控刀轨是由一系列简单的线段连接而成的折线，折线上的节点称为刀位点。刀具的中心点沿着刀轨依次经过每一个刀位点，从而切削出工件的形状。

刀具从一个刀位点移动到下一个刀位点的运动称为数控机床的插补运动。由于数控机床一般只能以直线或圆弧这两种简单的运动形式完成插补运动，因此数控刀轨只能是由许多直线段和圆弧段将刀位点连接而成的折线。

数控编程的任务是计算出数控刀轨，并以程序的形式输出到数控机床，其核心内容就是计算出数控刀轨上的刀位点。

在数控加工误差中，与数控编程直接相关的有两个主要部分。

- 刀轨的插补误差：由于数控刀轨只能由直线和圆弧组成，因此只能近似地拟合理想的加工轨迹，如图 16-6 所示。
- 残余高度：在曲面加工中，相邻两条数控刀轨之间会留下未切削区域，如图 16-7

所示，由此造成的加工误差称为残余高度，它主要影响加工表面的粗糙度。

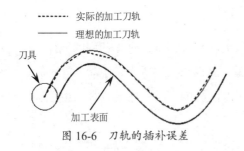

图 16-6 刀轨的插补误差

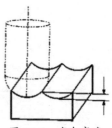

图 16-7 残余高度

16.1.3 SolidWorks CAM 简介

从 SolidWorks 2018 版本起，世界级 CAM 技术将设计和制造领先者软件 CAMWorks 集成到 SolidWorks 软件平台中。它是一个经过生产验证的、与 SolidWorks 无缝集成的 CAM，提供了基于规则的加工和自动特征识别功能，可以大幅简化和自动化 CNC 制造操作。

SolidWorks CAM 提供了两个版本，一个是基础标准版本（SOLIDWORKS CAM Standard），另一个是专业版（SOLIDWORKS CAM Professional，可在官网下载）。在 SolidWorks 2020 中嵌入的 CAMWorks 是基础标准版本，标准版本中只能进行 2.5/3 轴铣削、孔加工和车削加工。

CAMWorks 使用一套基于知识的规则来分配适当的加工特征，此工艺数据库包含加工过程计划数据，而且可以按照公司加工设备类型的加工方法进行自定义。

工艺技术数据库中的加工信息分为以下几类。

- 机床：包括 CNC 设备、相应控制器及刀具库。
- 刀具：刀具库可以包括公司设备中所有的刀具。
- 特征与操作：为特征类型、终止条件及规格的任意组合提供加工顺序和操作。
- 切削参数：用来计算进给率、主轴转速、毛坯材料和刀具材料的信息。

在 SolidWorks 2020 中的 CAMWorks 加工工具在【SOLIDWORKS CAM】选项卡中，如图 16-8 所示。

图 16-8 CAMWorks 加工工具

CAM 的最终目的是产生具有刀具路径的 NCI 档案，此数据文件中包括切削刀具路径、机床进给量、主轴转速及 CNC 舠具补正等数据，并藉由后处理器产生相应机床应用的控制器的 NC 指令。CAMWorks 在 SolidWorks 2020 中的数控加工流程如下。

- 导入加工模型；
- 定义加工类型（定义机床）；
- 定义加工刀具；

- 定义加工坐标系；
- 定义毛坯；
- 定义可加工特征；
- 选择加工操作并调整加工参数；
- 产生刀具轨迹并模拟仿真；
- 加工程序文件输出。

16.2 通用参数设置

在使用 CAMWorks 进行数控编程时，无论你选择何种加工切削方式来加工零件，前期都会做一些相同的准备工作，这些工作就是通用加工切削的参数设置。

16.2.1 定义加工机床

机床的定义其实就是定义加工类型，常见的数控加工类型包括铣削、车削、钻削、线切割等。其中钻削与线切割并入到铣削加工类型中。

在【SOLIDWORKS CAM】选项卡中单击【定义机床】按钮，或者在 SolidWorks CAM 刀具树中右击【机床】项目，选择快捷菜单中的【编辑定义】命令，可打开【机床】对话框，如图 16-9 所示。

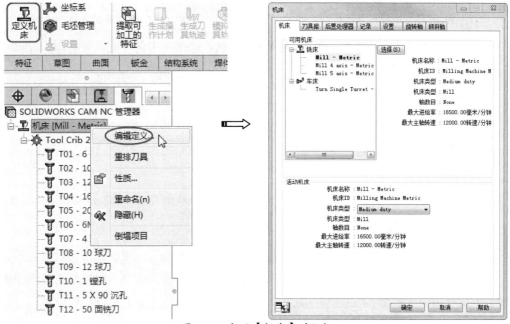

图 16-9　打开【机床】对话框

1. 选择可用机床

在【机床】选项卡的【可用机床】列表中选择可用机床后，须单击 选择(S) 按钮加以确认，如图 16-10 所示。默认的机床类型为 Mill–Metric。

2. 定义刀具库

可在【刀具库】选项卡中定义刀具库刀具，刀具库中的刀具供铣削加工操作时选用。图 16-11 所示为【刀具库】选项卡。

图 16-10 选择可用机床

图 16-11 【刀具库】选项卡

在【刀具库】选项卡中可以新建刀具到库中，也可以在库中选择刀具进行编辑定义，或者删除库中的刀具、保存刀具库等。

3. 后置处理器

后置处理器是将生成的刀轨通过选择合适的数控系统生成所需的 NC 程序代码。图 16-12 所示为【后处理器】选项卡。能够提供的数控系统包括 FANUC、ANILAM、AllenBradley、西门子、东芝等。

在可用的后置处理器列表中选择合适的后置处理器后，须单击 选择(S) 按钮加以确认。

4. 设置旋转轴和倾斜轴

在【设置】选项卡的【索引】下拉列表中选择【4 轴】选项，可以在【旋转轴】选项卡中定义 5 轴数控加工中心的第 4 轴——旋转轴。若选择【5 轴】选项，则可以在【倾斜轴】选项卡中定义用于 5 轴数控加工中心的第 5 轴——倾斜轴。若选择【无】选项，为默认的 2.5 轴及 3 轴加工。图 16-13 所示为【设置】选项卡。

第 16 章 SolidWorks 应用于数控加工

图 16-12 【后置处理器】选项卡

图 16-13 【设置】选项卡

16.2.2 定义毛坯

毛坯是用来加工零件的坯料。默认的毛坯是能够包容零件的最小立方体。可以通过对这个包容块进行补偿，或者使用草图和高度来定义坯料。当前，草图可以是一个长方形或圆形。

1. 毛坯管理

在【SOLIDWORKS CAM】选项卡中单击【毛坯管理】按钮，或者在 SolidWorks CAM 特征管理器设计树和 SolidWorks CAM 操作树中右击【毛坯管理】项目，选择快捷菜单中的【编辑定义】命令（也可双击【毛坯管理】项目），可打开【毛坯管理器】属性面板，如图 16-14 所示。

【毛坯管理器】属性面板中提供了 4 种定义毛坯的方法。

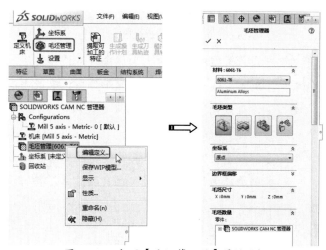

图 16-14 打开【毛坯管理器】属性面板

- 包络块：此类型为包络零件边界而形成矩形块，其边与 X、Y 和 Z 轴对齐。可以在下方的【边界框偏移】选项区中定义矩形块的偏移量。

- 拉伸草图：此类型适合外形不规则的零件毛坯。通过绘制草图并进行拉伸，得到自定义的毛坯。
- STL 文件：如果选择此类型，则可以从外部载入 STL 文件定义毛坯，该文件是从外部 CAD 系统创建的。
- 零件文件：若选择此类型，可以从外部载入 SolidWorks 零件模型作为毛坯使用。

2. 铣削零件设置（定义加工平面）

铣削零件设置就是铣削工件的加工面设置，也就是定义进行工件切削时与刀具轴垂直的加工平面，其正确的轴向定义为刀具向下铣削的向量，如图 16-15 所示。

当定义了毛坯零件后，在【SolidWorks CAM】选项卡中单击【设置】|【铣削设置】按钮 铣削设置 ，弹出【铣削设置】属性面板，如图 16-16 所示。

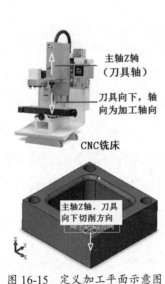

图 16-15　定义加工平面示意图　　　图 16-16　【铣削设置】属性面板

【铣削设置】属性面板中几个选项区的作用如下。
- 【实体】选项区：用来拾取工件中已有的平面作为机床主轴 Z 轴向。
- 【设置方向】选项区：用来定义机床主轴 Z 轴（即机床坐标系的 Z 轴）在工件绝对坐标系中的轴向。
- 【特征】选项区：用来设置加工模型的特征，包括面、周长和多表面特征。在建立铣削加工面的同时，其实也自动建立了特征。

16.2.3　定义夹具坐标系统

夹具坐标系统也称加工坐标系或后置输出坐标系。加工零件必须定义夹具坐标系，夹具坐标系可以在定义机床的【机床】对话框的【设置】选项卡中进行创建，也可以后续独立创建。

在【SOLIDWORKS CAM】选项卡中单击【坐标系】按钮，弹出【夹具坐标系统】属性面板。定义夹具坐标系有两种方法：SOLIDWORKS 坐标系和用户定义。

- SOLIDWORKS 坐标系：此方法就是指定利用基准坐标系建立的参考坐标系作为加工坐标系，如图 16-17 所示。

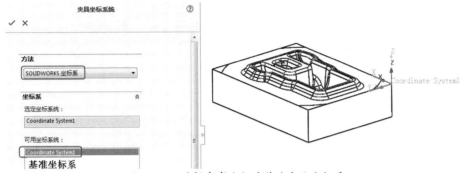

图 16-17 选择参考坐标系作为夹具坐标系

- 用户定义：此方法需要用户拾取主模型中的某个点（或参考点）来定义夹具坐标系的原点，再根据模型形状来定义夹具坐标系的轴向，如图 16-18 所示。

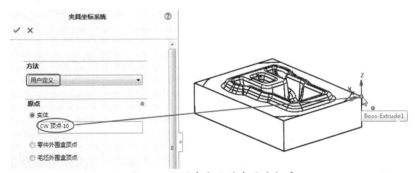

图 16-18 用户定义的夹具坐标系

16.2.4 定义可加工特征

在 CAMWorks 中，只有可加工特征能够进行加工。可以使用下面两种方法来定义可加工特征。

1. 自动识别特征

自动识别特征可以分析零件形状，并尝试识别最常见的铣、车可加工特征，参照零件的复杂度，自动识别特征可以节省大量时间。图 16-19 所示

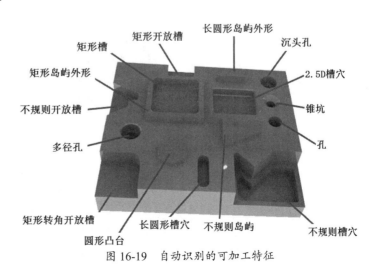

图 16-19 自动识别的可加工特征

为利用【提取可加工的特征】工具进行自动提取的铣削加工特征。

自动识别可加工特征的操作方法是：在【SOLIDWORKS CAM】选项卡中单击【提取可加工的特征】按钮，系统会自动识别当前模型中所有可加工的特征，如图16-20所示。

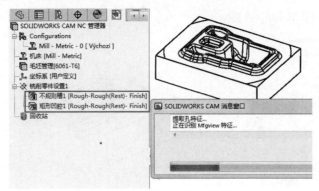

图 16-20 自动提取可加工的特征

2. 交互添加新特征

当使用【提取可加工的特征】工具不能正确识别你所要加工的特征时，可在CAM特征管理器设计树中右击【铣削零件设置】项目，选择快捷菜单中的【2.5轴特征】、【零件周长特征】或【多曲面特征】选项命令，或者在【SOLIDWORKS CAM】选项卡的【特征】命令菜单中选择按钮命令，以此手动识别出所需的可加工特征，如图16-21所示。

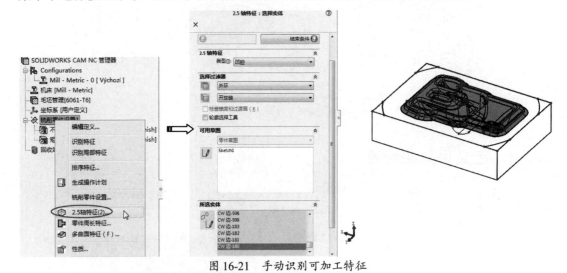

图 16-21 手动识别可加工特征

16.2.5 生成操作计划

当SolidWorks CAM正确地提取出可加工特征后，会对可加工特征自动根据工艺技术数据库中的信息来建立相应的加工操作。

在某些情况下，根据工艺技术数据库中定义的加工操作还不足以满足零件加工需求时，需要添加附加操作，也就是在【SolidWorks CAM】选项卡中使用【2.5轴铣削操作】、【孔加工操作】、【3 轴铣削操作】或【车削操作】等工具命令来创建新操作。

在【SolidWorks CAM】选项卡中单击【生成操作计划】按钮，SolidWorks CAM 会自动创建铣削加工操作来完成零件的加工，生成的操作在【铣削零件设置】项目组中，如图 16-22 所示。

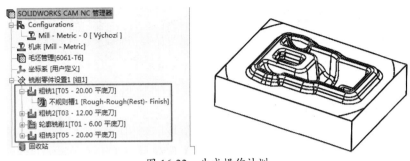

图 16-22　生成操作计划

在生成的这些操作中，可根据实际加工情况来自定义加工操作参数。在【铣削零件设置】项目组中双击某一个操作，会弹出【操作参数】对话框，如图 16-23 所示。

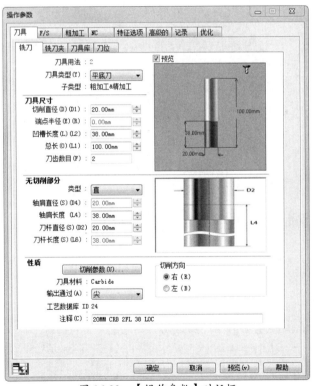

图 16-23　【操作参数】对话框

16.2.6　生成刀具轨迹

完成加工操作的参数设置后，在【SOLIDWORKS CAM】选项卡中单击【生成刀具轨迹】按钮，自动生成所有加工操作的刀具轨迹，如图 16-24 所示。

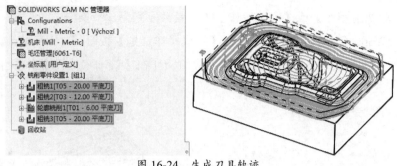

图 16-24　生成刀具轨迹

16.2.7　模拟刀具轨迹

生成刀具轨迹后，在【SOLIDWORKS CAM】选项卡中单击【模拟刀具轨迹】按钮，会弹出【模拟刀具轨迹】属性面板，同时系统自动应用毛坯。单击【运行】按钮，自动播放实体模拟仿真，如图 16-25 所示。

图 16-25　模拟刀具轨迹

16.3　加工案例——2.5 轴铣削加工

2.5 轴铣削包括自动产生粗加工、精加工、螺纹铣（单点或多点）、钻孔、镗孔、铰孔、螺丝攻等加工特征。

2.5 轴铣削加工提供快速切削循环及过切保护，支持使用端铣刀、球刀、锥度刀、锥孔刀、螺纹铣刀以及圆角铣刀。

下面以一个典型的机械零件的数控加工来介绍几种常见的 2.5 轴铣削加工操作。要加工的机械零件如图 16-26 所示。

1. 创建加工操作前的准备工作

① 打开本例源文件"mill2ax_2.sldprt"。

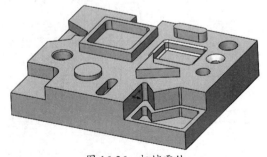

图 16-26　机械零件

② 由于 SolidWorks CAM 使用的是默认 2.5/3 轴铣削机床，所以无须再重新定义机床。
③ 在【SOLIDWORKS CAM】选项卡中单击 坐标系 按钮，弹出【夹具坐标系统】属性面板。在模型中拾取一个顶点作为夹具坐标系原点，如图 16-27 所示。单击【确定】按钮 ✔ 完成夹具坐标系的创建。

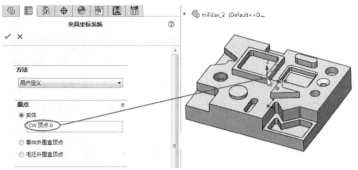

图 16-27　拾取夹具坐标系原点

④ 在【SOLIDWORKS CAM】选项卡中单击【毛坯管理】按钮，弹出【毛坯管理器】属性面板。保留默认的【包络块】毛坯类型，在【边界框偏移】选项区中设置 Z+ 参数为 2mm，再单击【确定】按钮 ✔ 完成毛坯的创建，如图 16-28 所示。

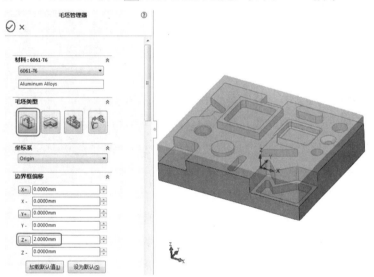

图 16-28　创建毛坯

⑤ 在【SOLIDWORKS CAM】选项卡中单击【提取可加工特征】按钮，CAM 自动识别零件模型中所有能加工的特征，如图 16-29 所示。

2. 创建加工操作并模拟仿真

① 在【SOLIDWORKS CAM】选

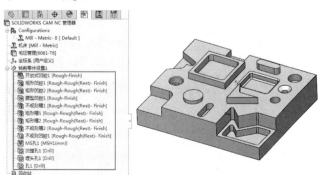

图 16-29　提取可加工特征

项卡中单击【生成操作计划】按钮，CAM 自动对提取特征创建合适的加工操作，如图 16-30 所示。

② 从生成的操作来看，有些操作的图标有黄色的警示符号，这说明此操作存在一定的问题。右击此图标，选择快捷菜单中的【哪儿错了？】选项检查出错的操作，如图 16-31 所示。

图 16-30　生成加工操作

图 16-31　检查出错的操作

③ 随后弹出【错误】对话框，从中可以找到问题所在，单击【清除】按钮即可清除错误，如图 16-32 所示。同理，对于其他出错的操作，也执行此清除动作。

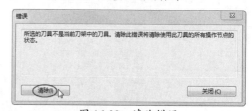

图 16-32　清除错误

④ 在【SOLIDWORKS CAM】选项卡中单击单击【生成刀具轨迹】按钮，CAM 自动生成所有加工操作的刀具轨迹，如图 16-33 所示。

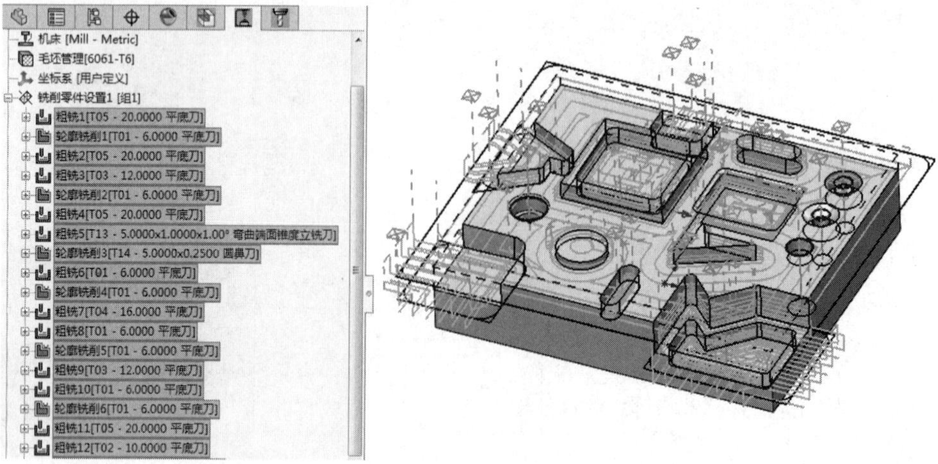

图 16-33　生成刀具轨迹

⑤ 在 SOLIDWORKS CAM 操作树中选中所有加工操作，再单击【SOLIDWORKS CAM】选项卡中的【模拟刀具轨迹】按钮，弹出【模拟刀具轨迹】属性面板，单击【运行】按钮，进行刀具轨迹的模拟仿真，效果如图 16-34 所示。

图 16-34　刀具轨迹模拟仿真

⑥ 最后保存数控加工文件。

16.4　加工案例——3 轴铣削加工

三轴加工主要用于对各种零件的粗加工、半精加工及精加工，特别是 2.5 轴铣削不能解决的曲面零件的粗加工，诸如图 16-35 所示的模具成型零件。

下面以一个典型模具零件的粗加工过程来详解 SolidWorks CAM 的 3 轴铣削加工技术。要加工的零件如图 16-36 所示。

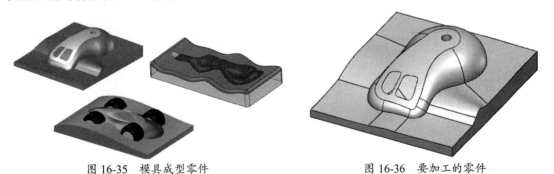

图 16-35　模具成型零件　　　　　图 16-36　要加工的零件

1. 创建加工操作前的准备工作

① 打开本例源文件 "mill3ax_4.sldprt"。

② 在【SOLIDWORKS CAM】选项卡中单击 坐标系 按钮，弹出【夹具坐标系统】属性面板。选择【零件外围盒顶点】单选按钮，接着在预览显示的零件外围盒顶面拾取中间点作为夹具坐标系原点，再在【轴】选项区中激活 Z 轴收集框，在零件模型上选择竖直边作为参考，并单击 按钮更改方向，结果如图 16-37 所示。最后单击【确定】按钮 完成夹具坐标系的创建。

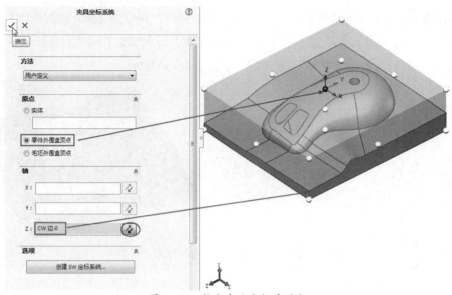

图 16-37　拾取夹具坐标系原点

③ 在【SOLIDWORKS CAM】选项卡中单击【毛坯管理】按钮，弹出【毛坯管理器】属性面板。保留默认的【包络块】毛坯类型，单击【确定】按钮完成毛坯的创建，如图 16-38 所示。

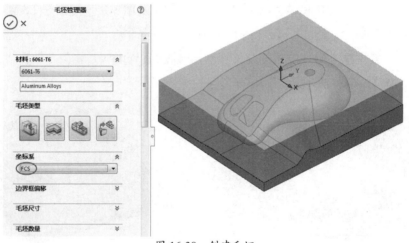

图 16-38　创建毛坯

④ 在【SOLIDWORKS CAM】选项卡中单击【设置】|【铣削设置】按钮，弹出【铣削设置】属性面板，在图形区中展开特征管理器设计树，选择 Plane2 平面作为加工平面，单击【反向所需实体】按钮更改方向，如图 16-39 所示。

⑤ 在 CAM 特征管理器设计树或 CAM 操作树中选中【铣削零件设置】项目，然后单击【特征】|【多表面特征】按钮，弹出【多表面特征】属性面板。

⑥ 在【面选择选项】选项区中单击【选择所有面】按钮，自动选取成型零件中的所有面，接着单击【清除表面】按钮，将【选择的面】列表中的几个面清除，结果如图 16-40 所示。

第16章 SolidWorks 应用于数控加工

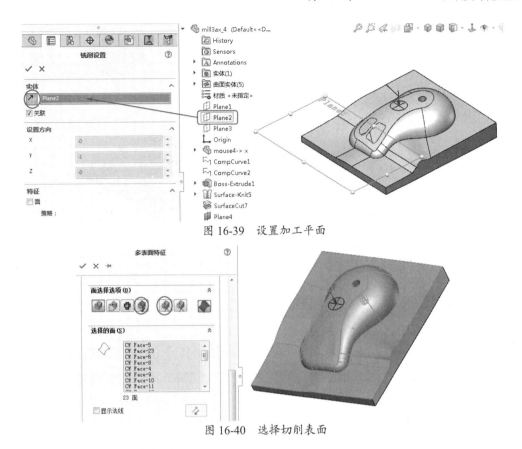

图 16-39 设置加工平面

图 16-40 选择切削表面

2. 创建加工操作并模拟仿真

① 在【SOLIDWORKS CAM】选项卡中单击【生成操作计划】按钮,CAM 自动生成针对所选曲面的合适的加工操作,如图 16-41 所示。

② 在【SOLIDWORKS CAM】选项卡中单击【生成刀具轨迹】按钮,CAM 自动生成所有加工操作的刀具轨迹,如图 16-42 所示。

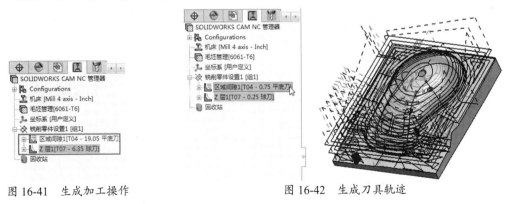

图 16-41 生成加工操作 　　　　图 16-42 生成刀具轨迹

③ 在 CAM 操作树中选中所有加工操作,再在【SOLIDWORKS CAM】选项卡中单击【模拟刀具轨迹】按钮,弹出【模拟刀具轨迹】属性面板,单击【运行】按钮,进行刀具轨迹的模拟仿真,效果如图 16-43 所示。

④ 最后保存数控加工文件。

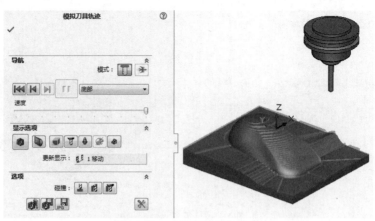

图 16-43 刀具轨迹模拟仿真

16.5 加工案例——车削加工

车削加工原理是工件旋转刀具则左右前后运动造成刀具与工件的相对运动形成切削，所以只用于加工圆截面的工件。CNC 车床可做各种不同类型的制程加工，通常可将其分成 7 种形式，如图 16-44 所示。

下面以一个典型轴类零件的车削加工过程来详解 SolidWorks CAM 的车削加工技术。要加工的轴类零件如图 16-45 所示。

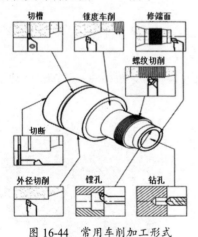

图 16-44 常用车削加工形式

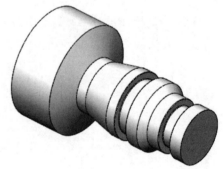

图 16-45 轴类零件

1. 创建加工操作前的准备工作

① 打开本例源文件"turn2ax_1.sldprt"。

② 由于 SolidWorks CAM 使用的是默认 2.5/3 轴铣削机床，所以需要重新定义机床。在【SOLIDWORKS CAM】选项卡中单击【定义机床】按钮，打开【机床】对话框。

③ 在【机床】选项卡的【可用机床】列表中选择 Turn Single Turret – Metric 车床，并单击 选择(S) 按钮确认，再单击【确定】按钮完成机床的定义，如图 16-46 所示。

第 16 章 SolidWorks 应用于数控加工

④ 当定义了机床后，CAM 自动完成毛坯和夹具坐标系的创建，如图 16-47 所示。

⑤ 但是毛坯是根据零件形状自动生成的，却不包括夹具夹持部分的毛坯，所以需要在 CAM 操作树中双击【毛坯管理】项目，在弹出的【毛坯管理器】属性面板中修改【棒料参数】选项区中的参数，如图 16-48 所示。

⑥ 在【SOLIDWORKS CAM】选项卡中单击【提取可加工特征】按钮，CAM 自动识别轴零件中所有能车削加工的特征，如图 16-49 所示。

2. 创建加工操作并模拟仿真

① 在【SOLIDWORKS CAM】选项卡中单击【生成操作计划】按钮，CAM 自动对提取特征生成合适的车削加工操作，如图 16-50 所示。

图 16-46 定义机床

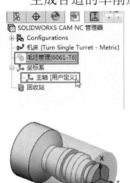

图 16-47 自动创建毛坯与夹具坐标系

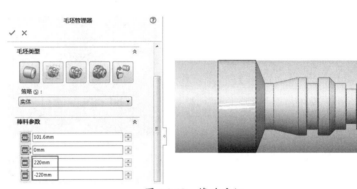

图 16-48 修改毛坯

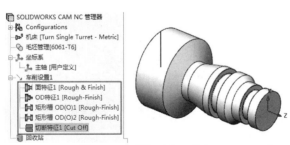

图 16-49 提取可加工特征

图 16-50 生成车削加工操作

② 从生成的操作来看，有 4 个槽加工操作的图标有黄色的警示符号，说明操作存在问题。选中 4 个操作并右击，选择快捷菜单中的【哪儿错了？】选项，如图 16-51 所示。

③ 随后弹出【错误】对话框。从中可以找到问题所在,单击【清除】按钮即可清除错误,如图 16-52 所示。同理,对于其他出错的操作,也执行此清除动作。

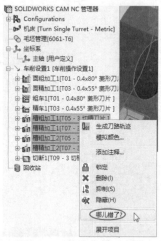

图 16-51 检查出错的操作

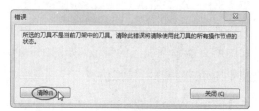

图 16-52 清除错误

④ 在【SOLIDWORKS CAM】选项卡中单击【生成刀具轨迹】按钮 ,CAM 自动创建所有车削加工操作的刀具轨迹,如图 16-53 所示。

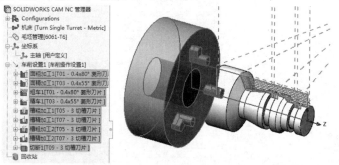

图 16-53 生成刀具轨迹

⑤ 在 CAM 操作树中选中所有加工操作,再在【SOLIDWORKS CAM】选项卡中单击【模拟刀具轨迹】按钮 ,弹出【模拟刀具轨迹】属性面板,单击【运行】按钮 ,进行刀具轨迹的模拟仿真,效果如图 16-54 所示。

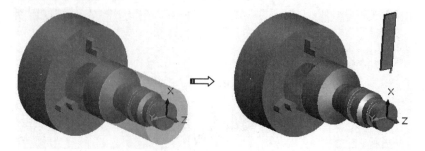

图 16-54 刀具轨迹模拟仿真

⑥ 最后保存数控加工文件。

第 17 章
SolidWorks 应用于管道设计

本章内容

SolidWorks Routing 是用于管道、管筒及电气设计的专业插件。本章将主要介绍 Routing 插件的功能及管道与管筒线路的设计方法,包括自定义线路设计模板、将零件添加到步路库中、通过各种自动和手动方法生成线路路径等。

知识要点

- ☑ Routing 模块概述
- ☑ 线路点与连接点
- ☑ 管道与管筒设计
- ☑ 管道系统零部件设计

17.1 Routing 模块概述

Routing 是 SolidWorks 的一个插件。Routing 的强大管道设计功能使得设计人员方便地进行管道设计，减少管道生成路线，缩短了编辑、装配、排列管道的时间，从而达到提高设计效率、优化设计、快速投放市场和降低成本的目的。

17.1.1 Routing 插件的应用

Routing 设计包括管道设计、软管设计和电力设计。Routing 包含在 SolidWorks Office Premium 软件包中，在菜单栏中执行【工具】|【插件】命令，在弹出的【插件】对话框中勾选【SOLIDWORKS Routing】复选框，就可以使用 Routing 插件了，如图 17-1 所示。

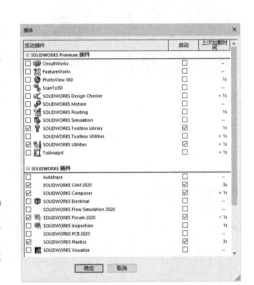

图 17-1 应用 Routing 插件

17.1.2 文件命名

Routing 零部件默认的命名规则与 PDMWorks® 及其他 PDM 插件的命名规则相同。通常，用户可按自己的习惯或者企业标准来命名。线路子装配体的默认格式为：
```
RouteAssy#-<装配体名称>.sldasm
```
线路子装配体中的电缆、管筒、管道零部件的默认格式为：
```
Cable (Tube/Pipe) -RouteAssy#-<装配体名称>.sldprt (配置)
```

17.1.3 关于管道设计的术语

初学者学习使用 Routing 插件前，可以先了解几个关于管道设计的术语，这有助于后面课程的学习。

1. 线路点

线路点用于将附件定位在 3D 草图中的交叉点或端点。用图标来生成线路点。对于具有多个端口的接头，线路点是位于轴线交叉点处的草图点；对于法兰，线路点是位于圆柱面同轴心的点，若法兰与另一个法兰配合，线路点位于配合面上。

线路点的生成示意图如图 17-2 所示。

2. 连接点

连接点是附件中的一个点，管道由此开始或终止。管段在管道装配体中总是从连接点开始或者最后连接到已装配好的装配体零件的连接点上。每个附件零件的每个端口都必须包含一个连接点，它决定相邻管道开始或终止的位置。

用图标来生成连接点，要根据管道连接的情况（管道是否伸进接头，是螺纹连接还是焊接等）来确定连接点的位置。

连接点的生成示意图如图 17-3 所示。

图 17-2　线路点

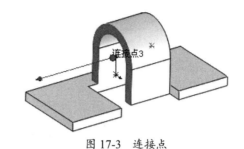

图 17-3　连接点

3. 附件

在 SolidWorks 管道设计中，将除管道之外的其他与管道连接的零件都称为管道附件，简称为附件，如弯管、法兰、变径管和十字形接头等，如图 17-4 所示。附件都至少有一个连接点，但不一定有线路点。

图 17-4　管道系统附件

4. 线路子装配体

线路子装配体总是顶层装配体的零部件。当用户将某些零部件插入到装配体时，都将自动生成一个线路子装配体。与其他类型的子装配体不同，在其自身窗口中生成线路子装配体，然后将其作为零部件插入更高层的装配体中。

5. 3D 草图

子装配体中包含一个"路线 1"特征，通过"路线 1"特征可以完成对管道属性及路径的编辑。线路子装配体的线路取决于主装配体中根据零件位置绘制的 3D 草图，3D 草图与主要装配相关联，并且决定管道系统中管道、附件的位置与参数。

3D 草图决定了管道的位置和布局，管道附件的位置确定了每段管道的长度。包括整个 3D 草图在内的所有零件，均作为一个特殊的子装配体存在。

17.2　线路点与连接点

在 SolidWorks 步路设计中，需要使用线路点和连接点对管道路线进行草图定位。管道附件至少有一个连接点，但不一定要有线路点。线路点与连接点可在零件环境或装配环境中进行操作。

17.2.1 线路点

线路点是配件（法兰、弯管、电气接头等）中用于将配件定位在线路草图中的交叉点或端点的点。线路点定义了管道附件安装位置。线路点也称步路点或管道点。

> **技巧点拨：**
> 在具有多个端口的接头中（如 T 形或十字形），用户在添加线路点之前必须在接头的轴线交叉点处生成一个草图点。

在【Routing 管道】选项卡中单击【Routing 工具】按钮，弹出【Routing 工具】工具栏。单击工具栏中的【生成线路点】按钮，弹出【步路点】属性面板，如图 17-5 所示。

> **注意：**
> 【Routing 工具】工具栏需要在功能区空白位置右击，在弹出的快捷菜单中选择【Routing 工具】选项即可。

图 17-5 【步路点】属性面板

在选择草图点或顶点时，可按以下方法进行：

- 对于硬管道和管筒配件，在图形区中选择一个草图点。
- 对于软管配件或电力电缆接头，在图形区中选择一个草图点和一个平面。
- 在具有多个端口的配件中，选取轴线交叉点处的草图点。
- 在法兰中，选取与零件的圆柱面同轴心的点。如果法兰与另一个法兰配合，请在配合面上选择一个点。

17.2.2 生成连接点

连接点是接头（法兰、弯管、电气接头等）中的一个点，步路段（管道、管筒或电缆）由此开始或终止。管路段只有在至少有一端附加在连接点时才能生成。每个接头零件的每个端口都必须包含一个连接点，定位于使相邻管道、管筒或电缆开始或终止的位置。

在【Routing 工具】工具栏中单击【生成连接点】按钮，弹出【连接点】属性面板，如图 17-6 所示。

【连接点】属性面板中各选项区及其选项的含义如下。

- 【选择】选项区：该选项区用以设置连接点的线路类型。
    - 线路草图线段：激活此列表，可以指定 3 种类型的参考作为线段的原点，包括圆形面、圆形边线，以及面、基准面、草图点或顶点。如果选择第 3 种类型作为连接点，将生成一条垂直于基准面或面的轴。

图 17-6 【连接点】面板

> 线路类型：选择线路材料类型，如电气、管筒、装配式管道及用户定义的管道。
- 【参数】选项区：该选项区用于设置各线路类型的参数。类型不同，参数选项也不同。电气线路的参数选项如图 17-6 所示，装配式管道线路的参数选项如图 17-7 所示，管筒线路的参数选项如图 17-8 所示。

图 17-7　装配式管道线路的参数选项

图 17-8　管筒线路的参数选项

> 标称直径：为管道、管筒及电气导管配件端口的标称直径。此尺寸与管道或管筒零件中的名义直径"@过滤器草图尺寸"对应。单击【选择管道】按钮或【选择管筒】按钮，然后浏览到管道设计库或管筒设计库并选择一配置以使用其名义直径，如图 17-9、图 17-10 所示。

图 17-9　【管道】配置选项

图 17-10　【管筒】配置选项

> 端头长度：指定在将接头或配件插入到线路中时从接头或配件所延伸的默认电缆端头长度。如果设定为 0，将使用线路直径乘以 1.5 的端头长度。
- 最低直长度：指定在线路开端和末尾所需的直管筒最小长度。
- 终端长度调整：仅对管筒而言，输入数值以调整管筒的切除长度。
- 规格区域名称：过滤带匹配规格的配合零部件的选择。
- 规格数值：如果配件只有一个配置，输入与规格区域名关联的值。
- 端口 ID：在从 P&ID 文件定义线路设计装配体时指定设备步路端口。

17.3　管道与管筒设计

要利用 SolidWorks Ruting 模块进行管道或管筒设计，需要做一些前期的准备工作。前期准备工作包括：

- 新建管道装配体所需的零件文档；
- 将管道、管筒、配件（法兰、弯管、变径管及其他附件）、步路硬件（如线夹、托座）等零件文档存储在步路库中；
- 打开或创建主装配体文件，其中包含需要连接的零部件（箱、泵等）。

设计管道线路子装配体的一般步骤如下：

① 设置步路选项（勾选或取消勾选【在法兰/接头落差处自动步路】复选框），使开始配件成为线路子装配体或主装配体的零部件。

② 在【线路属性】属性面板中设置相关选项。

③ 绘制 3D 草图。使用【直线】工具绘制线路段的路径，对于灵活线路，可使用【样条曲线】工具来绘制。

④ 根据需要添加配件。

⑤ 退出草图环境后，零件文件夹、线路零件文件夹和线路特征将显示在特征管理器线路子装配体的设计树中。

信息小驿站：Routing 库文件路径

设计库包括步路库、步路模板、标准管筒、电缆/电线库、零部件库和标准电缆等库文件。

各种库文件的浏览路径如下：C:\Documents and Settings\All Users\Application Data\SolidWorks\SolidWorks2020

- 步路库：\design library\routing
- 步路模板：\templates\routeAssembly.asmdot
- 标准管筒：\design library\routing\Standard Tubes.xls
- 电缆/电线库：\design library\routing\electrical\cable.xml
- 零部件库：\design library\routing\electrical\components.xml
- 标准电缆：\design library\routing\Standard Cables.xls

17.3.1 管道步路选项设置

管道线路与其他线路不同（如电力线路、管筒线路等），其他线路均使用刚性管，在线段的端点处自动创建圆角，而管道线路在线路中添加弯管，同时使用自动步路工具和直角选项。

在菜单栏中执行【工具】|【选项】命令，弹出【系统选项】对话框。在【系统选项】选项卡中选择【步路】选项，然后在右边选项设置区域中取消勾选【自动给线路端头添加尺寸】复选框，然后根据设计需要更改【连接和线路点的文字大小】的值，如图 17-11 所示。

第 17 章　SolidWorks 应用于管道设计

图 17-11　设置步路选项

17.3.2　通过拖/放来开始

要设计管道或管筒线路，需使用【通过拖/放来开始】工具将库零件拖动到装配体中，开始第一个线路。

在【管道设计】选项卡中单击【通过拖/放来开始】按钮，图形区右侧的【设计库】任务窗格中将显示 routing 库零件文件。选择一个法兰库零件，将其拖动至装配体的合适位置，弹出【选择配置】对话框，如图 17-12 所示。

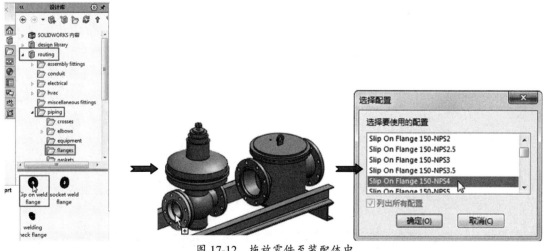

图 17-12　拖放零件至装配体中

在【选择配置】对话框中选择库零件的配置，然后单击【确定】按钮，弹出【线路属性】

属性面板。通过该属性面板，为第一个线路设置参数，完成设置后再单击【确定】按钮✓，即可创建管道的第一个线路，如图 17-13 所示。

若用户需要自定义管道线路，可以单击【线路属性】属性面板中的【取消】按钮✗，仅加载库零件而不生成第一个管道线路，如图 17-14 所示。

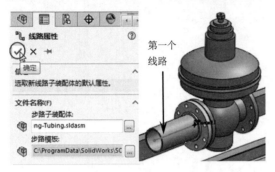 

图 17-13　加载库零件并生成第一个线路　　　　图 17-14　仅加载库零件

17.3.3　绘制 3D 草图（手工步路）

在 SolidWorks Ruting 中，3D 草图可用来定义管道路线。绘制 3D 草图也称手工步路。草图绘制完成后，还可以直观地观察 3D 草图。

1. 绘制 3D 草图

在 3D 草图中，将通过从起点到终点绘制正交的线段来完成管道步路。与 2D 草图绘制相同，3D 草图中线段将自动捕捉到水平或竖直几何关系。对于在不同平面中的草图，使用【直线】工具绘制起点后，按 Tab 键切换草绘平面，并完成直线绘制，如图 17-15 所示。

图 17-15　绘制 3D 草图

2. 显示 3D 空间

如果要直观地显示 3D 空间中的草图，可以将单一视图设为二视图。在其中一个视图中用上色模式显示等轴测图，而在另一个视图中用线架图模式显示前视图或上视图，如图 17-16 所示。

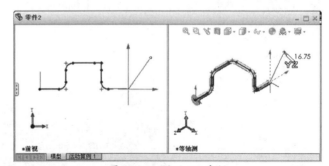

图 17-16　显示 3D 空间

> **技巧点拨：**
> 如要显示草图中虚拟的尖锐交角，在【系统选项】对话框的草图选项设置中，勾选【显示虚拟交点】复选框即可。

17.3.4 自动步路

使用【自动步路】工具，可以根据起点和终点的位置自动生成相切于端头的且带有圆角的 3D 草图。图 17-17 所示为使用【自动步路】工具生成的管道。

在【管道设计】选项卡中单击【自动步路】按钮，弹出【自动步路】属性面板，如图 17-18 所示。

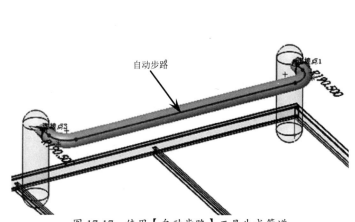

图 17-17 使用【自动步路】工具生成管道

图 17-18 【自动步路】属性面板

【自动步路】属性面板中各选项区含义如下。

- 【步路模式】选项区：该选项区包括 4 个步路模式单选选项，【自动步路】、【沿几何体的线路】、【编辑（拖动）】和【重新步路样条曲线】。选择【自动步路】单选选项可以生成自动步路；选择【沿几何体的线路】单选选项可以选取几何体作为参照来生成自动步路；选择【编辑（拖动）】单选选项用以编辑起点或终点位置；选择【重新步路样条曲线】单选选项可以重新生成自动步路。

- 【自动步路】选项区：该选项区用于设置自动步路的线路样式。勾选【正交线路】复选框，自动步路的线路（直线）与起点或终点所在平面正交，即最短路径；取消勾选，将生成样条曲线。

- 【选择】选项区：该选项区用于选择并添加步路所用起点，以及要步路到的点、线夹轴或直线。激活【当前编辑点】选项，可以删除点。

17.3.5 开始步路

使用【开始步路】工具，从连接点开始，可以创建一定长度的管道。此段管道为步路设计的初始线路。当使用【通过拖/放来开始】工具载入步路库零件后，也会自动生成一段开始步路。

> **技巧点拨：**
> 用户无须执行【通过拖/放来开始】命令来创建开始步路，可以在图形区右侧的设计库中直接将步路库零件拖入装配体中。

当装配中存在连接点时，右击连接点并选择快捷菜单中的【最近的命令】|【开始步路】命令，弹出【线路属性】属性面板，如图17-19所示。

图 17-19 【线路属性】属性面板

【线路属性】属性面板中各选项区及选项的含义如下。

- 【文件名称】选项区：此选项区可另存库零件。
  - 线路规格：勾选该复选框，用户可自定义步路的长度与大小，以及是否插入耦合零件（如十字形接头、弯管等）。
- 【管道】选项区：如果取消勾选【线路规格】复选框，则可在该选项区中设置管道的基本配置、壁厚及其他选项参数。
- 【折弯-弯管】选项区：该选项区可以确定管道线路中是否使用弯管或形成折弯。仅当有两个连接点以上且不在同一平面时，才会生成弯管或被折弯。
- 【覆盖层】选项区：单击【覆盖层】按钮，可以为管道添加覆盖层。覆盖层就是金属或非金属涂层。
- 【参数】选项区：该选项区用于设置管道参数，包括连接点、管道直径、规格及名称等。
- 【选项】选项区：该选项区用于设置开始步路的选项，包括自定义步路库、生成自定义接头、在开环线处生成管道、自动生成圆角。

通过【线路属性】属性面板完成开始步路的管道设置后，关闭该属性面板，然后在图形区右上角依次单击 与 按钮，程序自动生成开始步路，如图17-20所示。

第 17 章　SolidWorks 应用于管道设计

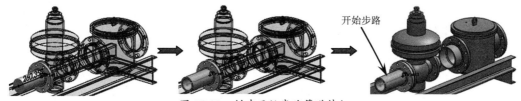

图 17-20　创建开始步路管道特征

17.3.6　编辑线路

创建管道线路后,可以使用【编辑线路】工具来改变线路路径。在【管道设计】选项卡中单击【编辑线路】按钮，激活管道 3D 草图编辑状态。在图形区中管道 3D 草图中双击要编辑的草图尺寸,可以通过打开的【修改】对话框重新输入尺寸数值,如图 17-21 所示。

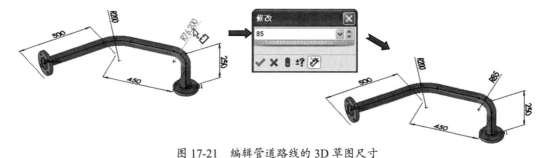

图 17-21　编辑管道路线的 3D 草图尺寸

要改变管道路径,可以拖动 3D 草图至任意位置,但要保证圆角的尺寸符合生成条件,如图 17-22 所示。

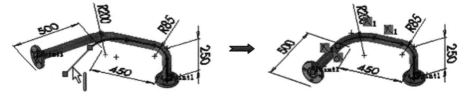

图 17-22　拖动 3D 草图改变管路路径

> **技巧点拨:**
> 当拖动草图曲线使草图产生过定义时,程序不会将结果添加进管道线路中,同时会弹出【SOLIDWORKS】信息对话框,如图 17-23 所示。
>
>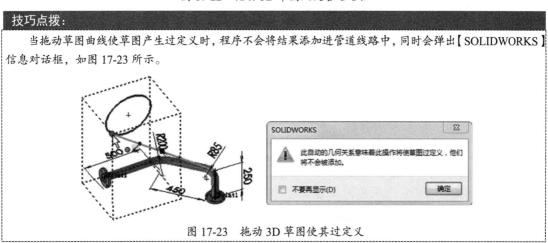
>
> 图 17-23　拖动 3D 草图使其过定义

539

17.3.7 更改线路直径

通过使用【更改线路直径】工具,可以更改配件配置,并通过为线路中所有单元(法兰、弯管、管道等)选择新的配置来更改管道或管筒线路的直径和规格。

在【管道设计】选项卡中单击【更改线路直径】按钮 ,弹出【更改线路直径】属性面板,按信息提示在图形区选择要更改直径的某段线路后,属性面板中将显示用于更改线路直径的选项设置,如图 17-24 所示。

【更改线路直径】属性面板中各选项区含义如下。

- 【第一配件】选项区:该选项区用于第一配件的配置设置。靠近所选线路段的装配零件称为"第一配件"。勾选【驱动】复选框,将其他配件可用的选择限制于与第一配件匹配的选择。
- 【第二配件】选项区:该选项区用于第二配件的配置设置。远离所选线路段的装配零件称为"第二配件"。勾选【驱动】复选框,将其他配件可用的选择限制于与第二配件匹配的选择。
- 【选项】选项区:该选项区包含【自动选择弯管和管道】和【自动保存新管道零件】复选框。取消勾选【自动保存新管道零件】复选框,属性面板中将显示【折弯】和【管道】选项区,如图 17-25、图 17-26 所示。通过这两个选项区,用户可以选择折弯或管道零件的新配置用以更改。

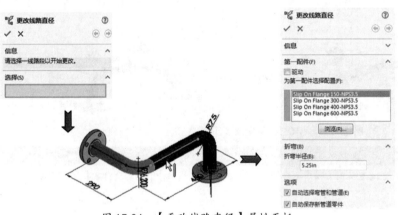

图 17-24 【更改线路直径】属性面板

图 17-25 【折弯】选项区

图 17-26 【管道】选项区

17.3.8 覆盖层

用户可以使用【覆盖层】工具将包含材料外观、厚度、尺寸及名称元素的覆盖层添加到线路子装配体中。覆盖层在覆盖的线路中透明显示,如图 17-27 所示。

在【管道设计】选项卡中单击【覆盖层】按钮 ,弹出【覆盖层】属性面板,如图 17-28 所示。

第 17 章 SolidWorks 应用于管道设计

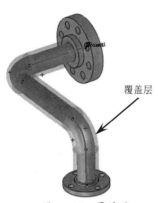

图 17-27 覆盖层

图 17-28 【覆盖层】属性面板

【覆盖层】属性面板中各选项区的含义如下。

- 【线段】选项区：通过该选项区选取要应用覆盖层的 3D 草图线。
- 【覆盖层参数】选项区：通过该选项区可以设置覆盖层是使用库或是自定义。自定义覆盖层后，可以勾选【将自定义覆盖层添加到库】复选框将其添加进库中。在【覆盖层参数】选项区中单击【选择材料】按钮，可在弹出的【材料】对话框中选择标准材料，或者自定义材料的属性、外观、剖面线、应用程序数据等，如图 17-29 所示。在【名称】文本框中可以为材料输入新的名称，然后单击【应用】按钮将其添加进【覆盖层】选项区的材料列表中。
- 【覆盖层层次】选项区：通过该选项区可以设置覆盖层的图层属性。单击⬆或⬇按钮，可以上选择或下选择覆盖层材料，单击【删除】按钮可删除选择的材料。【图层属性】列表中列出了覆盖层的属性参数。选择的材料不同，则显示的覆盖层属性参数也会不同。

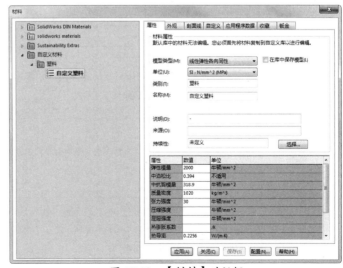

图 17-29 【材料】对话框

17.4 管道系统零部件设计

用户可以通过加载库零件或者自定义零部件形状来完成管道和管筒线路装配体的零部件设计。

17.4.1 设计库零件

SolidWorks Routing 设计库中包含了用于电力设计、管道设计和软管（管筒）设计的零件库，如图 17-30 所示。

设计库方便用户进行装配设计操作，极大地提高了管道与管筒设计的效率。用户也可以将自定义设计的零件保存在设计库中，供后续设计使用。

几乎管道与管筒设计所需的零部件都可以从设计库中找到。表 17-1 列出了设计库中常见的管道和管筒设计的零件。

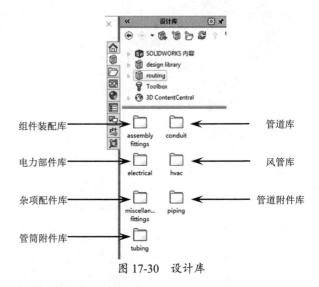

图 17-30 设计库

表 17-1 常见的管道与管筒设计的零件

零件名称	使用说明	图 解
接头	特殊配件，一般用来连接线路及线路外的器件，包含配合参考	
线夹	电力或管筒线路的附件，用来约束线路。线夹可以预置和作为参考位置，或者在步路时拖动线路到任意位置	
导管	用来连接硬的管筒和电路。末端接头包括电力导管和电力连接点，串联的线路零部件仅包含电力导管的线路点	
法兰	法兰是与管道、管筒一起使用的特殊配件。通常用来连接线路和线路外的器件，也包含配合参考	

续表

零件名称	使 用 说 明	图 解
管筒	沿着路线方向并终止于草图的终点或配件的零件。管筒通常带有折弯，可以是直角的，也可以是任意形式的	
管道	沿着路线位于弯管与法兰之间的零件	
标准弯管	路线上方向改变处的零部件，以 90°和 45°折弯自动放置	
自定义弯管	用于方向改变处的零部件，但折弯小于 90°但不等于 45°	
配件	是一类通用零部件，但不会像管道和弯管那样自动添加到线路中。包括 T 形管、变径管及四通管等	
装配体配件	不会像管道和弯管那样自动添加到线路中。包括阀体、开关及其他含有多个零部件的线路配件	

17.4.2 管道和管筒零件设计

在管道和管筒零件中，每种类型和大小的原材料都由一个配置表示。在线路子装配体中，根据名义直径、管道标识号和切割长度，各个线段是管道或管筒零件的配置。

Ruting 提供了一些样例管道和管筒零件。用户可通过编辑样例零件或生成自己的零件文件来创建管道和管筒零件。

用户自定义设计管道和管筒零件，必须满足以下条件。

1. 必有的几何体

在 SolidWorks 中，零件是草图截面经由拉伸、旋转、扫描等操作创建而成的。在装配体的零件设计中，设计管道或管筒也需要确定管道截面或管筒截面。

要想使零部件在 SolidWorks Routing 中用作管道或管筒截面，要求有以下项目：管道草图、拉伸（扫描-路径草图）和过滤草图（详见表 17-2 列出的项目）。

表 17-2 使用管道或管筒截面要求的项目

所需项目	说　　明	图　　解
管道草图	1.命名为管道草图的前视视图草图 2.两个同心圆，尺寸命名为"内径"和"外径"	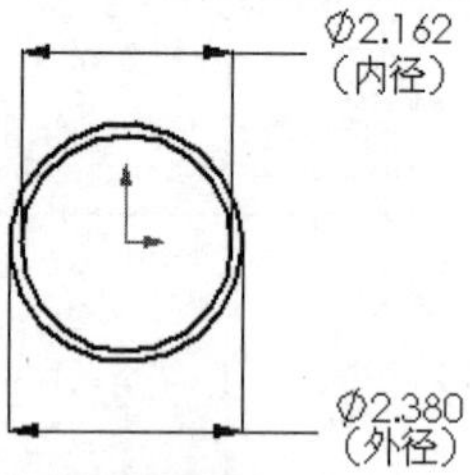 ⌀2.162（内径） ⌀2.380（外径）
拉伸	1.命名为"拉伸"的拉伸基体特征，在正 Z 轴方向中拉伸 2.命名为"长度"的深度草图	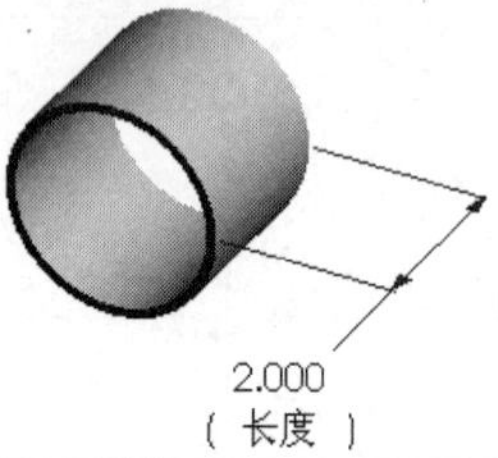 2.000（长度）
扫描-路径草图（管筒）	1.在 3D 草图中，与管道草图垂直的直线 2.在直线的端点和圆的圆心之间添加同轴心几何关系	
过滤草图	1.命名为"过滤草图"的草图 2.尺寸命名为"标称直径"的圆	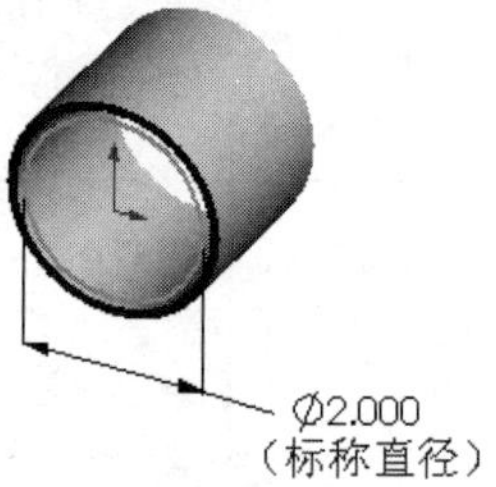 ⌀2.000（标称直径）

2. 管道识别符号

配置特定的属性命名为"$属性@管道识别符号"，每一个配置都有独特的值。该属性有以下特点：

- 定义零件为管道零件，这样当从【线路属性】属性面板中可浏览管道零件时软件可识别；
- 当保存装配体时，用作管道零件系统复制的默认名称；
- 必须为每个配置赋予独特值。

3. 规格符号

配置特定的属性命名为"$属性@规格"。该属性可用于"连接点的规格参数"以过滤管道和配件配置。

4. 系列零件设计表

系列零件设计表包括用户使用的原材料的尺寸配置。在表格中必须包括以下参数：

- 内径@管道草图

- 外径@管道草图
- 名义直径@过滤草图
- $PRP@管道标识符

> **技巧点拨：**
> 不要在系列零件设计表中包括"长度@拉伸"参数。此外，可以根据需要包括附加的参数，如单位长度的重量、费用、零件编号等参数。

在管道、管筒零件中，每种类型和大小的原材料都由一个配置表示。在管道子装配体中，各个管段是管道、管筒零件的配置，以它的"名义直径"、"管道标识号"和"切割长度"为基础。

17.4.3 弯管零件设计

Routing 提供了一些样例弯管零件。用户可通过编辑样例零件或生成零件文件来创建自己的弯管零件。

在开始线路时，在【线路属性】属性面板中选择【总是使用弯管】选项，程序则在 3D 草图中存在圆角时自动插入弯管。用户也可以手动添加弯管。

要将零件识别为弯管零件，零件必须包含两个连接点，外加一个包含命名为折弯半径和折弯角度尺寸的草图（草图名为弯管圆弧）。

> **技巧点拨：**
> 一个弯管零件可以包含多种不同类型和大小的弯管配置，包括不同的折弯角度和半径。

要自定义设计弯管零件，须满足以下条件。

- 生成一满足弯管"几何要求"（见表 17-3）的零件。
- 在管道退出弯管处的两端生成连接点。此外，可包括规格参数，这样可过滤弯管配置。
- 插入系列零件设计表以生成配置。请在标题行中包括以下参数：
  - 折弯半径@弯管圆弧
  - 折弯角度@弯管圆弧
  - 直径@连接点 1
  - 直径@连接点 2
  - 规格@连接点 1（推荐）
  - 规格@连接点 2（推荐）
- 可以根据需要包括附加尺寸（外径、壁厚）和属性（零件编号、成本、单位长度的重量）。
- 在指定的步路库中保存零件。

表 17-3 设计弯管所需的项目

所需项目	说明	图解
弯管圆弧	1.命名为弯管圆弧的草图 2.代表弯管的中心线的圆弧，尺寸命名为"折弯半径@弯管圆弧"和"折弯角度@弯管圆弧"	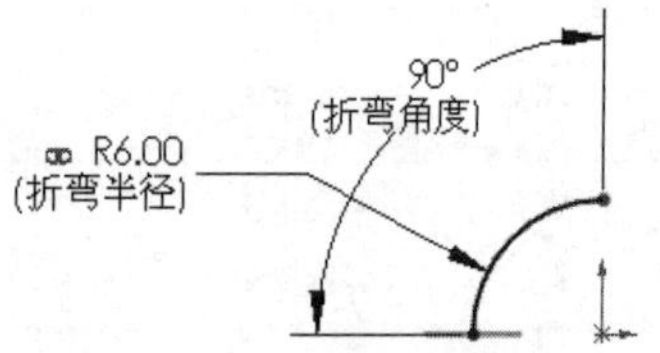 ∞ R6.00（折弯半径）　90°（折弯角度）
线路	1.草图命名为线路，且位于垂直于圆弧一端的基准面上 2.代表弯管外径的圆，尺寸命名为"直径@线路" 3.在圆心和圆弧中心之间的尺寸命名为"折弯半径@线路"，且连接到"折弯半径@弯管圆弧"	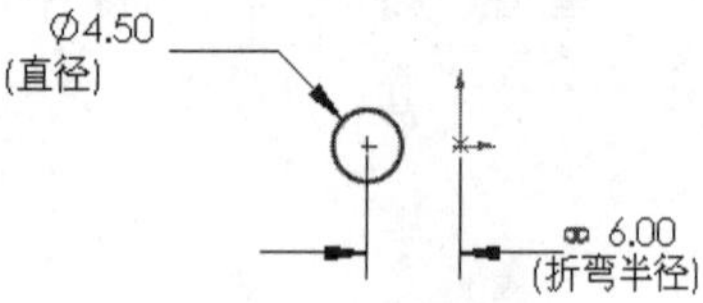 ⌀4.50（直径）　∞ 6.00（折弯半径）
弯管	使用扫描： 1.线路作为轮廓 2.弯管圆弧作为路径 3.利用【薄壁特征】选项来设定管道壁厚	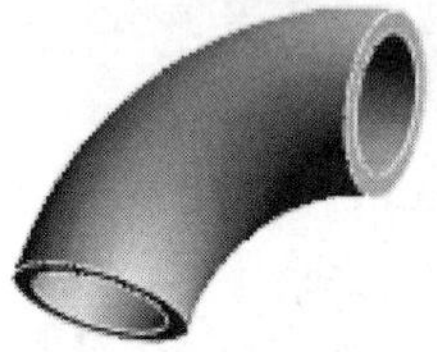

17.4.4 法兰零件

法兰经常用于管路末端，用来将管道或管筒连接到固定的零部件（例如泵或箱）上。法兰也可用来连接管道的长直管段。

Routing 提供了一些样例法兰零件，用户可通过编辑样例零件或生成自己的零件文件创建自定义的法兰零件。

要自定义设计法兰零件，须满足以下条件：

- 生成一满足法兰"几何要求"的零件（如图 17-31 所示）。
- 在管道退出法兰处生成一连接点。连接点必须是与法兰的圆形边线同心，或者在法兰内具有正确的深度（如果管道或管筒延伸到法兰）。

命名为"旋转轴"的轴，便利在用户将之放置在线路中时将法兰旋转到所需方位

图 17-31 满足法兰"几何要求"的零件

- 生成线路点。线路点可使用户终止带法兰的线路，或者在线路中将法兰背靠背放置。
- 插入系列零件设计表以生成配置。
- 在指定的步路库中保存零件。

17.4.5 变径管零件

变径管用于更改所选位置的管道或管筒直径。变径管有两个带有不同直径参数值的连接点（CPoints）。

用户可以创建两种类型的变径管：同心变径管和偏心变径管。

1. 同心变径管

同心变径管必须在连接点中间包括线路点（RPoint），如图 17-32 所示。线路点可让用户在草图段中点处插入同心变径管（使用草图工具栏上的【分割实体】工具在草图段中央处插入点）。

> 技巧点拨：
> 当添加同心变径管到草图段末端时，线路将穿越变径管，并且将有一短线路段添加到变径管之外，这样就可以继续步路。

2. 偏心变径管

偏心变径管无线路点，如图 17-33 所示。依据规定，用户只可在草图线段的端点插入偏心变径管，而不是在草图线段的中点插入。

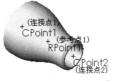 

图 17-32　同心变径管　　图 17-33　偏心变径管

17.4.6　其他附件零件

用户可以在 3D 草图中的交叉点处添加 T 形接头、Y 形接头、十字形接头和其他多端口接头。

> 技巧点拨：
> 具有多分支的接头必须在每个端口有一个连接点，并在这些分支的交叉点处有一个管道点。

例如 T 形接头有三个连接点和一个线路点（参考点），当插入该接头时，线路点与 3D 草图中的交叉点重合，如图 17-34 所示。

附件零件的交叉点，须满足以下条件：

- 在 3D 草图中，T 形接头的直线主管必须由两个单独的线段而不是由一个连续的线段组成（因为直线主管必须由两个路线或管筒段组成），如图 17-35 所示。

 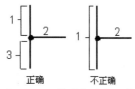

图 17-34　T 形接头的线路点与连接点　　图 17-35　草图中的交叉点

- 十字形接头的直线主管也必须由分开的线段组成。
- 交叉点上草图直线的数量可以少于想要插入的附件中端口的数量。可按需要插入并对齐附件，然后再添加其余的草图线段。
- 可以在附件中生成一个轴，如一个阀，来控制附件在线路子装配体中的角度方向。此轴必须命名为"竖直"，并且垂直于通过附件的路线。

技巧点拨：
如果在交叉点处有一条以上轴线，程序将提示"为对齐选择一直线"。

17.5 综合案例

管道线路（或管筒线路）是利用 3D 草图生成的管道路线（管筒）子装配体，包括管道（管筒）和配件。本节将以管道和管筒设计实例来描述如何使用 Routing 插件功能来设计管道与管筒线路。

17.5.1 案例一：管道设计

管道不同于管筒或电力导管。管道是刚性管，弯角处通常设置弯管配件。在 3D 草图中绘制线性草图时会自动添加圆角。本例将介绍在钢结构支架中设计管道线路，如图 17-36 所示。

为了便于讲解及后续设计，将钢架中的 4 个配件分别编号为配件 1、配件 2、配件 3 和配件 4，如图 17-37 所示。

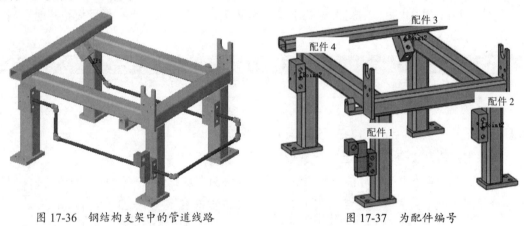

图 17-36　钢结构支架中的管道线路　　　图 17-37　为配件编号

1. 创建"配件 1-配件 2"管道

① 应用 Solidks Routing 插件，打开本例练习模型"17.5.1.SLDASM"。

② 从打开的模型中可以看到，有 3 个配件显示了连接点，有一个配件则没有显示连接点，说明需要添加连接点才能创建管道。

技巧点拨：
一般情况下连接点和线路点是默认显示的。若不显示，则在菜单栏中执行【视图】|【步路点】命令即可。

③ 打开【系统选项】对话框，取消勾选【步路】选项下的【自动给线路端头添加尺寸】复选框。

④ 在【管道设计】选项卡中单击【启始与点】按钮 ，弹出【连接点】属性面板。在【选择】选项区下的列表被自动激活的情况下，选择配件 1 中的一个孔边线作为管道起点参

考，如图 17-38 所示。

⑤ 在【参数】选项区中单击【选择管道】按钮，【连接点】属性面板中将显示【管道】选项区。在该选项区中选择库路径"C:\ProgramData\SOLIDWORKS\SOLIDWORKS 2020\design library\routing\piping\threaded fittings (npt)"下的"threaded steel pipe.sldprt"管道，【基本配置】为【Threaded Pipe 0.375in,Sch80】，如图 17-39 所示。

⑥ 单击【确定】按钮，关闭【管道】选项区。

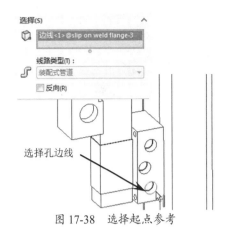

图 17-38 选择起点参考

⑦ 在【参数】选项区中设置【端头长度】为 1.500in，然后单击【确定】按钮，随后弹出【线路属性】属性面板。

图 17-39 选择管道部件

⑧ 在【线路属性】属性面板的【折弯-弯管】选项区中选择【始终使用弯管】单选选项。再通过单击【浏览】按钮，将【threaded elbow--90deg.sldprt】库零件打开，如图 17-40 所示。

⑨ 再单击【线路属性】属性面板中的【确定】按钮，关闭面板。随后在配件 1 中自动创建管道端头，然后拖动端头至一定距离，并通过【点】面板将长度参数设为 6，如图 17-41 所示。

⑩ 同理，在【管道设计】选项卡中单击【添加点】按钮，通过弹出的【连接点】属性面板在配件 2 的中间孔上也创建出长度为 6in 的管道端头，如图 17-42 所示。

图 17-40 选择弯管部件   图 17-41 拖动端头并设定长度

⑪ 在【管道设计】选项卡中单击【直线】按钮，然后在两个端头之间绘制 3D 草图，程序则自动生成带有圆角的管道。绘制的草图必须添加【垂直】几何约束，如图 17-43 所示。

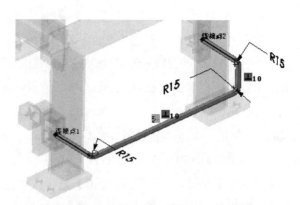

图 17-42 在配件 2 中创建管道端头　　　　图 17-43 绘制 3D 草图并创建正交的管道

技巧点拨：
绘制的 3D 草图（或者是管段之间）必须两两相互垂直，否则不能正常加载弯管部件，并弹出警告信息。

⑫ 单击图形区窗口右上角的【完成草图】按钮，退出草图环境。随后弹出【折弯-弯管】对话框，如图 17-44 所示。单击该对话框中的【确定】按钮，在管道折弯处自动添加弯管接头。

提示：
如果不能创建默认的弯管接头，可以在【折弯-弯管】对话框中选择【制作自定义弯管】选项。

⑬ 最后单击图形区窗口右上角的【完成装配】按钮，完成"配件1-配件2"的管道设计。设计的管道线路中，包含 4 条管段和 3 个弯管接头，如图 17-45 所示。

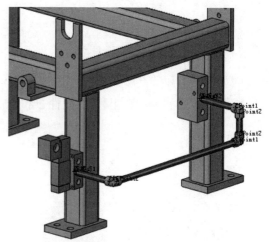

图 17-44 【折弯-弯管】对话框　　　　图 17-45 设计的"配件 1-配件 2"的管道

2. 创建"配件 1-配件 4"管道

采用"自动步路"的方法来生成管道草图，并自动添加弯管部件。

① 使用【起始于点】工具，在配件 1 和配件 4 中各创建出管道端头，如图 17-46 所示。

第 17 章 SolidWorks 应用于管道设计

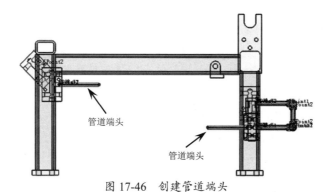

图 17-46 创建管道端头

② 在【管道设计】选项卡中单击【自动步路】按钮，弹出【自动步路】属性面板。在图形区中选择两个管道端头的端点作为自动步路的起点与终点，随后图形区中生成步路草图，并显示管道预览，单击【确定】按钮，完成管道草图的创建，如图 17-47 所示。

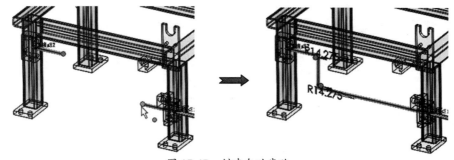

图 17-47 创建自动步路

③ 单击图形区窗口右上角的【完成草图】按钮，退出草图环境。随后程序在管道折弯处自动添加弯管接头。最后单击图形区窗口右上角的【完成装配】按钮，完成"配件 1-配件 4"管道的设计，如图 17-48 所示。

3. 创建"配件 2-配件 3"管道

① 使用【起始于点】工具，在配件 2 和配件 3 中各创建出管道端头。其中一个端头长度为 6in，另一个端头长度为 2in，如图 17-49 所示。

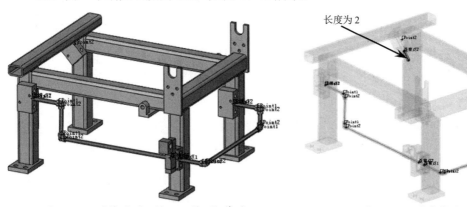

图 17-48 设计的"配件 1-配件 4"管道　　　　图 17-49 创建管道端头

② 使用【直线】工具，在两端头之间绘制如图 17-50 所示的 3D 草图。

> **技巧点拨：**
> 像这样具有角度的草图，可以先绘制一个大概轮廓，然后对尺寸进行约束。例如，图 17-50 中两直线的夹角为 135°。

③ 单击图形区窗口右上角的【完成草图】按钮，退出草图环境。随后弹出【折弯-弯管】对话框，选择【threaded elbow--45deg.sldprt】弯管类型，单击【确定】按钮，在管道折弯处自动添加 45°弯管接头。

④ 最后在图形区窗口右上角单击【完成装配】按钮，完成"配件 2-配件 3"的管道设计，如图 17-51 所示。

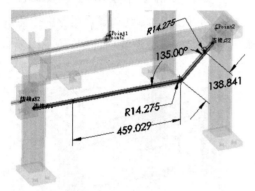

图 17-50　绘制 3D 草图

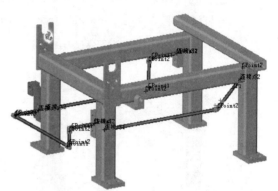

图 17-51　设计的"配件 2-配件 3"管道

⑤ 最后将管道设计的结果保存。

17.5.2　案例二：管筒设计

管筒不同于管道，管筒可以是垂直的，也可以是变形的，例如软管、韧性管等。本例设计的管筒模型如图 17-52 所示。

① 打开本例源文件"17.5.2.SLDASM"，模型中包括钢架及 2 个配件。

② 在配件 1 的连接点上右击，并在弹出的快捷菜单中选择【开始步路】命令，弹出【线路属性】属性面板。

③ 在【管筒】选项区中勾选【使用软管】复选框，在【折弯-弯管】选项区中设置折弯半径为 1in，如图 17-53 所示。

图 17-52　管筒模型

④ 单击【线路属性】属性面板中的【确定】按钮，程序自动创建一段管筒，如图 17-54 所示。

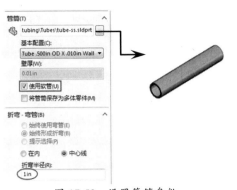
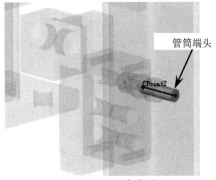

图 17-53　设置管筒参数　　　　　图 17-54　创建管筒端头

⑤ 在配件 2 的连接点上右击，并在弹出的快捷菜单中选择【添加到线路】命令，随后在该连接点上自动创建一段管筒，如图 17-55 所示。

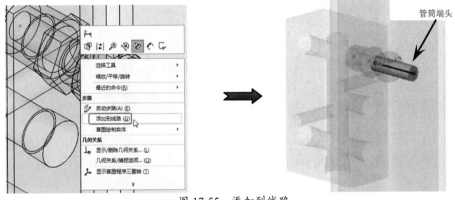

图 17-55　添加到线路

⑥ 在【管筒】选项卡中单击【自动步路】按钮，弹出【自动步路】属性面板。
⑦ 从设计库中将管筒线夹拖动至钢架的小孔中，如图 17-56 所示。

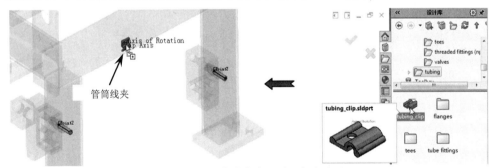

图 17-56　将管筒线夹拖动至钢架小孔

⑧ 钢架上有 2 个小孔，需要再次拖动管筒线夹到小孔中。载入管筒线夹后，在配件 1 中选择管筒端点和线夹连接点，程序自动创建样条草图，并显示管筒预览，如图 17-57 所示。
⑨ 继续选择另一线夹连接点和配件 2 中的管筒线路端点，以此创建出自动步路，如图 17-58 所示。

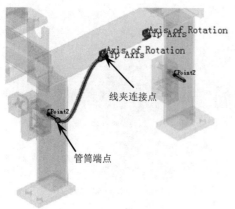
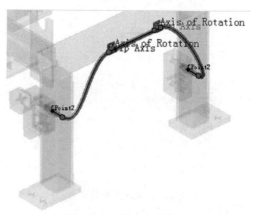

图 17-57　选择管筒端点和线夹连接点　　　　　图 17-58　创建自动步路

⑩ 最后单击【自动步路】属性面板中的【确定】按钮✔关闭面板。单击图形区窗口右上角的【完成草图】按钮，退出草图环境。最后单击图形区窗口右上角的【完成装配】按钮，完成管筒的设计，设计完成的管筒线路如图 17-59 所示。

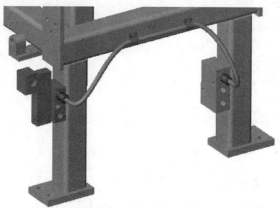

图 17-59　设计完成的管筒线路

第 18 章
SolidWorks 应用于工程图设计

本章内容

可以为 3D 实体零件和装配体创建 2D 工程图。零件、装配体和工程图是互相链接的文件,对零件或装配体所做的任何更改会导致工程图文件的相应变更。一般来说,工程图包含由模型建立的几个视图、尺寸、注解、标题栏、材料明细表等内容。本章介绍工程图设计的基本操作,使读者能够快速地绘制出符合国家标准、用于加工制造或装配的工程图样。

知识要点

- ☑ 工程图概述
- ☑ 标准工程视图
- ☑ 派生的工程视图
- ☑ 标注图纸
- ☑ 工程图的对齐与显示
- ☑ 打印工程图

18.1 工程图概述

在工程技术中，按一定的投影方法和有关标准的规定，把物体的形状用图形画在图纸上并用数字、文字和符号标注出物体的大小、材料和有关制造的技术要求、技术说明等，该图样称为工程图样。在工程设计中，图样用来表达和交流技术思想；在生产中，图样是加工制造、检验、调试、使用、维修等方面的主要依据。

可以为 3D 实体零件和装配体创建 2D 工程图。工程图包含由模型建立的几个视图，也可以由现有的视图建立视图。有多种选项可自定义工程图以符合国家标准或公司的标准，以及打印机或绘图机的要求。

18.1.1 设置工程图选项

不同的系统选项和文件属性设置将使生成的工程图文件内容也不同，因此在工程图绘制前首先要进行系统选项和文件属性的相关设置，以符合工程图设计的一些设计要求。

1. 工程图属性设置

在菜单栏中执行【工具】|【选项】命令，打开【系统选项-普通】对话框。

在【系统选项-普通】对话框的【系统选项】选项卡中，在左侧列表中单击【工程图】选项，右侧显示相关详细设置，如图 18-1、图 18-2 所示。

图 18-1 工程图的【显示类型】

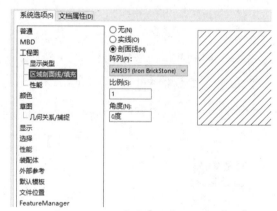
图 18-2 工程图的【区域剖面线/填充】

2. 文档属性设置

在【系统选项-普通】对话框的【文档属性】选项卡中，用户可以对工程图的【总绘图标准】项目进行设置，包括【注解】、【边界】、【尺寸】、【中心线/中心符号线】、【DimXpert】、【视图】、【表格】及【虚拟交点】等子项，如图 18-3 所示。

> **技巧点拨：**
> 文件属性一定要根据实际情况设置正确，特别是总绘图标准，否则将影响后续的投影视角和标注标准。

第 18 章　SolidWorks 应用于工程图设计

图 18-3　【文档属性】选项卡

工程图的其他文件属性可在【出详图】、【工程图图纸】、【单位】、【线型】、【线条样式】和【线粗】等项目中设置。

18.1.2　建立工程图文件

工程图包含一个或多个由零件或装配体生成的视图。在生成工程图之前，必须先保存与它有关的零件或装配体。可以从零件或装配体文件内生成工程图。

> **技巧点拨：**
> 工程图文件的扩展名为.slddrw。新工程图使用所插入的第一个模型的名称，该名称出现在标题栏中。当保存工程图时，模型名称作为默认文件名出现在【另存为】对话框中，并带有默认扩展名.slddrw。保存工程图之前可以编辑该名称。

1. 创建一个工程图

① 单击【标准】工具栏中的【新建】按钮，打开【新建 SOLIDWORKS 文件】对话框，如图 18-4 所示。

② 在【新建 SOLIDWORKS 文件】对话框中单击【高级】按钮，弹出如图 18-5 所示的【模板】选项卡。在【模板】选项卡中选择工程图模板，单击【确定】按钮，完成图纸模板的加载。

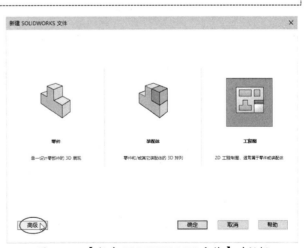

图 18-4　【新建 SOLIDWORKS 文件】对话框

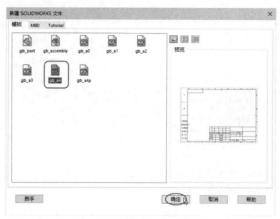

图 18-5 【模板】选项卡

③ 加载图纸模板后弹出【模型视图】属性面板,如果事先打开了零件模型,可直接创建工程视图。若没有,可单击【浏览】按钮打开零件模型,如图 18-6 所示。

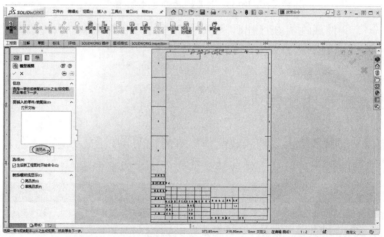

图 18-6 通过单击【浏览】按钮打开零件模型

④ 也可以关闭【模型视图】属性面板直接进入工程图制图环境,后续再导入零件模型并完成工程视图的建立和图纸注释,如图 18-7 所示。

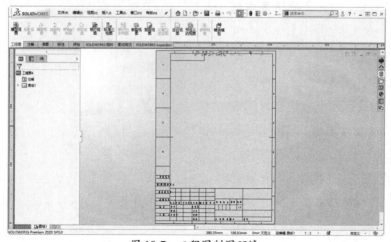

图 18-7 工程图制图环境

2. 从零件或装配体环境制作工程图

① 在零件建模环境中载入模型，在菜单栏中执行【文件】|【从零件制作工程图】命令，打开【新建 SOLIDWORKS 文件】对话框，选择一个工程图模板后单击【确定】按钮进入工程图制图环境。

② 在窗口右侧任务窗格的【视图调色板】面板中，将系统自动创建的默认视图按图纸需要一一拖进图纸中，如图 18-8 所示。

③ 也可选择一个视图作为主视图，然后用户自行创建所需的投影视图，如图 18-9 所示。

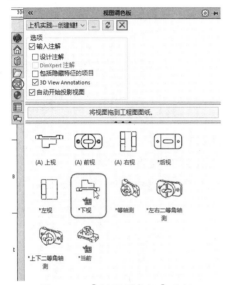

图 18-8　【视图调色板】面板

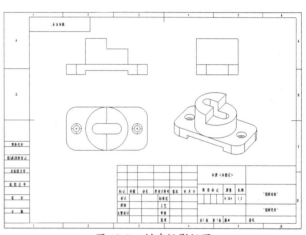

图 18-9　创建投影视图

3. 添加图纸

当一个装配体中有多个组成零件需要创建多张图纸以表达形状及结构时，可在一个工程图环境中同时创建多张工程图，也就是在一个制图环境中添加多张图纸。

添加图纸的方法如下。

- 在窗口底部的当前图纸名右侧单击【添加图纸】按钮 ，可打开【图纸格式/大小】对话框，选择图纸模板后单击【确定】按钮完成图纸的添加，如图 18-10 所示。

图 18-10　在窗口底部单击按钮以添加图纸

- 或者在特征管理器设计树中右击已有图纸名，并在弹出的快捷菜单中选择【添加图纸】命令，完成图纸的添加，如图 18-11 所示。

- 也可在图纸空白处右击，在弹出的快捷菜单中选择【添加图纸】命令，完成图纸的添加，如图 18-12 所示。

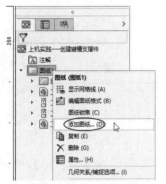
图 18-11　在特征管理器设计树中添加图纸

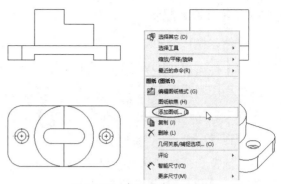
图 18-12　在图纸中添加图纸

18.2　标准工程视图

可以由 3D 实体零件和装配体创建 2D 工程图。一个完整的工程图可以包括一个或几个通过模型建立的标准视图，也可以在现有标准视图的基础上建立其他派生视图。

通常开始创建一个工程图的标准工程视图为：标准三视图、模型视图、相对视图和预定义的视图。

18.2.1　标准三视图

标准三视图工具能为所显示的零件或装配体同时生成三个相关的默认正交视图。前视图与上视图及侧视图有固定的对齐关系。上视图可以竖直移动，侧视图可以水平移动。俯视图和侧视图与主视图有对应关系。

📝 上机实践——创建标准三视图

① 新建工程图文件，选择【gb_a4p】工程图模板进入工程图环境，如图 18-13 所示。

② 在随后弹出的【模型视图】属性面板中单击【取消】按钮✖，关闭【模型视图】属性面板。

③ 在【视图布局】选项卡中单击【标准三视图】按钮，弹出【标准三视图】属性面板，如图 18-14 所示，单击【浏览】按钮打开要创建三视图的零件——支撑架。

④ 随后系统自动创建标准三视图，如图 18-15 所示。

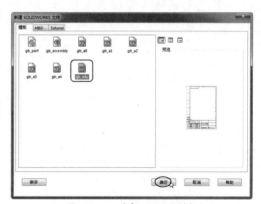
图 18-13　选择工程图模板

第 18 章 SolidWorks 应用于工程图设计

图 18-14 【标准三视图】属性面板

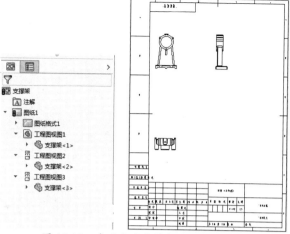

图 18-15 自动生成支撑架的标准三视图

18.2.2 自定义模型视图

用户可根据零件所要表达的结构与形状,增加一些零件视图的表达方法,在制图环境中可以为零件模型自定义模型视图。将一模型视图插入工程图文件中时,弹出【模型视图】属性面板。

上机实践——创建模型视图

① 新建工程图文件,选择【gb_a4p】工程图模板进入工程图环境,如图 18-16 所示。
② 在随后弹出的【模型视图】属性面板中单击【浏览】按钮,如图 18-17 所示,选择本例源文件"支撑架.sldprt"将其打开。

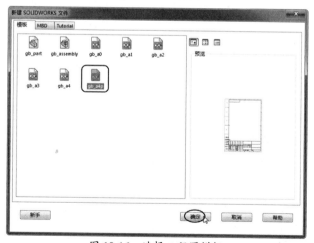

图 18-16 选择工程图模板

图 18-17 【模型视图】属性面板

③ 在【模型视图】属性面板的【方向】选项区中勾选【生成多视图】复选框,然后依次单击【前视】、【上视】和【左视】标准视图,再设置用户自定义的图纸比例为 1∶2.2,单击【确定】按钮 ✓,生成支撑架的标准三视图,如图 18-18 所示。

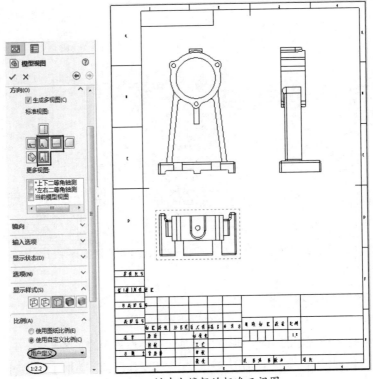

图 18-18 创建支撑架的标准三视图

18.2.3 相对视图

相对视图是一个正交视图，由模型中两个直交面或基准面及各自的具体方位的规格定义。零件工程图中的斜视图就是用相对视图方式生成的。

上机实践——创建相对视图

① 单击【工程图】选项卡中的【相对视图】按钮，进入相对视图编辑环境。

② 同时会打开【相对视图】属性面板。在零件上选取一个面作为第一方向（前视方向），接着再选取一个面作为第二方向（右视方向），如图 18-19 所示。

③ 单击【确定】按钮 返回工程图环境。

④ 在图纸空白处单击来放置相对视图，如图 18-20 所示。

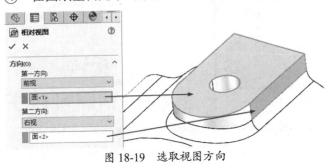

图 18-19 选取视图方向

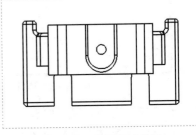

图 18-20 放置相对视图

18.3 派生的工程视图

派生的工程视图是在现有的工程视图基础上建立起来的视图,包括投影视图、辅助视图、局部视图、剪裁视图、断开的剖视图、断裂视图、剖面视图和旋转剖视图等。

18.3.1 投影视图

投影视图是利用工程图中现有的视图进行投影所建立的视图。投影视图为正交视图。

上机实践——创建投影视图

① 打开本例源文件"支撑架工程图-1.slddrw"。

② 单击【视图布局】选项卡中的【投影视图】按钮 ,弹出【投影视图】属性面板。

③ 在图形中选择一个用于创建投影视图的视图,如图 18-21 所示。

④ 将投影视图向下移动到合适位置。投影视图只能沿着投影方向移动,而且与源视图保持对齐,如图 18-22 所示。单击放置投影视图。

⑤ 同理,再将另一投影视图向右平移到合适位置,单击放置投影视图。最后单击【确定】按钮 ,完成全部投影视图的创建,如图 18-23 所示。

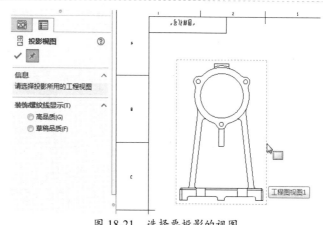

图 18-21 选择要投影的视图

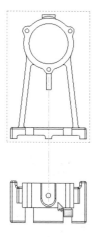

图 18-22 移动投影视图

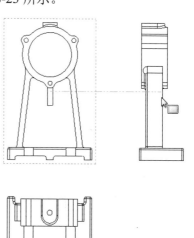

图 18-23 创建另一投影视图

18.3.2 剖面视图

可以用一条剖切线来分割父视图在工程图中生成一个剖面视图。剖面视图可以是直切剖面或是用阶梯剖切线定义的等距剖面。剖切线还可以包括同心圆弧。

上机实践——创建剖面视图

① 打开本例源文件"支撑架工程图-2.slddrw"。

② 单击【视图布局】选项卡中的【剖面视图】按钮 ↕，在弹出的【剖面视图辅助】属性面板中选择【水平】切割线类型，在图纸的主视图中将光标移至待剖切的位置，光标处自动显示黄色的辅助剖切线，如图 18-24 所示。

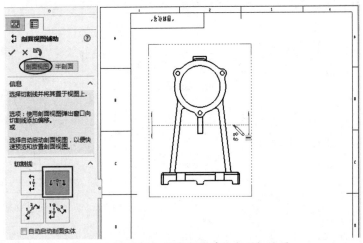

图 18-24 选择切割线类型并确定剖切位置

③ 单击放置切割线，在弹出的选项工具栏中单击【确定】按钮 ✓，在主视图下方放置剖切视图，如图 18-25 所示。最后单击【剖面视图 A-A】属性面板中的【确定】按钮 ✓，完成剖面视图的创建。

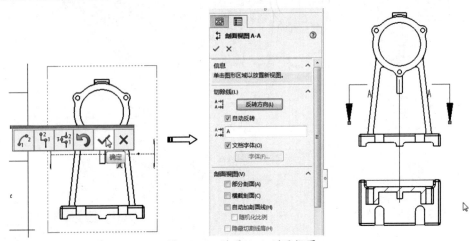

图 18-25 放置 A-A 剖面视图

第 18 章 SolidWorks 应用于工程图设计

> **技巧点拨：**
> 如果切割线的投影箭头指向上，可以在【剖面视图 A-A】属性面板中单击【反转方向】按钮改变投影方向。

④ 再单击【视图布局】选项卡中的【剖面视图】按钮，在弹出的【剖面视图辅助】属性面板中选择【对齐】切割线类型，在主视图中选取切割线的第一转折点，如图 18-26 所示。

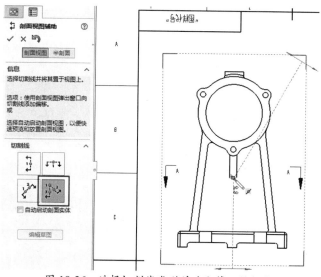

图 18-26 选择切割线类型并选取第一转折点

⑤ 选取主视图中的【圆心】约束点放置第一段切割线，如图 18-27 所示。
⑥ 在主视图中选取一点来放置第二段切割线，如图 18-28 所示。
⑦ 在随后弹出的选项工具栏中单击【单偏移】按钮，再在主视图中选取【单偏移】形式的转折点（第二转折点），如图 18-29 所示。

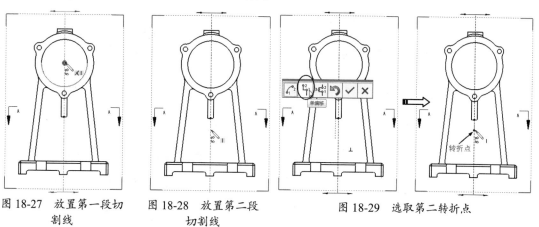

图 18-27 放置第一段切割线　　图 18-28 放置第二段切割线　　图 18-29 选取第二转折点

⑧ 水平向左移动光标来选取孔的中心点来放置切割线，如图 18-30 所示。
⑨ 单击选项工具栏中的【确定】按钮，将 B-B 剖面视图放置于主视图的右侧，如图 18-31 所示。

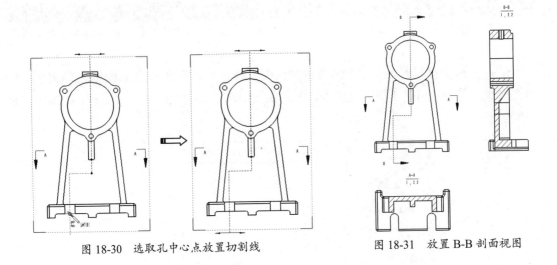

图 18-30 选取孔中心点放置切割线　　图 18-31 放置 B-B 剖面视图

18.3.3 辅助视图与剪裁视图

辅助视图的用途相当于机械制图中的向视图,它是一种特殊的投影视图,但它是垂直于现有视图中参考边线的展开视图。

可以使用【剪裁视图】工具来剪裁辅助视图得到向视图。

📖 上机实践——创建向视图

① 打开本例源文件"支撑架工程图-3.slddrw"。打开的工程图中已经创建了主视图和 2 个剖切视图。

② 单击【视图布局】选项卡中的【辅助视图】按钮 ✧,弹出【辅助视图】属性面板。在主视图中选择参考边线,如图 18-32 所示。

> 技巧点拨:
> 参考边线可以是零件的边线、侧轮廓边线、轴线或者所绘制的直线段。

③ 随后将辅助视图暂时放置在主视图下方的任意位置,如图 18-33 所示。

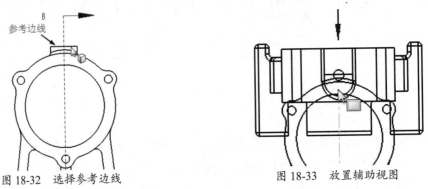

图 18-32 选择参考边线　　图 18-33 放置辅助视图

④ 在工程图设计树中右击【工程图视图 4】,在弹出的快捷菜单中选择【视图对齐】|【解

除对齐关系】命令，再将辅助视图移动至合适位置，如图18-34所示。

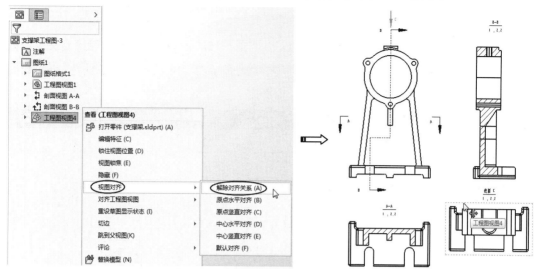

图 18-34　解除对齐关系后移动辅助视图

⑤ 在【草图】选项卡中单击【边角矩形】按钮 ▭，在辅助视图中绘制一个矩形，如图 18-35 所示。

⑥ 选中矩形的一条边，再单击【剪裁视图】按钮，完成辅助视图的剪裁，结果如图 18-36 所示。

⑦ 选中剪裁后的辅助视图，在弹出的【工程图视图 4】属性面板中勾选【无轮廓】选项，单击【确定】按钮 ✓ 后取消向视图中草图轮廓的显示，最终完成的向视图如图 18-37 所示。

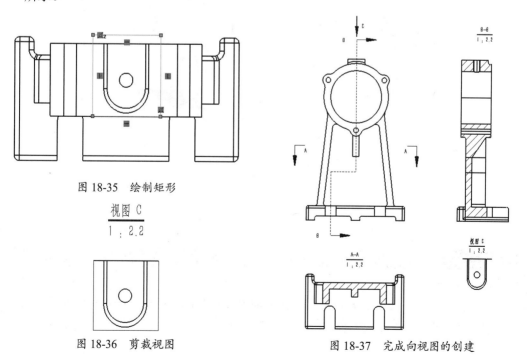

图 18-35　绘制矩形

图 18-36　剪裁视图

图 18-37　完成向视图的创建

18.3.4 断开的剖视图

断开的剖视图为现有工程视图的一部分，而不是单独的视图。用闭合的轮廓定义断开的剖视图，通常闭合的轮廓是样条曲线。材料被移除到指定的深度以展现内部细节。通过设定一个数值或在相关视图中选择一条边线来指定深度。

> **技巧点拨：**
> 不能在局部视图、剖面视图上生成断开的剖视图。

上机实践——创建断开的剖视图

① 打开本例源文件"支撑架工程图-4.slddrw"。打开的工程图中已经创建了前视图、右视图和俯视图。

② 在【工程图】选项卡中单击【断开的剖视图】按钮，按信息提示在右视图中绘制一个封闭轮廓，如图18-38所示。

③ 在弹出的【断开的剖视图】属性面板中设置剖切深度值为70，并勾选【预览】复选框预览剖切位置，如图18-39所示。

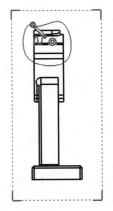

图 18-38 绘制封闭轮廓

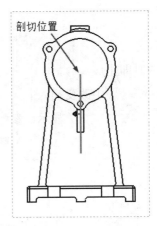

图 18-39 设定剖切位置

> **技巧点拨：**
> 可以勾选【预览】复选框来观察所设深度是否合理，不合理须重新设定，然后再次预览。

④ 单击属性面板中的【确定】按钮，生成断开的剖视图。但默认的剖切线比例不合理，需要单击剖切线进行修改，如图18-40所示。

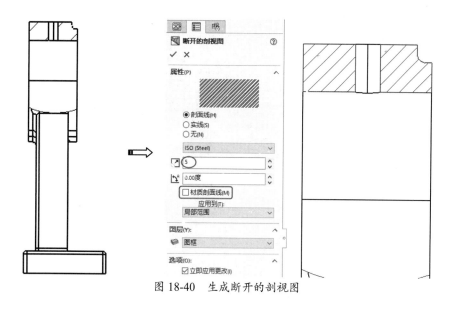

图 18-40　生成断开的剖视图

18.4　标注图纸

工程图除了包含由模型建立的标准视图和派生视图，还包括尺寸、注解和材料明细表等标注内容。标注是完成工程图的重要环节，通过标注尺寸、公差标注、技术要求注写等将设计者的设计意图和对零部件的要求完整表达出来。

18.4.1　标注尺寸

工程图中的尺寸标注是与模型相关联的，而且模型中的变更会反映到工程图中。通常在生成每个零件特征时即生成尺寸，然后将这些尺寸插入各个工程视图中。在模型中改变尺寸会更新工程图，在工程图中改变插入的尺寸也会改变模型。

系统默认插入的尺寸以黑色显示，参考尺寸以灰色显示，并带有括号。

当将尺寸插入所选视图时，可以插入整个模型的尺寸，也可以有选择地插入一个或多个零部件（在装配体工程图中）的尺寸或特征（在零件或装配体工程图中）的尺寸。

尺寸只放置在适当的视图中。不会自动插入重复的尺寸。如果尺寸已经插入一个视图中，则不会再插入另一个视图中。

1. 设置尺寸选项

可以设定当前文件中的尺寸选项。在菜单栏中执行【工具】|【选项】命令，在弹出的【文档属性(D) - 尺寸】对话框的【文档属性】选项卡中设置【尺寸】选项，如图 18-41 所示。

图 18-41 尺寸选项设定页面

在工程图图纸区域中，选中某个尺寸后，将弹出该尺寸的属性面板，如图 18-42 所示。可以选择【数值】、【引线】和【其他】选项卡进行设置。比如在【数值】选项卡中，可以设置尺寸公差/精度、自定义新的数值覆盖原来的数值、设置双制尺寸等。在【引线】选项卡中，可以定义尺寸线、设置尺寸边界的样式和显示。

2. 自动标注工程图尺寸

可以使用自动标注工程图尺寸工具将参考尺寸作为基准尺寸、链和尺寸插入工程图视图中，还可以在工程图视图的草图中使用自动标注尺寸工具。

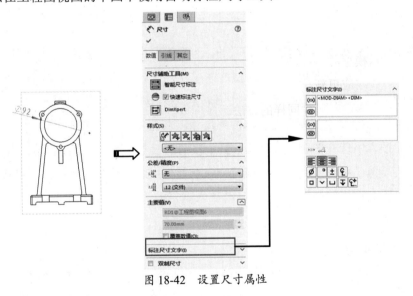

图 18-42 设置尺寸属性

上机实践——自动标注工程图尺寸

① 打开本例源文件"键槽支撑件.slddrw"。

第 18 章 SolidWorks 应用于工程图设计

② 在【注解】选项卡中单击【智能尺寸】按钮，弹出【尺寸】属性面板。
③ 进入【自动标注尺寸】选项卡，【尺寸】属性面板则变成【自动标注尺寸】属性面板。
④ 设置完成后在图纸中任意选择一个视图，然后单击【自动标注尺寸】属性面板中的【应用】按钮，即可自动标注该视图的尺寸，如图 18-43 所示。

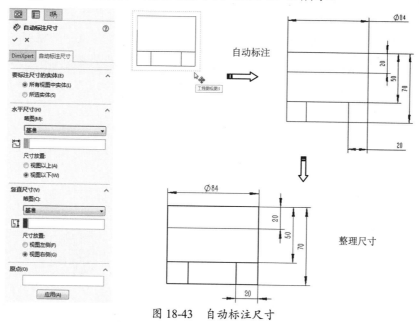

图 18-43　自动标注尺寸

> **技巧点拨：**
> 一般自动标注的工程图尺寸比较散乱，且不太符合零件表达要求，这时就需要用户手动去整理尺寸。把不要的尺寸删除，再添加一些合理的尺寸，这样就能满足工程图尺寸要求了。

3. 标注智能尺寸

智能尺寸显示模型的实际测量值，但并不驱动模型，也不能更改其数值，但是当改变模型时，参考尺寸会相应更新。

可以使用与标注草图尺寸同样的方法添加平行、水平和竖直的参考尺寸到工程图中。标注智能尺寸的操作步骤如下。

① 在【注解】选项卡中单击【智能尺寸】按钮。
② 在工程图视图中选取要标注尺寸的对象。
③ 单击以放置尺寸。

> **技巧点拨：**
> 按照默认设置，参考尺寸放在圆括号中，如要防止括号出现在参考尺寸周围，请在菜单栏中执行【工具】|【选项】命令，在打开的【系统选项】对话框中的【文档属性】标签中的【尺寸】选项区中取消【添加默认括号】复选框的选择。

4. 插入模型项目的尺寸标注

可以将模型文件（零件或装配体）中的尺寸、注解以及参考几何体插入工程图中。
可以将项目插入所选特征、装配体零部件、装配体特征、工程视图或者所有视图中。当插入项目到所有工程图视图时，尺寸和注解会以最适当的视图出现。显示在部分视图（包括局部视图或剖面视图）的特征，会先在这些视图中标注尺寸。

将现有模型视图插入工程图中的步骤如下。

① 单击【注解】选项卡中的【模型项目】按钮 。

② 在【模型项目】属性面板中设置相关的尺寸、注解及参考几何体等选项。

③ 单击【确定】按钮 ，即可完成模型项目的插入。

> **技巧点拨：**
> 可以使用 Delete 键删除模型项目，使用 Shift 键将模型项目拖动到另一工程图视图中，使用 Ctrl 键将模型项目复制到另一工程图视图。

④ 通过插入模型项目标注尺寸，如图 18-44 所示。

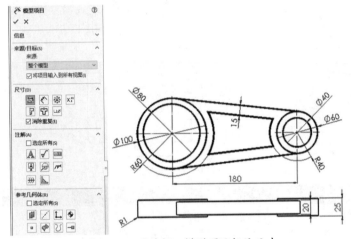

图 18-44　通过插入模型项目标注尺寸

5. 尺寸公差标注

可通过单击视图中标注的任一尺寸，在打开的【尺寸】属性面板中设置【公差/精度】选项区中的选项，来定义尺寸公差与精度。

① 单击视图中标注的任一尺寸，显示【尺寸】属性面板。

② 在【尺寸】属性面板中设置【公差/精度】选项区中的选项。

③ 最后单击【确定】按钮 ，完成尺寸公差的设定，如图 18-45 所示。

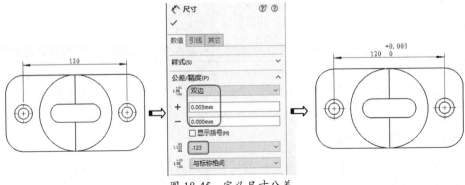

图 18-45　定义尺寸公差

18.4.2 注解的标注

可以将所有类型的注解添加到工程图文件中,可以将大多数类型添加到零件或装配体文档中,然后将其插入工程图文档中。在所有类型的 SolidWorks 文档中,注解的行为方式与尺寸相似。可以在工程图中生成注解。

注解包括注释、表面粗糙度、形位公差、零件序号、自动零件序号、基准特征、焊接符号、中心符号线和中心线等内容。如图 18-46 所示为轴零件工程图中所包含的注解内容。

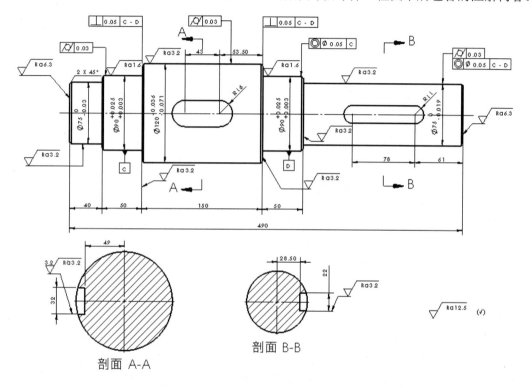

图 18-46 轴零件工程图中的注解内容

1. 文本注释

在工程图中,文本注释可为自由浮动或固定的,也可带有一条指向某项(面、边线或顶点)的引线而放置。文本注释可以包含简单的文字、符号、参数文字或超文本链接。

生成文本注释的过程如下。

① 单击【注解】选项卡中的【注释】按钮 A,弹出【注释】属性面板,如图 18-47 所示。

② 在【注释】属性面板中设定相关的属性选项。然后在视图中单击放置文本边界框,同时会弹出【格式化】工具栏,如图 18-48 所示。

图 18-47 【注释】属性面板

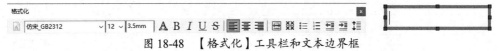

图 18-48 【格式化】工具栏和文本边界框

③ 如果注释有引线,在视图中单击以放置引线,再次单击来放置注释。
④ 在输入文字前拖动边界框以满足文本输入需要,然后在文本边界框中输入文字。
⑤ 在【格式化】工具栏中设定相关选项。接着在文本边界框外单击来完成文字输入。
⑥ 若需要重复添加注释,保持【注释】属性面板打开,重复以上步骤即可。
⑦ 单击【确定】按钮 ✔ 完成注释的添加。

> **技巧点拨:**
> 若要编辑注释,双击注释,即可在属性面板或对话框中进行相应编辑。

2. 标注表面粗糙度符号

可以使用表面粗糙度符号来指定零件实体面的表面纹理。可以在零件、装配体或者工程图文档中选择面。

① 单击【注解】选项卡中的【表面粗糙度】按钮 ✔,弹出【表面粗糙度】属性面板,如图 18-49 所示。
② 在【表面粗糙度】属性面板中设置参数。
③ 在视图中单击以放置粗糙度符号。对于多个实例,根据需要多次单击以放置多个粗糙度符号与引线。
④ 可以在面板中更改每个符号实例的布局和格式等选项。
⑤ 对于引线,如果符号带引线,单击一次放置引线,然后再次单击以放置符号。

⑥ 单击【确定】按钮✅完成表面粗糙度符号的标注,如图 18-50 所示。

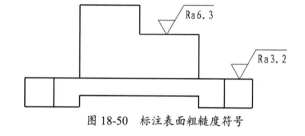

图 18-49　【表面粗糙度】属性面板　　　图 18-50　标注表面粗糙度符号

3. 基准特征符号

在零件或装配体中,可以将基准特征符号附加在模型平面或参考基准面上。在工程图中,可以将基准特征符号附加在显示为边线(不是侧影轮廓线)的曲面或实体剖面上。标注基准特征符号的操作过程如下。

① 单击【注解】选项卡中的【基准特征】按钮🅐,或者在菜单栏中执行【插入】|【注解】|【基准特征符号】命令,弹出【基准特征】属性面板,如图 18-51 所示。

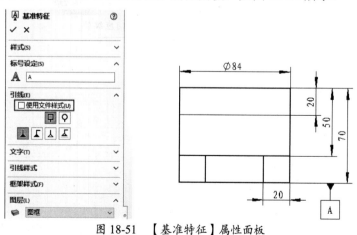

图 18-51　【基准特征】属性面板

② 在【基准特征】属性面板中设定选项。

③ 在图形区域中单击以放置附加项,然后放置该符号。如果将基准特征符号拖离模型边线,

则会添加延伸线。

④ 根据需要继续插入多个符号。

⑤ 单击【确定】按钮 ✓ 完成基准特征符号的标注。

18.4.3　材料明细表

装配体是由多个零部件组成的，需要在工程视图中列出组成装配体的零件清单，这可以通过材料明细表来表述。可将材料明细表插入工程图中。

在装配图中生成材料明细表的步骤如下。

① 在菜单栏中执行【插入】|【材料明细表】命令，打开【材料明细表】属性面板，如图18-52所示。

② 选择图纸中的主视图为生成材料明细表指定模型，随后弹出【材料明细表】属性面板，设置参数后，在图纸视图中的指针位置显示材料明细表格，如图18-53所示。

图 18-52　【材料明细表】属性面板

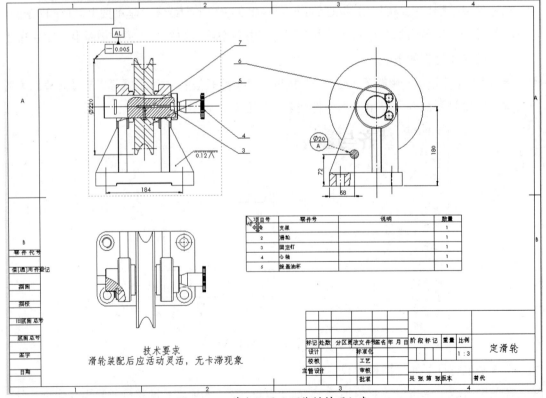

图 18-53　单击视图后预览材料明细表

③ 移动指针至合适位置单击放置材料明细表。通常会将材料明细表与标题栏表格对齐放置，如图 18-54 所示。

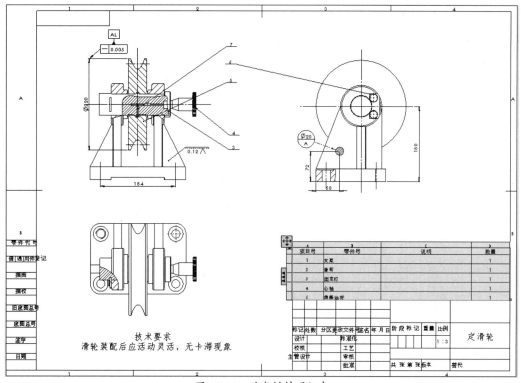

图 18-54　对齐材料明细表

④ 在工程图中生成材料明细表后，可以双击材料明细表中的单元格来输入或编辑文本内容。由于材料明细表是参考装配体生成的，对材料明细表内容的更改将在重建时被自动覆盖。

18.5　工程图的对齐与显示

在工程图建立完后，往往需要对工程视图进行一些必要的操纵和显示。对视图的操纵包括设置工程视图属性、对齐视图、旋转视图、复制和粘贴视图、更新视图和删除视图等。对视图的隐藏和显示包括隐藏/显示视图、隐藏/显示零部件、隐藏基准面后的零部件、隐藏和显示草图等。

18.5.1　操纵视图

对建立的工程视图进一步操纵，使视图更符合设计的一些要求和规范。

1. 设置工程视图属性

在视图中右击并选择快捷菜单中的【属性】命令，打开【工程视图属性】对话框。利用该对话框可修改工程视图配置信息、模型边线显示与隐藏、零部件显示与隐藏、实体显示与隐藏等，如图 18-55 所示。

图 18-55 【工程视图属性】对话框

2. 对齐视图

视图建立时可以设置与其他视图对齐或不对齐。对于默认未对齐的视图，或者解除了对齐关系的视图，可以更改其对齐关系。

- 使一个工程视图与另一个视图对齐：选取一个工程视图，在菜单栏中执行【工具】|【对齐工程图视图】|【水平对齐另一视图】或【竖直对齐另一视图】命令，如图 18-56 所示。或者右击工程视图，在弹出的快捷菜单中选择一种对齐方式，如图 18-57 所示。指针会变为 ，然后选择要对齐的参考视图。

图 18-56 选择工程视图对齐方式

图 18-57 视图对齐方式

- 将工程视图与模型边线对齐：在工程视图中选择一线性模型边线，在菜单栏中执行【工具】|【对齐工程图视图】|【水平边线】或【竖直边线】命令。旋转视图，直到所选边线水平或竖直定位。

- 解除视图的对齐关系：对于已对齐的视图，可以解除对齐关系并独立移动视图。在视图边界内部右击，选择快捷菜单中的【对齐】|【解除对齐关系】命令，或者执

第 18 章 SolidWorks 应用于工程图设计

行菜单栏中的【工具】|【对齐工程图视图】|【解除对齐关系】命令。
- 回到视图默认的对齐关系：可以使已经解除对齐关系的视图恢复原来的对齐关系。在视图边框内部右击，选择快捷菜单中的【对齐】|【默认对齐】命令，或者执行菜单栏中的【工具】|【对齐工程图视图】|【默认对齐关系】命令。

3. 剪切/复制/粘贴视图

在同一个工程图中，可以利用剪贴板工具从一张图纸剪切、复制工程图视图，然后粘贴到另一张图纸。也可以从一个工程图文件剪切、复制工程图视图，然后粘贴到另一个工程图文件。
- 在图纸中或特征管理器设计树中选择要操作的视图。
- 在菜单栏中执行【编辑】|【剪切】或【复制】命令。
- 切换到目标图纸或工程图文档，在想要粘贴视图的位置单击，执行【编辑】|【粘贴】命令，即可粘贴工程视图。

> **技巧点拨：**
> 如果要一次对多个视图执行操作，在选取视图时按住 Ctrl 键。

4. 移动视图

要想移动视图，须先解锁视图，如图 18-58 所示。

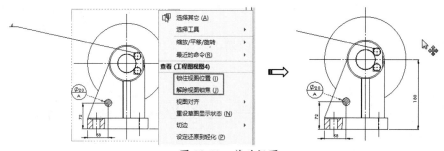

图 18-58 移动视图

18.5.2 工程视图的隐藏和显示

隐藏工程视图后，可以再次显示此视图。

当隐藏具有从属视图（局部、剖面或辅助视图）的视图时，可选择是否隐藏这些视图。再次显示母视图或其中一个从属视图时，同样可选择是否显示相关视图。
- 在图纸或特征管理器设计树中右击视图，然后选择快捷菜单中的【隐藏】命令。如果视图有从属视图（局部、剖面等），则将被询问是否也要隐藏从属视图。
- 如要再次显示视图，右击视图并选择快捷菜单中的【显示】命令。如果视图有从属视图（局部、剖面或辅助视图），则将被询问是否也要显示从属视图。

如要查看图纸中隐藏视图的位置但不显示它们，在菜单栏中执行【视图】|【被隐藏的视图】命令，显示隐藏视图的边界，如图 18-59 所示。

图 18-59 显示被隐藏视图的边界

18.6 打印工程图

SolidWorks 为工程图的打印提供了多种设定选项。可以打印或绘制整个工程图纸,或者只打印图纸中所选的区域。可以选择黑白打印或彩色打印。可为单独的工程图纸指定不同的设定。

18.6.1 为单独的工程图纸指定设定

在菜单栏中执行【文件】|【页面设置】命令,打开【页面设置】对话框。通过此对话框设置打印页面的相关选项。比如,设置图纸比例、图纸纸张的大小、打印方向等,如图 18-60 所示。

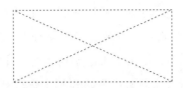

图 18-60 页面设置

单击【预览】按钮可以预览图纸打印效果,如图 18-61 所示。

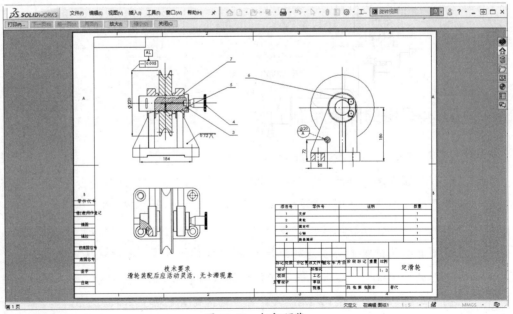

图 18-61 打印预览

18.6.2 打印整个工程图图纸

完成了工程图的视图创建、尺寸标注及文字注释等操作后可以将其打印出图。在菜单栏中执行【文件】|【打印】命令,弹出【打印】对话框,如图 18-62 所示。

若用户创建了多张图纸,可在【打印范围】选项区中选择【所有图纸】选项,或者选择【图纸】选项并输入图纸的数量或范围。也可选择【当前图纸】或【当前荧屏图像】选项来打印单张图纸。

在【文件打印机】选项区的【名称】列表中选择打印机硬件设备,如果没有安装打印机设备,可以选择虚拟打印机来打印 PDF 文档,便于日后图纸打印。还可单击【页面设置】按钮重新设定页面。打印设置完成后单击【确定】按钮,可自动打印工程图图纸。

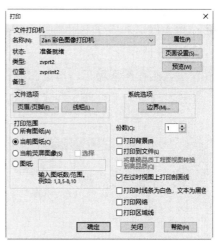

图 18-62　工程图的打印设置

18.7　综合案例——创建阶梯轴工程图

阶梯轴工程图中包括一组视图、尺寸和尺寸公差、形位公差、表面粗糙度和一些必要的技术要求说明等,如图 18-63 所示。

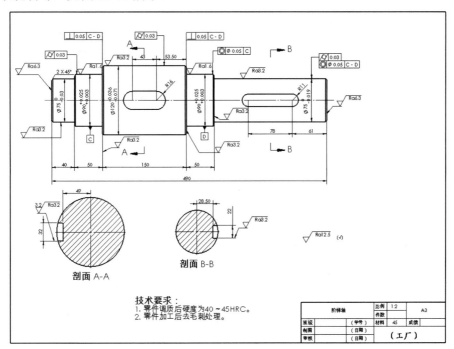

图 18-63　阶梯轴工程图

1. 生成新的工程图

① 单击【标准】工具栏中的【新建】按钮,在【新建 SOLIDWORKS 文件】对话框中单击【高级】按钮进入【模板】选项卡。

② 在【模板】选项卡中选择【gb_a3】横幅图纸模板,单击【确定】按钮加载图纸,如图 18-64 所示。

③ 进入工程图环境后,指定图纸属性。在工程图图纸绘图区中右击,在弹出的快捷菜单中选择【属性】命令,在【图纸属性】对话框中进行参数设置,如图 18-65 所示。

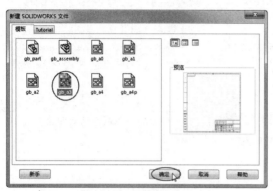

图 18-64　选择图纸模板

图 18-65　【图纸属性】对话框

2. 将模型视图插入工程图

① 单击【视图布局】选项卡中的【模型视图】按钮,在打开的【模型视图】属性面板中设置选项,如图 18-66 所示。

② 单击【下一步】按钮。在【模型视图】属性面板中设置额外选项,如图 18-67 所示。

图 18-66　设置选项

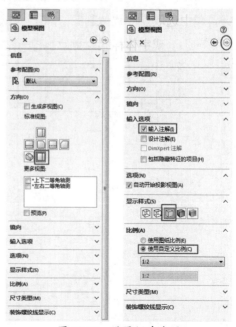

图 18-67　设置额外选项

③ 单击【确定】按钮 ✓，将模型视图插入工程图，如图 18-68 所示。

④ 在剖面视图中添加中心符号线。单击【注解】选项卡中的【中心线】按钮，为插入中心线选择圆柱面生成中心线，如图 18-69 所示。

3. 生成剖面视图

① 单击【视图布局】选项卡中的【剖面视图】按钮，在弹出的【剖面视图】属性面板中设置选项，如图 18-70 所示。

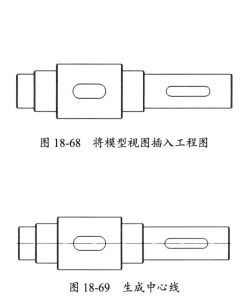

图 18-68　将模型视图插入工程图

图 18-69　生成中心线

图 18-70　设置选项

② 在主视图中选取点放置切割线，单击以放置视图。生成的剖面视图如图 18-71 所示。

③ 编辑视图标号或字体样式，更改视图对齐关系，如图 18-72 所示。

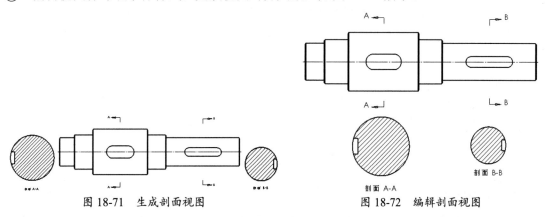

图 18-71　生成剖面视图　　　　图 18-72　编辑剖面视图

④ 在剖面视图中添加中心符号线。单击【注解】选项卡中的【中心符号线】按钮，在弹出的【中心符号线】属性面板中进行参数设置，接着在剖面视图中生成中心符号线，如图 18-73 所示。

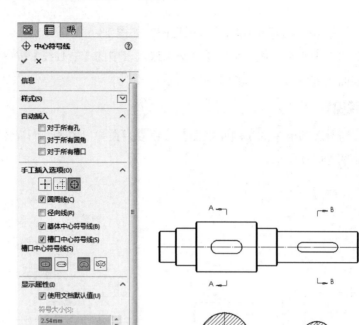

图 18-73　在剖面视图中生成中心符号线

4. 尺寸的标注

① 单击【注解】选项卡中的【智能尺寸】按钮，在【智能尺寸】属性面板中设定选项，标注的工程图尺寸如图 18-74 所示。

② 单击需要标注公差的尺寸，进行尺寸公差标注，如图 18-75 所示。

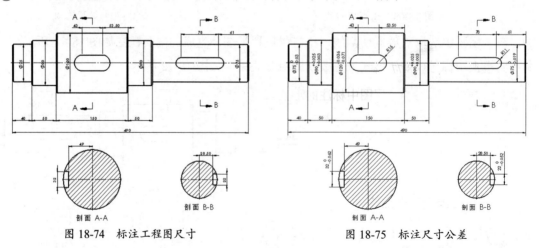

图 18-74　标注工程图尺寸　　　　　　图 18-75　标注尺寸公差

5. 标注基准特征

① 单击【注解】选项卡中的【基准特征】按钮，在【基准特征】属性面板中设置选项。

② 在图形区域中单击以放置附加项然后放置该符号，根据需要继续插入基准特征符号，如图 18-76 所示。

第 18 章 SolidWorks 应用于工程图设计

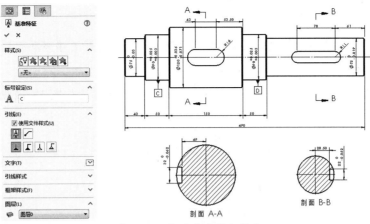

图 18-76　标注基准特征符号

6. 标注形位公差

① 在【注解】选项卡中单击【形位公差】按钮，在【属性】对话框和【形位公差】属性面板中设置选项，如图 18-77 所示。

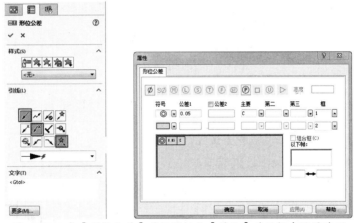

图 18-77　在【形位公差】属性面板和【属性】对话框中设置选项

② 单击以放置符号。工程图中标注的形位公差如图 18-78 所示。

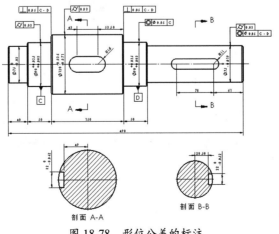

图 18-78　形位公差的标注

585

7. 标注表面粗糙度

① 单击【注解】选项卡中的【表面粗糙度】按钮 √，在打开的【表面粗糙度】属性面板中设置选项。

② 在图形区域中单击以放置符号。工程图中标注的表面粗糙度如图 18-79 所示。

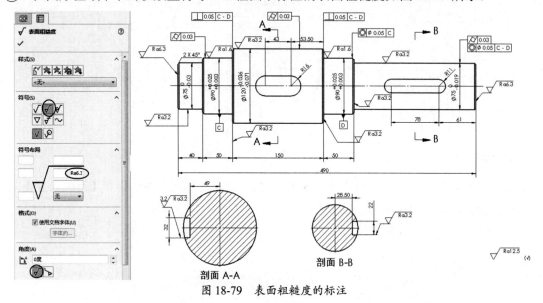

图 18-79　表面粗糙度的标注

8. 文本注释

① 单击【注解】选项卡中的【注释】按钮 A，在【注释】属性面板中设置选项，如图 18-80 所示。

② 单击并拖动生成的边界框，如图 18-81 所示。

③ 在边界框中输入文字，如图 18-82 所示。

图 18-80　在【注释】属性面板中设置选项

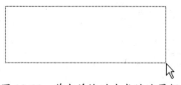

图 18-81　单击并拖动生成的边界框

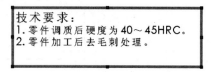

图 18-82　在边界框中输入文字

④ 在【文字格式】选项区中设置文字选项。在图形区域中注释边界框外单击完成注释。

⑤ 进一步完善阶梯轴的工程图，如图 18-83 所示。

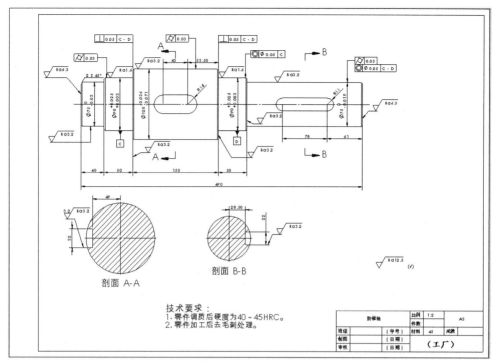

图 18-83　阶梯轴的工程图

反侵权盗版声明

电子工业出版社依法对本作品享有专有出版权。任何未经权利人书面许可，复制、销售或通过信息网络传播本作品的行为；歪曲、篡改、剽窃本作品的行为，均违反《中华人民共和国著作权法》，其行为人应承担相应的民事责任和行政责任，构成犯罪的，将被依法追究刑事责任。

为了维护市场秩序，保护权利人的合法权益，我社将依法查处和打击侵权盗版的单位和个人。欢迎社会各界人士积极举报侵权盗版行为，本社将奖励举报有功人员，并保证举报人的信息不被泄露。

举报电话：（010）88254396；（010）88258888
传　　真：（010）88254397
E-mail：　dbqq@phei.com.cn
通信地址：北京市万寿路173信箱
电子工业出版社总编办公室
邮　　编：100036